# 플라즈마 식각기술

PLASMA ETCHING TECHNOLOGY

염근영 저

도서출판 YOUNG

# 머 • 리 • 말

플라즈마 식각기술은 현재 국가의 첨단산업인 반도체 및 디스플레이 소자 제작의 주요한 요소기술 중의 한 가지이다. 이와 같은 플라즈마 식각기술은 과거에는 반도체 공정 혹은 반도체 제조기술 등의 제목을 가진 서적을 통하여 기술되어 왔으나 그 내용이 충분히 다루어지지 못하고 있는 상태이었다. 최근에 들어서 반도체 제조기술이 다양한 방면에 확산됨에 따라서 플라즈마 식각기술 혹은 플라즈마 식각기술과 플라즈마 증착기술을 합한 플라즈마 기술에 관해 심도 있게 다룬 전문서적이 점차로 많이 발간되고 있는 상황이다. 반면 이와 같은 플라즈마 기술에 관해 발간된 서적은 주로 국외에서 발간되고 있고 반도체 및 디스플레이소자 공정에 있어 세계최고의 기술을 자랑하는 국내에서는 거의 발간이 되지 못한 상태이며 일부분 번역서만이 최근 발간된 상태이다.

국내에서 반도체 메모리 제조기술이 국가의 첨단산업으로 지금까지 자리잡고 있었으며 최근에는 디스플레이 제조기술도 급속한 발전을 거듭하여 국가적인 산업으로 자리매김을 하고 있는 상황이다. 따라서 반도체와 디스플레이 제조기술에 관한 전문 인력을 지속적으로 필요로 하는 상태이며 앞으로 더욱 더 많은 전문 인력을 필요로 하고 있다.

이에 반해 국내에서 아직 이들 국내 전문 인력을 육성할 수 있는 반도체 및 디스플레이 소자제작에 관한 요소기술을 전문적으로 기술한 우리말 서적이 거의 없는 상태여서 아쉬운 상태였다.

따라서 저자는 좀 더 쉽게 반도체 요소기술인 플라즈마 식각기술을 접할 수 있도록 하기 위해 이 책을 발간하게 되었다.

이 책은 반도체 혹은 디스플레이 공정의 한 요소기술을 엔지니어의 수준에서 심도 있게 공부하고자 하는 사람을 대상으로 만들었다. 따라서 실제 반도체나 디스플레이 소자제작에 종사하는 엔지니어의 교육을 위하여 혹은 식각공정에 종사하는 엔지니어의 참고용으로 사용할 수 있는 책이다. 또한 대학교에서는 재료, 금속, 화공, 전기전자 등의 공학석사 과정이나 석박사 공통과정에서 반도체 제조를 위한 플라즈마 요소기술로서 한 학기의 과목으로 사용할 수 있는 책이다.

대학교 학부생의 경우도 3~4학년의 과정으로 반도체 제조공정이나 디스플레이 제조공정의 참고서적으로 충분히 사용할 수 있을 것으로 생각된다.

이 책의 내용은 저자가 이십여 년 간 플라즈마 장비 및 식각기술을 공부해왔고 십여 년 간 대학에서 플라즈마 공정에 관한 강의를 진행하면서 모은 다양한 플라즈마 관련 서적 및 자료를 바탕으로 구성하였다.

특히 몇 년 전에 인터넷 강의를 하게 되면서 만든 발표용 자료를 주로 하여 이 책을 구성하게 되었다. 플라즈마 기술은 최근 초대면적의 디스플레이 기술로부터 MEMS, 그리고 초소면적인 나노기술에도 적용되고 있으며 새로운 응용 분야, 새로운 플라즈마 식각기술 및 장비기술이 지속적으로 개발되고 있다.

이 책의 내용은 현재로서는 이와 같은 새로이 개발되고 있는 플라즈마 기술 및 식각기술에 대하여서는 다루지 못한 실정이다. 조만간 이의 내용을 포함한 개정판을 준비할 계획이다.

이 책을 발간하는데 도움을 준 실험실 대학원생들 그리고 주변에서 항상 밀어준 우리 가족에게 감사의 마음을 전한다.

2012.1.

염 근 영

# 차 례

## 1장 서론



## 2장 기체의 특성

## 3장 가스입자간의 충돌현상



## 4장 플라즈마의 기초



## 5장 직류 플라즈마

## 7장 고밀도 플라즈마



## 8장 플라즈마식각의 원리 및 공정인자의 영향

P/A/R/T

# 1 서 론

## 1.1 식각의 정의

식각 혹은 에칭에는 건식식각(dry etching)과 습식식각(wet etching 혹은 wet chemical etching)으로 크게 나눌 수 있다. 우선 습식식각은 반응성 용액을 사용하여 물질을 선택적으로 제거할 때 사용하는 방법으로 고전적으로 많이 사용되어온 방법이다. 이와 같은 습식식각을 사용시에는 대체로 등방성식각 즉, 수직방향으로의 식각속도와 수평방향의 식각속도가 같은 식각이 얻어지게 된다.

습식식각의 경우 습식식각의 용액, 즉, 수용액을 잘 선택하면 식각하고자 하는 물질과 하부층간의 식각속도의 차이, 혹은 식각하고자 하는 물질과 식각 마스크와의 식각속도의 차이 즉, 식각선택도를 아주 크게 할 수 있는 장점을 지닌다. 또한 선택성 및 식각속도를 증가시키기 위해 전기적인 방법, 광학적 보조방법을 이용하기도 하지만 이는 실리콘이 아닌 다른 물질의 식각에 일부 이용되어 온 방식으로 많이 사용되는 방식은 아니다.

단결정 식각의 경우 그림 1-1과 같이 등방성이 아닌 이방성의 식각을 얻을 수도 있는데 이는 MEMS(micro electro mechanical system)소자 등에서 많이 이용되는 기술로서 실리콘의 (111)면이 다른 결정학적면에 비해 습식식각 속도가 아주 낮은 현상(crystallographic etching)을 이용한 것이다.

따라서 습식식각속도가 아주 낮은 질화실리콘을 식각의 마스크로 이용하여 실리콘을 패터닝(patterning)한 다음 이를 KOH 용액으로 실리콘을 식각하게 되면 아래 그림과 같이 (111)면이 노출된 이방성식각의 형상을 얻을 수 있게 된다. 장시간 진행하는 경우 수백마이크론 두께의 실리콘 웨이퍼 두께에 해당되는 실리콘에 구멍을 낼 수 있으며 이와 같은 방법을 MEMS 소자에서 주로 사용하고 있다.

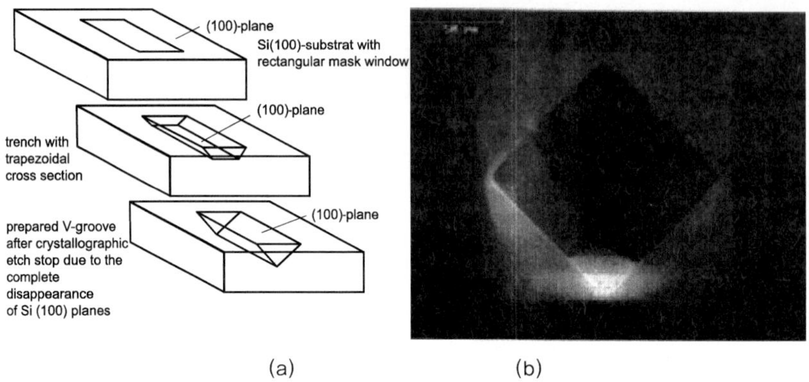


**그림 1-1** 실리콘 단결정의 습식식각(wet etching)을 통한 이방성 식각인 결정학적 식각(crystallographic etching)

## 1.2 건식식각(Dry Etching)의 정의

반면 건식식각(dry etching)은 습식식각에서 수용액을 사용하여 식각을 하는 경우와는 달리 반응성 기체 혹은 증기나 이의 이온이나 분해된 가스를 이용하여 물질을 선택적으로 제거하는 방법을 사용하고 있다.

반응성기체나 증기를 이용하는 경우는 습식식각의 경우와 마찬가지로 등방성 식각(isotropic etching)이 얻어지지만 플라즈마를 이용하여 분해된 가스나 이온을 이용하여 식각하는 경우 대체로 이방성 식각(anisotropic etching)의 형태가 얻어진다.

현재 반도체 공정이나 MEMS(micro electro mechanical system)에서 사용하는 공정에서는 이와 같은 이방성 식각을 필요로 하고 있고 또한 이와 같은 이방성 식각은 소자의 크기가 감소함에 따라서 그 필요성이 증대하여 가는 현상이다.

현재 반도체 공정의 경우 많은 공정이 이와 같은 이방성 식각을 필수적으로 요구하고 있다.

반면 TFT-LCD와 같은 평판디스플레이 소자공정의 경우는 소자의 크기가 상대적으로 커서 현재 대부분의 식각공정이 습식식각으로 이루어지고 있었으나 차세대의 TFT-LCD 소자의 식각공정은 소자크기의 감소로 인해 건식식각이 도입되어야 할 실정이다. 즉 차세대 TFT-LCD 식각공정은 이방성 식각(anisotropic etching)을 필요로 하고 있다.

그림 1-2에 $SiO_2$ 위에 실리콘이 입혀진 상태에서 이와 같은 이방성 식각을 이용하여 마스크의 형태를 그대로 유지하는 이방성 식각의 예를 나타내었다. 식각의 형상이 수직의 형태로 마스크의 형태를 그대로 유지하는 것이 이방성 식각의 필수요소이다.

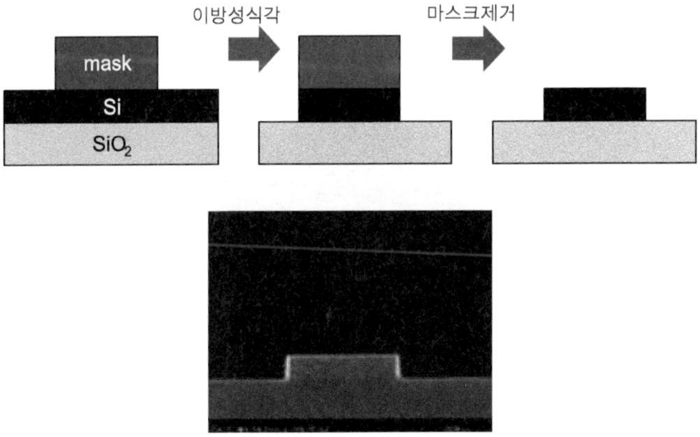


**그림 1-2** $SiO_2$ 위에 실리콘이 입혀진 상태에서 마스크의 형태를 그대로 유지하며 식각하는 이방성식각의 예

## 1.3 등방성 식각(Isotropic Etching)과 이방성 식각(Anisotropic Etching)

그림 1-3에는 앞에서 설명한 등방성 식각과 비등방성 식각 즉, 이방성 식각에 대한 예를 들어보았다. 마스크층이 있고 이를 이용하여 기판을 식각할 때 기판과 식각물질간의 반응으로 기판의 식각이 진행된다. 이때 그림 1-3과 같은 2차원 형태에서 보면 식각은 x방향과 z방향으로 진행된다.

만일 측면방향인 x방향으로의 식각속도와 아래 방향인 z방향으로의 식각속도가 같은 속도로 진행이 된다면 이를 등방성 식각이라 하며 그림 1-3의 왼쪽 아래 그림과 같은 형태로 식각된다. 반면 z방향의 식각속도가 x방향의 식각속도보다 크다면 이는 등방성 식각이 아닌 비등방성 식각, 즉, 이방성 식각이 된다.

특히 x방향의 식각속도가 0이 되는 경우는 그림 1-3의 오른쪽 아래 그림인 수직식각(vertical etching)으로 이방성 식각의 극단적인 경우가 된다. 만일 x방향의 식각속도가 z방향의 식각속도에 비해 낮은 경우는 방향성 식각(directional etching)이라 하며 보편적으로 이와 같은 형태의 식각은 플라즈마 식각의 경우에 얻을 수 있다. 실리콘 메모리 소자의 식각의 경우 소자의 크기가 극도로 작아짐에 따라 이와 같은 방향성 식각(directional etching)보다는 수직식각 형태를 요구한다.

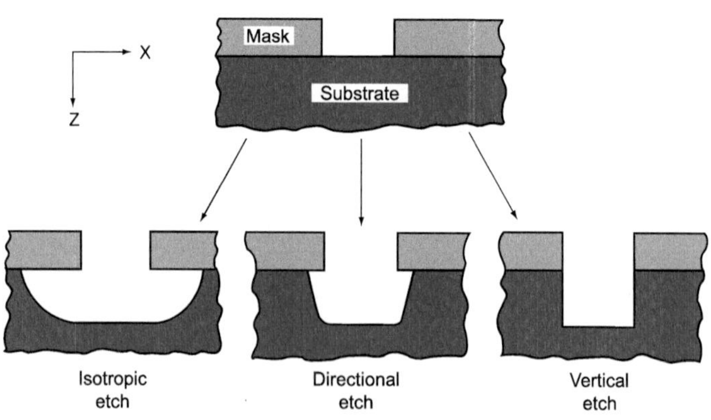


**그림 1-3** 등방성 식각과 이방성 식각 (이방성 식각은 방향성 식각과 수직식각으로 구분)

앞에서는 식각시 식각물질의 하부층이 없는 경우를 예로 들었으나 대부분의 경우는 그림 1-4와 같이 식각시 하부층이 존재하게 된다. 이와 같은 물질의 식각에서 만일 하부층 및 마스크층의 식각속도가 "0"에 가까운 경우에 수직식각이 일어나게 되면 두 번째 그림의 형태를 이루게 될 것이고, 등방성 식각이 일어나게 되면 마지막 그림의 형태를 이루게 될 것이다. 수직식각에서는 하부층이 들어나서 식각이 완료된 후에 더 이상의 식각하고자 하는 물질의 식각이 진행되지 않게 되지만 등방성 식각의 경우에는 하부층이 들어나서 식각이 완료되더라도 지속적으로 식각을 진행시키면, 즉, 과식각(overetching)을 하게 되면, x방향으로의 식각성분의 존재로 인하여 마스크층 아래로 물질을 지속적으로 식각하게 된다.

실제 공정의 경우 과식각을 필요로 하는데 이는 식각시 증착된 물질의 불균일로 인해, 혹은 식각속도의 비균일성 등으로 인해 하부층이 노출되어도 기판 전체가 하부층을 동시에 노출시키는 경우가 드물게 되므로 기판 전체적으로 완전한 하부층 노출을 위해 10~30% 정도의 과식각(overetching)을 진행하는 것이 보편적인 방식이다. 그림 1-5는 수직 및 등방성 식각의 경우 과식각으로 인한 하부물질의 식각현상을 보여준다. 하지만 이와 같은 경우 식각선택도(etch selectivity)에 대한 문제가 발생하게 된다.

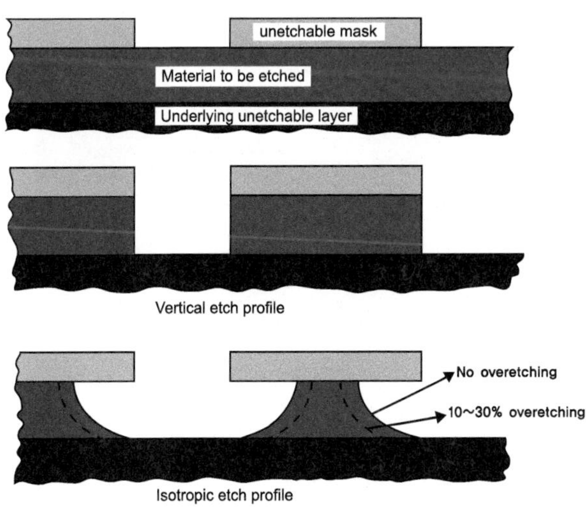


**그림 1-4** 하부층이 있는 경우의 등방성 식각과 이방성 식각

## 1.4 식각선택도(Etch Selectivity)

식각선택도(etch selectivity)란 마스크층 혹은 하부층과 식각하고자 하는 물질과의 식각속도 비, 즉, 하부층이나 마스크층의 식각속도로 나눈 식각하고자 하는 물질의 식각속도의 비율을 의미한다.

식각선택도 = (식각물질의 식각속도)/(mask층 혹은 하부층 식각속도)

따라서 식각선택도가 1보다 크면 식각하고자 하는 물질의 식각속도가 하부층 혹은 마스크층의 식각속도보다 큰 것이 된다. 대부분의 경우 높은 식각선택도를 요구하지만 플라즈마 식각을 이용하여 이방성 식각을 이루는 경우 대체로 마스크층과의 식각선택도나 하부층과의 식각선택도가 낮은 경향을 지닌다. 이는 플라즈마 식각시에 비선택적 식각현상이 존재하기 때문이다. 반면 습식식각이나 플라즈마를 이용하지 않는 기체나 증기를 이용하는 건식식각의 경우는 화학적인 반응만이 존재하므로 습식식각 용액 혹은 반응성 기체나 증기를 적절히 선택하는 경우 무한대에 가까운 식각선택도를 가지는 장점을 지닌다. 물론 잘못 선택한다면 오히려 마스크층이나 하부층의 식각속도가 식각하고자 하는 물질보다 큰 상태를 얻기도 한다.

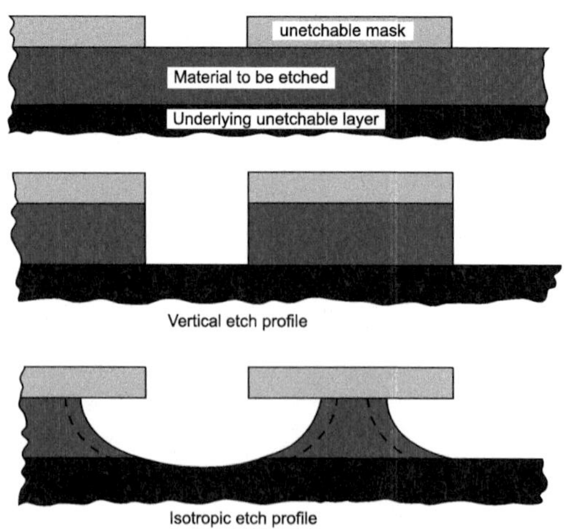


**그림 1-5** 수직식각과 등방성 식각의 경우 과식각으로 인한 하부물질의 식각현상

## 1.5 등방성 식각의 이점

앞서 설명한 바와 같이 습식식각은 비등방성 식각인 플라즈마 식각에 비해 특유의 장점을 지니고 있다. 특히 습식식각은 그림 1-6의 첫 번째 그림과 같이 같은 두께의 물질이 균일하게 증착되어 있는 경우 이 물질을 완전히 제거하는데 있어 건식식각에 비해 우월한 특성을 지닌다.

만일 이와 같은 층을 비이방성 식각 특히 수직식각의 특성을 지니는 플라즈마 식각을 사용하는 경우에는 증착물질만큼의 식각이 끝난 후에 그림 1-6의 가운데 그림에서 보는 바와 같이 벽면에 잔류물(sidewall residue)이 남게 된다. 따라서 균일하게 기판에 증착된 물질을 완전히 제거하는 데에는 습식식각방법이 지속적으로 이용되고 있다. 물론 마스크층(mask layer)을 제거하는 데도 이와 같은 습식공정 혹은 등방성 식각에 가까운 플라즈마 식각이 이용되고 있다.

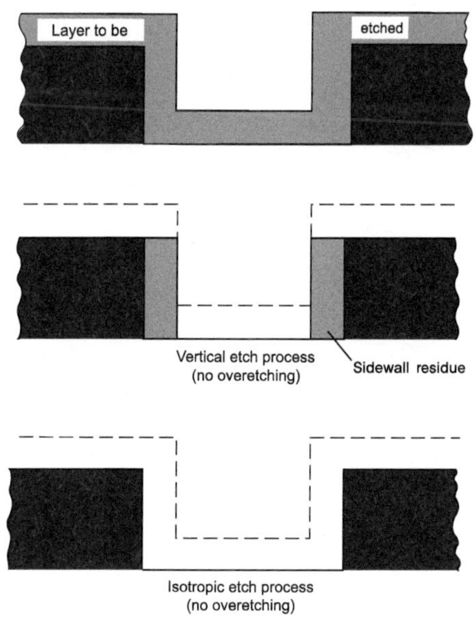


**그림 1-6** 식각할 물질의 두께만큼 식각할 때 수직식각(vertical etching)경우 벽면에 잔류물질(sidewall residue)이 남는 반면 등방성 식각(isotropic etching)의 경우 잔류물질이 없는 현상에 대한 그림

## 1.6 반도체 공정에서의 이방성 건식식각의 필요성

앞서서 살펴본 습식식각보다 비이방성 식각을 절대적으로 필요로 하게 된 계기는 무엇보다도 소자크기감소에 따른 현상이다. 반도체 제조시에는 리소그라피(lithography)와 더불어 식각공정을 필요로 한다.

만일 이 식각공정에 등방성 식각을 이용한다면 앞서 설명한 x방향으로의 식각으로 인해 마스크층(mask layer) 밑으로의 식각현상(undercut)이 발생하게 된다.

따라서 만일 식각해야 할 물질의 두께가 마스크층 간의 간격 이상인 경우에는 그림 1-7에 보이는 바와 같이 마스크층의 양쪽 밑으로 식각(undercut)이 되어 마스크층이 완전히 들뜨게 되며, 이로 인해 마스크층이 제거되어 마스크의 형태를 기판에 전이할 수 없게 된다.

습식식각보다 이방성 건식식각을 사용해야 하는 필요성은 특히 미세한 패턴(patterning)을 형성하고자 할 때 발생하게 된다.

즉, 그림 1-8의 왼쪽 그림에서와 같이 포토리지스트(photoresist) 마스크의 간격이 A일 때 식각하고자 하는 물질인 실리콘(silicon) 위에 있는 $SiO_2$(quartz)의 식각 후 간격을 A만큼 형성하자면, 식각된 $SiO_2$ 윗 부분의 형상은 이보다 넓게 형성되고 과식각을 포함한다면 A보다 작은 간격의 마스크를 사용해야 된다.

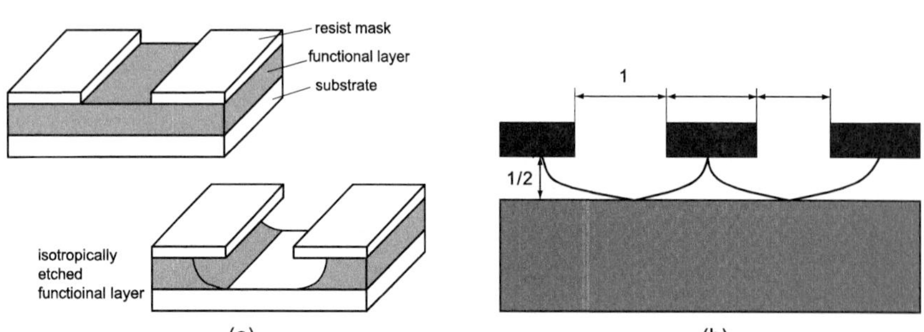


**그림 1-7** (a) 습식식각에 따른 마스크층(mask layer) 아래쪽으로의 식각(undercut) 현상 및 (b) 이로 인한 마스크 층의 완전한 잠식

반면 마스크의 간격을 줄여서 식각되는 물질의 간격을 줄이는 데는 그림 1-8의 오른쪽 그림에서 보는 바와 같이 한계가 있게 된다.

즉, 과식각을 포함하여 4마이크론의 마스크 간격으로 $SiO_2$의 식각 간격을 5마이크론으로 형성하게 되는 경우 만일 1마이크론 간격이 필요한 경우에는 마스크의 간격이 없어지는 패턴형성이 불가능한 상태가 된다.

따라서 건식식각은 미세소자의 식각에는 필수적인 식각방법이라고 하겠다. 한편 실리콘 반도체에서 소자의 크기는 단위면적당 수율을 증가시키고 또한 소자의 정보처리속도를 증가시키기 위해 지속적으로 감소하여 왔으며 현재 0.1㎛ 미만의 크기에 도달하고 있다.

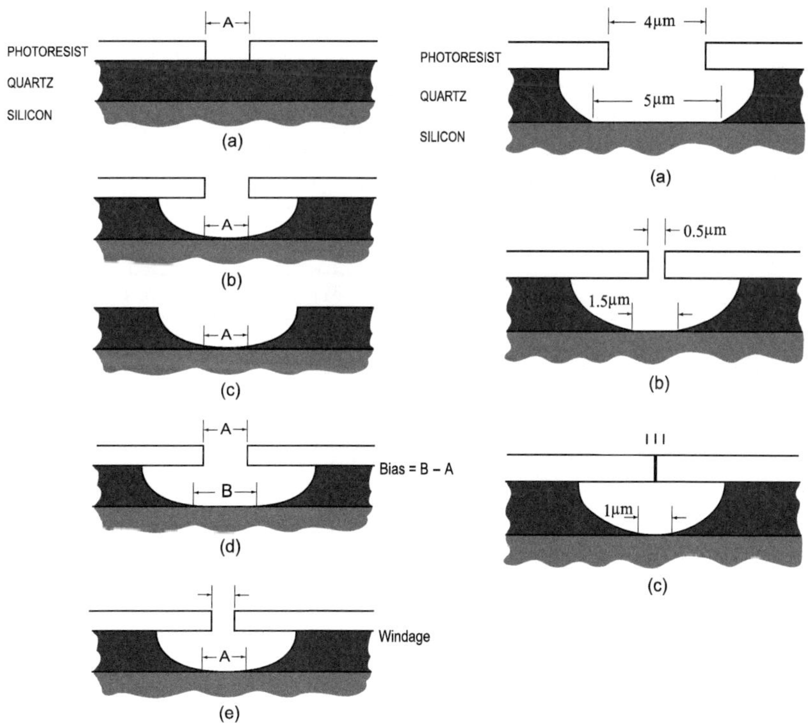


**그림 1-8** 미세패턴 식각의 경우 이방성 건식식각의 필요성

또한 이와 같은 추세는 앞으로도 지속될 것이라고 그림 1-9의 (b)에서 보이는 바와 같은 미국 세마텍(SEMATECH)의 반도체 로드맵(roadmap)에서 예측하고 있는 상태이다. 그림에서 보듯이 2014년에는 소자 내 패턴된 선(line)의 임계 크기(critical dimension)가 22nm로 나노미터 스케일에 도달하게 됨을 예측하고 있음을 알 수 있다.

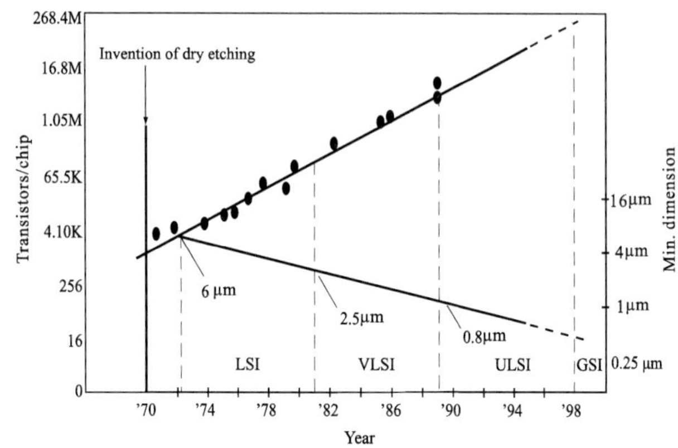


(a)

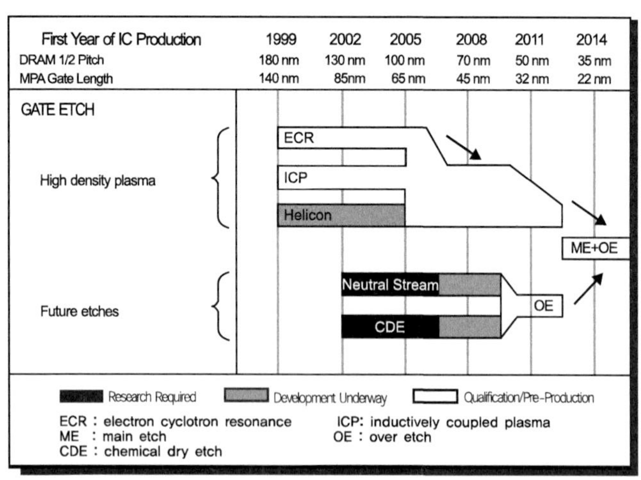


(b)

**그림 1-9** 미국 SEMATECH에서 예측한 ITRS(International Technology Roadmap for Semiconductor)중 선폭의 감소(a) 및 etching 장비의 예측(b)

## 1.7 플라즈마를 이용한 건식식각의 장점 및 단점

이와 같이 이방성 식각형상을 얻을 수 있는 플라즈마를 이용한 건식식각은 반도체의 패터닝(patterning)을 위한 필수적인 요소로서 다음과 같은 부가적인 장점을 지니기도 한다. 즉, 마스크 패턴(lithography pattern)을 정확히 이전(transfer)할 수 있는 수직식각이 가능한 것 이외에도 적은 양의 가스만을 이용하므로 식각가스의 비용이 적게 들며 환경오염의 가능성도 용액에 비해 작게 된다. 또한 용액을 이용하는 방법에 비해 청결하며 공정자동화도 손쉽다. 그리고 요구되는 식각이 끝나는 시점(endpoint)을 플라즈마의 특성변화를 통해 쉽게 파악할 수 있다.

반면 플라즈마를 이용한 식각은 용액과 같은 순수 화학적 반응에 의해 식각이 진행되는 것이 아니고 물리적인 반응도 존재하며 또한 화학적 반응을 하더라도 형성된 반응물의 증기압이 낮은 경우에 있어서는 식각이 잘 진행되지 않으며 결과적으로는 물질간의 식각선택도도 낮은 경향을 지닐 수 있다.

플라즈마는 이온화된 가스로서 플라즈마 내 이온에 의한 기판충격 및 정전현상(charging), 그리고 플라즈마에서 발생된 광자(photon) 등으로 인해 기판이 물리적, 전기적 손상을 받을 수도 있으며 반응용기(reactor chamber) 물질이나 반응가스 등으로 인한 기판오염이 발생할 수도 있다.

특히 어려운 점은 플라즈마 내에서 발생하는 기체반응 및 기판에서 발생하는 여러 반응이 복잡하여 식각이 정확히 어떻게 일어나는지를 이해하기 어렵다는 점이다.

■ **건식식각의 장점**

- highly directional etching (lithography pattern의 정확한 transfer)
- lower chemical costs
- reduced environmental impact
- greater cleanliness and greater potential for production line automation
- easy endpoint detection

■ 건식식각의 단점

- poor etch selectivities for some materials
- possible radiation damage and contamination
- complexity of the physical and chemical processes involved

그림 1-10 플라즈마를 이용한 이방성 건식식각의 장단점

## 1.8 플라즈마 식각의 정의

이와 같은 단점이 있음에도 불구하고 플라즈마(plasma)를 이용하는 건식식각은 마이크론 이하의 서브마이크론(submicron) 소자의 식각에 있어서는 필수불가결한 방법으로서 사용되고 있는 실정이다. 따라서 우리가 다음 장들에서 언급하는 건식식각은 플라즈마를 이용한 비이방성식각에 대한 이야기로서 플라즈마에 대한 이해를 필요로 한다. 플라즈마란 이온화된 가스를 의미한다. 원자 및 분자로 이루어진 가스에 전기 등의 에너지를 이용하여 방전시키면 전자, 이온, 분해된 가스, 그리고 광자(photon) 등으로 이루어진 플라즈마가 형성되게 되며 그림 1-11(b)에서 보는 바와 같이 이들이 중성가스와 더불어 공존하는 상태가 플라즈마 이다.

플라즈마를 이용한  식각에는 이들 이온 및 분해된 가스를 사용하게 된다. 예로 Ar 가스에 전기적인 에너지를 이용하여 분해시키면 $Ar^+$ 이온과 부가적인 전자가 생성되어 플라즈마를 형성하고, $CF_4$와 같은 가스를 방전시키면 $CF_3^+$, F 등의 이온과 분해된 가스가 발생하게 된다.

$$e + Ar \rightarrow Ar^+ + 2e$$
$$e + CF_4 \rightarrow CF_3^+ + F + 2e$$

Ar의 플라즈마의 경우는 $Ar^+$ 이온으로서 화학적인 반응 없이 물리적 식각만이 가능하게 되며 $CF_4$ 플라즈마의 경우 $CF_4$자체로는 반응성이 없으나 $CF_3$나 F와 같은 분해된 가스는 반응성이 높아 기판의 물질을 식각하게 되고 또한 $CF_3^+$와 같은 이온은 기판과의 충돌로 물리적인 식각을 일으키게 된다.

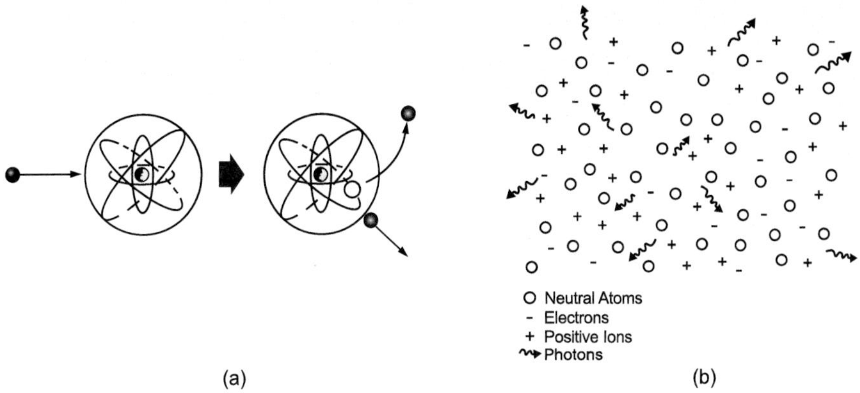


**그림 1-11** (a) 가스원자의 전자에 의한 이온화 현상 및 (b) Ar 가스의 이온화로 인해 발생된 플라즈마의 구성

플라즈마를 이용한 건식식각에 있어 가장 중요한 사항은 플라즈마내 분해된 가스와 식각할 물질간의 화학적 반응성 및 이의 증기압이다. 앞에서 설명한 바와 같이 분해된 가스는 모체가스가 반응성이 없더라도 이 가스가 분해가 되면 화학적 반응성을 지닌다.

물론 이 분해된 가스와 식각물질간의 실세적인 빈응이 높은지 낫은지는 식각물질이 어떤 물질인가에 따라서 변화한다. 또한 플라즈마 내의 이온충돌도 식각에 영향을 미치게 된다.

예를 들면 실리콘은 불소(F, fluorine)와의 화학적 반응성이 큰 물질이다. 실리콘을 그림 1-12에 보이는 바와 같이 $XeF_2$에 노출시키면 실리콘과 XeF에서 분해된 불소와 반응하여 $SiF_4$를 형성하게 되어 식각이 진행된다. 이때 $Ar^+$ 이온으로 실리콘에 충격을 주면 실리콘의 식각속도가 크게 증가한다.

만일 이 실리콘을 $Ar^+$ 이온만으로 노출시키더라도 물리적 충격에 의해 식각은 일어난다. 하지만 불소가 존재하는 상태에서 Ar 이온을 조사하면 $Ar^+$ 이온이 실리콘 원자 간의 결합(bond)을 끊어 실리콘과 불소 원자의 화학적 반응성을 크게 증가시켜서 $XeF_2$에만 노출시키거나 $Ar^+$ 이온에만 노출시킨 것보다 크게 식각속도가 증가한다.

즉, 만일 $XeF_2$에 노출시켜 얻은 식각속도가 3이고 $Ar^+$ 이온에 노출시켜

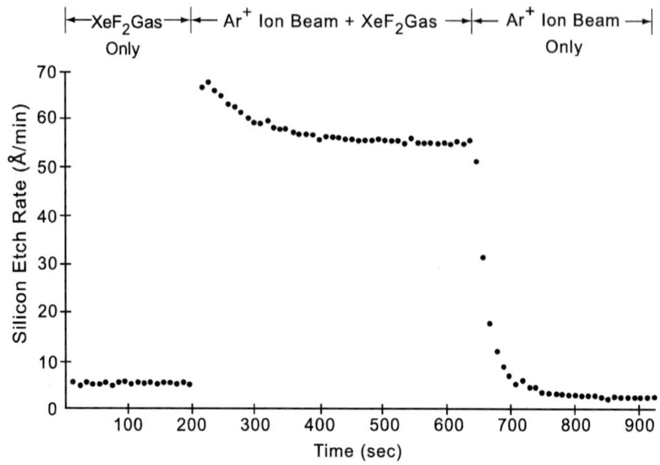


**그림 1-12** $XeF_2$에 노출시의 실리콘 식각속도, $XeF_2$와 $Ar^+$ 이온빔에 동시노출시의 실리콘 식각속도, 그리고 $Ar^+$ 이온빔에만 노출시의 식각속도

얻은 식각속도가 3이라면 둘 다에 노출시켜 얻는 식각속도는 3+3=6이 아니라 3×3=9의 식각속도를 얻게 된다.

물론 이때 중요한 사항은 식각할 물질과 반응가스와의 반응으로 생성된 반응물질의 증기압이다.

그림 1-13(a)에 보인 바와 같이 만일 $Ar^+$ 이온을 조사하면서 $Cl_2$ 가스를 노출시키면 실리콘 표면에 $SiCl_4$라는 식각물질의 형성을 촉진하게 된다. 이때 생성된 $SiCl_4$는 상온에서 액체로서 진공상태에서 증기압이 높아 쉽게 실리콘 표면에서 증발하여 식각속도가 향상된다.

반면 그림 1-13(b)에 보이는 바와 같이 알루미늄(aluminum)에 역시 $Ar^+$ 이온을 조사시키다가 $F_2$가스를 넣는 경우에 있어서는 오히려 식각속도가 감소하게 된다.

이는 증가된 반응성으로 $AlF_3$라는 반응물질이 형성되게 되는데 이 알루미늄 표면에 형성된 $AlF_3$가 상온에서 고체로서 증기압이 낮아 식각표면에 고체로 존재하게 되어 식각속도를 오히려 낮추게 되는 것이다. 따라서 식각가스의 선택에 있어 식각가스와 식각물질간의 높은 증기압을 갖는 식각가스를 사용하는 것이 필요하다.

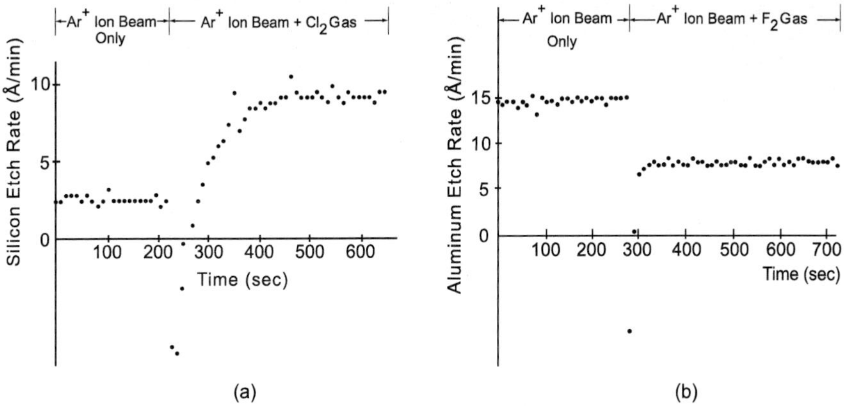


그림 1-13 (a) $Ar^+$ 이온빔에 추가하여 $Cl_2$가스를 주입한 경우의 실리콘 식각의 증가 및 (b) $Ar^+$ 이온빔에 추가하여 $F_2$ 가스를 주입한 경우의 알루미늄 식각의 감소

## 1.9 플라즈마를 이용한 건식식각의 용도

이와 같이 식각물질과 식각가스간의 높은 증기압을 가질 수 있는 가스를 사용하여 플라즈마 식각을 하는 공정은 여러 가지가 있다. 실리콘 집적회로의 경우 소자 내 여러 물질을 식각하는 데에는 필수적으로 이용되어 왔으며 화합물의 반도체 공정에 있어서도 많이 이용되고 있다. 최근에는 반도체 공정을 이용하여 아주 작은 소형 기계부품 혹은 장치를 만드는 공정인 MEMS 공정에도 이와 같은 플라즈마 식각이 이용되고 있다. 이밖에 소자의 크기가 점점 줄어듦에 따라서 TFT-LCD 등의 평판 디스플레이소자 제작공정에도 플라즈마 식각공정이 이용되고 또한 그 용도가 증가되고 있는 실정이다.

- Silicon 소자 processing
- 화합물 반도체 processing
- MEMS 공정
- 그밖의 FED, TFT-LCD등의 평판 디스플레이 제작공정

그림 1-14 플라즈마를 이용한 건식식각의 용도

## 1.10 플라즈마를 이용한 건식식각에 사용하는 장치

플라즈마를 이용한 식각은 최초에는 앞서 설명한 바와 같이 수직식각 혹은 이방성 식각을 위해 적용된 것은 아니다. 아래 그림 1-15에 보이는 그림은 배럴 시스템(barrel system)이라고 하는 반도체에 최초로 적용된 시스템을 나타내고 있다. 원통형의 쿼쯔(quartz)관 외부에 고주파(RF 혹은 rf) 전극을 가하고 쿼쯔관 내부에 원통형의 접지 전극을 형성하여 가스로는 산소를 넣어 산소 플라즈마를 형성시키는 시스템이다.

웨이퍼는 원통형 접지전극 안에 넣게 되는데 산소 플라즈마를 발생시켜 얻은 산소원자를 이용하여 습식식각 후 표면에 잔류하는 포토리지스트를 제거하는데 사용되었다. 이 경우 산소원자는 접지전극 내에 뚫린 작은 구멍을 통해 실리콘 웨이퍼로 이동하여 포토리지스트와 화학적으로 반응하여 제거를 하게 된다.

이때의 식각은 이온을 동반한 비등방성 식각이라기보다는 산소원자의 화학적 반응성을 이용한 등방성 식각에 가까운 형태가 된다. 처음에는 이와 같이 잔류 포토리지스트의 제거 즉, 포토리지스트 소각(photoresist ashing)에 사용되던 것이 추후 $CF_4$와 같은 불소(fluorine)가 함유된 가스를 사용하여 실리콘과 같은 물질에도 사용되게 되었다.

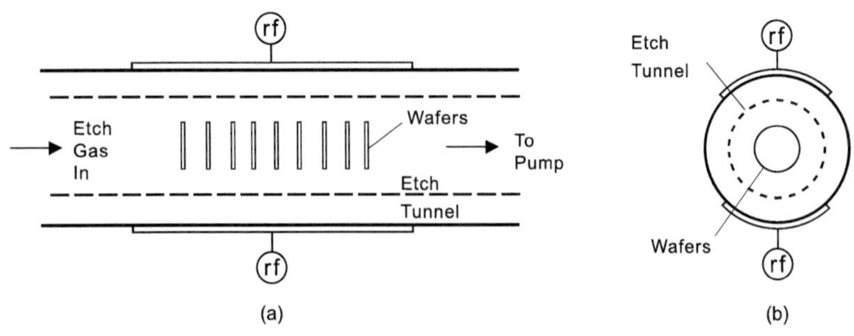


**그림 1-15** 반도체 포토리지스트의 소각(photoresist ashing)에 처음 사용된 식각장비 : 배럴시스템(barrel system)

물론 이 경우에도 실리콘과 불소 원자와의 화학적 반응성을 이용한 등방성 식각에 가까운 형태의 식각이었다.

다음으로 등장한 시스템은 다이오드 형태의 시스템으로서 비등방성 식각을 얻을 수 있는 시스템이다. 이는 두 개의 평판 전극을 서로 마주보게 하고 한 전극에는 고주파 전력(RF power)를 가하고 다른 전극은 접지를 한 형태이다. 이 두 전극 사이에 식각가스를 넣고 방전을 하면 두 전극 사이에 플라즈마가 발생되게 된다.

공정을 위한 기판은 초기에는 접지된 전극 상에 놓았으나 좀 더 이방성 식각이 요구됨에 따라서 후에는 고주파를 가한 전극에 놓게 되었다. 이렇게 함으로써 기판은 플라즈마로부터 발생된 분해된 반응성이 있는 가스와 플라즈마내의 이온으로부터 동시에 노출되어 식각이 진행된다.

접지된 전극에 기판을 놓았을 때에는 분해된 반응가스, 즉, 라디칼(radical)이 식각에 미치는 영향이 반응성 이온(reactive ion)의 영향보다 크게 되어 등방성 식각에 가까운 방향성 식각의 형태로 진행이 되는 반면, 고주파 전극에 기판을 놓게 되면 이온에 의한 영향이 분해된 가스로부터의 영향보다 크게 되므로 좀 더 이방성 식각이 진행되어 수직한 식각에 접근을 하게 된다.

기판을 접지 전극 상에 놓아 식각을 하는 시스템을 플라즈마 식각장치(plasma etching system)라고 부르고 고주파전력을 가하는 전극에 기판을 놓는 시스템을 반응성 이온식각장치(reactive ion etching system)라고 부른다. 물론 초기에 플라즈마를 이용하여 식각하는 시스템으로는 기판을 접지 전극(ground electrode)에 놓은 시스템만이 존재했고 이와 같은 시스템을 플라즈마 식각장치라고 불렀기에, 반응성 이온식각장치를 포함한 모든 플라즈마를 이용하여 식각을 하는 시스템을 플라즈마 식각장치라고 포괄적으로 부르기도 한다.

플라즈마를 이용하는 시스템은 그림 1-16과 같은 다이오드 형태의 전극을 사용하고 전극에 고주파전력을 가하여 플라즈마를 발생시키는 방법이 있는 가하면, 그림 1-17에 나타난 바와 같이 라디오 주파수(radio frequency)보다 높은 주파수인 마이크로웨이브 전자기파를 이용하여 플라즈마를 발생시키는 시스템을 사용하기도 한다.

■ planar diode type 플라즈마 system

- Plasma etching system
- Reactive ion etching system

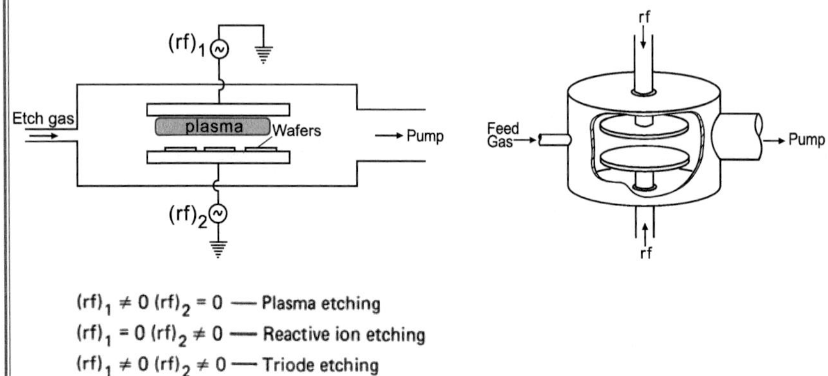


**그림 1-16** 플라즈마 식각장치(plasma etching system)와 반응성 이온식각장치 (reactive ion etching system)

이 경우 반응용기 외부에 영구자석이나 전자석을 부착하여 그 플라즈마의 밀도를 높여 식각속도를 증가시키는 방법을 이용하기도 한다.

앞의 고주파전력의 경우 사용하는 주파수가 대체로 13.56MHz의 라디오 주파수인데 반해 마이크로웨이브는 주로 2.45GHz를 이용하며 자장을 875Gauss로 하는 경우 플라즈마 내 전자의 공명현상이 발생하여 높은 밀도의 고밀도 플라즈마를 얻을 수 있는 전자공명(electron cyclotron resonance) 시스템이 된다.

앞에서 설명한 전자공명 플라즈마장치(ECR plasma system)외에 다른 여러 고밀도 플라즈마를 얻을 수 있는 플라즈마 시스템이 개발되고 있으며 일부 시스템의 경우는 생산용 플라즈마 식각시스템으로 적용이 되고 있다. 고밀도 플라즈마를 이용하면 식각속도를 증가시켜 생산성을 향상시킬 수 있는 장점을 지닌다.

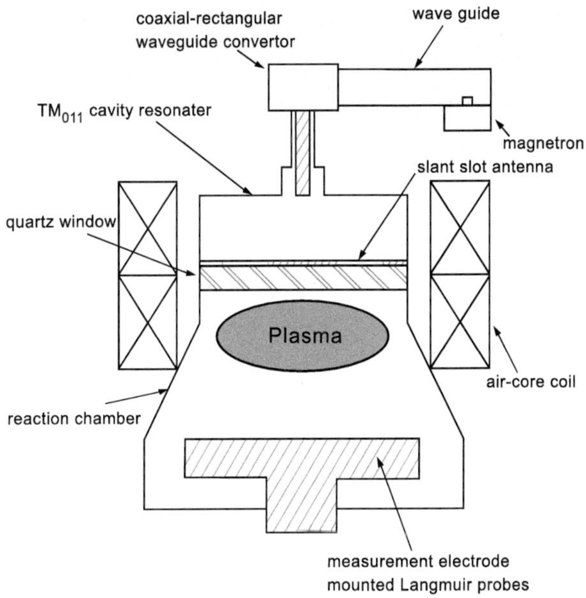


**그림 1-17** 전자공명(electron cyclotron resonance)을 이용하는 마이크로웨이브 플라즈마장치

가장 많이 생산에 적용되고 있는 고밀도 플라즈마 식각시스템은 그림 1-18(a)에 있는 유도결합형 플라즈마장치(inductively coupled plasma system)이다.

고주파전력으로서는 역시 13.56MHz를 가하나 교류전력을 가하는 전극이 앞서의 반응성 이온식각장치에서의 양판전극(diode type)이 아니라 코일(coil)형태로 되어 전기장이 아닌 자기장의 형태로 전력(power)을 전달하는 시스템이다.

이 밖에 그림 1-18(b)에 보이는 바와 같은 헬리콘 웨이브(helicon wave)라는 전자파를 방출시켜 이를 이용하는 헬리콘 플라즈마 식각장치(helicon plasma etching system), 그리고 그림에는 없지만 일종의 공명을 이용한 유도결합형 플라즈마로 헬리칼공명 플라즈마장치(helical resonator plasma system) 등의 다양한 고밀도 플라즈마 시스템이 있으나 현재로서는 연구 중이므로 실제의 생산시스템에는 많이 적용되지 않고 있는 실정이다.

유도결합형 플라즈마장치나 헬리콘 플라즈마 장치, 헬리칼 공명 플라즈마 장치, 그리고 전자공명 플라즈마장치(ECR, 즉, electron cyclotron resonance plasma system) 등의 고밀도 플라즈마 시스템이 다른 시스템에 비해 우수한 점은 플라즈마를 발생시키는 전력과 기판에 이온의 에너지를 주는 전력장치가 분리되어 있다는 점이다.

앞서 플라즈마 식각장치나 반응성 이온식각장치의 경우에는 플라즈마를 발생시키고 이온을 기판에 수직으로 충돌시키는데 1개의 교류전력만을 사용하게 된다. 플라즈마를 이용한 식각에는 플라즈마의 밀도 즉, 이온밀도, 가스의 분해정도, 분해된 가스종도 중요하고 또한 이온의 에너지도 중요하다.

■ **고밀도 플라즈마(high density plasma) 시스템**

- 유도결합형 플라즈마 (inductively coupled plasma)
- Helicon 플라즈마
- Helical Resonator Plasma 등

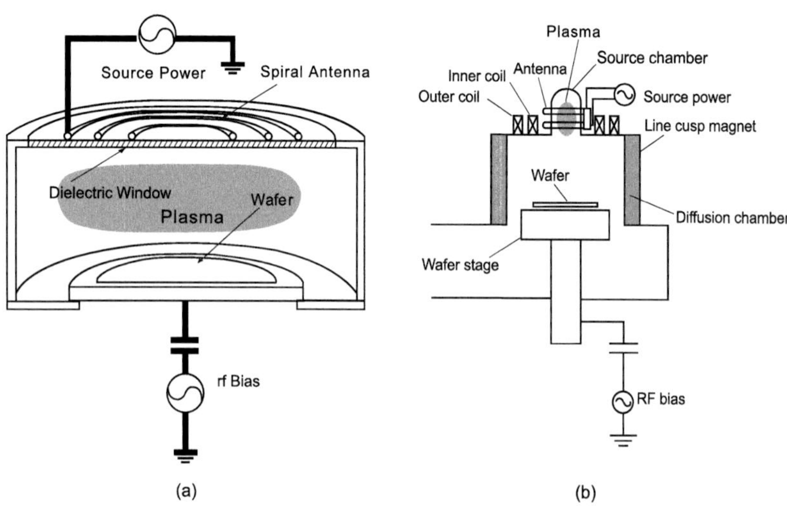


**그림 1-18** 고밀도 플라즈마장치로서 (a)유도결합형 플라즈마장치(inductively coupled plasma system) 및 (b)헬리콘 플라즈마장치(helicon plasma system)

앞서의 반응성 이온식각장치에서는 전력을 1개를 사용하게 되어 플라즈마의 밀도를 증가시키기 위해 전력을 증가시키면 기판에 입사되는 이온의 에너지도 동시에 증가되게 되어 공정 적합화를 위한 자유도가 적어지는 단점이 있게 된다.

반면 고밀도 플라즈마장치의 경우는 플라즈마를 발생시키는 전력 및 이온에너지를 조절하는 전력이 각각 1개씩 따로 존재하게 되어 공정의 적합화를 위한 자유도가 증가하는 장점이 있다. 또한 식각속도가 높아서 매엽식의 1개의 웨이퍼(wafer)를 한 번에 처리하는 단일웨이퍼(single wafer) 시스템이 현재의 대구경 웨이퍼 시스템에서는 필요로 하는데 반응성 이온식각장치에 비해 식각속도가 우월하므로 요구되는 단일웨이퍼 처리시스템에 적합하다고 할 수 있다.

물론 고밀도 플라즈마 시스템이 현재 및 차세대 식각에 관련한 모든 문제를 해결할 수 있는 상태는 아니다. 가스의 분해도가 너무 커서 식각의 선택비가 낮은 문제점을 지니는 등의 여러 문제점으로 인해 현재 일부의 공정에만 이용되고 있으며 일부시스템은 균일도의 문제로 적용을 못하고 있기도 하다.

하지만 앞의 그림 1-9(b)에서 살펴본 세마텍(SEMATECH)에서 제출한 차세대 로드맵(roadmap)에서 볼 수 있듯이 앞으로의 플라즈마 식각장치 및 공정은 고밀도 플라즈마의 형태로 이루어지고 이와 같은 시스템에 대한 공정개발이 지속적으로 이루어질 것으로 예측이 된다.

P/A/R/T

# 2 기체의 특성

이번 장에서는 기체의 특성을 설명하기로 한다. 플라즈마는 기체로 이루어지므로 플라즈마 설명에 앞서서 기체의 특성을 알 필요가 있으며 본 장에서 설명하는 기체 특성에 관한 내용은 다음 장의 플라즈마를 이해하는 데 중요하다.

## 2.1 질량과 원자량

우선 기체의 기본적인 현상부터 설명을 하도록 하자. 우선 수소의 특성을 이해하여 보자.

수소는 원자 상태로서는 최외각전자가 완전히 채워지지 않아 불완전한 상태이며 최외각전자를 채우기 위하여 $H_2$의 분자를 형성하게 된다. 이로서 서로 1개의 전자를 공유하여 최외각에 필요한 2개의 전자를 확보하게 된다. 물론 최외각전자를 2개 채웠을 때 안정한 상태를 이루는 원소는 수소와 He뿐이고 다른 원소는 8개의 전자를 채워야 안정된 원소가 된다.

불활성기체인 Ne, Ar, Kr, Xe 등과 같은 기체는 최외각전자를 8개를 가지고 있어 원자 상태로 안정된 형태를 이루지만 다른 원소, 예로 산소와 같은 원자는 최외각전자를 6개 가지고 있어 수소 원자 2개와 결합하여 8개의 안정된 최외각전자를 이루거나 다른 산소 원자로부터 2개의 전자를 서로 공유하여 8개의 전자구조를 이루는 상황이다.

- 수소는 원자로서는 불안정하므로 분자로서 존재

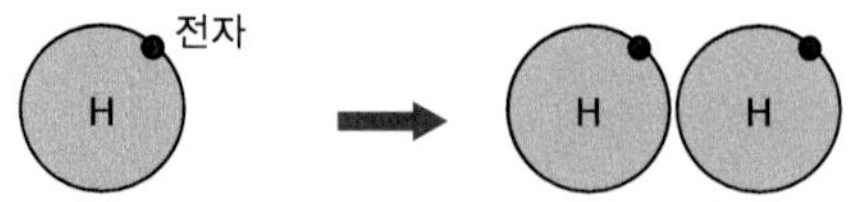


- 수소원자의 질량 = $1.66\times 10^{-24}$g
  1gram 수소 내 원자수 = $1/1.66 \times 10^{-24} = 6.02 \times 10^{23}$ atoms
- 다른 원소의 molecular weight(amu) = (그 원소 mass)/(수소원자의 mass)
  원소의 amu에 해당되는 gram 내에 원자(분자)수도 $6.02 \times 10^{23}$개
  (Avogadro's number)

**그림 2-1** 아보가드로수(Avogaro's number)의 정의

수소원자의 질량은 $1.66\times10^{-24}$g이며 따라서 1g수소 내의 원자수는 1을 $1.66\times10^{-24}$으로 나눈 값인 $6.02\times10^{23}$개가 된다.

**1그램(gram) 수소내 원자수 = $1/\ 1.66\times10^{-24} = 6.02\times10^{23}$atoms**

다른 원소의 질량의 계산은 그 원소의 질량을 수소원자의 질량으로 나눈 값으로 표기하며 이때의 값은 amu, 즉 원자질량단위(atomic mass unit)가 된다.

이와 같이 하는 경우 원소의 amu에 해당되는 그램(gram)수 내에 원자 수 혹은 이 원소가 분자인 경우 분자수는 $6.02\times10^{23}$개로 이루어지게 된다.

혹은 1몰(mole)은 그 원소의 amu에 해당하는 그램(gram)수이다. 따라서 몰(mole)로 설명을 한다면 어떤 원소의 1몰 내 원자수 혹은 원소가 분자인 경우 1몰 내 분자수도 $6.02\times10^{23}$이 된다.

이 $6.02\times10^{23}$은 이미 알고 있는 바와 같이 아보가드로(Avogadro)에 의해 얻어진 상수인 아보가드로 상수(Avogadro's constant)이다.

## 2.2 기체의 운동에너지와 온도

밀폐된 용기 내에 가스원자를 넣고 외부에서 가열을 하면 벽으로부터의 방열(radiation), 그리고 기체원자의 벽으로의 충돌 등으로 인하여 밀폐된 용기내의 기체원자가 외부로부터 에너지를 흡수하게 된다. 이때 흡수하는 에너지는 운동에너지(kinetic energy)의 형태를 띠게 된다.

원자의 경우는 흡수되는 운동에너지로서 원자가 이동함으로써 갖는 에너지 형태인 병진에너지(translational energy)의 형태만 가질 수 있는 반면, 분자의 경우는 그림 2-2에 보이는 바와 같이 이 병진에너지의 형태 외에도 분자 내 원자 간의 진동 에너지인 진동에너지(vibrational energy), 원자 간에 상대적으로 회전하는 에너지인 회전에너지(rotational energy)도 가질 수 있다.

■ **기체의 에너지 흡수**

밀폐된 용기 내 가스원자 ← 벽으로 부터의 radiation 등으로 energy 흡수
→ Kinetic energy를 갖게 된다.

Kinetic energy : 원자의 경우 : translational
분자의 경우 : translational, vibrational, rotational

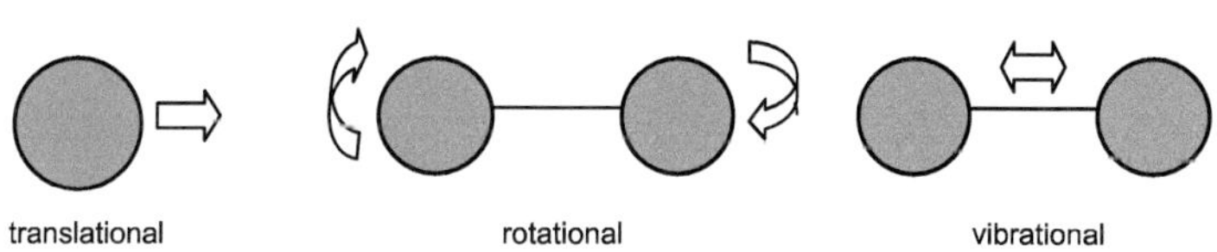


- 원자(분자)간의 collision을 통한 energy exchange
- 밀폐된 용기 내 가스원자(분자)는 steady state energy distribution
- Maxwell–Boltzmann Distribution

그림 2-2 밀폐된 용기 내 기체의 에너지흡수

이와 같이 외부로부터 원자 혹은 분자가 에너지를 흡수하면 이 원자나 분자만이 에너지를 보유하고 있는 것이 아니라 주변에 존재하는 다른 원자나 분자와 충돌을 일으키게 되므로 이 에너지를 가진 원자나 분자는 원자간 혹은 분자간의 충돌(collision)을 통하여 받은 에너지를 교환하게 된다. 이와 같이 받은 에너지를 서로 교환하다보면 전체적으로 밀폐된 용기 내 가스원자 혹은 분자는 일정상태의 에너지 분포를 이루는 상태를 나타내게 된다. 이들 원자나 분자가 나타내는 에너지 분포는 자연적인 입자의 에너지 분포도로써 존재하게 되며 이 분포형태를 맥스웰-볼쯔만 분포(Maxwell-Boltzmann distribution)라고 한다.

자연상태의 기체가 그림 2-3(a)와 같이 상호 간에 무작위 충돌(random collision)을 해서 나타내는 속도분포 혹은 에너지 분포가 맥스웰-볼쯔만 분포(Maxwell-Boltzmann distribution)이다. 이 맥스웰-볼쯔만 분포를 원자의 속도에 따른 분포로 나타낸다면 그림 2-3(b)에 나타내는 그림과 같이 보이게 될 것이다.

그림 2-3(b)에서 기체의 속도에 따른 기체수의 분포를 보면 밀폐된 용기 내 기체가 0의 속도를 갖는 입자로부터 무한대의 속도를 지니는 입자까지의 분포도를 나타내게 되며 이 중간의 속도에서 가장 많은 기체원자가 분포되어 있는 형태를 띠게 된다. 이를 수식적으로 표현하면 아래 나타낸 것과 같으며 이를 맥스웰-볼쯔만식이라고 한다.

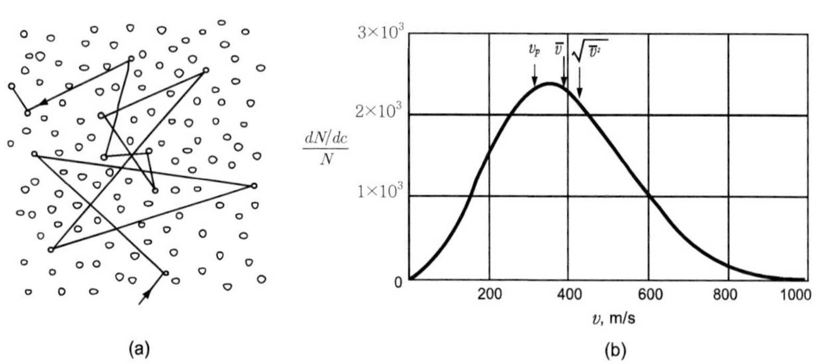


**그림** 2-3 (a)기체간의 무작위 충돌 및 (b)이를 통한 기체의 속도분포인 맥스웰-볼쓰만 분포도(Maxwell-Boltzmann distribution)

$$dn = \frac{4n}{\sqrt{\pi}}\left(\frac{m}{2kT}\right)^{\frac{3}{2}} v^2 \exp\left(-\frac{mv^2}{2kT}\right) dv$$

여기서 $v$는 기체의 속도, $T$는 절대온도( °K), $m$은 기체의 분자량(혹은 원자량), $n$은 단위부피당 기체의 분자수(혹은 원자수), $k$는 볼쯔만 상수(Boltzmann constant)를 나타내며 $dn$은 속도 $v$와 $v+dv$의 속도를 지니는 기체 분자수(혹은 원자수)를 말한다.

위의 식으로부터 $dn$, 즉, 기체의 분포도는 기체의 온도 및 질량, 그리고 기체내의 원자(혹은 분자) 속도에 따라 변화하는 것을 알 수가 있다.

자연상태의 모든 기체가 이와 같은 분포를 지니고 있으므로 어떤 온도에서든지 기체 내 원자나 분자들은 0에서부터 무한대의 속도를 지닌 분포를 지니게 있게 되어 어떤 한 상태에 있는 기체에 대한 속도를 나타내려면 이 기체 내 각 원자나 분자들의 속도를 평균한 평균속도를 사용하여 나타내어야 할 것이다.

이와 같이 0에서 무한대까지의 분포를 지니는 다양한 기체 내 입자의 속도에 대한 평균값의 표현은 아래에서 보는 바와 같이 3가지 형태로 나타낼 수 있다.

즉, 첫 번째로 제곱평균근속도(root mean square speed)로 나타낼 수 있고 두 번째로 평균속도(average speed)로 나타낼 수 있으며, 마지막으로 최다입자속도(most probable speed)로 나타낼 수 있다.

제곱평균근 속도(root mean square speed)의 경우 $v_{rms}$로 나타내며 각 입자의 속도의 자승을 합하여 평균을 취한 다음에 이의 근을 취한 값, 즉, $\sqrt{\overline{v^2}}$으로서 $1/2m\overline{v^2} = 3/2kT$로부터 $\sqrt{\overline{v^2}} = \sqrt{3kT/m}$이다. 평균속도(average speed) $\bar{v}$는 각 입자의 속도에 그 속도를 가진 입자의 수를 곱하고 이를 나합한 뒤에 총 입자의 수로 나눈 것으로서 보통 우리가 아는 평균치에 해당된다. 이렇게 한 경우의 입자의 평균속도 $\bar{v}$는 $\sqrt{8kT/\pi m}$가 된다.

마지막으로 최다입자속도(most probable speed) $v_p$는 앞의 맥스웰-볼쯔만 분포도에서 가장 많은 입자가 가진 속도를 의미하고 이 경우에는 이 맥스웰-볼쯔만식을 속도로 미분하여 0과 같다고 놓고 풀면, 즉, $dn/dv = 0$으로 하면 이 속도가 얻어지며 이 속도의 값은 $\sqrt{2kT/m}$에 해당된다.

이들 3가지 기체 내 입자의 속도를 대변하는 값을 서로 비교한다면 그림 2-3(b)에 표기된 바와 같이 최다입자속도가 제일 작고 제곱평균근속도가 제일 크며 평균속도가 중간의 값을 갖는 것을 알 수 있다.

1) root mean square speed :

$$v_{rms} = \sqrt{\overline{v^2}} = \sqrt{\frac{3kT}{m}} \qquad \frac{1}{2}m\overline{v^2} = \frac{3}{2}kT$$

2) average speed (mean speed) :

$$\bar{v} = \sqrt{\frac{8kT}{\pi m}} \qquad \bar{v} = \frac{1}{n}\int_0^\infty v\,dn$$

3) most probable speed :

$$v_p = \sqrt{\frac{2kT}{m}} \qquad \frac{dn}{dv} = 0$$

이들 속도의 값 중에서 가장 이용도가 큰 것은 평균속도인 $\bar{v}$이다. 실제 기체 내 입자가 갖는 평균속도를 한번 계산해 보자. 예로 상온인 20℃(293°K)에서의 Ar 원자(질량 $m = 39.948amu = 39.948 \times 1.66 \times 10^{-27}$kg)가 갖는 평균속도를 계산해 보면 다음과 같다.

$$\bar{v} = \sqrt{\frac{8kT}{\pi m}} = \sqrt{\frac{8 \times (1.38 \times 10^{-23} J/^\circ K) \times 293^\circ K}{\pi \times 39.948 \times 1.66 \times 10^{-27} kg}} = 3.94 \times 10^2 \mathrm{m/sec}$$

이는 음속이 $v_{sound} \fallingdotseq 331 + 0.6T(℃)$m/sec로 표현되어 20℃에서 $v_{sound} \fallingdotseq 343$m/sec인 것을 감안할 때 20℃에서의 Ar의 평균속도는 음속과 유사함을 알 수 있다.

기체의 평균속도는 식에서 보는 바와 같이 온도뿐만 아니라 질량에도 의존을 한다. 예로 상온에서의 질소의 평균속도는 약 510m/sec, 산소의 평균속도는 477 m/sec, He의 평균속도는 1350m/sec, 수소의 평균속도는 1908 m/sec로써 질량이 작을수록 높은 평균속도를 갖게 된다. 또한 윗 식에서 보듯이 평균속도는 같은 질량의 기체에서 온도에 의존하며 온도가 증가할수록 평균속도가 증가함을 알 수 있다.

전체적인 맥스웰-볼쯔만 분포도는 평균속도와 유사하게 같은 온도에서 질량이 증가함에 따라서 그림 2-4(a)에 보이는 바와 같이 작은 속도분포를 가지게 되고 같은 질량에서는 그림 2-4(b)에서 보이는 바와 같이 온도가 증가함에 따라서 큰 속도분포를 가지게 된다.

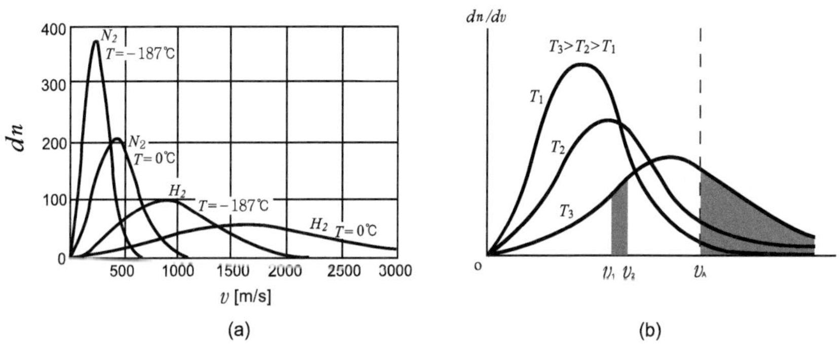


**그림 2-4** (a) 질량 및 온도에 따른 맥스웰-볼쯔만 분포도 및 (b) 같은 질량에서 온도에 따른 맥스웰-볼쯔만 분포도

## 2.3 기체의 압력

밀폐된 용기에 기체를 넣으면 압력을 나타내게 된다. 기체를 넣을 때 압력을 나타내는 이유는 에너지를 가진 분자나 원자의 운동에 의해 벽을 칠때 벽에 힘 혹은 운동량(momentum)변화를 주기 때문이다.

즉, 압력은 벽의 단위면적당 가해진 힘을 의미한다. 이와 같은 개념을 통하여 벽면에 충돌하는 원자의 운동량 변화로부터 우리가 측정하는 압력 P의 개념 PV=nRT라는 법칙을 유도할 수도 있다.

현재 플라즈마 식각을 포함한 플라즈마 공정에서 많이 사용되고 있는 단위는 Torr 및 mTorr이다. 이는 각각 수은기둥길이 1mm(mmHg) 및 1미크론(1μmHg)의 높이에 해당된다.

즉, 대기압과 진공 사이에 수은기둥을 놓으면 대기압의 압력에 의해 수은이 진공으로 밀려들어가고 그 높이를 재면 76cm 즉 760mm에 해당이 되게 된다. 따라서 1기압은 760mmHg라고 표현을 하게 되는데 1mmHg의 높이를 1Torr라고 표현하는 것이다. 따라서 1기압의 압력은 760mmHg 혹은 760Torr로 나타낼 수 있다. Torr 외에 mTorr도 많이 사용하고 있다. 1mTorr는 $10^{-3}$Torr에 해당이 되는 값이다. 따라서 1mTorr는 $10^{-3}$mmHg, 또한 $10^{-3}$mm가 1미크론(micro meter)에 해당되므로 1micrometer Hg 혹은 Hg를 뺀 1 미크론(micron)이라 부르기도 한다.

이 Torr나 mTorr는 실제로는 CGS(centimeter-gram-second)단위로서 760Torr란 106 dynes/$cm^2$에 해당된다. 현재 국제규격인 SI(system international) 단위를 사용하도록 권장되고 있고 따라서 압력의 단위도 CGS가 아닌 MKS(meter-kg-second)단위를 사용하도록 하고 있다.

■ **밀폐된 용기 내 기체의 압력**

- 에너지를 가진 molecule의 운동에 의해 벽을 칠때 가해진 힘(force) 혹은 momentum의 변화에 의함.
- 압력(pressure)은 벽의 단위면적당 가해진 힘에 해당됨.

■ **압력의 단위**

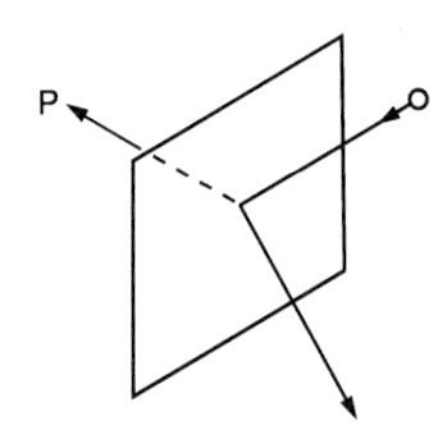


- 현재 플라즈마 식각에서 많이 사용되고 있는 단위는 Torr 및 mTorr이다. ➜ 이는 각각 mmHg와 $\mu$ mHg 혹은 $\mu$ (micron)에 해당된다.

  ➜ 즉, 1기압 = 760mmHg = 760Torr

  1mTorr = $10^{-3}$mmHg = 1 $\mu$ mHg = 1$\mu$

  이는 CGS 단위로서 1기압 = 760Torr = $10^6$ dynes/$cm^2$ 에 해당.

■ 현재 국제규격(Systeme Internationale)에 의해 mTorr나 Torr대신 MKS 단위인 Pascal을 쓰도록 함.

- 1Pa = 1 N/$m^2$= 7.5mTorr

**그림 2-5** 압력에 대한 단위

압력의 경우 MKS단위는 파스칼(Pascal, Pa)로서 1Pa는 1Newton/$m^2$의 값으로 7.5mTorr에 해당된다. 따라서 우리가 논문에서 Pa의 단위를 보았을 때 이에 7.5를 곱하면 우리에 좀더 친숙한 mTorr의 형태로 읽을 수가 있고 반대로 실험에서 쓴 단위인 mTorr를 논문에 쓸 때는 7.5로 나누어 Pa로 하여 제시하면 될 것이다.

## 2.4 기체의 밀도

전에 아보가드로(Avogadro)의 법칙을 이야기 할 때 1몰(mole)의 기체원자 수는 $6.02\times10^{23}$개라고 했다. 이 $6.02\times10^{23}$개의 원자가 0℃ 1기압, 즉 표준온도와 압력 (STP, standard temporature and pressure)에 있을 때 차지하는 부피는 22.4리터(liter)가 된다. 0℃ 1기압에서 1몰(mole)의 원자 혹은 분자가 차지한 부피가 22.4liter가 되는 것을 아보가드로의 법칙(Avogadro's law)이라고 한다.

이를 통해서 우리는 플라즈마 공정에서 어떤 압력을 유지할 때 이 공정챔버(chamber)내 단위부피당 원자나 분자의 수를 계산하고 이를 유용하게 플라즈마의 공정을 이해하는데 사용할 수 가 있다.

예로 1Torr에서 1cc의 부피 내에 차지한 몰의 수를 계산해 본다면 우선 1Torr는 1/760기압이고 1cc는 1을 22.4로 나누고 또다시 1000으로 또 나눈 리터(liter) 수이므로 0℃ 1기압에서 1몰이 차지한 분자의 수인 $6.02\times10^{23}$에 $22.4\times10^3$ 그리고 760으로 나누면 1Torr의 압력 하에서 1cc의 부피 내 들어 있는 분자의 수를 계산할 수 있게 되며 이 계산한 값은 $3.5\times10^{16}$개가 된다.

만일 1mTorr에서의 1cc의 부피 내에 들어 있는 분자 수를 계산하면 이는 $3.5\times10^{13}$개가 될 것이다. 이 숫자 역시 감을 잡기는 어려운 숫자이다. 이 대신 1mTorr에서 1cc($cm^3$)보다는 1$\mu m^3$의 부피 내 들어 있는 분자 수를 계산하면 1$\mu m=10^{-4}$cm으로부터 $3.5\times10^{13}\times(10^{-4})^3=35$개가 된다.

1㎛라는 단위는 반도체 집적회로에서의 4MDRAM의 접속홀(contact hole)의 크기 등에 해당되는 값으로서 이 안에 35개의 입자가 들어 있다는

것은 실제 플라즈마 식각에서 사용하는 압력이 수 mTorr에서 수십 mTorr임을 감안할 때 많은 수의 입자들이 반도체 공정시의 홀(hole)내부에 존재함을 알 수 있다.

■ 0℃, 1기압(STP)에서 1mole($6.02 \times 10^{23}$개의 원자 혹은 분자)이 차지한 부피 :
V = 22.4 liter ➜ Avogradro의 법칙

■ 1Torr에서 1cc당 molecule의 수

$$= \frac{6.02 \times 10^{23}}{22.4l \times 10^3 cc/l} \times \frac{1}{760\, Torr/atm} = 3.5 \times 10^{16}$$

■ 1mTorr에서는 1cc당 molecule의 수

$$= 3.5 \times 10^{13} \text{molecules/cc}$$

■ 1mTorr에서 $1\mu m^3$ 의 내부의 molecule수

$$= \frac{3.5 \times 10^{13}}{(10^4)^3} = 35\text{개}$$

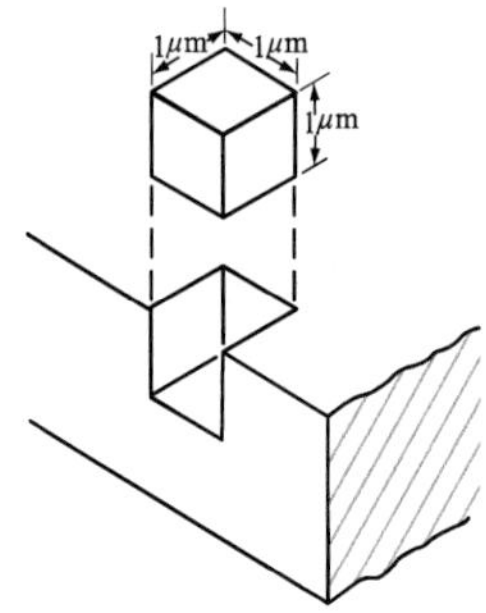


그림 2-6 압력에 따른 단위부피에서의 입자수에 관한 계산치

## 2.5 충돌 플럭스(Impingement Flux)

플라즈마를 공부하기 전에 기체에 대하여 알아야 할 기본적 성질중의 또 한 가지가 충돌 플럭스(impingement flux)이다. 충돌 플럭스란 챔버의 한 면을 치는 단위면적당 그리고 단위시간당의 분자의 수를 나타내고 만일 $x$방향으로의 입자의 평균속도가 $\overline{v_x}$ (즉, $x$방향으로의 1차원 평균속도)인 경우 $x$ 면상의 충돌 플럭스(즉, 단위면적당 단위시간당 충돌입자수, $F$)는 다음과 같이 나타낼 수 있다.

$$F = n\overline{v_x}$$

여기서 $n$는 단위부피당 분자수이다. 1차원 평균속도는 1차원 맥스웰-볼쯔만 속도분포도(Maxwell-Boltzmann speed distribution)로 구할 수 있다. 1차원 맥스웰-볼쯔만 속도분포도, $dn(v_x)$는 전의 3차원 맥스웰-볼쯔만 속도분포도와 유사하게 다음과 같은 수식으로 표현된다.

$$dn(v_x) = n(\frac{m}{2\pi kT})^{1/2} exp(\frac{-mv_x^2}{2kT})dv_x$$

여기서 $v_x$는 $x$방향으로의 속도, $k$는 볼쯔만 상수, 그리고 $T$는 절대온도(°K)이다. 1차원 평균속도는 3차원 평균속도와 마찬가지로 다음과 같은 수식으로 표현된다.

$$\overline{v_x} = \frac{1}{n}\int_0^{\infty} v_x dn(v_x)$$

이를 계산해보면, 다음의 값을 얻게 된다.

$$\overline{v_x} = (\frac{kT}{2\pi m})^{1/2}$$

이는 3차원의 평균속도 $\bar{v}$와 비교시 1차원 평균속도 $\overline{v_x}$와 비교시 다음의 관계를 갖게 됨을 알 수 있다.

$$\overline{v_x} = \frac{1}{4}\bar{v}$$

따라서 충돌 플럭스를 3차원 평균속도로 다음과 같이 표시할 수 있다.

$$F = \frac{n\bar{v}}{4}$$

충돌 플럭스에 대한 예를 들어보자. 예로 500mTorr Ar 가스가 20℃에 있을 때 벽면을 치는 단위면적당 단위시간당 Ar수는,

$$F = \frac{1}{4} \cdot n \cdot \sqrt{\frac{8kT}{\pi m}} = 1.7 \times 10^{20} \text{atoms/cm}^2\text{sec}$$

$$= \frac{1}{4} \cdot (500\text{mTorr} \times 3.5 \times 10^{13}/\text{cm}^3) \cdot 3.94 \times 10^4 \text{cm/sec}$$

■ Chamber의 한면을 치는 molecule의 수 (단위면적당) :

Flux = $n\overline{v_x}$ (여기서 $\overline{v_x}$는 1 dimensional 평균속도)

■ 1 dimensional Maxwell–Boltzmann speed distribution

$$d_n(v_x) = n\left(\frac{m}{2nkT}\right)^{1/2} \exp\left(\frac{-mv_x^2}{2kT}\right)dv_x$$

■ 1–D 평균속도와 3–D 평균속도와의 관계

$$\overline{v_x} = \frac{1}{n}\int_0^{\infty} v_x\,dn(v_x) = \left(\frac{kT}{2\pi m}\right)^{1/2} = \frac{\overline{v}}{4}$$

· 따라서 Impingement Flux F = $\frac{n\overline{v}}{4}$

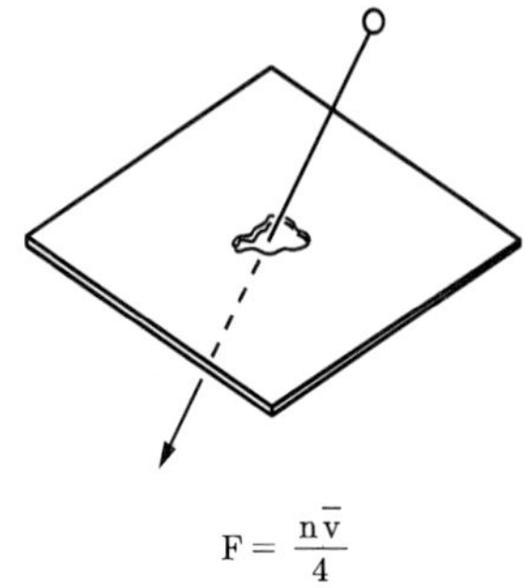


그림 2–7 충돌 플럭스의 개념

## 2.6 단원자층(Monolayer) 형성시간

앞의 예는 20℃, 500mTorr에서의 Ar의 충돌 플럭스 [단위면적당(/$cm^3$) 단위시간당(/second) 벽면에 충돌하는 Ar의 숫자]를 나타내지만 이를 1mTorr로 감소시키면, 1mTorr에서의 충돌 플럭스는 이를 500으로 나누면, $3.4\times10^{17}$atoms/$cm^2$sec가 된다.

플라즈마공정(plasma processing) 동안에는 시편의 모든 표면이 충돌 플럭스에 의해 충돌을 받게 되는데 만일 이 충돌되는 원자 혹은 분자가 시편의 표면위에 모두 잔류한다고 가정하였을 때 이들 원자 혹은 분자가 시편표면위에 단원자층(1 monolayer)을 형성하는데 걸리는 시간을 계산할 수 있다.

우선 단일 원자층을 형성하는데 걸리는 시간은 물체의 단위면적상(1$cm^2$)의 원자수 $n'$를 알아야 한다.

물체 내 원자의 직경을 약 3Å이라고 가정했을 때 1cm에는 1/3Å ≒ $3.3\times10^7$개의 원자가 있고 1$cm^2$의 단위 면적에는 $(3.3\times10^7)^2 ≒ 10^{15}$개의 원자가 있게 된다.

따라서 1mTorr의 압력에서는 1초에 $F/n' = (3.4 \times 10^{17})/10^{15} = 3.4 \times 10^{2}$개의 원자층을 형성하게 되며 단원자층을 형성하는 데는 $1/(3.4 \times 10^{2})sec$가 걸린다.

이 1mTorr의 압력에서 플라즈마 공정을 하는 경우 이 압력의 가스가 표면을 충돌하게 된다. 만일 스퍼터 증착(sputter deposition)과 같은 공정을 생각할 때 스퍼터링을 통해 기판에 물질을 증착시 증착되는 원자뿐만 아니라 공정챔버 내 불순가스로 인해 기판표면에 충돌하는 불순원자도 있게 되어 물질을 증착시에 순도에 문제를 일으키게 된다. 대체로 스퍼터 증착(sputter depositon)의 속도는 100Å/min ~ 1㎛/min의 범위에 있다.

따라서 평균적으로 1000Å/min의 증착속도를 갖는 스퍼터 증착의 경우에서의 단원자층을 형성하는데 걸리는 시간은 증착속도를 초당으로 계산하면 16Å/sec이며 원자의 직경을 3Å이라고 하면 1000Å/min의 증착속도는 16/3atoms/sec로서 초당 약 5개의 원자층이 형성되며 단원자층을 형성하는 데는 약 0.2초가 걸린다.

따라서 1mTorr하에서 1000Å/min의 증착속도로 증착시에 챔버가스에 의해 단원자층 형성시간($t_1$)과 스퍼터 증착에 의해 단원자층의 물질을 형성하는 시간($t_2$)을 비교하면, $t_1 = 1/(3.4 \times 10^{2})\text{sec} \ll t_2 = 0.2sec$에 의해 증착하고자 하는 물질보다 불순가스가 더 빨리 단원자층을 형성하며 같은 시간에서는 더 많은 층수를 형성하게 된다.

또한 이 1000Å/min의 증착속도를 충돌 플럭스의 개념으로 보면,

$$\text{단위면적당 원자수} \times \text{monolayer/sec} = (10^{15}) \times 5 = 5 \times 10^{15}/\text{cm}^2\text{sec}$$

이 되고 이를 1mTorr에서의 충돌 플럭스 $3.4 \times 10^{17}$atoms/cm$^2$sec와 비교하면, 역시 챔버가스가 증착물질에 비해 기판에 거의 100배에 가깝게 더 많이 오는 것을 알 수 있다. 물론 Ar과 같은 스퍼터 증착에 사용하는 가스는 기판과 충돌을 하여도 증착이 되지 않고 다시 튕겨 나오지만 산소와 같은 가스는 표면에 산화물을 형성하면서 기판에 잔류할 수 있고 따라서 증착물질의 순도를 낮출 수가 있게 된다.

불순가스는 기저압력(base pressure)을 낮춤으로써 줄일 수가 있으며 또한 스퍼터링을 위한 Ar과 같은 가스의 순도를 높임으로써 줄일 수가 있다.

불순물 원자와 증착하는 물질의 원자가 1:1로 기판에 입사하는 경우의 예는 불순물 원자의 분압이 $10^{-4}$Torr에서 증착속도가 1㎛/min일 때이다. 이 경우에는 불순물 원자 1개에 증착물질 1개가 기판에 입사하게 된다.

증착속도 1㎛/min란 상당히 높은 증착속도이므로 증착되는 물질 내 불순물을 줄이려면 기저압력을 크게 낮추는 것이 중요함을 알 수가 있다.

## 2.7 평균자유행로(Mean Free Path)

플라즈마에 대해 설명하기 전에 기체의 특성에 대하여 알아야할 또 한 가지는 기체 내 원자 간의 충돌하기까지의 평균거리인 평균자유행로(mean free path)이다.

평균자유행로란 한 가스원자가 다른 가스원자와 충돌사이에 이동한 거리를 모든 원자에 대해 평균한 값으로, 충돌이 없이 이동하는 거리를 의미한다. 이 평균자유행로(mean free path)는 기호로는 $\lambda_{mfp}$로 주로 표기하고 그 값은 기체의 밀도에 반비례하고 또한 기체원자의 면적의 크기에 반비례하게 된다.

즉,

$$\lambda_{mfp} = \frac{1}{n\sigma}$$

여기서 $n$은 기체의 밀도, $\sigma$는 기체원자의 면적과 관련이 있는 충돌단면적(collision cross-section)이다. 여기서 충돌단면적에 대한 이해를 필요로 하는데 이 충돌단면적이란 두 입자 간에 충돌시 충돌하는 면적을 의미하고 결과적으로는 충돌 확률에 관계된다.

충돌단면적이 크면 충돌할 확률이 크고 충돌단면적이 작으면 충돌할 확률이 작게 된다. 버스 안에 사람이 많고 또한 아이보다는 어른이 있을 때 버스 뒷 좌석에서 문까지 가는데 다른 사람과 충돌할 확률이 큰 것과 같은 이치이다.

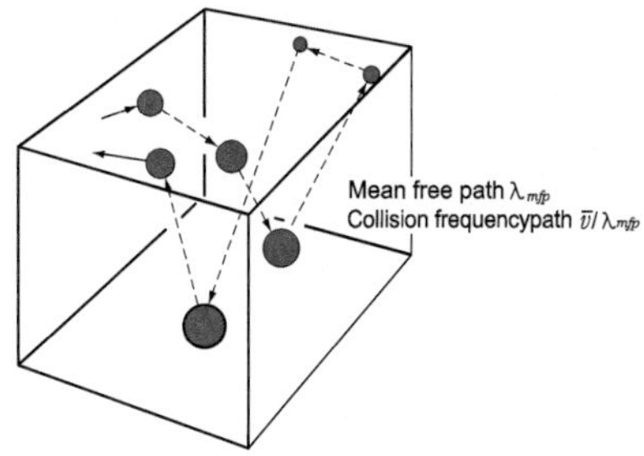


**그림 2-8** 평균자유행로(mean free path)

이 충돌단면적의 고전적인 의미는 두 당구볼이 충돌하는 형상을 생각하면 된다.

두 당구볼이 충돌하는 데는 두 당구볼 간의 중심이 일치하는 지점에서 두 당구볼이 접하는 지점까지를 반지름으로 한 원의 면적 안에 있으면 두 당구볼은 충돌하게 되고 이는 그림 2-9에 나타난 것과 같은 사선으로 그려진 면적에 해당된다.

만일 한 당구볼의 반지름이 $a$이고 다른 당구볼의 반지름이 $b$라면 두 당구볼 간의 충돌단면적은 원의 단면적인 $\pi(a+b)^2$가 되고 만일 당구볼의 반지름

■ Collision Cross-section(**충돌단면적**)

➜ 두 원자가 충돌시의 충돌하는 면적 :

1) classical의미

$s=\pi(a+b)^2$

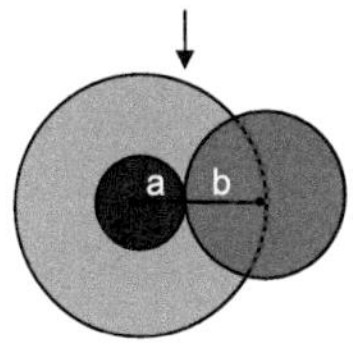


2) 실제적 의미

원자내부가 빈 상태로 coulombic interaction

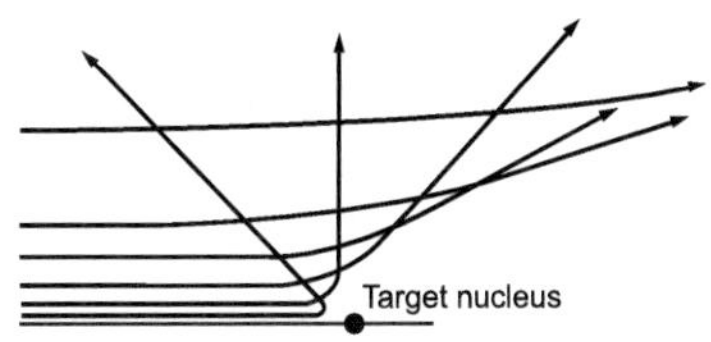


**그림 2-9** 충돌단면적(collison cross-section)의 예

이 둘 다 $r$이면 충돌단면적에 해당되는 반지름은 $2r$이 되서 $4\pi r^2$혹은 지름이 $D$인 경우 $\pi D^2$이 된다.

이 경우는 당구볼과 같이 단단한 물질간의 충돌에 적용이 되며 따라서 원자와 원자, 혹은 분자와 분자간의 충돌과 같은 예는 적용이 될 수 있으나 전자와 원자, 전자와 분자의 충돌에는 이와 같은 원리를 적용하기 곤란하며 충돌단면적의 값이 충돌하는 입자의 에너지에 의존하여 충돌단면적의 값이 변화하게 된다.

즉, 이때는 원자가 속이 텅 빈 외각전자와 내부의 핵 간의 정전기적 힘에 의해 존재하는 상태이므로 이에 충돌하는 전자와의 충돌단면적도 전자와 이 원자내의 핵과의 반응정도로 이해가 될 수 있다.

만일 전자의 에너지가 작을 때는 전자의 에너지가 증가함에 따라서 원자 내 전자를 뚫고 핵과 반응하는 가능성이 커지므로 충돌단면적이 충돌하는 전자의 에너지증가에 따라 증가하지만 충돌하는 전자의 에너지가 너무 크게 되면 핵과의 반응시간이 감소하여 전자의 에너지가 더욱 증가함에 따라서 오히려 충돌단면적 값이 감소하는 상태를 나타내게 된다.

따라서 원자와 원자간의 충돌에서는 충돌단면적(collision cross-section)이 원자의 면적에만 관계되어 충돌하는 입자의 에너지에 무관하게 일정한 값을 갖고 원자직경의 제곱에 비례하지만 전자와 원자의 충돌에서는 정전기적 충돌에 의해 일어나서 입사하는 전자의 에너지에 의존하여 초기에는 충돌단면적이 전자의 에너지증가에 따라 증가하다가 최대에 도달하게 되고 그 이상 입사되는 전자의 에너지가 증가하면 오히려 충돌단면적이 감소하는 현상을 보이게 된다.

그림 2-10은 전자의 에너지에 따른 Ar원자의 비탄성충돌(inelastic collision)과 전체충돌(total collision)에 대한 충돌단면적을 보여주고 있다. 그림에 나타난 바와 같이 Ar원자의 충돌단면적은 전자의 에너지에 의존을 하고 있음을 알 수 있다.

고전적인 의미에서의 충돌단면적의 예를 들어보자. 즉 원자들의 직경이 3 Å라고 가정했을 때 이들 원자의 충돌시 충돌단면적($\sigma$)은 다음과 같이 구할 수 있다.

$$\sigma = \pi(3\,\text{Å})^2 = \pi(3\times10^{-8}\text{cm})^2 = 2.8\times10^{-15}\text{cm}^2$$

이를 이용하여 1mTorr에서의 이들 원자의 평균자유행로(mean free path)를 구하면,

$$\lambda_{mfp} = \frac{1}{n\sigma} = \frac{1}{(1\times3.5\times10^{13}/cm^3)\cdot(2.8\times10^{-15}/cm^2)} \approx 10cm$$

따라서 1mTorr에서는 이들 원자의 평균자유행로가 약 10cm가 되는 것을 알 수 있다.

대체로 플라즈마 공정에 사용하는 가스의 경우 평균자유행로를 위의 식으로 계산하기 보다는 다음과 같은 근사식을 이용하여 평균자유행로를 구한다.

$$\lambda_{mfp} = \frac{5}{P_{m\,Torr}}cm$$

따라서 1mTorr에서는 $\lambda_{mfp}$가 5cm가 되는 것을 알 수 있다.

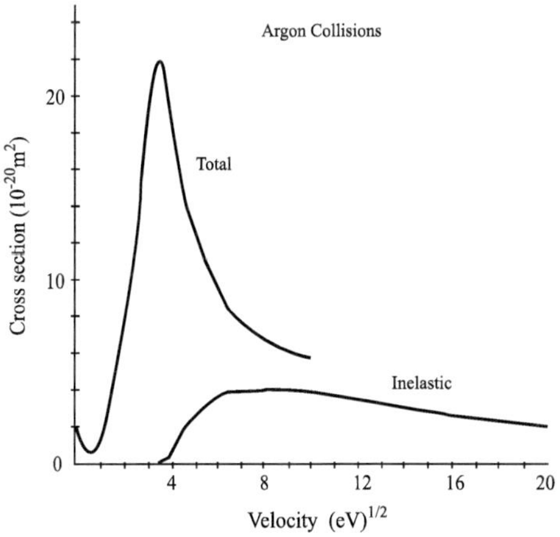


**그림 2-10** 전자와 Ar원자의 전자에너지에 따른 비탄성충돌(inelastic collison) 및 전체충돌(total collision)에 대한 충돌단면적

## 2.8 충돌진동수(Collison Frequency)

충돌진동수(collison frequency)란 단위시간당 원자 간에 충돌하는 횟수를 의미한다. 이를 $f$라고 하면,

$$f = \frac{\bar{v}}{\lambda_{mfp}}$$

가 된다. 예로 Ar이 50mTorr, 20℃에 있을 때 Ar 원자 간의 충돌진동수는 우선 20℃에 있는 Ar의 평균속도는 전의 결과로부터 $\bar{v} \approx 4 \times 10^4 cm/sec$, 또한 $\lambda_{mfp} = 1/(n\sigma) \approx 5/[50\ (m Torr)] = 10^{-1} cm$ , 따라서,

$$f = \frac{\bar{v}}{\lambda_{mfp}} = \frac{4 \times 10^4 cm/sec}{10^{-1} cm} = 4 \times 10^5 /sec$$

## 2.9 가스유동 형태(Gas Flow Type)

플라즈마 공정을 할 때는 항상 가스를 흘려주게 된다. 플라즈마 화학증착(plasma enhanced chemical vapor deposition, PECVD) 혹은 플라즈마 식각 시에는 가스가 챔버 내에서 반응을 통하여 넣어준 가스가 소모되므로 이를 보충하여야 하고 따라서 새로운 가스로 보충하기 위해 가스를 흘려주어야 한다.

스퍼터 증착과 같은 경우는 Ar가스를 사용하고 이와 같은 경우에 있어서는 Ar가스가 타겟(target) 물질을 스퍼터링 하는데 사용되며 Ar은 소모 되지 않으므로 반응에 의한 소모를 보충할 필요는 없으나 진공용기를 만든다고 하더라도 미세하게 외부가스가 새기도 하고(leak) 또한 벽면으로부터의 지속적인 가스방출(outgassing)이 존재하게 되므로 플라즈마 공정 중에 이를 지속적으로 제거할 필요가 있다.

따라서 스퍼터 증착과 같이 넣어준 가스가 공정 중에 소모가 되지 않더라도 지속적인 Ar 가스를 주입하면서 진공펌프를 이용하여 진공용기 밖으로 제거(pumping)를 하는 것이 정상적인 방법이다.

이들 흘려준 가스는 진공 챔버의 조건에 따라서 다른 형태의 가스유동(gas flow)를 하게 된다. 이들 진공 챔버 내에 흐르는 가스의 형태를 보면 크게는 3가지의 형태로 나눌 수 있다. 즉, 점성유동(viscous flow), 분자유동(molecular flow), 그리고 전이유동(transition flow) 혹은 누슨유동(knudsen flow)으로 나눌 수가 있다.

우선 점성유동(viscous flow)은 가스가 이동시 가스 내 원자 간의 충돌이 많아서 내부마찰(internal friction)이 존재하게 되고 이로 인하여 가스의 유동이 시냇물이 흐르는 형태, 즉, 스트림(stream) 형태로서 함께 이동하는 가스유동(gas flow)을 말한다. 이 점성유동(viscous flow)은 다시 두 가지의 형태로 분리할 수 있는데 그 한 가지는 층상유동(laminar flow)이며, 또 다른 한 가지는 와류상유동(turbulent flow)이 된다.

층상유동은 가스의 유동속도가 느려서 층층이 가스가 서로 평행하게 움직여가는 경우를 의미하고 와류상 유동은 가스의 유동속도가 빨라서 와선형의 형태로 꼬이는 가스의 유동형태를 의미한다. 이와 같은 형태의 가스유동(gas flow)은 우리가 담배를 필 때의 경우와 유사하게 된다.

담배연기를 뿜을 때 천천히 뿜으면 층상형태의 담배연기 유동을 볼 수 있고 빨리 뿜으면 담배연기가 와선형으로 꼬이면서 방출되는 것을 보는 것과 유사한 형태이다. 반면 분자유동(molecular flow)은 낮은 가스의 압력에서 적용되게 되며 이때 가스원자의 평균자유행로 $\lambda_{mfp}$가 커서 가스원자들 끼리보다는 챔버 벽과 충돌을 하게 되는 경우이다.

이와 같은 경우에는 가스원자들 끼리의 상호연관성이 없이 각자 움직여가며 진공챔버 밖으로 빠져나가게 된다. 이 두 가지의 극단적인 경우의 중간에 해당되는 경우가 전이유동(transition flow) 혹은 누슨유동(knusen flow)이다.

누슨(knudsen) 계수의 값은 챔버의 직경 $D$와 평균자유행로 $\lambda_{mfp}$의 비율로 정의되게 된다. 즉,

$$K_n = \frac{D}{\lambda_{mfp}}$$

■ **Gas Flow**

Plasma processing시에는 항상 가스를 흘려줌.

➔ PECVD, Plasma etching시에는 가스가 반응하여 소모

➔ Sputtering과 같은 경우는 외부로 부터의 가스가 계속 유입.

■ **Type of Gas Flow**

1) viscous flow : 가스원자 간의 충돌로 gas가 이동시 internal friction에 의해 stream 형태로 이동한다.

a) laminar flow

b) turbulent flow

2) molecular flow : low pressure에서 mean free path가 커서 gas 원자끼리 보다는 chamber wall과 충돌

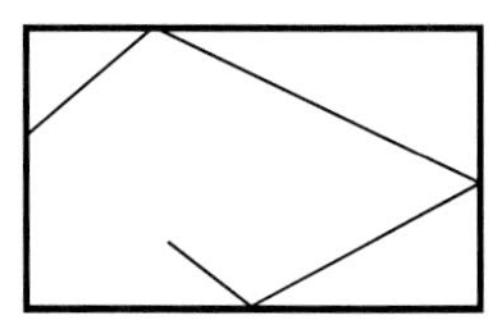

3) transition (Knudsen) flow : viscous flow와 molecular flow 사이 : $K_n = D/\lambda$

**그림 2-11** 가스의 유동형태에 관한 분류

어떤 가스유동의 형태를 띌 것인가는 가스가 흐르는 진공시스템의 크기와 압력 혹은 가스가 흐르는 관의 직경과 평균자유행로에 의존하게 된다. 즉, 대체로 압력이 높으면 점성유동을 하게 되나 압력이 크다고 점성유동을 하는 것은 아니다.

점성유동의 경우는 대체로 챔버의 직경 혹은 가스가 지나가는 관의 직경보다 평균자유행로가 아주 작을 때 점성유동을 하는데 그 기준은 평균자유행로 $\lambda_{mfp}$가 챔버 직경 $D$의 0.01배보다 작을 때 즉, 챔버 직경 $D$가 평균자유행로 $\lambda_{mfp}$의 100배보다 클 때 점성유동을 한다고 하고 만일 챔버의 직경 혹은 가스가 지나가는 관의 직경이 평균자유행로(mean free path)보다 작으면, 즉, 평균자유행로가 챔버(혹은 관)직경 $D$보다 크면 분자유동(molecular flow)을 한다고 한다.

이 사이의 범위 즉, 평균자유행로가 챔버의 직경보다는 작고 챔버 직경의 1/100보다는 크면 가스는 분자유동도 아니고 점성유동도 아닌 중간형태의 전이유동을 한다고 한다.

| | |
|---|---|
| $\lambda_{mfp} \ll D$, 즉, $\lambda_{mfp} < 0.01D$ | : viscous flow |
| $0.01D < \lambda_{mfp} < D$ | : transition flow |
| $\lambda_{mfp} \gg D$, 즉, $\lambda_{mfp} > D$ | : molecular flow |

대체로 스퍼터 증착이나 단결정 박막을 증착하는 MBE(molecular beam epitaxy)와 같은  공정장비에서 가스를 주입한다면 주입된 가스의 압력이 낮아 대체로 분자유동의 범주에 가깝고 플라즈마 식각이나 플라즈마 화학증착(PECVD)과 같은 공정장비에서 가스를 주입하는 경우에는 가스의 압력이 높아 대체로 분자유동의 범주에 가까운 상태가 된다.

따라서 가스를 넣을 때 스퍼터 증착과 같은 경우에 있어서는 챔버벽의 어느 곳이나 가스 주입구 1개를 만들어 주입하여도 시편이 놓인 곳에 골고루 가스가 균일하게 분포되지만, 플라즈마 식각이나 플라즈마 화학증착(PECVD)과 같은 공정장비의 경우는 가스를 한쪽에만 넣고 공정을 진행한다면 가스의 분해도가 위치에 따라 차이가 있어서 공정의 완성도가 시편 위치에 따라서 다르게 된다.

따라서 플라즈마 식각이나 플라즈마 화학증착(PECVD)과 같은 경우는  가스 밀도를 시편 위에 균일하게 분포시킬 수 있도록 가스방출구멍이 고안된 샤워 헤드(shower head)를 사용하는 것이 보편화되어 있으며, 또한 이와 더불어 가스의 유동 및 배출에 대하여 신경을 써야 한다.

물론 사용하는 압력이 낮아져서 분자유동에 가까운 가스 유동을 사용하는 경우에는 가스주입 방법에 대한 신경을 덜 써도 되게 된다.

예로 챔버 직경 $D$가 50cm인 경우에서 각각의 가스유동을 나타내는 챔버 압력 $P$의 범위를 구하면, 다음과 같이 나타낼 수 있다.

| Pressure (Torr) | $10^{-5}$ | $10^{-4}$ | $10^{-3}$ | $10^{-2}$ | $10^{-1}$ | 1 | 10 |
|---|---|---|---|---|---|---|---|
| $\lambda = 5/P$ cm로부터 | | | | | | | |
| $\lambda$(cm) = | 500 | 50 | 5 | 0.5 | 0.05 | 0.005 | 0.0005 |

molecular flow ← | → transition flow ← | → viscous flow →

## 2.10 펌핑속도(Pumping Speed)와 스루풋(Throughput)

진공챔버 내 주입한 가스는 챔버 내부를 통과하여 펌프 쪽으로 배출이 되게 된다. 초당 챔버로 주입한 가스의 양은 챔버에서 반응을 거쳐 결과적으로 같은 양이 초당 펌프로 배출되어 대기 중에 방출이 되게 된다. 이와 같이 단위시간당 흐르는 가스의 양을 펌프 쪽에서는 스루풋(throughput)이라고 표현을 하고 가스를 넣은 쪽에서는 가스유동속도(gas flow rate)라고 표현을 하지만 결과적으로 두 단위는 같은 가스분자의 유동속도에 대한 표현이다.

우선 펌프는 기체를 외부로 방출시키는 역할을 하는데 이때 펌프가 외부로 기체를 방출시키는 능력을 펌핑속도(pumping speed)라고 한다. 같은 종류의 펌프에서 펌핑속도가 큰 것은 덩치도 크고 또한 값도 더 비싸다. 이 펌핑속도는 펌프를 구입할 때 생산자가 그 펌프의 펌핑속도에 대하여 명시를 하게 되어 있으며 그 단위는 단위시간당 뽑는 부피가 된다.

대체로 liter/sec로 표기하나 부피/시간의 형태로 된 다른 단위로 표기하는 경우도 많다. 하지만 가스 부피 내 포함된 분자의 수는 그 뽑히는 가스의 압력에 의존을 하게 된다. 압력이 크면 같은 부피가 시간당 뽑히더라도 많은 수의 기체원자나 분자가 제거되고 압력이 작으면 적은 수의 기체원자나 분자가 제거되게 된다.

따라서 펌프에 의해 단위시간당 뽑히는, 즉, 단위시간당 펌프에 의해 제거되는 가스의 양인 스루풋은 챔버의 압력이 $P$ Torr이고 펌프의 펌핑속도가 $S$

일 때 압력과 펌핑속도를 곱한 $PS$가 된다. 가스의 스루풋을 $Q$라고 정의하면,

$$Q = PS \quad (\text{Torr} \cdot \ell/\text{sec} = \text{tl/s})$$

의 공식을 얻을 수 있게 되고 이 단위는 Torr · liter/sec가 된다. 이 공식은 진공장치에서는 아주 중요한 공식중의 한가지로서 기억해둘 필요가 있다.

반면 가스 입구(gas inlet), 즉, 가스를 넣는 쪽에서는 이 단위시간당 흐르는 가스의 양을 스루풋대신 가스유동속도로 나타낸다.

유동속도의 단위는 sccm 혹은 slm 등으로 표기된다. sccm은 standard cc per minutes의 약자로서 0℃, 1기압 하에서 가스가 분당 이동한 cc량을 나타내고 slm은 standard liter per minutes의 약자로서 0℃, 1기압 하에서 가스가 분당 이동한 리터 양을 나타낸다. 따라서 1sccm을 분당 흐르는 분자의 수로 표기하면, 아보가드로수의 법칙에 의해 0℃, 1기압 하에서는 22.4liter의 부피 내 $6.02 \times 10^{23}$개의 분자가 있으므로,

$$1\text{sccm} = (6.02 \times 10^{23})/(22.4\ell \times 1000\text{cc}/\ell) = 2.69 \times 10^{19}\text{molecules/min}$$

로 표기할 수 있다.

앞의 스루풋과 유동속도와의 관계는 다음과 같이 표기할 수 있다.

$$1\text{tl/sec} = 2.13 \times 10^{21}\text{molecules/min} \approx 79.05\text{sccm}$$

## 2.11 가스유동속도(Gas Flow Rate)의 측정법

가스를 넣는 쪽에서의 가스유동속도는 대체로 유량계나 가스유량 조절계(MFC, mass flow controller)를 이용하여 측정하나 만일 가스유량계(gas flow meter)나 가스유량 조절계가 없는 경우 혹은 이 유량계나 MFC의 눈금조정(calibration)이 요구될 때 다음과 같은 사항을 이용하여 가스의 유량속도를 측정할 수 있다.

우선 필요한 사항은 1) 챔버의 부피와 2) 챔버의 압력 측정장치이다. 챔버의 부피를 측정하는 방법으로는 우선 챔버가 원형이거나 사각형이므로 적당히 재서 챔버 내의 빈공간의 부피를 계산할 수 있다.

좀 더 정확히 측정하기 위해서는 다음과 같은 방법을 이용하여 측정을 한다. 우선 아는 부피 $V_1$을 가진 용기를 대기압 $P_1$상태로 유지한 상태로 챔버에 부착한 후에, 챔버만 진공(약 $10^{-3}Torr$ 이하)으로 뽑고, 챔버와 진공펌프 사이의 밸브를 닫아 챔버를 진공으로 뽑는 것을 중단한 상태에서 이 용기(부피 $V_1$, 압력 $P_1$)를 열어 챔버와 통하도록 하면 챔버의 압력이 증가하게 된다.

챔버의 부피 $V$는 챔버의 증가된 압력 $P'$와 다음의 관계식을 이용하여 측정이 가능하다. 즉,

$$P_1V_1 = P'V' = P'(V+V_1) \approx P'V$$

예로 10cc의 STP(standard temperature and pressure)하에 있는 용기를 진공챔버에 연결시킨 후 진공챔버의 압력이 392mTorr가 되었다고 했을 때 진공챔버의 부피는,

$$10\text{cc} \times 760\text{Torr} = 392 \times 10^{-3}\text{Torr} \times \text{V}$$

로부터 $V = 19.4\ell$가 얻어진다.

이와 같이 진공챔버의 부피를 적당히 재거나 위에 설명한 방법을 통하여 측정하여 얻게 되면 가스의 유동속도를 다음과 같은 방법을 이용하여 측정을 하게 된다. 우선 진공챔버를 진공상태($< 10^{-3}Torr$)로 만든 후, 챔버와 펌프사이의 밸브를 닫은 후에, 측정하고자 하는 가스의 유량을 진공챔버로 원하는 양만큼 흘리면서 압력의 변화를 측정한다.

이때 시간에 따른 압력의 변화에 대한 기울기($Torr/sec$)를 구하고 이에 앞서 구한 진공챔버의 부피($\ell$)를 곱하면 가스의 유동속도가 $tl/s\,(Torr \cdot \ell/sec)$의 단위로 구해진다.

여기에 79.05를 곱하면 sccm의 단위로 구해진다. 만일 진공챔버 내 벽의 가스방출(outgassing)로 인한 유동속도를 원한다며, 이는 진공챔버를 진공상

태로 만든 후, 챔버와 펌프 사이의 밸브를 닫은 후에 압력의 변화를 시간의 함수로 측정하고, 이의 기울기($Torr/sec$)에 챔버부피 ($\ell$)×79.05를 곱하여 sccm 단위의 가스 방출속도를 얻을 수 있다.

■ Flow Rate 의 측정

1) 챔버를 진공상태로 만든다.(Evacuate the chamber)
2) 챔버를 고립시킨다.(Seal the Chamber)
3) T=0에서 flow rate를 모르는 가스를 flow시킨다.
4) 시간에 따른 압력변화를 측정한다.(Torr/sec)

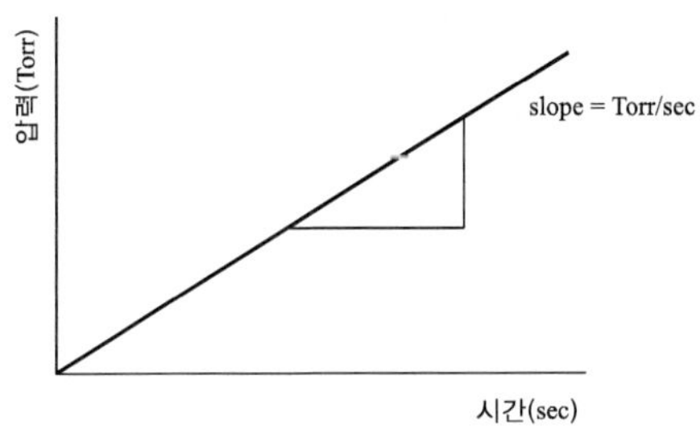


5) 앞에서 구한 chamber 부피(liter)를 곱한다.
6) Flow rate = chamber 부피(liter) x 기울기(Torr/sec) = Torr·liter/sec
7) 79.05를 곱하면 sccm 단위의 flow rate가 얻어진다.

**그림 2-12** 가스 유동속도(flow rate)를 구하는 방법

## 2.12 챔버 잔류시간(Residence Time)

플라즈마에 대한 설명에 앞서 기체의 특성에 대하여 알아야 할 것 중의 또 한 가지는 잔류시간(residence time) 즉, 가스분자가 챔버로 유입되어 펌핑에 의해 챔버 밖으로 제거되기까지 공정챔버(process chamber)에 머문 시간이다. 표기는 대체로 $\tau$로 표현한다.

이 챔버에 머문 시간인 잔류시간은 플라즈마 식각이나 플라즈마 화학증착(PECVD)과 같은 공정에서는 주입가스나 분해된 가스가 머무는 시간과 관련이 있고, 이 머무는 시간이 너무 짧으면 기판과의 반응성이 작고, 너무 길면 반응가스의 부족 및 반응부산물의 재반응을 일으키므로 중요한 인자이기도 하다. 이 값은 공정 챔버의 부피가 $V$ liter이고 펌프의 펌핑속도(pumping speed)가 $S$ liter/sec일 때 다음과 같다.

$$r = \frac{V}{S}$$

실제로 펌프를 챔버에 연결할 때 여러 형태의 관을 이용하여 연결을 하게 되고 이 관이 펌프로의 가스유동을 방해하여 실제 챔버에서 느끼는 펌프의 펌핑속도는 펌프에 적혀진 펌핑속도보다는 작은 값을 나타내게 된다. 이 챔버에서 느끼는 펌프의 펌핑속도를 유효펌핑속도(effective pumping speed)라고 하는데, 실제 잔류시간의 계산에서는 이 유효펌핑속도의 값을 사용해야 한다.

반면 이 유효펌핑속도를 알기 어려운 경우가 많으므로 식을 약간 변조하여 구하기 쉬운 값으로 바꾸게 된다. 즉, 분모와 분자에 각각 챔버의 압력을 곱하면 분모의 $PS$는 가스 유동속도인 $Q$가 되며 이는 챔버에서 가스를 주입하는 곳에서나 챔버에서 빠져나가는 곳에서나 펌프 위치에서나 모두 같은 값을 가지게 된다. 따라서 잔류시간은 $PV/Q$의 형태로 나타낼 수가 있게 된다.

$$r = \frac{V}{S} = \frac{(PV)}{(PS)} = \frac{PV}{Q}$$

예로, 부피가 100liter인 공정챔버에 가스를 160sccm (약 $2tl/s$)의 유량속도로 넣었을 때 1Torr의 압력이 됐다고 한다. 이 경우 가스원자가 챔버 내에 머무는 잔류시간은 다음 식에 의해 50초임을 알 수 있다.

$$\tau = (1\text{Torr} \times 100\ell)/(2\text{tl/s}) = 50\text{sec}$$

가스의 챔버 잔류시간은 챔버 내 압력을 일정하게 하면서 주입하는 가스의 유량속도를 증가시키면 잔류시간이 감소하고, 주입하는 가스의 유량속도를 일정하게 하면서 압력을 증가시키면 가스의 챔버에 머무는 시간인 잔류시간이 증가하게 된다.

## 2.13 가스유속(gas flow velocity)

또한 기체의 특성에 대하여 알아야 할 사항 중의 한 가지가 가스유속 $v$이다. 이 가스유속은 앞에 설명한 평균속도와 같은 가스원자 각각의 속도와는 다른 것이다.

앞에서 Ar의 20℃에서의 평균속도는 약 400m/sec라고 하였다. 즉, 초당 400미터를 움직이는 것이 된다. 이는 가스원자가 1초에 400미터를 움직이는 것을 의미하지만, 실제로 처음위치에서 400미터의 거리를 멀리 갔다는 것은 아니다.

가스원자 끼리의 충돌로 인해 좌충우돌하게 되어 결과적으로 움직인 거리는 400미터이나 위치는 제자리가 될 수도 있는 것이다. 여기서 설명하는 가스유속은 실제로 초당 원위치로부터 이동한 거리인 순속도(net velocity)를 의미한다. 즉, 가스원자가 아니라 전체의 이동속도를 의미한다.

앞서 설명한 가스유동속도(gas flow rate)를 이 가스전체의 이동속도를 포함한 다른 표현으로 표기하면 그림 2-13에 보이는 바와 같이

$$Q = nvA$$

로 표기할 수 있다. 이때 $n$은 가스의 밀도, $A$는 가스가 통과하는 단면적, $v$는 가스 스트림(gas stream)의 속도이다.

따라서 가스가 챔버 내를 이동시 단면적이 작은 곳에서는 빠른 속도로 이동을 하고, 단면적이 큰 곳에서는 천천히 이동함을 알 수 있다.

- Gas 원자의 velocity라기 보다는 gas stream의 velocity
- Gas flow rate의 또다른 표현

Q = n v A

- n : gas density
- v : gas stream의 속도
- A : 가스가 빠져나가는 진공 chamber port의 opening area

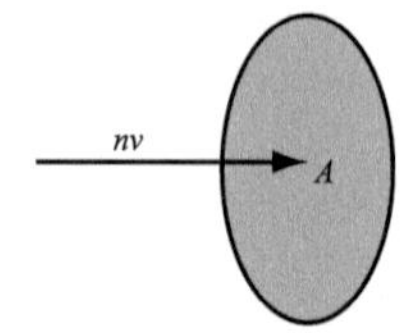


**그림 2-13** 가스유속(gas flow rate)

## 2.14 컨덕턴스(Conductance)

앞서 펌프에서의 펌핑속도와 챔버에서 느끼는 펌핑속도가 다른 것은 펌프와 챔버 간에 연결된 관에 의한 저항 때문이라고 하였다. 챔버 내의 가스를 펌프로 관을 통하여 이동시킬 때 연결된 관의 형상 및 크기에 따라서 그 저항이 변화한다. 진공시스템 내에서 이 연결된 관이 가스를 이동시키는 능력을 컨덕턴스(conductance)라고 하며 $F$로 표기한다.

그림 2-14에 보이는 바와 같이 챔버 내로 $Q$의 유량속도로 가스가 들어왔을 때 펌프로도 역시 $Q$에 해당되는 스루풋으로 가스가 배출되게 되며 이 사이에 연결된 관에도 역시 $Q$의 유량속도로 흐르게 된다.

- **Gas flow rate 의 또다른 표현**

Q = FΔP

Q : gas flow rate
F : conductance
ΔP : tube 양쪽에서의 압력차

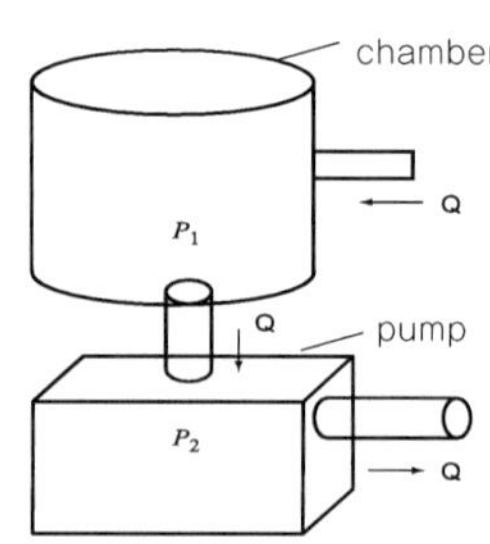


**그림 2-14** 컨덕턴스(conductance)에 대한 개념도

만일 챔버와 펌프를 연결하는 관이 가스이동에 관한 컨덕턴스 $F$를 가지고 있다면 챔버와 펌프 간에 다음과 같은 수식에 의해 압력차 $\Delta P$가 나타내게 된다.

$$Q = F(P_1 - P_2) = F\Delta P$$

이 가스이동에 관한 관의 컨덕턴스는 전기에서의 전하이동에 관한 전기전도도와 유사한 개념을 지니고 있다. 즉, 전기회로에서는 $Q$는 전류밀도 $J$, $\Delta P$는 두지점간의 전위차 $\Delta V$, 그리고 $F$는 전하이동에 관한 전기전도도인 $\sigma$로 나타낼 수 있다.

챔버와 펌프 사이에 가스이동을 위한 관을 여러 개 연결할 때 이를 병렬로 연결하는지 직렬로 연결하는지에 따라서 챔버와 펌프 사이의 결과적인 컨덕턴스가 변화한다. 그림 2-15에 보이는 바와 같이 컨덕턴스가 각각 $F_1$, $F_2$, $F_3$, ... 등에 해당되는 관을 병렬로 연결 시는 경우와 이를 직렬로 연결시키는 경우 최종 컨덕턴스 $F$는 다음과 같다.

$$병렬\ 연결시 : \frac{1}{F} = \frac{1}{F_1} + \frac{1}{F_2} + \frac{1}{F_3} \cdots$$

$$직렬\ 연결시 : F = F_1 + F_2 + F_3 + \ldots..$$

관 자체의 컨덕턴스는 관의 형태에 의존을 하며 진공 관련 책자에 대체로 관의 형태에 따른 컨덕턴스를 설명하고 있다.

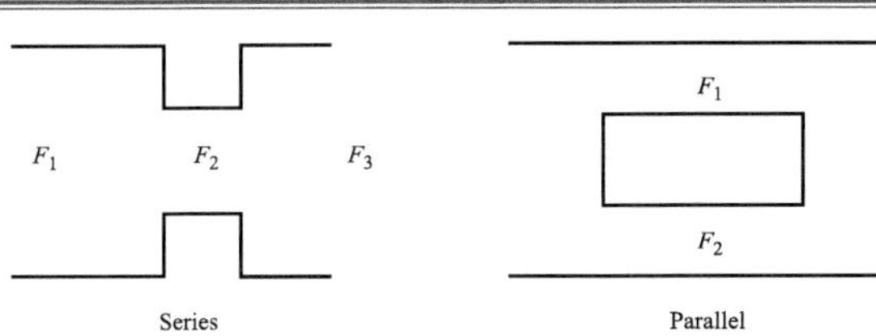


Tube를 직렬로 연결시 conductance : 1/F = 1/F₁+ 1/F₂+ 1/F₃...

Tube를 병렬로 연결시 conductance : F = F₁+ F₂+ F₃...

**그림 2-15** 진공챔버와 펌프 사이에 관을 직렬로 연결시와 병렬로 연결시의 가스 컨덕턴스(conductance)

P/A/R/T

# 3 가스입자간의 충돌현상

플라즈마 내에서는 이온화가 일어나며 또한 빛을 내기도 하고 분자가스의 경우 분해(dissociation)가 일어나기도 한다. 이와 같은 현상은 전자, 이온, 원자, 그리고 분자간의 충돌(collision)현상에 의한다.

## 3.1 두 입자간의 탄성충돌(Elastic Collisions)

우선 두 개의 질량이 다른 입자간 충돌시 충돌하는 입자($m_i$)가 다른 입자($m_t$)에 전달하여 주는 탄성에너지(kinetic energy 혹은 elastic energy)를 계산하여 보자.

우선 그림 3-1에 보이는 바와 같이 $m_i$의 질량을 가진 입자가 $m_t$의 질량을 가진 입자에 $\theta$의 각도로 입사하고 있다고 하자. 여기서 $m_t$는 충돌 전에 정지 상태에 있다고 가정을 하고 충돌 후에는 간단히 하기 위해 오른쪽 방향($+x$방향)으로는 이동을 하지 않고 아래 방향($-y$ 방향)으로만 에너지 전달에 의해 $u_t$의 속도로 이동을 한다고 하자.

$m_i$의 경우 초기의 속도는 $v_i$의 속도로 입사하여 $m_t$와 충돌을 하고 충돌 후 $-y$ 방향으로 $u_i$의 속도로 이동을 한다고 하자. 따라서 $m_i$의 경우 충돌 전후 오른쪽 방향($+x$ 방향)으로는 에너지의 변화가 없게 된다. 이들 간의 충돌 전후에는 운동량(momentum) 및 에너지가 보존되어야 한다.

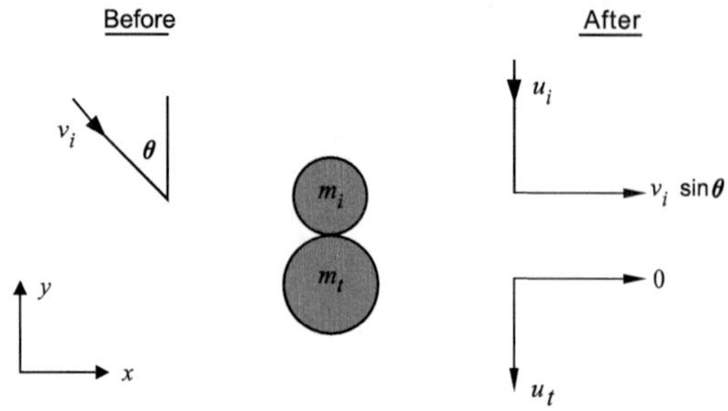


**그림 3-1** 두 질량이 다른 입자간 탄성충돌에 따른 탄성에너지 전달

충돌 전후에 운동량과 에너지 보존에 관한 다음과 같은 식을 쓸 수가 있다.

| | |
|---|---|
| 아랫방향 ($-y$방향) 운동량 보존 | $m_i v_i cos\theta = m_i u_i + m_t u_t$ |
| 에너지 보존 | $\frac{1}{2} m_i v_i^2 = \frac{1}{2} m_i (u_i^2 + v_i^2 sin^2\theta) + \frac{1}{2} m_t u_t^2$ |

이들 식에서 모르는 값은 충돌 후의 속도인 $u_i$와 $u_t$이고 변수 2개에 식이 2개이므로 $u_i$와 $u_t$를 구할 수 있게 된다. 우리가 관심을 갖는 것은 질량 $m_i$를 가진 입자로부터 질량 $m_t$를 가진 입자로의 탄성 에너지 전달이다.

입자 $m_i$의 에너지를 $E_i$, 입자 $m_t$의 에너지를 $E_t$라고 하면, 이 에너지의 비율을 에너지 전이율(energy transfer rate, $E_t/E_i$)이라고 하며 다음과 같이 표기한다.

$$\frac{E_t}{E_i} = \frac{\frac{1}{2} m_t u_t^2}{\frac{1}{2} m_i v_i^2} = \frac{4 m_i m_t}{(m_i + m_t)^2} cos^2\theta$$

윗 식으로부터 에너지 전이율은 두 입자의 질량 및 각도에 의존함을 알 수가 있다. 특히 $cos\theta = 1$일 때의 에너지 전이율 $4 m_i m_t / (m_i + m_t)^2$을 에너지 전이함수(energy transfer function)라고 한다.

에너지 전이함수의 입자질량의 의존성은 다음과 같이 표시될 수 있다. 즉,

$$m_i = m_t \text{ 일 때} \quad \frac{4m_i m_t}{(m_i + m_t)^2} = \frac{4m^2}{(2m)^2} = 1$$

$$m_i \ll m_t \text{ 일 때} \quad \frac{4m_i m_t}{(m_i + m_t)^2} \approx \frac{4m_i}{m_t} \approx 0$$

$$m_i \gg m_t \text{ 일 때} \quad \frac{4m_i m_t}{(m_i + m_t)^2} \approx \frac{4m_t}{m_i} \approx 0$$

따라서 충돌하는 두 입자의 질량이 같을 때는 100%의 탄성에너지 전달이 가능하지만 충돌하는 두 입자의 질량이 다를 때는 100%의 탄성에너지 전달이 불가능하다. 또한 입사하는 입자의 질량 $m_i$가 충돌 받는 입자의 질량 $m_t$ 보다 아주 크거나 아주 작은 경우에는 탄성에너지의 전달이 거의 0에 가까움을 알 수가 있다.

플라즈마는 전자, 이온, 중성원소 등으로 이루어져 있고 전자의 질량은 이온이나 중성원소의 질량보다 아주 작으며, 이온은 중성원소와 그 질량이 거의 비슷하다. 따라서 전자가 입사하여 중성원소가 충돌시 전자의 탄성에너지는 거의 변화가 없게 된다. 반면 이온이 입사하여 중성원소와 충돌시 이온이 가지고 있는 탄성에너지를 거의 중성원소에 전달을 하게 된다.

## 3.2 두 입자간 비탄성충돌(Inelastic Collision)

앞서 탄성충돌(elastic collision)에서는 입자들 간 충돌 전후 운동에너지만 변화하였다. 즉 입사하는 입자가 다른 입자에 충돌시 운동에너지만을 전달해주게 된다. 반면 비탄성충돌(inelastic collision)의 경우에는 운동에너지뿐 아니라 입자의 내부에너지(internal energy)도 변화하게 된다.

이는 두 당구볼의 충돌에 있어 정지된 당구볼이 다른 당구볼을 쳤을 때 탄성에너지전이(elastic energy transfer)의 경우는 정지된 당구볼이 움직이기만 하지만 비탄성에너지 전이(inelastic energy transfer)의 경우에는 내부에너지가 변화되면 당구볼이 깨지는 것을 의미한다.

앞의 탄성충돌의 경우 입자간의 충돌에 의해 초기 입자의 에너지를 충돌하는 입자에 전달해 주는 비율이 에너지 전이함수인 $4m_im_t/(m_i+m_t)^2$)로 두 입자간의 질량에 의존하고 두 입자의 질량이 같으면 에너지 전이함수가 1이 되고 두 입자의 질량이 아주 다르면 0에 가깝게 되었다.

예로 전자와 CO 혹은 $N_2$가 충돌시 에너지전이함수는 $10^{-4}$미만으로 0에 가까운 값을 갖는다.

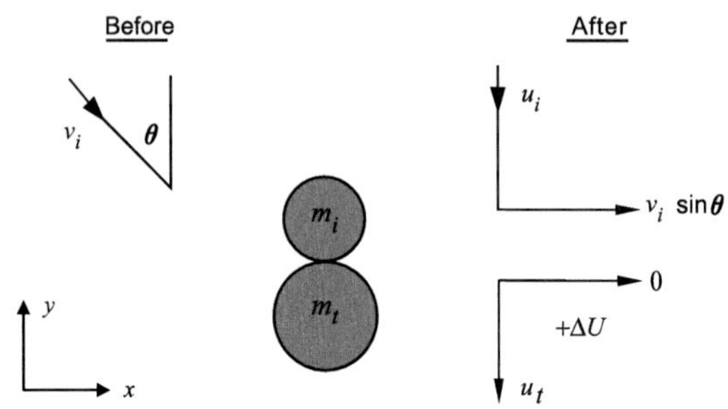


**그림 3-2** 두 질량이 다른 입자간 비탄성충돌(inelastic collision)에 따른 비탄성에너지 전달 혹은 내부에너지 증가

이번에 관심 있는 사항은 두 입자간의 충돌시 충돌 받는 입자가 운동에너지 뿐만 아니라 내부에너지도 변화하는 경우, 즉, 정지하고 있던 입자가 움직이기도 하지만 깨지는 것과 같은 내부에너지가 변화($\Delta U$)하는 경우에 있어서의 입사하는 입자의 에너지에 따른 충돌 받는 입자의 내부에너지 증가비율 ($\Delta U/(1/2m_iv_i^2)$)이다.

앞의 탄성충돌의 경우와 같이 두 입자간 충돌이 일어나는 경우를 생각해 보도록 하자. 다만 이번에는 충돌 받는 입자의 내부에너지 $\Delta U$가 증가하는 경우이다. 즉, 초기에 충돌받는 입자 $m_t$는 정지해 있고 $m_i$ 가속도는 $v_i$, 각도는 $\theta$로 입자 $m_t$에 충돌하며 충돌 후 아랫방향($-y$방향)으로만 에너지가 변화하는 경우 $v_i$를 생각하도록 하자.

물론 충돌 받는 입자는 충돌 후 $\Delta U$의 내부에너지가 변화한다.

전과 마찬가지로 충돌전후 운동량과 에너지가 보존되어야 한다.

즉, 충돌 전후 $x,y$ 방향으로의 운동량이 같고 충돌 전후의 에너지가 같아야 한다. 에너지는 스칼라(scalar)양이고 운동량은 벡터(vector)양이므로 에너지는 방향을 생각하지 않아도 되지만 운동량의 경우는 벡터양이므로 $x$방향으로의 운동량, $y$방향으로의 운동량을 따로 생각해야 한다.

앞서와 같이 충돌전후 $x$방향으로의 운동량은 입사하는 입자의 경우 $m_i v_i sin\theta$로서 변화가 없으나 $y$방향으로는 충돌에 의해 입사하는 입자의 운동량이 변화한다. 물론 이 경우도 $y$방향의 총운동량은 일정해야 하므로 입사하는 입자에 의한 운동량 변화는 충돌 받는 입자가 받게 된다.

결과적으로 $y$방향의 충돌전후 운동량은 아래 수식에 나타낸 바와 같고 이는 앞의 탄성충돌에서의 충돌 전후 운동량의 변화와 같은 형태이다. 물론 에너지의 경우도 충돌전후 앞의 탄성충돌의 경우와 유사하나 충돌 후 내부에너지 $\Delta U$가 부가적으로 생긴 것이 다르다.

| | |
|---|---|
| 아랫방향 ($-y$방향) 운동량 보존 | $m_i v_i cos\theta = m_i u_i + m_t u_t$ |
| 에너지 보존 | $\frac{1}{2}m_i v_i^2 = \frac{1}{2}m_i(u_i^2 + v_i^2\sin^2\theta) + \frac{1}{2}m_t u_t^2 + \Delta U$ |

이 두 식에서 모르는 값은 $u_i$, $u_t$, 그리고 내부에너지 $\Delta U$이다. 앞의 탄성충돌의 경우에 있어서는 모르는 값이 $u_i$, $u_t$이고 식은 2개이므로 이 $u_i$, $u_t$를 계산할 수 있었고 이를 이용하여 에너지 전이함수를 구할 수 있었으나 이번에는 식이 1개 더 필요하게 된다.

새로운 식으로 내부에너지 $\Delta U$를 최대화하는 경우를 생각하면 이는 두 번째 식인 에너지보존(energy conservation)에 관한 식에서 $\Delta U$를 $u_t$로 미분하여 0과 같다고 놓으면 1개의 식이 더 생기게 되어 이를 이용하여 위의 식을 풀 수 있게 된다. 즉,

$$\frac{d\Delta U}{du_t} = 0$$

이를 이용하여 초기의 입사하는 입자의 에너지에 따른 충돌받는 입자의 내부에너지 비율을 구할 수 있게 되며 다음과 같은 결과를 얻게 된다.

$$\frac{\Delta U}{1/2 m_i v_i^2} = \frac{m_t}{m_i + m_t} \cos^2\theta$$

만일 $\theta \approx 0$이면, 즉, $y$방향으로만 충돌 시, 내부에너지로의 에너지 전이율은 $m_t/(m_i + m_t))$가 된다. 이 내부에너지로의 에너지 전이율도 입사하는 입자의 질량 $m_i$와 충돌 받는 입자의 질량 $m_t$와의 질량비에 의존을 하게 된다. 즉,

$$m_i \ll m_t \ : \ \frac{\Delta U}{1/2 m_i v_i^2} = \frac{m_t}{m_i + m_t} \approx \frac{m_t}{m_t} \approx 1$$

$$m_i \gg m_t \ : \ \frac{\Delta U}{1/2 m_i v_i^2} = \frac{m_t}{m_i + m_t} \approx \frac{m_t}{m_i} \approx 0$$

$$m_i = m_t \ : \ \frac{\Delta U}{1/2 m_i v_i^2} = \frac{m}{m + m} = \frac{m}{2m} = \frac{1}{2}$$

따라서 입사하는 입자의 질량 $m_i$가 충돌받는 입자의 질량 $m_t$보다 아주 작을 때는 내부에너지 전이율이 1에 가깝고 입사하는 입자의 질량 $m_i$가 충돌 받는 입자의 질량 $m_t$보다 아주 클 때는 내부에너지 전이가 거의 없게 된다. 또한 두 입자의 질량이 같을 때는 내부에너지 전이율이 1/2이 됨을 알 수 있다.

이 두 입자의 질량에 따른 내부에너지전이율의 변화는 전자가 플라즈마의 발생 및 유지에 중요한 역할을 함을 의미한다. 즉 전기장 등에 의해 원자가 이온화하여 전자와 이온이 발생하고 이 전자와 이온이 전기장에 의해 가속되어 외부로부터 에너지를 받게 된다. 이 전기장에 의해 에너지를 받은 전자와 이온은 주변의 원자(혹은 분자)와 충돌을 하게 된다.

이 때 이온의 경우는 원자와 질량이 비슷하여 탄성충돌을 하여 외부 전기장으로 부터 받은 에너지를 대부분 운동에너지로 원자에 전달하는 반면, 전자의 경우는 외부 전기장으로부터 받은 에너지를 탄성에너지 전이에 의해서

는 거의 에너지를 전달하지 않고 보존하고 있는 상태이고 원자의 이온화와 분해 등과 같은 비탄성 충돌전이에 에너지를 소모하게 된다는 것을 의미한다. 즉, 원자의 이온화나 분해에는 어느 정도의 임계에너지를 필요로 한다.

따라서 전자는 초기에 에너지를 외부 전기장으로 부터 받을 때 이를 원자와의 충돌에 의해 소모하지 않고 지속적으로 전기장에 의해 가속되어 축적하다가 이온화 에너지나 분해에너지 등의 에너지에 도달하면 이들 원자를 분해 또는 이온화를 하게 되는 것이다.

반면 이온의 경우는 앞서 설명한 바와 같이 초기에 외부의 전기장으로 부터 받은 에너지를 지속적으로 축적하지 못하고 원자와의 충돌로 에너지를 전달해주기 때문에 원자의 이온화나 분해에 필요한 에너지에 도달을 하지 못하게 되어 이온화나 분해에는 거의 참여를 하지 않게 된다.

따라서 플라즈마의 발생과 유지에는 전자가 주요역할을 하게 되고 또한 플라즈마 장비의 개발에도 이 전자에 어떻게 효율적으로 에너지를 전달해 주느냐에 중점을 두고 있는 상황이다.

## 3.3 충돌단면적(Collision Cross-section)

충돌단면적(collision cross-section)에 대하여 다시 한번 설명을 하도록 하자. 앞에서 설명한 바와 같이 평균자유행로(mean free path) $\lambda_{mfp}$는 $1/n\sigma$로 표현되고 이때 $n$은 입자의 밀도, $\sigma$는 원자의 단면적에 관련된 양이라고 했다.

2개의 같은 원자가 충돌시의 충돌단면적은 원자의 직경이 $D$일 때 $\pi D^2$으로 표현이 되고 이는 원자나 분자간의 충돌에는 적용이 되나 전자나 원자 간의 충돌과 같은 입자의 크기가 엄청나게 다른 입자간의 충돌에는 적용이 되지 않는다고 했다.

이는 원자가 단단한 고체로 이루어진 것이 아니라 내부가 거의 텅텅 비고 외부는 전자구름 안에는 작은 핵으로 이루어져 있고 이들 간의 정전력(electrostatic force)에 의해 묶여진 상태이기 때문이다.

따라서 전자와 원자 간의 충돌은 고체간의 충돌로는 설명할 수 없고 원자 내 핵과 전자간의 정전기적 힘에 의한 충돌로 생각해야 한다.

따라서 이때의 충돌단면적은 이 원자의 전자구름을 뚫고 들어갈 수 있는 전자의 속도 혹은 에너지에 따라서 변화하게 된다. 전자의 속도가 클 때는 전자의 에너지 증가에 따라서 충돌단면적이 증가하다가 최대에 달하고 이 이상의 에너지를 전자가 갖게 되면 전자의 에너지 증가에 따라서 감소하는 형태를 띠게 된다.

■ **앞서의 mean free pah :** $\lambda = 1/(n\sigma)$

➜ 이때 $\sigma = \pi D^2$　$D$=원자의 직경

- 이는 thermal molecule 간의 collision에서는 유효하나 electron과 atom 간의 collision에는 사용이 불가함.
- 이는 atom 자체가 solid mass가 아니라 거의 빈 상태이기 때문이다.
- 따라서 colision은 electron과 ion간의 electrostatic force에 의함.
- 결과적으로 a는 충돌하는 전자의 속도 (혹은 energy)에 따라 변화

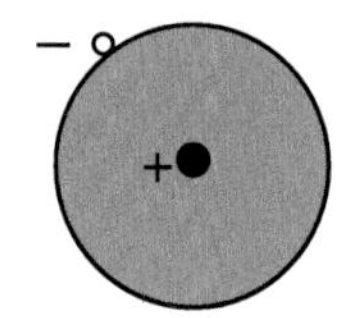


■ **이때 electron과 atom이 충돌할 확률**(단위 길이당)

$$1/\lambda = n\sigma$$

- $1/\lambda$ : 단위 길이당 충돌할 확률

**그림 3-3** 두 입자 간의 충돌확률에 대한 설명

모든 경우에 있어서, 두 입자간의 충돌확률은 이 충돌단면적으로 대변이 되고 전자와 원자 간에 단위 길이당 충돌할 확률을 계산한다면 이는 앞의 평균자유행로를 역으로 한 $n\sigma$가 된다.

즉 단위 길이당 충돌할 확률은 가스밀도가 높을수록 높고, 충돌단면적이 클수록 크게 되는데 같은 가스의 밀도에서는 이 충돌단면적이 클수록 충돌할 확률이 증가하게 되므로 이 충돌단면적이 충돌의 확률과 관계된다.

## 3.4 주요 충돌현상들(Main Collisional Processes)

플라즈마 내에는 전자, 이온, 중성원자, 분자, 광자(photon) 등이 존재하고 이들 간의 충돌이 일어날 수 있지만 앞서 설명한 바와 같이 이들 중에서 가장 중요한 충돌현상은 전자와의 충돌현상이다. 전자가 만일 전기장에 놓여 있다면 전자는 이 전기장에 의해 가속이 되며 $x$V의 전위(potential)차이가 있는 A에서 B점을 통과시 전자는 $x$eV의 운동에너지를 얻게 된다.

이 에너지가 원자를 이온화 할 수 있는 에너지보다 큰 경우, 예로 Ar의 이온화 에너지보다 큰 경우 이 전자는 Ar을 이온화하여 $Ar^{+}$이온과 2개의 전자를 형성하게 된다. 이렇게 생성된 추가전자를 포함한 2개의 전자는 다시 존재하는 전기장(electric field)에 의하여 재가속이 될 수 있고 다시 다른 Ar 원자를 이온화시켜 지속적인 전자증식(electron multiplication)을 하게 되어 소모되는 이온과 전자를 보충하는 역할을 함으로써 플라즈마를 유지시키게 된다. 따라서 전자에 의한 여러 충돌현상이 플라즈마 공정에서는 가장 중요한 과정이 된다.

■ Electron Collision

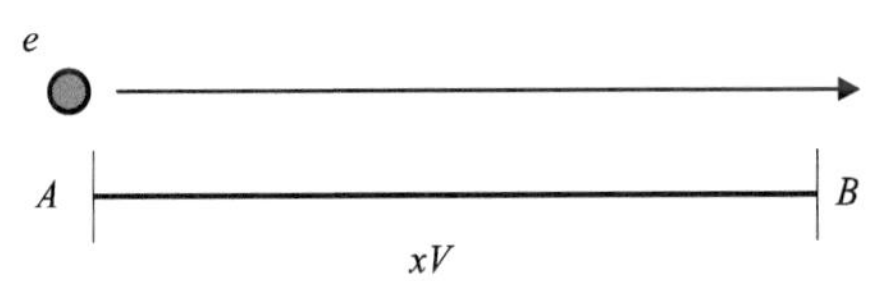


→ electron은 electric field에 의해 쉽게 가속이 되며, 위와 같은 경우 electron은 xeV의 kinetic energy를 갖는다. 이 xeV가 원자의 이온화에너지보다 크면 원자와 충돌시 원자를 이온화시킨다. e(Z ionization energy) + Ar → $Ar^{+}$ +2e

→ 생성된 두 electron은 다시 electron field에 의해 재가속되어 얻은 에너지가 이온화에너지보다 큰 경우 다시 다른 Ar을 이온화시킨다.

- electron multiplication
- plasma의 유지

**그림 3-4** 플라즈마 유지에 주요한 역할을 하는 전자에 의한 충돌

# 3.5 전자의 탄성충돌(Elastic Collision)

우선 플라즈마 내 전자의 탄성충돌현상에 대하여 알아보도록 하자. 전자가 원자 혹은 분자와 충돌시 앞서 설명한 바와 같이 전자의 질량이 원자의 질량에 비해 아주 작은 상태이므로 탄성충돌을 통한 탄성에너지 전이는 1보다 아주 작은 0에 가까운 값을 나타내게 된다. 따라서 전자가 플라즈마 내 존재하는 많은 중성원자와 충돌을 하여도 에너지를 거의 전달함이 없이 보유한 운동에너지를 유지하게 된다.

반면 충돌 후 에너지의 변화는 없어 속도의 변화도 없으나 충돌 후 방향은 변화가 가능하다. 만일 전기장의 방향으로 전자가 가속하다가 원자를 만나 탄성 충돌을 한다고 하면 에너지를 전달함이 거의 없이 전기장의 방향이 아닌 다른 방향으로 튀어가게 되고 전기장의 방향으로 재가속되어야 하므로 이 탄성충돌은 전기장 방향으로의 전자이동속도를 제한한다는 영향밖에는 없게 된다.

- **전자와 원자, 분자의 충돌시**

  $m_e << m_t$이므로 elastic energy transfer는 $\dfrac{4m_e m_t}{(m_e+m_t)^2} << 1$

- **전자의 elastic collision의 경우 :** kinetic energy가 보존됨
  - 따라서 전자는 충돌 후 속도의 변화가 거의 없이 방향만 바뀜
  - 이는 electric field를 따라 이동시 이 elastic collision으로 인해 electric field 방향으로의 속도를 제한

  ➜ drift velocity를 나타냄

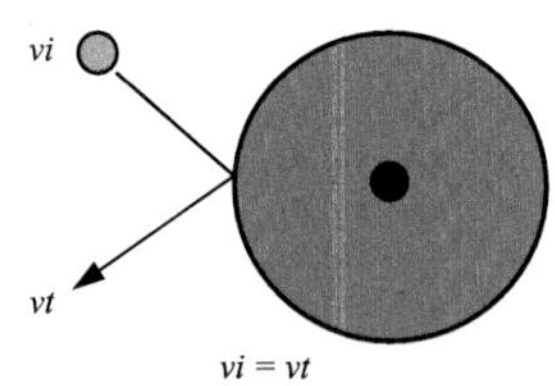


그림 3-5 전자와 원자 간의 탄성충돌에 대한 설명

이는 전자의 이동에 대한 표류속도(drift velocity) 즉 전체적인 전자의 이동속도를 제한하는 효과 즉 플라즈마의 저항을 증가시키는 효과를 갖게 된다.

탄성충돌에 있어서의 충돌단면적에 대한 예를 들어 설명을 하도록 하자.

그림 3-6에 보이는 바와 같이 전자의 원자와의 충돌에 따른 탄성충돌의 충돌단면적은 앞서 설명한 바와 같이 전자의 에너지에 따라 변화하고 초기에는 에너지 증가에 따라 충돌단면적의 값이 증가하다가 최대를 이룬다. 또한 전자의 에너지 혹은 속도가 증가하면 충돌단면적의 값이 감소함을 알 수 있다.

최대의 충돌단면적의 값이 약 전자의 에너지가 15eV정도의 에너지에서 $2.5\times10^{-15}cm^2$을 나타내고 있는데, 대체로 $10^{-15}cm^2$ 이상의 충돌단면적의 값을 가지면 그 확률이 대체로 크고 $10^{-16}cm^2$정도면 보통이며 $10^{-17}cm^2$ 이하의 값을 가지면 그 확률이 작다고 한다. 따라서 이 충돌단면적은 큰 값이며 따라서 이 탄성충돌(elastic collision)을 일으킬 확률이 큰 것을 알 수 있다.

또 한 가지는 전자의 에너지가 감소하여 0에 가까워지더라도 충돌단면적의 값이 0으로 되는 때가 없다는 점이다. 즉, 탄성충돌은 전자의 에너지의 다소에 무관하게 항상 일어남을 알 수 있다.

예로 한 에너지를 가진 전자에 대한 탄성충돌을 일으킬 확률에 대하여 계산을 해보자.

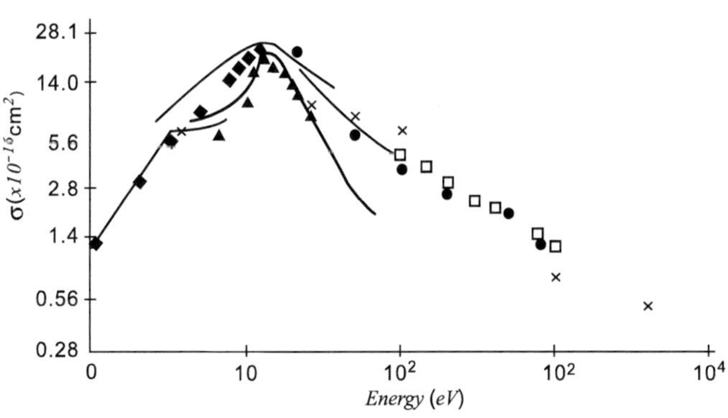


**그림 3-6** 전자의 원자와의 탄성충돌 시 전자에너지에 따른 충돌단면적

Ar이 10mTorr에 있을 때 15eV의 에너지를 가진 전자가 Ar원자와 충돌시 단위길이당 탄성충돌이 일어날 확률을 계산해 보자.

우선 단위길이당 충돌확률은 $1/\lambda = n\sigma$로서 10mTorr에서의 단위부피당 Ar수는 $n = 3.5 \times 10^{14}$atoms/cc이며 그림 3-6에서 $\sigma_{15eV} = 2.5 \times 10^{-15}$cm$^2$이므로 단위길이(cm)당 Ar과 탄성충돌할 확률은 $n\sigma = (3.5 \times 10^{14}) \times (2.5 \times 10^{-15}) = 0.88$/cm가 얻어진다.

## 3.6 전자에 의한 이온화(Ionization)

앞에서 설명한 전자의 탄성충돌을 제외하고는 다른 모든 형태의 전자에 의한 충돌은 비탄성충돌이다. 이 전자에 의한 비탄성충돌(inelastic collision) 중에서 플라즈마의 발생과 유지에 가장 중요한 역할을 하는 비탄성충돌은 이온화(ionization)이다.

플라즈마 내에는 전기장이 존재하고 이 전기장에 의해 전자가 에너지를 얻은 후 중성원자와 비탄성충돌을 하여 이온과 추가전자로 분리시킨다. 예로 Ar과 전자가 충돌하여 다음과 같은 이온화를 일으킨다.

$$e + Ar \rightarrow Ar^{+} + 2e$$

이온화에 의해 발생된 추가전자와 초기전자는 플라즈마 내에 존재하는 전기장에 의해 추가 가속이 가능하며 이 가속으로 인해 충분한 에너지를 얻으면 다시 다른 2개의 Ar을 이온화할 수 있다.

이런 과정을 되풀이하여 충분한 전자증식(electron multiplication)이 일어나므로 벽과 같은 곳에서 재결합하여 소모되는 전자 및 이온을 보충하게 되어 플라즈마유지에 중요한 역할을 하게 된다.

전자의 충돌에 의해서 이온화가 잘 일어나는지 잘 일어나지 않는지 역시 이온화에 대한 충돌단면적에 의존을 하게 된다.

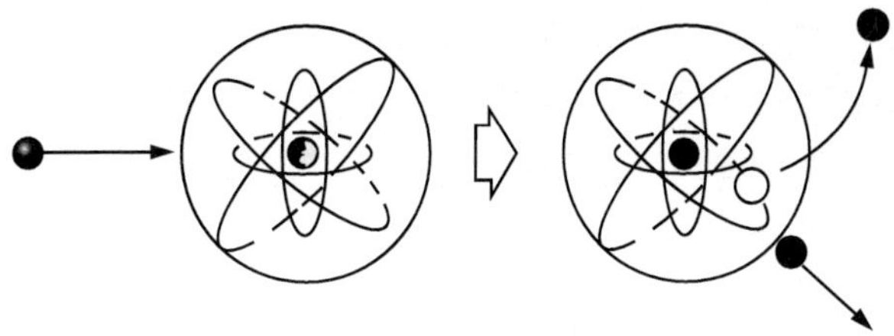

그림 3-7 전자에 의한 이온화(ionization)

그림 3-8에 불활성원소들에 대한 이온화에 관련된 충돌단면적을 나타내고 있다. 그림에서 보는 $y$축의 이온화에 관련된 충돌단면적은 $\pi a_o^2$의 단위로 되어있음을 알 수가 있다. 이는 수소원자의 단면적을 단위로 한 것이다. 이때 $a_o$는 $0.53 \times 10^{-8}$cm의 보어반경(Bohr radius)에 해당되며, 결과적으로 $\pi a_o^2 = 8.82 \times 10^{-17}\text{cm}^2$의 단위를 갖게 된다.

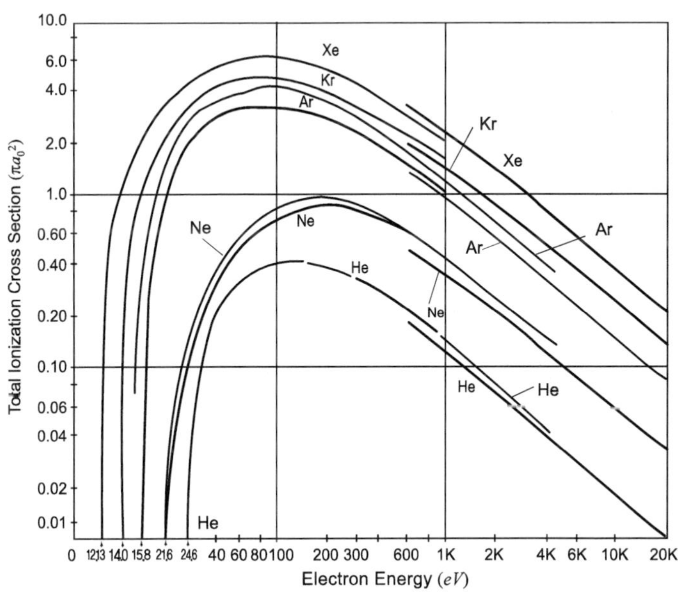


그림 3-8 전자의 에너지에 따른 불활성원소의 이온화에 관련된 충돌단면적(collison cross-section) 혹은 이온화단면적(ionization cross-section)

충돌단면적을 $cm^2$으로 나타내든 $\pi a_o^2$으로 나타내든 그림에서 나타내는 전자에 의한 이온화 단면적은 앞의 전자의 탄성충돌 단면적과 유사하나 특히 그림의 왼쪽아래 부분에 이온화의 최소임계 에너지(minimum threshold energy)가 존재한다는 것이 다른 것을 알 수 있다.

즉, 전자의 탄성충돌 단면적의 경우는 전자의 에너지가 0에 가깝더라도 그 충돌에 대한 확률이 0이 아닌 반면 전자에 의한 원자의 이온화 확률은 특정 에너지 이하로 전자의 에너지가 감소하면 0이 됨을 알 수 있다.

이 이온화에 대한 임계치는 그 원자의 이온화 전위(ionization potential) 즉 이온화 에너지와 관련되게 된다.

그림에 나타낸 바와 같은 불활성기체인 Kr, Ar, Ne, He의 경우에 있어서 Kr이 가장 낮은 이온화 에너지를 가지고 다음이 Ar, Ne, He의 순서로 He이 가장 큰 이온화 에너지를 가지고 있으며 이에 따라서 이온화의 확률을 나타내는 이온화 단면적의 임계값도 이와 같은 Kr, Ar, Ne, He의 순서로 증가함을 알 수 있다.

**표 3-1 원소의 이온화에너지**

| 원자번호 | 원소 | 기호 | 이온화에너지(eV) |
|---|---|---|---|
| 1 | Hydrogen | H | 13.598 |
| 2 | Helium | He | 24.587 |
| 3 | Lithium | Li | 5.392 |
| 4 | Beryllium | Be | 9.322 |
| 5 | Boron | B | 8.298 |
| 6 | Carbon | C | 11.26 |
| 7 | Nitrogen | N | 14.534 |
| 8 | oxygen | O | 13.618 |
| 9 | Fluorine | F | 17.422 |
| 10 | Neon | Ne | 21.564 |
| 11 | Sodium | Na | 5.139 |
| 12 | Magnesium | Mg | 7.646 |
| 13 | Aluminum | Al | 5.968 |
| 14 | Silicon | Si | 8.151 |
| 15 | Phosphorus | P | 10.486 |
| 16 | Sulfur | S | 10.36 |
| 17 | Chlorine | Cl | 12.967 |
| 18 | Argon | Ar | 15.759 |
| 19 | Potassium | K | 4.341 |

**표 3-1 원소의 이온화에너지** (계속)

| 원자번호 | 원소 | 기호 | 이온화에너지(eV) |
|---|---|---|---|
| 20 | Calcium | Ca | 6.113 |
| 21 | Scanduim | Sc | 6.54 |
| 22 | Titanium | Ti | 6.82 |
| 23 | Vanadium | V | 6.74 |
| 24 | Chromium | Cf | 6.766 |
| 25 | Manganese | Mn | 7.435 |
| 26 | Iron | Fe | 7.87 |
| 27 | Cobalt | Co | 7.86 |
| 28 | Nickel | Ni | 7.635 |
| 29 | Copper | Cu | 7.726 |
| 30 | zinc | Zn | 9.394 |
| 31 | Gallium | Ga | 5.999 |
| 32 | Germanium | Ge | 7.899 |
| 33 | Arsenic | As | 9.81 |
| 34 | Selenium | Se | 9.752 |
| 35 | Bromine | Br | 11.814 |
| 36 | Krypton | Kr | 13.999 |
| 37 | Rubidium | Rb | 4.177 |
| 38 | Strontium | Sr | 5.695 |
| 39 | Yttrium | Y | 6.38 |
| 40 | Zirconium | Zr | 6.84 |
| 41 | Miobium | Nb | 6.88 |
| 42 | Molybdenum | Mo | 7.099 |
| 43 | Technetium | Tc | 7.28 |
| 44 | Ruthenium | 껴 | 7.37 |
| 45 | Rhodium | Rh | 7.46 |
| 46 | Palladium | Pd | 8.34 |
| 47 | Silver | Ag | 7.576 |
| 48 | Cadmium | Cd | 8.993 |
| 49 | Indium | In | 5.786 |
| 50 | Tin | Sn | 7.344 |
| 51 | Antimony | Sb | 8.641 |
| 52 | Tellurium | Te | 9.009 |
| 53 | Iodine | I | 10.451 |
| 54 | Xenon | Xe | 12.13 |
| 55 | Cesium | Cs | 3.894 |
| 56 | Barium | Ba | 5.212 |
| 57 | Lanthanum | La | 5.58 |
| 58 | Cerium | Ce | 5.54 |
| 59 | Praseodymium | Pr | 5.46 |
| 60 | Neodymium | Nd | 5.53 |
| 61 | Promethium | Pm | 5.554 |

**표 3-1 원소의 이온화에너지** (계속)

| 원자번호 | 원소 | 기호 | 이온화에너지(eV) |
|---|---|---|---|
| 62 | Samarium | Sm | 5.64 |
| 63 | Europium | Eu | 5.67 |
| 64 | Gadolinium | Gd | 6.15 |
| 65 | Terbium | Tb | 5.86 |
| 66 | Dysprosium | Dy | 5.94 |
| 67 | Holmium | Ho | 6.018 |
| 68 | Erbium | Er | 6.101 |
| 69 | Thulium | Tm | 6.184 |
| 70 | Ytterbium | Yb | 6.254 |
| 71 | Lutetium | Lu | 5.4259 |
| 72 | Hafnium | Hf | 6.65 |
| 73 | Tantalum | Ta | 7.89 |
| 74 | Tungsten | W | 7.98 |
| 75 | Rhenium | Re | 7.88 |
| 76 | Osmium | Os | 8.7 |
| 77 | Iridium | Ir | 9.1 |
| 78 | Platinum | Pt | 9 |
| 79 | Gold | Au | 9.225 |
| 80 | Mercury | Hg | 10.437 |
| 81 | Thallium | Ti | 6.108 |
| 82 | Lead | Pb | 7.416 |
| 83 | Bismuth | Bi | 7.289 |
| 84 | Polonium | Po | 8.42 |
| 85 | Astatine | At | 9.65 |
| 86 | Radon | Rn | 10.748 |
| 87 | Francium | Fr | 3.83 |
| 88 | Radium | Ra | 5.279 |
| 89 | Actinium | Ac | 5.17 |
| 90 | Thorium | Th | 6.08 |
| 91 | Protactinium | Pa | 5.89 |
| 92 | Uranium | U | 6.05 |
| 93 | Neptunium | Np | 6.19 |
| 94 | Plutonium | Pu | 6.06 |
| 95 | Americium | Am | 5.993 |
| 96 | Curium | Cm | 6.02 |
| 97 | Berkelium | Bk | 6.23 |
| 98 | Californium | Cf | 6.3 |
| 99 | Einsteinium | Es | 6.42 |
| 100 | Fermium | Fm | 6.5 |
| 101 | Mendelevium | Md | 6.58 |
| 102 | Nobelium | No | 6.65 |

전자가 이 임계 에너지 이하의 값을 가지면 이온화는 일어나지 않고 이온화 단면적도 0이 된다. 전자의 에너지가 이 임계에너지 이상으로 증가하면 전에 설명한 바와 같이 전자의 탄성충돌 단면적에서와의 경우와 같은 형태를 유지함을 알 수 있다.

즉, 전자의 에너지증가에 따라 이온화 단면적이 증가하는데 이는 전자와 원자 내 핵과의 반응이 증가함에 따른 결과이다. 즉, 전자의 에너지가 클수록 원자 내 전자구름을 뚫고 핵에 접근하여 전자구름이 핵을 가리는 스크린효과를 제거하고 핵과 더 크게 반응을 하기 때문이다.

전자의 에너지가 증가함에 따라서 핵과의 반응은 증대하다 최대를 이루는데 대체로 불활성가스의 경우 약 100eV에서 최대를 이룸을 알 수 있다. 더 이상의 전자에너지의 증가는 반대로 전자와 원자의 핵간의 반응시간을 감소시켜 전자의 에너지 증가에 따라서 이온화 단면적 즉, 원자를 이온화할 확률이 감소함을 알 수 있다.

그림 3-8에서 보는 또 한가지의 사실은 같은 전자의 에너지에서 볼 때 이온화 에너지가 작은 원자가 더 높은 이온화 단면적을 나타냄을 알 수 있다. 즉, 같은 전자의 에너지에서 He의 이온화 단면적이 가장 작고 다음이 Ne, Ar, Kr의 순서로 이온화 단면적의 값이 증가함을 알 수 있다.

## 3.7 광자(Photon)에 의한 이온화(Ionization)

이온화는 전자에 의해서만 일어나는 것이 아니고 빛인 광자에 의해서도 일어날 수 있다. 이 경우 광자가 원자를 만나게 되면 광자가 가진 에너지를 원자에 전달하여 이온화를 시켜 전자와 이온으로 분해시키는 것이다. 이때 방출되는 전자의 에너지는 만일 광자의 에너지가 원자를 이온화시키는 이온화 에너지보다 높다면 남는 에너지는 이온화하여 방출되는 전자에 전달되게 되고 이 전자는 이 에너지를 운동에너지로서 들고 방출이 되게 된다. 광자의 파장과 광자의 에너지의 관계는 이런 관계식을 기억하고 있으면 된다.

$$1eV = 12345\,\text{Å}$$

이 관계식은

$$E = h\nu = \frac{hc}{\lambda}$$

라는 물리의 빛에 대한 기본식으로부터 출발한다. 이때 $h$는 플랑크 상수이며 $\nu$는 빛의 진동수, 그리고 $c$는 광속이 된다.

그림 3-9에서 보듯이 광자에 의한 Ar원자의 이온화는 전자에 의한 이온화와 마찬가지로 15.8eV보다 클 때만 발생하고 이 이하의 에너지를 가진 광자는 Ar원자를 이온화 할 수 없게 된다. 반면 전자에 의한 이온화와 다른 점은 초기의 전자의 에너지 증가에 따른 충돌단면적의 증가분이다.

광자와 원자는 정전기적인 힘에 의해 반응을 할 수 없으므로 전자와는 다른 형태의 이온화 확률 곡선을 나타내고 있음을 알 수 있다.

즉, 15.8eV의 광에너지에서 이온화할 확률이 제일 크고 광자의 에너지 증가에 따라 감소하다가 원자의 이온화 에너지의 두 배가 되는 지점에서 다시 이온화에 의한 이온화 확률이 증가함을 알 수 있다.

전체적으로 최고로 높은 충돌단면적의 값이 $10^{-17}\text{cm}^2$인 것으로 보아 이 광자에 의한 이온화는 전자의 충돌에 의한 원자의 이온화에 비해 전체적으로 그 이온화확률이 작음을 알 수 있다.

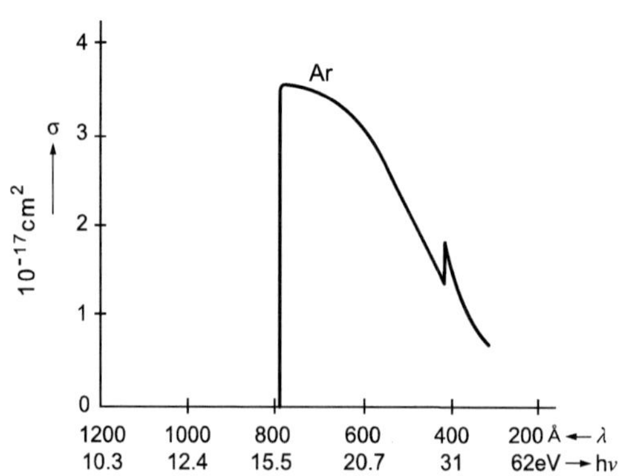


**그림 3-9** 광자(photon)에 의한 Ar의 이온화 충돌단면적(ionization collision cross-section)

반면 방출된 전자의 운동에너지는 광자의 에너지가 이온화 에너지보다 클 때 그 여분의 에너지를 들고 방출되며, 방출된 전자의 에너지가 역시 이온화 에너지보다 큰 경우에는 이 방출된 전자가 다른 원자를 이온화할 수도 있다.

또한 이 광자에 의한 이온화, 즉, 광이온화에 의해 원자의 내부에 있는 전자가 방출된 경우에는 이 빈 원자각을 채우려고 외각전자가 내려오면서 이 에너지각간의 전자에너지 차를 원자외부의 또 다른 전자가 들고 방출하는 경우도 가능하므로 어느 정도의 이온화 비중을 차지할 것으로 예측되나 정확한 값은 계산이 되지 않는 상태이다.

## 3.8 전자에 의한 여기(Excitation)

전자와 원지 간의 다른 중요한 비탄성충돌은 전자에 의한 원자의 여기(excitation)이다. 이는 전자가 원자와 충돌시 이온화를 일으키는 것이 아니라 원자 내 전자의 궤도를 기저상태보다 높은 에너지 상태로 올려놓는 상태를 말한다.

이때 원자는 여기상태가 되고 여분의 전자는 생성되지 않는다. 전자에 의한 원자의 여기를 Ar에 대하여 표기하면 다음과 같이 나타낼 수 있다.

$e + Ar \rightarrow Ar^* + e$ : 전자충돌여기(electron impact excitation)

전자대신 광자에 의해서도 이와 같은 여기가 일어날 수 있으며 다음과 같이 표기한다.

$h\nu + Ar \rightarrow Ar^+ + h\nu'$ $(\nu' > \nu)$ : 광여기(photoexcitation)

또한 여기현상에 관한 모식도를 그림 3-10에 나타내었으며 이의 충돌단면적을 그림 3-11에 나타내었다.

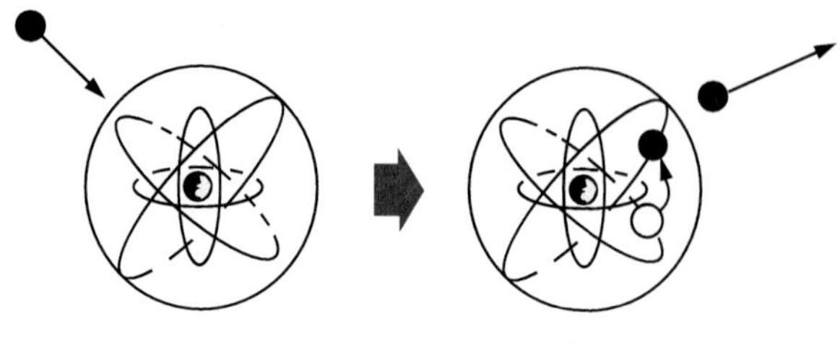


**그림 3-10** 여기(excitation)현상에 관한 모식도

그림 3-11에서 알 수 있듯이 역시 여기의 경우에도 여기에 대한 최소임계 에너지(minimum threshold energy)가 존재함을 알 수 있고 전자의 에너지증가에 따라 충돌단면적값이 증가하다 최대를 이루고 전자에너지의 더 이상의 증가는 여기에 대한 단면적값을 감소시킴을 알 수 있다.

전자의 이온화 단면적과 다른 점은 우선 같은 전자 내 여기될 수 있는 많은 원자각이 존재하므로 한 원자 내에 다양한 여기단면적이 가능하다는 점이다. 또 다른 점은 최소임계 에너지가 이온화에 대한 최소임계 에너지보다 작다는 것이다.

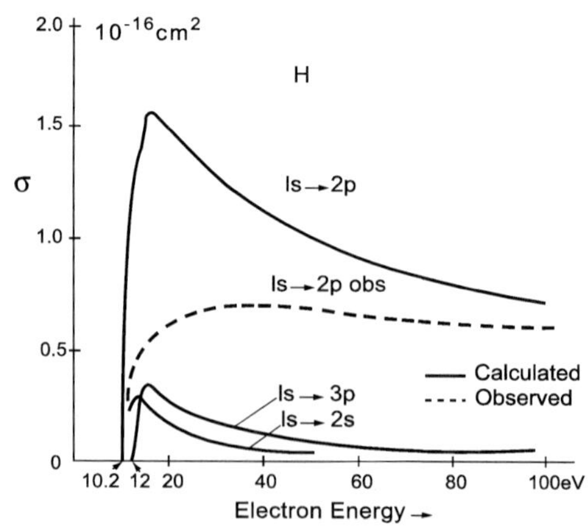


**그림 3-11** 여기현상(excitation)에 대한 충돌단면적(collisional cross-section)

Ar 원자의 이온화시에는 이 임계에너지(threshold energy)가 15.8eV인 반면에 Ar원자의 여기의 임계에너지는 11.8eV로서 이온화의 임계에너지보다 작은 것을 알 수 있다.

만일 원자가 아니라 분자의 여기를 생각한다면 이와 같은 원자가 지니는 전자여기(electronic excitation)외에 진동여기(vibrational excitation)와 회전여기(rotational excitation)가 존재하는데 이들의 여기현상에 대한 임계에너지는 전자여기(electronic excitation)에 대한 임계에너지에 비해 아주 작은 값을 갖고 있다.

물론 전자가 아닌 광자에 의한 여기인 광자여기(photoexcitation)도 가능하며 이때의 임계에너지는 전자의 충돌에 의한 임계에너지와 같게 된다.

## 3.9 이완현상(Relaxation)

앞서 전자의 충돌에 의해 원자나 분자가 여기되면 그 상태로는 불완전하므로 다시 원래의 상태로 되돌아가야 한다. 이와 같은 현상을 이완(relaxation)이라고 한다. 원자가 여기상태에서 기저상태로 돌아갈 때 두 원자각 간의 에너지 차이 만큼의 에너지는 대체로 빛 즉, 광자로 방출하게 된다.

플라즈마를 발생 시 빛을 방출하는 이유가 바로 이 여기된 원자의 이완현상에 의한다. 이에 대한 모식도를 그림 3-12에 나타내었다.

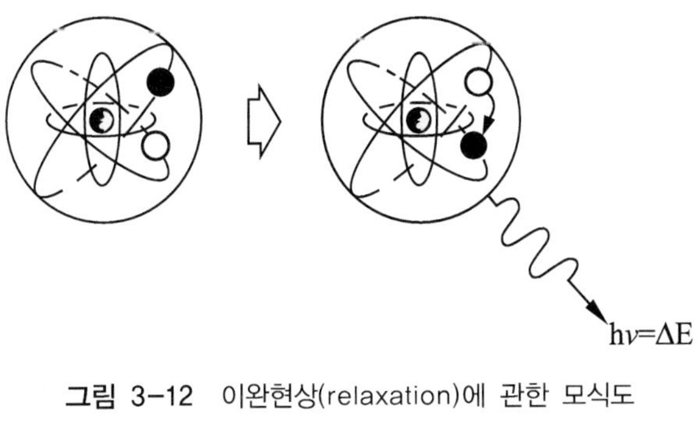


그림 3-12 이완현상(relaxation)에 관한 모식도

이와 같이 여기된 상태에서 다시 기저상태로 돌아가는데 걸리는 시간은 원자 및 원자 내 여기된 전자준위 즉, 전자의 에너지준위에 따라 다르다. 예로 여기된 He의 경우 수 나노 초(second)내에 기저상태로 돌아가며 빛을 방출하나 Ar의 경우는 수 마이크로 초($\mu$ sec)가 걸리게 된다.

이와 같이 여기된 상태에서 기저상태 즉, 여기상태에서 기저상태로 돌아가는데 거리는 시간을 형광시간(fluorescent life time)이라 하고 수 나노초(nano secconds)에서 수초(seconds)로 다양하게 변화한다.

특히 이 이완과정을 통하여 방출된 빛은 그림 3-13에 보이는 바와 같이 원자나 분자, 그리고 이온의 특정파장을 지니게 되므로 이를 이용하여 플라즈마 내 분해된 가스의 종류 및 변화를 예측하고 때에 따라서는 식각이 완료되는 식각종말점(endpoint)을 측정하는데 이용하기도 한다.

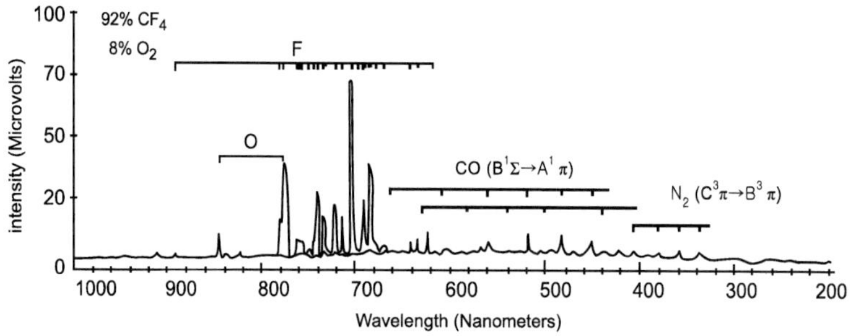


**그림 3-13** $CF_4/O_2$ 가스조합에 대한 플라즈마에서 발생된 광자들

## 3.10 재결합(Recombination)

이완현상이 여기현상(excitation)의 역순이듯 재결합(recombination)은 이온화의 역순이 된다.

즉, 전자와 이온이 만나서 중성원소를 형성하는 과정이다. 이와 같은 과정은 그림 3-14와 같이 나타낼 수 있는데 전자와 이온이 만나 합체가 되는 경우 내부에너지 $-U_i$가 발생하게 된다.

이와 같은 경우에 대해 그림 3-14에 보이는 바와 같이 앞에서 행한 충돌 전후의 운동량보존 및 에너지보존의 법칙을 적용하면 합체된 중성원소의 속도 $u$가 음의 값이라는 결론에 도달한다.

즉, 전자와 이온이 만나서 중성원자를 형성하는 단순한 합체(two body recombination)는 발생할 수 없다는 말이 된다.

실제 전자와 이온이 만나 중성원소가 되려면 플라즈마 내에서는 직접적으로는 안 되고 벽이나 다른 중성원자를 매체로 이용하여 중성화되는 3원소간 합체(3 body recombination)나 전자가 중성원자와 만나 음이온(negative ion)이 되고 이 음이온과 양이온이 충돌하여 두 중성원자를 이루는 것, 혹은 전자와 이온이 충돌하여 중성원자를 만들 때 빛을 방출하는 방사합체(radiative recombination)의 경우만이 전자와 이온의 중성화가 가능하다.

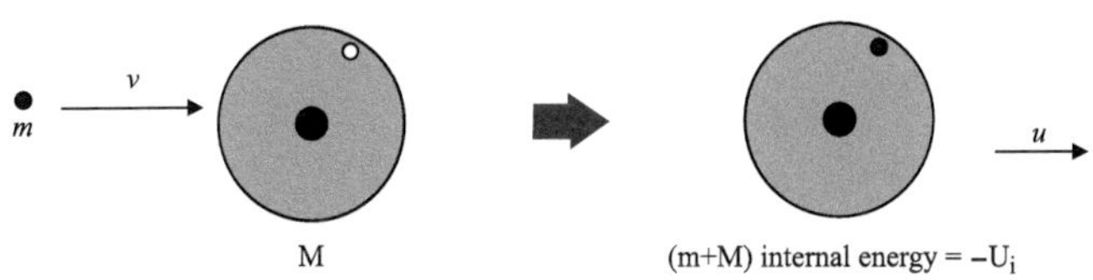


- 위의 정지된 이온에 전자가 와서 합체되는 경우 : momentum conservation과 energy conservation을 생각할 때 불가능하게 됨

  momentum conservation : $mv = (m+M)u$
  energy conservation : $\frac{1}{2}mv^2 = \frac{1}{2}(m+M)u$

– 두식을 조합했을 때 얻는 관계식 $u=2mU_i / \{(m+M)M\} < 0$

– 따라서 2 body 합체는 불가능

**그림 3-14** 전자와 이온 간에 중개 매체 없이 재결합이 쉽게 일어날 수 없음을 보여주는 모식도

## 3.11 분해현상(Dissociation)

전자가 분자와 충돌하여 일으키는 중요한 비탄성충돌의 하나는 분자가스를 분해하는 분해현상(dissociation)이다. 원자는 전자와의 충돌로 분해가 일어날 수 없지만 분자의 경우 다양하게 분해가 가능하다.

만일 산소분자로 존재한다면 이의 반응성은 작으나 산소원자로 존재하는 경우는 큰 반응성을 지니고 이와 같은 분해된 중성가스를 라디칼(radical)이라고 부르고 플라즈마 식각에 있어 아주 중요한 역할을 하게 된다.

실제 이와 같은 전자와 분자와의 충돌시 분해만이 일어나는 경우도 있고 또한 분해이온화(dissociative ionization)로 분해와 이온이 동시에 일어나는 경우도 있게 된다.

이에 대한 내용을 그림 3-15에 나타내었다.

- **분자가스의 전자에 의한 분해**

  e + Ar → dissociation이 없음.

  e + $O_2$ → 2O + e : dissociation

- $O_2$가 2O가 됨으로써 안정된 기체가 chemically active하게 변화한다.

  이와 같은 chemically active한 species를 radical이라 하는데 이것은 플라즈마 식각에서 중요한 기능이다.

- Dissociation시 ionization이 동반되기도 한다.

  e + $CF_4$ → e + $CF_3$ + F : Dissociation

  e + $CF_4$ → 2e + $CF_3^+$ + F : Dissociative Ionization

**그림 3-15** 분자의 전자에 의한 분해현상(dissociation)의 설명

## 3.12 전자흡착(Electron Attachment)

플라즈마 식각에 사용되는 많은 가스는 할로겐(halogen) 화합물로 이루어지며 이와 같은 가스는 전기음성도(electronegativity)가 높은 원자나 분자, 즉, 최외각 전자가 모자라 다른 곳에서 전자를 채우려는 원자나 분자를 포함하고 있다.

불활성기체인 Ar이나 He, Kr 등은 이미 최외각 전자를 완전히 채운상태로서 더 이상의 전자를 필요로 하지 않아 음이온을 형성하지 않으나 F, Cl, Br과 같은 할로겐 원소는 최외각에 전자를 완전히 채우지 못한 상태로서 전자친화도가 높은 원소이다.

이와 같은 원소는 전자와 결합하여 음이온(negative ion)을 형성할 가능성이 많다. 이와 같이 전자와 원자가 충돌하여 음이온을 형성하는 데는 운동량 보전의 법칙과 에너지보전의 법칙을 만족하여 음이온 형성에 문세가 없세 된다. 단지 음이온의 형성에는 그림 3-16에서 보는 바와 같이 전자의 에너지가 작을 때 음이온의 형성의 확률이 큼을 알 수가 있다.

전자와 전자친화도가 큰 분자간의 충돌 시에는 음이온을 형성하는 전자흡착(electron attachment)현상이 일어나나 음이온을 형성 시에 추가적으로 분해가 동시에 일어나는 분해흡착(dissociative attachment)현상도 가능하다. 그림 3-17에는 이러한 전자흡착과정을 나타내었다.

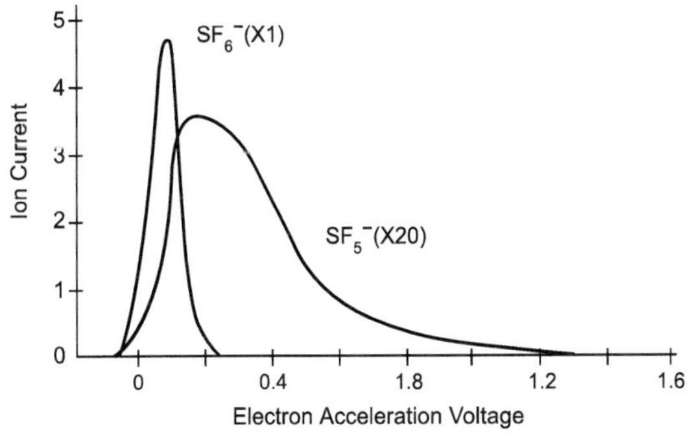


**그림 3-16** $SF_6$가스의 전자에너지에 따른 전자 흡착률

cf) $SF_6$ gas에 electron을 가한 경우

$e + SF_6 \rightarrow SF_6^-$ : electron attachment ($\sigma > 10^{-15}\,cm^2$)

$e + SF_6 \rightarrow SF_5^- + F$ : dissociative attachment

그림 3-17 전자흡착에 관한 설명

## 3.13 이온-중성원소간의 충돌(Ion-Neutral Collisions)

앞에서는 전자가 원자 혹은 분자와 충돌하여 이온화, 분해, 그리고 여기현상을 일으키는 것을 설명하였는데 이온이 원자나 분자와 충돌하는 경우 어떤 현상이 발생되는 지를 생각해보자. 앞서 설명한 바와 같이 이온은 원자와 충돌 시 탄성에너지를 전달할 확률이 많게 되어 플라즈마 내부의 이온은 에너지가 높지 못하며 따라서 이온화나 분해 그리고 여기현상을 거의 일으키지 못하게 된다.

단지 플라즈마와 기판 또는 챔버벽과 같은 경계지역에는 전위(potential)가 존재하고 이 전위로 이온이 가속되어 벽이나 기판을 치게 되는데 이때 가속되는 이온과 중성원소간의 충돌로 인한 전하교환현상(charge exchange process)가 플라즈마 공정에서는 중요한 사항이다.

이는 이온이 어떤 전위 차이에 의해 가속될 때 가속되다 중성원자를 만나면 중성원소에 전하만 전달해주고 원래의 이온은 중성원소화 하는 것으로서 아래 그림 3-18에서 보듯이 그 충돌단면적이 $10^{-15}cm^2$ 이상으로 전하교환현상(charge exchange process)이 일어날 확률이 매우 높은 것을 알 수 있다.

■ Charge Transfer

A + $A^+$ → $A^+$ + A : symmetric charge transfer (예 Ar, $Ar^+$)

$B^+$ + C → B + $C^+$ : asymmetric charge transfer (예 NO, $N_2$)

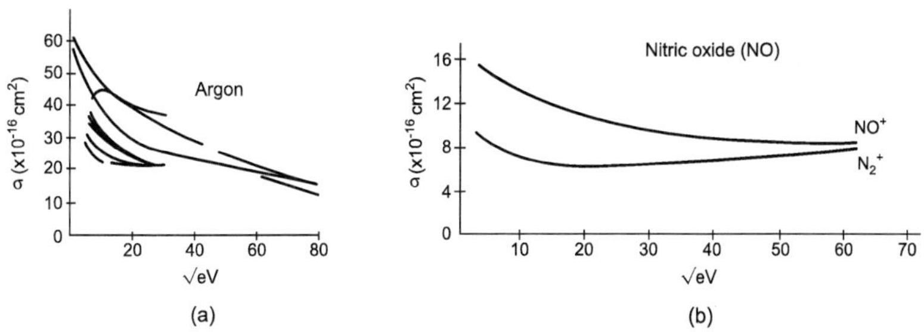


**그림 3-18** 전하교환현상(charge exchange process)에 대한 설명

이와 같은 전하교환현상은 이온이 어떤 전위(potential)차이에 의해 가속될 때 중간에 중성원자와 충돌에 의해 전하교환(charge exchange)에 의해 중성원소가 되고 중성원소가 전하를 받아 새로이 형성된 이온이 전하에 의해 가속이 되어 가해진 전위(potential)차이 만큼 모든 이온이 충분히 가속되지 못하고 이 전위 차이 보다 작은 에너지로 이온들의 에너지가 분포되는 현상을 가져오게 된다.

이 전하교환현상은 그림 3-18에서 보이는 바와 같이 같은 원소 간에 충돌하여 전하를 전달하는 경우 대칭전하 전달현상(symmetric charge transfer)이라고 부르고 다른 원소 간에 충돌하여 전하를 전달하는 경우 비대칭전하 전달현상(asymmetric charge transfer)이라고 부른다.

이와 같은 전하전달현상은 플라즈마 공정시 기판에 입사하는 이온에서 많이 발생하는 현상으로서 이온의 에너지가 기판과 플라즈마 간에 발생된 전위차를 가지지 못하고 입사시 기판 위의 쉬스(sheath : 4.6 참조)에 있는 중성원소와의 충돌로 넓은 에너지 분포를 가지게 되는 원인 중의 한 가지이다.

## 3.14 그 외의 충돌현상(Collision)

이 밖에 그림 3-19에 보인 바와 같이 여러 충돌현상(collision process)이 존재하나 대부분의 경우 실제 플라즈마 식각에는 큰 영향을 미치지 못하게 된다.

- **Ionization by ion impact**

  $-A^+ + A \rightarrow e + 2A^+$ : 이 현상은 잘 일어나지 않음.

- **Metastable collisions**

  → metastables : atom이 excite된 상태로 준안정상태에 놓인 것

  lifetime이 1ms – 1sec (lifetime이 길므로 그 밀도가 높음)

  모든 noble gas가 metastable state를 갖는다. Ex) Ar 11.5eV, 11.7eV

  이들 metastable과의 collision, 크게 processing에 영향 없음.

  – Metastable–Netural collision

  $A^* + G \rightarrow G^+ + A + e$ ; penning ionization

  – Metastable–Metastable Collision

  $Ar^* + Ar^* \rightarrow Ar^+ + 2e$ ; $2Ar^* = 11.5eV \times 2 >$ Ar ionization potential

  – Electron–Metastable Collision

  $e + Ar^* \rightarrow Ar^+ + 2e$ : 전자의 energy가 4.21eV 정도만 되면 이온화

**그림 3-19** 그 밖의 플라즈마에서 발생하는 다양한 충돌현상

P/A/R/T

# 4 플라즈마의 기초

## 4.1 플라즈마의 정의

우리가 플라즈마 식각에 사용하는 플라즈마는 전기적으로 중성인 부분적으로 이온화된 기체(partially ionized gas)를 말한다. 물론 이 기체에는 중성원소, 전자, 이온, 여기된 중성원소, 그리고 광자가 존재하고 분자가스의 경우는 이 분자가스가 분해된 가스인 라디칼(radical)이 존재한다. 중성원소가 이온화된 비율은 약 $10^{-6}$ – $10^{-2}$ 정도이다.

또한 플라즈마 내에는 전자의 밀도와 이온의 밀도가 거의 같은 상태로 존재하게 된다. 따라서 이 플라즈마는 물론 전체적으로는 중성이나 전자 이온이 존재하여 내부에 존재하는 전기장에 따라 전하가 이동을 함으로 전기가 통하는 전도성 기체이기도 하다. 이들 플라즈마 내 전자와 이온은 이온화과정(ionization process)에 의해 생성되며 다시 벽이나 다른 중성원자에서 전자와 이온이 재결합(recombination)하고 확산(diffusion)하여 소멸된다.

플라즈마 내 서로 인접한 전자와 이온은 정전기적 상호작용(coulombic interaction)에 의해 서로 당겨서 중성화 될 것 같으나 한 전자를 보았을 때 주변 각 방향에 다른 이온들도 존재하여 이들 이온으로 인한 정전기적 힘(coulombic force)도 존재하게 되고 이들 서로간의 정전기적 힘이 서로 상쇄되므로 인해서 플라즈마 내에 있는 전자나 이온은 중성원소와 마찬가지로

- 전기적으로 중성인 부분적으로 이온화된 기체 : $n_e \sim n_i$
  이온화비율 $10^{-6} \sim 10^{-2}$
- 중성원소, 분해된 가스, 전자, 이온이 존재 → 전자와 이온은 ionization process에 의해 생성되고 recombination process에 의해 소멸됨.

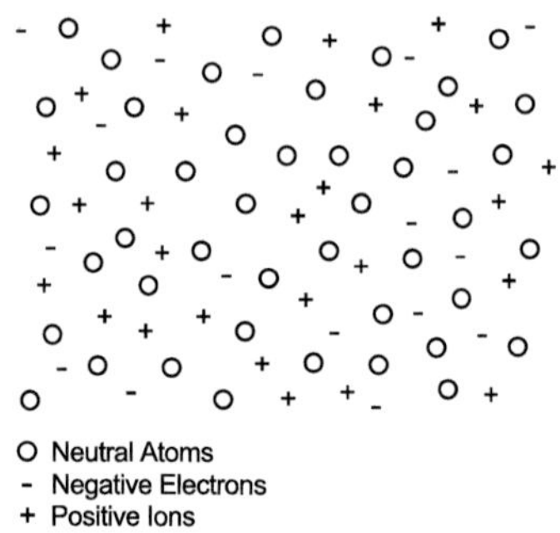


- 전자와 이온이 free particle처럼 거동 → ion과 electron들 간에 Coulombic interaction이 존재하나 각 방향에서의 interaction이 서로 상쇄되어 이들 electron과 ion각각이 free particle처럼 거동함.
- Excitation과 relaxation에 의해 photon이 방출되어 빛을 발함.

**그림 4-1** 플라즈마의 정의

주변으로부터의 정전기적인 힘이 없는 자유입자(free particle)와 같이 거동하게 된다. 또한 플라즈마 내에서는 앞서 설명한 바와 같이 전자와 원자나 분자의 충돌로 인하여 여기되고 이완됨으로 인하여 광자가 방출되어 빛을 발하게 된다.

실제로 보자면 우리가 많이 보는 형광등이나 네온사인들이 플라즈마이다. 이 형광등이나 네온사인 내부에는 가한 전기장에 의해 생성된 이온과 전자가 존재하며 전자가 내부에 가한 전기장에 의해 가속이 되어 중성원자를 이온화시킨다. 그리고 또한 여기시키며 이온화되어 발생된 이온과 전자는 다시 벽으로 확산해서 중성화되고 여기된 원자나 분자는 기저상태로 돌아가면서 빛을 내게 됨으로써 일정한 전자 혹은 이온밀도를 유지하는 플라즈마 상태를 갖는다.

## 4.2 플라즈마 내 전자 및 이온온도

플라즈마 내에 존재하는 전자와 이온은 직류(DC)나 고주파(RF)와 같은 에너지소스로부터 가해지는 전기장에 의해 가속되어 에너지를 공급받게 된다. 예로 $E$인 전기장(electric field)이 그림 4-2에 보이는 바와 같이 가해졌을 때 전자는 전기장의 반대방향으로 가속이 되고 이온은 가해진 전기장의 방향으로 가속이 된다.

가속되는 값은 전자의 경우는 전기장 $E$에 전하$e$를 곱한 값에 전자의 질량 $m_e$로 나눈 값인 $Ee/m_e$가 되고 이온의 경우는 $Ee$에 이온의 질량 $m_i$로 나눈 $Ee/m_i$가 된다. 따라서 같은  전기장(electric field)이라도 전자의 질량이 이온의 질량에 비해 작으므로 전자가 이온에 비해 전기장에 비해 빨리 가속이 되게 된다.

또한 시간 $t$동안에 전자와 이온 각각의 준 에너지를 비교해보자. 에너지 $W$는 힘 $F$와 거리 $x$의 곱인 $Fx$로 나타낼 수 있고 힘 $F$는 전기장 $E$에 의해 가해진 힘으로써 $Ee$로 표현된다. 또한 거리 $x$는 초기에 정지해 있다가 가속도 $a$에 의해 가속이 될 때 $1/2at^2$으로 나타내어 진기장에 의한 에너지 $W$는,

$$W = Fx = Ee \cdot x = 1/2Ee \cdot at^2$$

가 되며 전자의 가속도 $a_e = Ee/m_e$ , 이온의 가속도 $a_i = Ee/m_i$이므로 시간 $t$ 동안에 전기장 $E$에 의해 전자와 이온에 준 에너지 $W_e, W_i$는 각각,

$$W_e = \frac{(Eet)^2}{2m_e}, \quad W_i = \frac{(Eet)^2}{2m_i}$$

이 되는데 $m_e \ll m_i$이므로, $W_e \gg W_i$가 된다. 따라서 시간 $t$동안 일정한 전기장 $E$에 의해 전자가 받은 에너지 $W_e$는 이온이 받은 에너지 $W_i$보다 아주 크게 되고 따라서 외부의 에너지 소스로부터 가해지는 에너지는  주로 전자에 전달한다는 것을 알 수 있다.

만일 외부의 에너지소스로 부터 받은 이온의 에너지와 전자의 에너지가 같다고 해도 결과적으로 보유하는 전자의 에너지가 이온의 에너지보다 크게 된다. 즉, 앞의 탄성충돌을 생각하면 충돌에 의한 탄성에너지 전이가 $4m_im_t/(m_i+m_t)^2$이므로 벽이나 중성원소에 이들 전자나 이온충돌시 전자의 질량이 작아 결과적으로 중성원소나 벽에 전달되는 에너지가 작게 된다.

이온의 경우는 질량이 중성원소와 비슷하므로 벽이나 중성원소와 충돌시 전달하는 에너지가 크게 되어 보유한 이온의 에너지가 작게 된다. 중성원자의 에너지와 이온의 에너지를 비교한다면 그래도 지속적으로 전기장에 의해 에너지를 받는 이온이 외부로부터 주입한 기체인 중성원소보다 약간 높은 에너지를 갖게 된다.

■ 전자와 이온의 에너지 공급 : electric field 와 같은 외부에너지 source에 의해

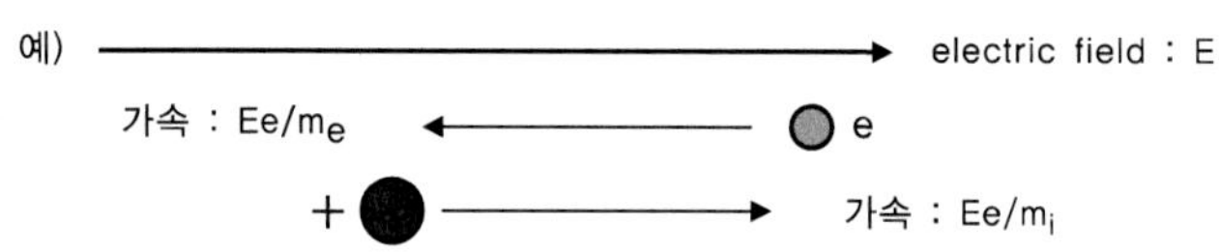


→ $m_e \ll m_i$ : 따라서 전자가 가한 전기장에 의해 더 빨리 가속된다.

■ 또한 시간 t동안 각 charge에 준 energy : $W = Fx = Eex = Ee\ 1/2\ at^2$

(a: 가속, e: charge)

electron : $W_e = (Eet)^2/(2m_e)$

ion : $W_i = (Eet)^2/(2m_i)$

→ 따라서 $W_e \gg W_i$ : electric field는 주로 전자에 energy를 준다.

**그림 4-2** 플라즈마 내 전기장이 주로 전자에 에너지를 주는 설명

앞에서 기체의 특성에 대한 설명에서 중성원자의 에너지를 $1/2m\overline{v^2} = 3/2kT$의 식으로부터 원자가 가진 평균에너지를 온도로 표기할 수 있다고 하였다. 이와 같은 원자의 평균에너지를 온도로 표기한다면 이는 원자가 랜덤분포(random distribution)인 맥스웰-볼쯔만 분포에 의해 분포되어 있는 상태를 가정하게 되는 것이다.

이와 같은 가정을 전자와 이온에 대하여서도 적용할 수가 있다. 즉 전자와 이온이 맥스웰-볼쯔만 분포(Maxwell-Boltzmann distribution)를 하고 있다고 가정하고 가진 평균운동에너지를 온도로 표기할 수 있다. 전자온도의 경우 eV의 단위로서 k$T_e$, 절대온도 $^\circ K$의 단위라면 $T_e$가 되고 이온온도의 경우는 eV의 단위로서 $kT_i$, 절대온도 $^\circ K$의 단위로는 $T_i$로 표기할 수 있다.

상온에서 중성원소의 온도는 절대온도로서 290$^\circ K$이고 이를 eV로 표시하면 0.026eV가 된다. 플라즈마 내 이온의 온도는 대체로 약 0.04eV, 절대온도로는 500$^\circ K$의 온도를 지니며 결과적으로 이온의 온도는 중성원도의 온도와 유사하게 된다. 즉 이온의 에너지가 중성원소의 에너지와 유사하게 된다. 전자의 온도는 2 -10eV의 온도를 갖는데 2eV라는 전자온도는 절대온도로서 23200$^\circ K$의 엄청나게 높은 온도이다. 플라즈마 내 전자의 온도가 이렇게 높은데 챔버벽이 녹지 않는 이유는 플라즈마 내의 그 양도 작고 특히 전자의 비열이 아주 작기 때문이다.

- 앞서의 elastic collision을 생각 : Collision에 의한 energy transfer : $4m_im_t/(m_i+m_t)^2$ 으로부터 Wall이나 neutral과 충돌시
  - 전자의 경우 : mass가 작으므로 energy transfer가 작고
  - ion의 경우 : mass가 크므로 energy transfer가 크다.
  
  → Electron energy 〉〉 Ion energy ~ Neutral energy

- 앞서 Neutral atom에 대해 $1/2m\bar{v}^2 = 3/2kT$
  - Average energy : kT로 표기
  - Collision에 의한 random distribution인 Maxwell-Boltzmann Distribution의 적용임.

- 전자와 ion에 대해 이를 적용하면,

  $1/2m\overline{v_i}^2 = 3/2kT_i$ $kT_i$: ion temperature (eV)

  $1/2m_e\overline{v_e}^2 = 3/2kT_e$ $kT_e$: electron temperature(eV)

- RT에서의 neutral의 temperature : kT = 0.026eV = 290°K

  Glow discharge에서 ion temperature : $kT_i$~0.04eV~500°K

  전자 temperature : $kT_e$ ~ 2-10eV(2eV~ 23200°K!!)

**그림 4-3** 플라즈마 내 전자와 이온의 온도분포

## 4.3 플라즈마 내 입자의 평균속도

전의 기체의 특성에서 입자의 평균속도를 $\bar{v}=(8kT/\pi m)^{1/2}$로 표현하였다. 이온의 평균속도와 전자의 평균속도를 비교한다면 전자의 질량이 이온의 질량에 비해 아주 작고  전자의 온도는 이온의 온도보다 아주 크므로 결과적으로 전자의 평균속도는 이온의 평균속도에 비해 아주 크게 된다. 이온과 중성원소를 비교하면 이온의 질량과 중성원소의 질량은 거의 비슷하고 이온의 온도가 중성원소의 온도에 비해 약간 크므로 이온의 평균속도가 중성원소의 평균속도보다 약간 크게 된다.

따라서 Ar에 대한 전형적인 전자, 이온 그리고 중성원자의 온도  및 속도를 비교한다면, 전자의 온도, 이온의 온도, 그리고 중성원자의 온도는 각각 2eV, 0.04eV, 그리고 상온인 0.026eV를 나타내고 이에 따른 전자의 평균속도는 $9.5\times10^7$cm/sec로서 가장 큰 속도를 지니고 그다음으로 이온이 $5.2\times10^4$cm/sec, 중성원소가 $4\times10^4$cm/sec의 속도를 지니게 된다.

- Particle 의 평균속도 : $\bar{V}=\sqrt{\dfrac{8kT}{\pi m}}$
- 앞에서 $m_e \ll m_i \sim m$, $kT_e \gg kT_i \sim kT$ → 따라서 전자의 평균속도가 ion이나 neutral보다 아주 큼.
- 따라서 옆의 Ar을 기준으로 했을 때
  - 전자 : $\overline{V_e} = 9.5\times10^7$ cm/sec
    $T_e = 2$eV
  - 이온 : $\overline{V_i} = 5.2\times10^4$ cm/sec
    $T_i = 0.04$eV
  - 중성 : $\overline{V} = 4\times10^4$ cm/sec
    T = 0.026eV
  - ➜ $\overline{V_e} \gg \overline{V_i} \gg \overline{V}$

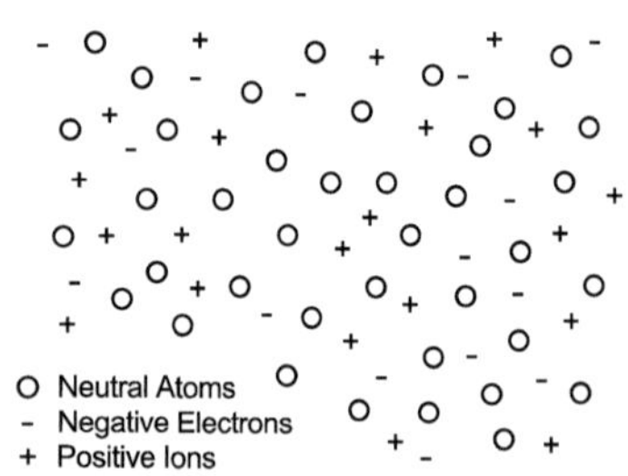


그림 4-4  플라즈마 내 입자의 평균속도

## 4.4 플라즈마 전위(Plasma Potential)

플라즈마가 갖는 전위를 플라즈마 전위(plasma potential)이라고 한다. 그림 4-5에 보이는바와 같이 플라즈마 내에 놓여 있는 어느 기판을 생각해 보자.

플라즈마 내에 이와 같은 기판을 놓으면 이 기판위로 전자, 이온, 그리고 중성원자가 충돌하게 된다. 전자가 기판에 충돌하면 －전하를 기판에 주게 되고 이온이 충돌을 하면 ＋전하를 기판에 주게 된다. 반면 중성원자가 기판에 충돌하는 경우는 아무런 영향이 없게 된다.

기판에 도달하는 랜덤플럭스(random flux)는 $F = n\bar{v}/4$이므로 기판에 도달하는 단위면적당 단위시간당 전자수인 전자의 플럭스(flux)는 전자의 플럭

- Plasma Potential : plasma 내부의 전위값
- 다음과 같은 plasma 내 놓여 있는 substrate의 경우 → substrate에 도달하는 random flux $F = n\bar{v}/4$

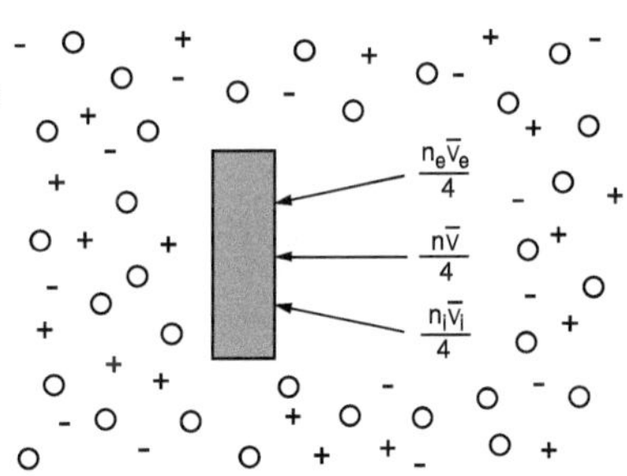


electron의 flux : $J_e = (n_e \bar{v}_e)e/4$

ion의 flux : $J_i = (n_i \bar{v}_i)e/4$

그런데 plasma density : $n_e \sim n_i$

전자 및 이온의 평균속도 : $\bar{v}_e \gg \bar{v}_i$

- Je 〉〉 Ji
- 만일 substrate가 전기적으로 고립되어 있는 경우 이substrate는 negative charge로 buildup
- plasma와 접하고 있는 어떤 물체도 plasma보다 negative potential을 갖는다.

➜ 플라즈마는 주변의 어떤 전극보다 +의 전위를 갖는다.

➜ 이 potential을 plasma potential이라고 한다.

**그림 4-5** 플라즈마 전위(plasma potential)

스(flux)를 $J_e$라고 했을 때 전자의 전하가 $e$이므로

$$J_e = n_e\overline{v_e}/4$$

가 되며 이온이 기판에 도달하는 단위면적당 단위시간당 이온수인 이온의 플럭스(flux)는 $J_i$라고 했을 때 이온의 전하를 $+e$라고 하면 다음과 같다.

$$J_i = n_i\overline{v_i}/4$$

그런데 플라즈마 내 이온의 밀도는 전자의 밀도와 유사하고 전자의 평균속도는 이온의 평균속도에 비해 아주 크므로 결과적으로 기판에 도달하는 단위면적당 단위시간당 입자수인 플럭스는 전자의 플럭스가 이온의 플럭스에 비해 아주 크게 된다. 즉,

$$n_e \approx n_i, \quad \overline{v_e} \gg \overline{v_i}$$

따라서

$$J_e \gg J_i$$

만일 이 기판이 전기적으로 고립되어 있다면 이 경우 기판은 지속적인 단위시간당 단위면적당 입자수인 전자플럭스와 이온플럭스의 차이로 인해 음의 전하가 쌓이게 된다.

결과적으로 이 기판은 쌓인 음의 전하로 인해 플라즈마에 비해 음의 전위를 갖게 된다. 이와 같은 현상은 모든 물체에 적용이 되게 되어 플라즈마와 접하고 있는 어느 물체도 전자 플럭스가 이온 플럭스보다 크게 되어 플라즈마보다 낮은 전위를 갖게 된다.

따라서 플라즈마는 주변의 어떤 전극보다 높은 양의 전위를 갖게 된다. 이 플라즈마가 갖는 전위를 플라즈마 전위라고 한다.

## 4.5 플로팅 전위(Floating Potential)

전기적으로 고립된 기판이 플라즈마 내에 놓이면 입사하는 전자의 플럭스(flux)가 이온의 플럭스(flux)보다 크므로 기판이 음전하(negative charge)로 축적되게 된다. 이와 같이 기판이 (−)로 전하축적이 되게 되면 이 기판은 입사하는 전자를 밀어내게 되고 이온은 끌어당기게 된다.

이로써 기판에 입사하는 전자의 플럭스는 감소하고 이온의 플럭스는 증가하나 아직 전자의 플럭스가 이온의 플럭스보다 큰 경우는 지속적으로 전하축적되어 전보다 더 낮은 전위를 갖게 된다.

이와 같은 낮은 전위로의 전하축적은 무한히 일어나는 것은 아니고 전자의 플럭스가 줄어들어 이온의 플럭스와 같은 상태로 될 때까지 일어나게 된다. 이렇게 하여 고립된 기판에 유도된 전위를 고립된 즉, 플로팅(floating)된 전극이 갖는 전위이므로 플로팅 전위(floating potential)라고 하고 $V_f$라고 표기하게 된다. 이 플로팅 전위 $V_f$는 플라즈마가 보유한 전위 $V_p$에 비해 항상 낮은 값을 가지게 된다.

- 고립된 substrate가 −로 charging되면 이 substrate는 이 substrate로 입사하는 electron을 repel, ion을 attract.
  - ➜ $J_e$ 감소, $J_i$ 증가 → → $J_e = J_i$가 될 때까지..

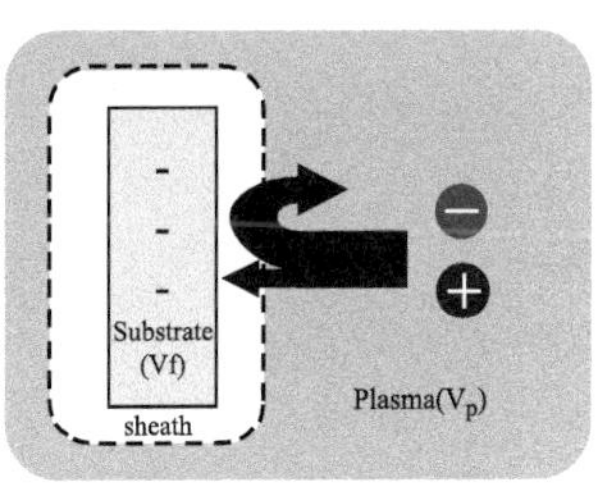


→ 이 isolated susbtrate의 potential
: Floating potenial : $V_f$
→ $V_f < V_p$

- Reference potential (혹은ground potential)이 없는 경우는 $V_p$, $V_f$ 보다는 $V_p - V_f$만이 의미를 지님.

그림 4-6 플로팅 전위(floating potential)의 설명

플라즈마에 비해 낮은 전위를 가지면 이 고립된 전극과 플라즈마 사이에는 플라즈마와 전극 사이의 경계지역을 나타내는 쉬쓰 혹은 어두운 지역이라고 해서 다크 스페이스(dark space)가 형성되게 되며 플라즈마와 기판사이의 전위차이 $V_p - V_f$가 이 지역에 유지되게 된다.

이 플로팅 전위와 플라즈마 전위는 주변에 참고전극 혹은 접지전극인 접지(ground)가 없는 경우는 그 의미가 없게 되며 플라즈마 전위 $V_p$와 플로팅 전위 $V_f$ 간의 차이만 의미를 지니게 되고 참고전극에 상대적인 값으로서 측정이 되게 된다.

플라즈마와 플로팅전극 사이에 유지되는 $V_p - V_f$의 전위가 거리에 따라 변화하는 곡선을 그림 4-7에 나타내었다. 그림에서 보이는 바와 같이 플라즈마는 전도성 기체로서 전위의 변화가 있으면 전자가 빠르게 이동하여 그 전위의 변화를 없애주므로 플라즈마 내에는 큰 전위의 변화가 없다.

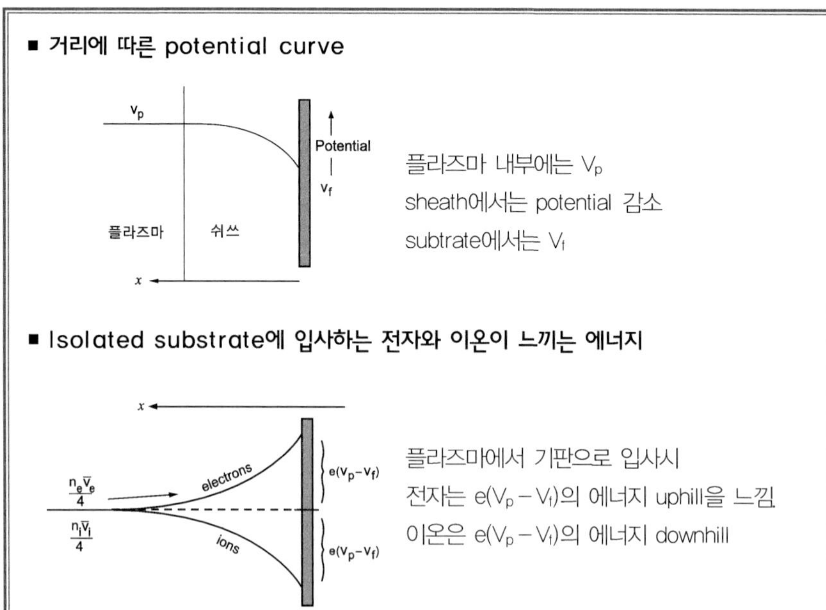


**그림 4-7** 쉬쓰(sheath)에서 거리에 따른 전위곡선 및 이에 접근하는 이온과 전자가 느끼는 에너지 차이

플라즈마 내 놓여 있는 고립된 전극은 플라즈마 보다 $V_p - V_f$만큼 낮은 전위를 지니며 플라즈마와 플로팅 전극 간의 전위 차이인 $V_p - V_f$는 플라즈마와 플로팅 전극 사이의 경계지역인 쉬쓰에 형성되게 된다.

이와 같은 상태에서 플라즈마로부터 기판으로 들어오는 랜덤(random)한 이온은 쉬쓰에 도달하면 절벽과 같은 내리막길(downhill)을 보게 되어 $V_p - V_f$만큼 가속이 되게 된다. 반면 플라즈마로부터 기판으로 들어오는 랜덤한 전자는 쉬쓰에 들어오면 담벼락과 같은 에너지 오르막길(energy uphill)을 보게 되고 따라서 랜덤한 에너지 분포를 가진 전자들 중에 이 $e(V_p - V_f)$의 차이 이상의 에너지를 가진 전자만이 이 플로팅 전극(floating electrode)에 들어올 수 있게 된다.

물론 이때 이 전위장벽을 넘어 전극에 들어오는 단위면적당 단위시간당 전자의 수, 즉 전자의 플럭스(즉, 전자전류밀도) $J_e$는 역시전위 절벽에 떨어지며 전극에 들어오는 단위면적당 단위시간당 이온의 수, 즉 이온의 플럭스(즉, 이온전류밀도) $J_i$와 일치하게 된다.

$$J_e = J_i$$

## 4.6 쉬쓰(Sheath)

앞서 설명한 바와 같이 플라즈마와 접한 기판 주변에는 쉬쓰가 형성이 된다. 쉬쓰는 플라즈마와 기판간의 경계지역, 즉, 플라즈마와 기판을 분리하는 지역이다. 플라즈마는 전자와 이온의 수가 거의 같은 전기적 중성을 띠나 앞에서 보았듯이 플로팅 전극을 플라즈마에 넣었을 때 (-)로 전하축적이 되어 존재하게 되고 이로 인하여 전자는 밀려나게 되고 이온은 끌려오게 되므로 이 지역은 이온이 전자보다 많은 영역이 된다.

전자는 플라즈마와 플로팅 전극 사이의 전위 차이에 의해 플라즈마로부터 전자의 숫자가 이 전극에 가까이 올수록 쉬쓰 내에서는 지수적으로 감소하게 되며 이온은 끌려오면서 점점 속도가 빨라지므로 플라즈마로부터 이 전극에 가까이 올수록 선형으로 이온의 밀도가 감소하게 된다.

따라서 결과적으로는 단위부피당 이 지역은 (+)전하가 (−)전하보다 많은 (+)로 전하축적이 된 포지티브 공간 전하축적(positive space charge)지역이 형성되게 된다.

■ 앞서 설명한 바와 같이 plasma와 접한 substrate 주변에는 potential 기울기를 지니는 sheath가 형성됨.

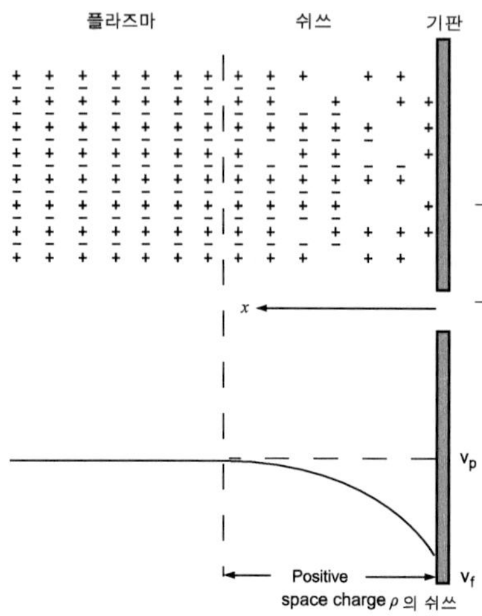


→ 플라즈마로부터 substrate로 접근함에 따라 $n_i$는 적게 줄어드는 반면, $n_e$는 크게 준다.

→ sheath : space charge P(net charge)가 형성된 지역

**그림 4-8** 쉬쓰(sheath)가 양의 순전하(net charge)를 갖는 포지티브 공간전하축적(positive space charge)지역임을 설명하는 그림

이와 같은 단위부피당 순전하(net charge)가 존재할 때는 전기장이 존재하게 되고 이로 인한 전위차(potential difference)가 존재하게 된다. 이는 전자기학에서 이야기하는 맥스웰(Maxwell)식으로서 설명이 된다. 역으로 앞서 설명한 바와 같이 플라즈마와 기판사이의 쉬쓰에 $V_p - V_f$에 해당되는 전위차이가 존재하면 이 쉬쓰지역에 순전하가 존재하게 된다.

어쨌든 플라즈마와 기판 사이에는 이 둘을 분리하는 경계지역이 존재하며 이 지역이 쉬쓰가 된다.

이 지역은 대체로 (+)로 전하축적이 된 지역으로 $V_p - V_f$의 전위차(potenital difference)를 유지하고 있는 상태이다. 이 지역은 플라즈마가 아닌 지역으로서 전자가 적어 이온화가 잘 일어나지 않게 되므로 어두운 공간이 되어 다크 스페이스(dark space)라고도 한다.

## 4.7 쉬쓰 전위(Sheath Potential)

쉬쓰 내 유지되는 전위인 $V_p - V_f$는 전위의 거리에 따른 변화와 이 내부의 밀도를 관련시키는 식이며 전자기학의 맥스웰 수식(Maxwell Equation)의 한가지인 포아송식(Poisson's equation)으로부터 계산이 가능하다. 포아송식(Poisson식)은 다음과 같은 식으로 표현된다. 즉,

$$\frac{d^2 V}{dx^2} = -\frac{\rho}{\epsilon_o}$$

여기서 $\rho$는 공간의 단위부피당 순전하, $\epsilon_o$는 자유공간에서의 투자율(permittivity)이다. 그런데 전기장 $E$는 거리에 따른 전위의 변화로서

$$E = -\frac{dV}{dx}$$

로 표현된다. 따라서 포아송식(Poisson식)은 전기장의 형태로서

$$\frac{dE}{dx} = \frac{\rho}{\epsilon_o}$$

로 표현될 수 있다. 이는 전자기학에서 유명한 기본식인 4가지 맥스웰식(Maxwell equation)중의 한가지이다. 이의 의미는 어느 공간에 (+) 전하와 (−)전하를 비교하여 남은 순수전하 혹은 순전하가 있으면 이 공간에는 전기장이 존재함을 의미하게 된다.

쉬쓰에는  순전하가 존재하며 특히 정상적인 쉬쓰의 경우에는 앞서 설명한 바와 같이 (+)의 순전하가 존재하게 된다.

이 지역에는 전자의 밀도가 플라즈마 경계로부터 기판으로 갈 때 지수적으로 감소하게 되며 따라서 이온화 및 여기를 일으키는 전자가 감소하여 빛을 적게 방출하게 되어 플라즈마에 비해 어두운 색을 띠게 된다. 따라서 앞서 설명한 바와 같이 이 지역을 어두운 지역, 즉 다크 스페이스라고도 부른다.

플로팅 전극(floating susbstrate)과 플라즈마 사이의 쉬쓰 내에 생기는 전위는  전에 설명한 바와 같이 $V_p - V_f$이다. 이 $V_p - V_f$는 앞서 설명한 포아송식(Poission식)을 풀어 계산할 수 있다.

이때 순전하(net charge) 밀도인 $\rho$를 앞 절에서 설명한 바와 같이 거리에 따라 지수적으로 변화하는 전자수와 거리에 따라서 선형으로 감소하는 이온에 관한 내용을 식으로 만들어 넣고 포아송식(Poission식)을 풀어 이 $V_p - V_f$를 구하게 된다.

$V_p - V_f$의 값을 구해보자.

$V_p - V_f$는 기판에 도달하는 전자에 대한 전위장벽(potential barrier)이므로 $e(V_p - V_f)$ 이상의 운동에너지를 가진 전자만이 기판에 도달하게 된다. 이들의 밀도를 $n_e{}'$라 하면 Maxwell-Boltzman분포에 의해

$$\frac{n_e}{n_e} = \exp\left[-\frac{e(V_p - V_f)}{kT_e}\right]$$

또한 기판에서는

$$\frac{n_e{}' \, \overline{v_e}{}'}{4} = \frac{n_i \, \overline{v_i}}{4}$$

이때 $\overline{v_e}{}' = \overline{v_e}$가 된다. 즉 기판에서의 전자의 평균속도는 플라즈마 내에서의 전자의 평균속도와 같다. 왜냐하면 플라즈마 내 전자보다 $e(V_p - V_f)$만큼 큰 에너지를 가진 전자들만이 기판에 도달하고 이들은 쉬쓰에서 $e(V_p - V_f)$만큼의 에너지를 잃기 때문이다. 따라서

$$\frac{n_e{}' \, \overline{v_e}{}'}{4} = \frac{1}{4} n_e \exp\left(-\frac{e(V_p - V_f)}{kT_e}\right) \cdot \overline{v_e}$$

$$= \frac{n_i{}' \, \overline{v_i}{}'}{4}$$

$$n_e \exp\left(-\frac{e(V_p - V_f)}{kT_e}\right) \cdot \overline{v_e} = n_i{}' \, \overline{v_i}{}'$$

플라즈마 밀도 $n_i = n_e,\ \bar{v} = \sqrt{\frac{8kT}{\pi m}}$ 을 대입하여 정리하면

$$V_p - V_f = \frac{kT_e}{e} \ln\left(\frac{\overline{v_e}}{\overline{v_i}}\right) = \frac{kT_e}{2e} \ln\left(\frac{m_i T_e}{m_e T_i}\right)$$

이 식은 4.8절의 쉬쓰천이지역에 대한 고찰을 거치면 이온의 온도 $T_i$에 의존하지 않고 전자의 온도 $T_e$에만 의존하는 식으로 변화한다.

■ **Sheath potential** : Poisson식으로부터 계산 가능

Poisson's Equation : $d^2V/dx^2 = -\rho/\varepsilon_o$

$\varepsilon_o$ : free space에서의 permittivity

그런데 전기장 E = −dV/dx

따라서 dE/dx= $\rho/\varepsilon_o$

➜ net charge가 있으면 electric field가 변화함을 나타냄.

■ **Sheath** : net positive charge

– electron density 감소

– electron impact에 의한 excitation 감소로 glow 감소, 어두운색

– dark space라고도 부른다.

■ $V_p - V_f = (kT_e)/(2_e)\ \ln\ (m_i/2.3m_e)$

➜ 전자의 온도, mass ratio에 의존.

**그림 4-9** 쉬쓰(sheath)에 유지되는 전위차인 $V_p - V_f$의 계산

결과적으로 얻어지는 식은 다음과 같게 된다. 즉,

$$V_p - V_f = \frac{kT_e}{2e}\ln\left(\frac{m_i}{2.3m_e}\right)$$

이 식에서 보듯이 $V_p - V_f$는 전자의 온도인 $kT_e$, 그리고 전자와 이온간의 질량비에 의존함을 알 수 있으며 실제적으로 보았을 때 약 5 ~ 15V를 유지한다.

## 4.8 쉬쓰 천이지역(Quasi-Neutral Transition Region)

앞에서 플라즈마와 기판사이의 경계지역으로 쉬쓰가 존재한다고 했는데 이 플라즈마와 쉬쓰 사이에 또 하나의 경계지역이 존재하게 되는데 이를 쉬쓰 천이지역(quasi-neutral transition region)이라고 한다.

이는 쉬쓰에 유지되는 전위의 일부가 플라즈마 내로 새어 들어가는 지역을 말한다. 이 새는(leaking) 전위의 값의 정도는 $kT_e/2e$로서 그림 4-10과 같은 전위구배를 지니게 된다.

이 지역은 플라즈마와 같이 전자의 밀도와 이온의 밀도가 유사하나 이 전위의 차이로 인해 플라즈마로부터 들어오는 전자는 역시 밀려나게 되고 이온은 당겨지나 역시 전위 차이로 인한 이온의 속도의 증가로 밀도가 감소하나 각 위치에 따라서 이온의 밀도와 전자의 밀도는 같은 정도를 유지하게 된다.

즉, 이 쉬쓰 천이지역은 플라즈마보다는 작은 이온밀도(혹은 전자밀도)를 지니며 기판 쪽으로 갈수록 그 이온밀도 혹은 전자밀도가 감소하지만 전자밀도와 이온의 밀도는 플라즈마와 같이 같은 밀도상태로 유지하는 지역을 말한다.

물론 이 지역을 벗어나서 쉬쓰로 들어서면 이온밀도가 전자밀도에 비해 많게 되는 순양의 전하(net positive charge)가 유지되는 상태로 변화하게 된다.

이 쉬쓰 천이지역의 역할은 쉬쓰로 들어오는 이온의 속도를 플라즈마내의 랜덤이온의 평균속도보다 크게 하는데 있다.

즉, 랜덤한 이온의 평균속도는 맥스웰-볼쯔만식(Maxwell-Boltzmann equation)에서 얻는 바와 같은 $\overline{v_i} = (8kT_i/\pi m_i)^{1/2}$인데 비해 이 쉬쓰에 들어오는 이온의 평균속도가 $x=0$지점에서 $+x$의 방향으로 $U(0)=(kT_e/m_i)^{1/2}$로서 증가되는 영향을 지닌다.

달리 표현하면, $x=0$에서 $U(0)=(kT_e/m_i)^{1/2}$의 속도를 갖는 경우

$$\frac{1}{2}m_i U(0)^2 = e V(0)$$

$$V(0) = \frac{m_i U(0)^2}{2e} = \frac{m_i KT_e}{2em_i} = \frac{kT_e}{2e}$$

따라서 쉬쓰천이지역에서의 새는 전위는 $kT_e/2e$임을 알 수 있다. 이 전위차로 인한 쉬쓰 경계지역인 $x=0$에서의 전자밀도는 플라즈마 밀도 $n_e \approx n_i$에 비해서 감소하게 된다.

이 쉬쓰경계지역에서의 플라즈마 밀도 $n_e(0) \approx n_i(0)$는

$$n_e(0) = n_e \exp\left(-\frac{V(0)}{kT_e}\right)$$

$$n_e \exp\left(-\frac{1}{2}\right) = 0.6n_e$$

따라서 플라즈마 밀도에 비해 0.6배로 감소한다. 또한 이 쉬쓰 경계지역에서의 기판으로 입사하는 이온 플럭스는 랜덤플럭스인 $(n_i\overline{V_i})/4$가 아니라 $n_i(0)U_i(0)$가 되며 다음과 같은 값을 갖는다. 즉,

$$n_i(0)U_i(0) = 0.6n_e\left(\frac{kT_e}{m_i}\right)^{\frac{1}{2}}$$

따라서 맥스웰-볼쯔만식에서의 속도는 이온의 온도에 의존하는 반면에 이 쉬쓰에 들어오는 이온의 속도는 이온의 온도가 아닌 전자의 온도에 의존하므로 속도가 빨라지게 된다.

앞의 $V_p - V_f$의 계산식에도 이 효과를 넣어 계산을 하게 되며 앞의 $V_p - V_f$인 쉬쓰 전위에 전자의 온도만 있고 이온의 온도 항이 없는 이유도 바로 이 때문, 즉, 이온의 속도가 전자온도로 표기되기 때문이다.

$$\frac{n_e'\overline{v_e}'}{4} = \frac{n_i'\overline{v_i}'}{4}\left(n(0)\,U(0) = 0.6\,n_e\left(\frac{kT_e}{m_i}\right)^{\frac{1}{2}}\right)$$

여기서 $\frac{\bar{v}}{4} = \frac{\bar{v}(x)}{4}, n(0) = 0.6n_e$이다.

$$\frac{n_e'\overline{v_e}'}{4} = \frac{1}{4}n_e \exp\left(-\frac{e(V_p - V_f)}{kT_e}\right)\overline{v_e}$$

$$\therefore V_p - V_f = -\frac{kT_e}{e}\ln\left[(2.4)\left(\frac{kT_e}{m_i}\right)^{\frac{1}{2}}\left(\frac{\pi m_e}{8kT_e}\right)^{\frac{1}{2}}\right]$$

$$= -\frac{kT_e}{2}\ln\left(\frac{2.3m_e}{m_i}\right)^{\frac{1}{2}}$$

$$\therefore V_p - V_f = \frac{kT_e}{2e}\ln\left(\frac{m_i}{2.3m_e}\right)$$

결과적으로 플라즈마로부터 들어오는 이온은 이 $V_p - V_f$로 기판을 충격을 가하게 되며 이 $V_p - V_f$는 약 5~15V로서 고체내 원자 간의 결합력(binding energy)인 1~10eV보다 크므로 이 전위로 물질이 충격(bombardment)받을 때 표면물성에 영향을 줄 수 있게 된다.

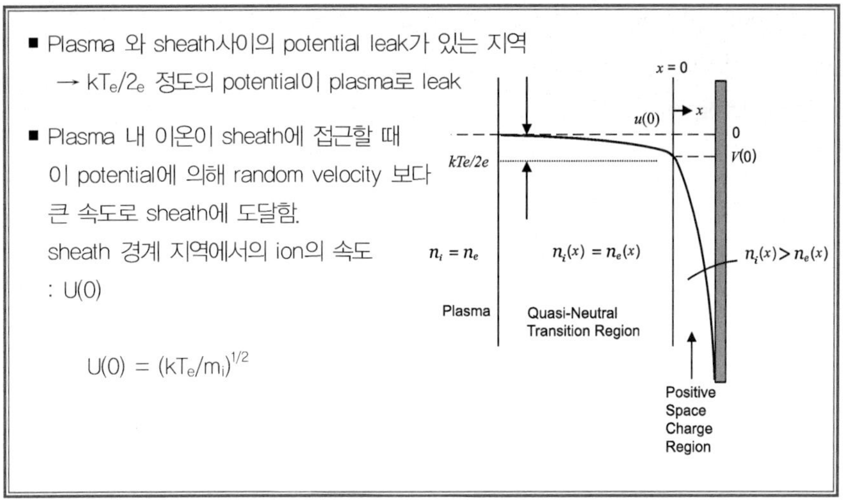


**그림 4-10** 플라즈마와 쉬쓰(sheath) 사이의 전위구배가 존재하는 쉬쓰 천이지역 (quasi-neutral transition region)에 대한 설명

## 4.9 디바이 쉴딩(Debye Shielding)

플라즈마가 갖는 또 하나의 특성중의 한가지로 디바이 쉴딩(Debye shielding)을 들 수 있다. 플라즈마 내에는 많은 이온과 전자가 중성원자와 함께 흩어져 존재한다.

이 중 1개의 전하 즉, 이온이나 전자에 가해지는 정전기적 힘(coulombic force)을 생각해 보면 그림 4-11에 보인 바와 같이 주변의 같은 전하로부터는 척력이 존재하고 다른 전하로부터는 인력이 존재하나 사방에서 가해지는 이와 같은 힘들이 서로 상쇄가 되어 실제 전자나 이온에 가해지는 순 정전기력(net coulombic force)는 0이 된다.

이와 같은 상황에서 만일 한 지역에 음의 전하를 넣어 균형을 깨서 전위의 변화를 순간적으로 발생시킨 경우를 생각하자.

이 전하로 인하여 발생된 전위가 플라즈마 전위에 대한 상대적인 음의 값으로 $V_o$의 값을 갖는다면 이 전위의 변화로 인해 주변의 전자는 질량이 작으므로 이 가한 전하 주변으로부터 재빨리 멀어지게 되며 이온은 질량이 크므로 그 위치에 남아 있는 상태로 있게 된다.

결과적으로 이 전하 주변에는 전위의 구배가 생기게 되는데 이를 역시 포아송의 식을 이용하여 풀 수 있게 된다.

이 $V_o$라는 음의 전위로 인해 주변의 전자가 지수적으로 밀려나가 위치에 따른 전자밀도의 변화에 대한 식을 다음과 같은 볼쯔만(Boltzmann) 식을 이용하여 세우고

$$n_e(x) = n_e \exp\left(\frac{e V_{(x)}}{kT_e}\right), \qquad V(x) < 0$$

이온은 위치에 따른 변화 없이 그대로 있다고 가정하여 다음의 Poisson의 식에 넣으면 다음과 같은 거리에 따른 전위의 변화값에 대한 식을 얻는다.

$$\frac{d^2 V(x)}{dx^2} = -\frac{\rho}{\epsilon_o} = \frac{e(n_i - n_e(x))}{\epsilon_o}$$

$n_e(x)$를 대입하여 풀면,

$$\frac{d^2 V(x)}{dx^2} = -\frac{en_e}{\epsilon_o}\left[1 - \exp\left(\frac{e V(x)}{kT_e}\right)\right]$$

만일 $V(x) \ll kT_e$ 라면 Taylor series에 의해 $\exp(x) \fallingdotseq 1 + x$, $n_i = n_e$ 따라서

$$\frac{d^2 V(x)}{dx^2} = \frac{e^2 n_e}{kT_e} V(x)$$

또한 $\left(\frac{kT_e \epsilon_0}{n_e e^2}\right)^{\frac{1}{2}} = \lambda_D$로 놓으면

$$\frac{d^2 V(x)}{dx^2} - \frac{V(x)}{{\lambda_D}^2} = 0$$

이 미분 방정식의 해는 경계조건 $x=0\,;V(0)=V_0,\ x=\infty\,;V(\infty)=V_p$로부터

$$V_{(x)}=V_o\exp\left(\frac{-|x|}{\lambda_D}\right),\quad \lambda_D\text{: 상수: }=\sqrt{\frac{kT_e\epsilon_o}{n_e e^2}}$$

이를 도식하면 그림 4-11의 오른쪽에 보이는 그림과 같게 된다. 그림에서 보면 플라즈마 내에 넣은 전하로 인한 전위 $V_{(x)}$는 전하위치로부터 위치가 멀어짐에 따라서 지수적으로 그 전위가 감소하게 되며 어느 지역을 넘어서면 그 넣은 전하의 전위를 느낄 수 없게 된다.

이와 같이 플라즈마 내 어떤 이유로 인한 전위의 변화가 있을 때 이 전위의 변화를 지수적으로 감소시켜 그 전위의 변화를 차단(shield)하는 현상을 디바이 쉴딩(Debye shielding)이라고 한다.

■ 전자와 이온이 많을 때 한 특정 charge에 가해지는 net coulombic force = 0

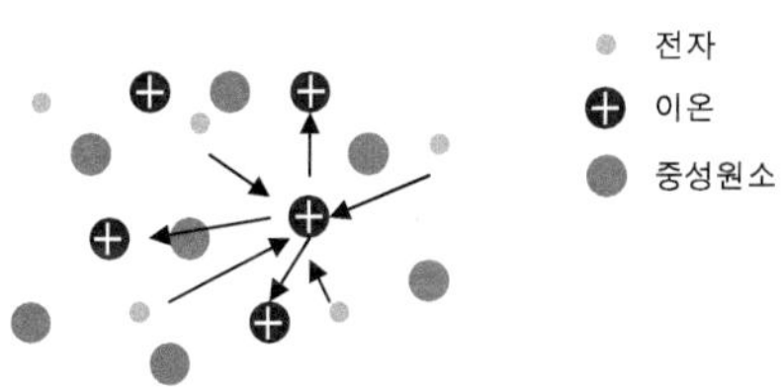


■ 만일 한 지역에 순간적인 potential의 변화가 생겼을 때 : perturbation이 potential : Vo (Vp에 상대적인 값, negative )라면, V(x)의 거리에 따른 변화값?
이 역시 Poisson's equation을 이용하여 풀 수 있음.

$d^2V/dx^2 = -e/\varepsilon_0(n_i - n_e(x))$

$n_e(x)$ : Boltzmann equation으로부터

$n_e(x)/n_e = \exp(+eV(x)/kT_e)$ $\quad n_e \sim n_i,\ V(x) < 0$

이 식을 풀면 ($V(x) \ll kT_e$ 가정),

$V(x) = V0 \exp(-x/\lambda D)$

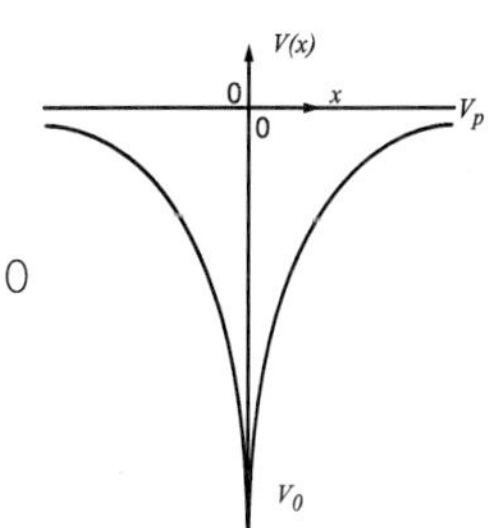


→ 오른쪽과 같은 graph를 얻게 됨. 즉, 순간적인 potential 변화가 있으면 그 potential 변화를 지수적으로 감소시켜 potential 변화를 shield시킴.

**그림 4-11** 디바이 쉴딩(Debye shielding)에 대한 설명

## 4.10 디바이 길이(Debye Length)

앞에서 플라즈마 내에 전위의 변화가 있을 때 이 전위의 변화를 거리에 따라 지수적으로 변화시켜 그 전위의 변화를 차단한다고 했는데, 디바이 길이란 이 차단거리를 특정화한 값이다.

이는 앞의 지수적으로 변화하는 전위의 변화에 대한 식에서 얻어지는데 이 거리는 초기의 $1/e$, 즉 초기값의 약 0.37배로 감소하는 위치에 해당되게 된다. 즉,

$$V_{(x)} = V_o \exp\left(\frac{-|x|}{\lambda_D}\right) = \frac{1}{e} V_o \quad \rightarrow x = \lambda_D$$

이를 수식적으로 구하면,

$$\lambda_D = \sqrt{\frac{kT_e \epsilon_o}{n_e e^2}} \text{, 디바이 길이 (Debye length)}$$

로 구해지게 된다.

- 앞의 $\lambda_D$ : Debye length

  $$\lambda_D = (kT_e \epsilon_0 / n_e e^2)^{\frac{1}{2}}$$

  - Debye length $\lambda_D$는 초기 potential perturbation $v_D$의 1/e (0.37)로 감소하는 위치
- 다른 개념 : plasma내 한 charge에 영향을 주는 coulombic interaction은 그 charge를 중심으로 1~2 Debye length를 반경으로 이루어진 구만을 생각하면 됨.(screening effect)
  - 그 밖의 interaction은 net ~ 0
  - 이 screening effect로 charged particle이 거의 free particle로 거동하는 것임.

**그림 4-12** 디바이 길이(Debye length)에 대한 설명

대체로 이 디바이 길이를 $\lambda_D$로 표현하며 이는 앞서의 평균자유행로가 $\lambda$ 혹은 $\lambda_{mfp}$로 표기하는 것과 구별이 된다.

여기서 보는 바와 같이 $\lambda_D$는 전자온도 및 전자밀도에 따라서 그 거리가 변화함을 알 수 있다.

따라서 디바이 쉴딩은 이 특정거리인 $\lambda_D$에 의해 정해지는  값으로 감소하여 플라즈마는 어느 거리 이상에서는 이 전위의 변화를 느끼지 못하고 $V_o$주변에는 이 특정거리인 $\lambda_D$에 의해 정해지는 쉬쓰로 둘러싸이게 된다. 물론 앞서 설명 바와 같이 이 쉬쓰밖으로는 쉬쓰 천이지역에 해당되는 전위가 새는(leak) 값인 $kTe/2e$는 플라즈마내로 변화가 가능하다.

이 디바이 쉬쓰에 대한 다른 개념은 플라즈마 내 한 전하(charge)가 다른 전하(charge)들로부터 영향을 받는 거리는 1~2 $\lambda_D$에 해당되는 거리를 반지름으로 하는 구라는 것이다.

즉, 플라즈마 내의 이온과 전자들은 전하끼리 작용하는 정전기력이(coulombic force) 서로 상쇄되어 자유입자(free)와 같이 거동한다고 했는데 이 전하 간에 정전기력이 영향을 미칠 수 있는 거리가 1~2 $\lambda_D$라는 것이다.

결과적으로 이 거리 내에만 정전기력이 작용하고 이 거리 내에서 정전기적 힘이 서로 상쇄가 되며, 이 거리 밖에서는 각 전하로 인한 전위(potential)변화가 차단되므로 전자나 이온은 서로 간에 발생하는 정전기력(coulombic interaction)에 영향이 없이 자유로운 입자로서 움직일 수 있게 된다.

## 4.11 플라즈마 진동(Plasma Oscillation)

플라즈마는 플라즈마의 한 부분이 전기장 등의 효과로 인해 순간적으로 중성(neutrality)으로 부터 벗어날 때 플라즈마의 특성인 중성을 회복하기 위해 복원력이 발생되게 된다. 복원력에 의해 한 지역의 순전하가 0이 되어 중성이 회복되었다고 할 때 이 복원력을 머물게 할 수가 없게 되어 지나침현상(overshooting)이 일어나고 다시 반대복원력이 생기게 된다.

이 반대복원력에 의해 다시 중성이 회복되나 또다시 지나침현상(overshoot)이 반대방향으로 일어나 결과적으로 플라즈마 진동(plasma oscillation)현상이 발생하게 된다. 이는 시계추를 평형위치에서 벗어나게 하면 좌우로 계속적으로 왕복운동하는 현상과 같은 상황이다.

우선 전자의 진동현상을 생각해보자. 그림 4-13과 같이 전자밀도 $n$을 가진 두께 $L$의 플라즈마 내 전자가 거리 $\Delta$만큼 전체적으로 왼쪽으로 이동한 경우 $\Delta$지역에는  이온은 없는 전자만이 존재하여 순전하가 발생하게 되므로 전에 설명한 공간에 순전하의 존재는 전기장 즉, 전위 차이를 발생시키게 된다.

이는 전에 설명한 바와 같이 포아송식(Poisson식)에 의해 식을 세울 수 있으며 이 $\Delta$안의 순전하인 전자농도로 포아송식에 넣어 이 전하로 인해 발생되는 전기장을 구할 수 있게 된다. 즉,

$$\frac{dE}{dx}=\frac{\rho}{\epsilon_o}=\frac{n_e e}{\epsilon_o} \quad \rightarrow \quad E=\frac{n_e e}{\epsilon_o}\Delta$$

이 발생된 전기장으로 인해 전자에 복원력을 주게 되고 이 복원력은 $F=m_e a$라는 뉴튼(Newton)의 식과 전기장에 의한 복원력 값 $F=-eE$를 같다고 놓음으로써 결과적으로 이 전자가 좌우로 진동하는 진동에 대한 식을 구하게 된다. 즉,

$$F=m_e a=m_e\frac{d^2\Delta}{dt^2}=-eE=-\frac{n_e e^2}{\epsilon_o}\Delta$$

의 해를 구하면 다음과 같다.

$$\Delta=Acos\omega_e t+B\sin\omega_e t$$

이때 이 전자가 좌우로 진동하는 진동의 주파수를 $\omega_e$라고 하면 이 $\omega_e$는

$$\omega_e=\sqrt{\frac{n_e e^2}{m_e\epsilon_o}}=9\times 10^3 n_e^{1/2}Hz$$

로 표현이 되며 이를 플라즈마 진동수라고 한다.

위의 식에서 보듯이 이 플라즈마 진동수는 전자밀도 및 전자의 질량(mass)에 의존하게 되고 전자의 질량은 상수이므로 이를 넣으면 $9000n_e^{1/2}Hz$로 표기될 수 있게 된다.

이 식은 외부전기장의 시간에 따른 변화가 있을 때 이 전기장의 변화를 볼 수 있는 최대 주파수에 해당이 된다. 전기장 변화의 진동수가 이 진동수보다 작으면 전자는 이 전기장의 변화를 보고 좇아 움직일 수 있게 되고, 이 진동수보다 전기장의 변화가 더 크면 전자는 이 전기장의 변화를 보지 못하게 되는 것이다.

- Plasma 의 한 부분이 전기장의 효과 등으로 인해 neutrality로부터 벗어날 때 다시 charge neutrality를 회복하기 위하여 restoring force가 작용
  → overshoot → plasma oscillation
- Electron Oscillaition : 옆 그림과 같이 두께 L의 plasma 내 ( density, n) 모든 전자가 거리 △만큼 변위한 경우 △에는 space charge가 생기고 이로 인한 electric field E

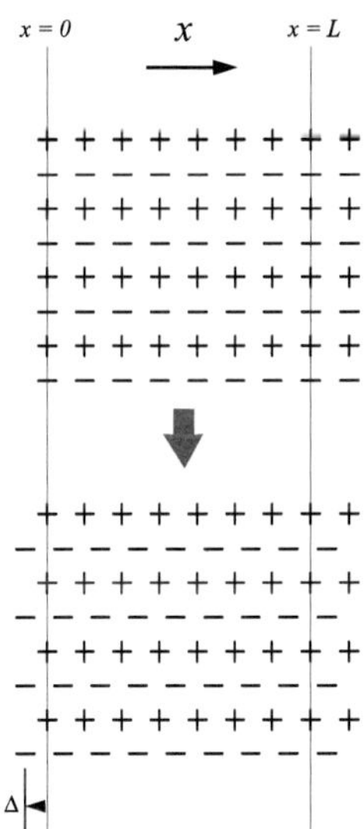


$dE/dx = p/\epsilon_0 = n_e e/\epsilon_0$

$-E = n_e e/\epsilon_0 \Delta$

– 이 전기장으로 인해 복원력 F가 생김.

– $F = m_e d^2\Delta/dt^2 = -eE = -n_e e^2/\epsilon_0 \Delta$ (미분방정식)

– 이 복원력으로 harmonic oscillation($y = A\cos\omega_e t + B\sin\omega_e t$)을 하고 그 주기는

$$\omega_e = (n_e e^2/m_e \epsilon_D)^{1/2} \text{ : Plasma frequency}$$
$$= 9\times10^3 n_e^{\ 1/2}Hz$$

→ plasma가 외부 전기장의 변화를 볼 수 있는 최대 frequency에 해당됨.
예) $n_e = 10^{10}/cm^3$인 경우 plasma frequency $= 9\times10^8$ Hz ≫ 13.56MHz

그림 4-13 플라즈마 진동(plasma oscillation)에 대한 설명

이는 우리가 영화를 볼 때 영화의 한 장면 한 장면의 변화를 실제로는 보지 못하고 연속적으로 보는 것이나 형광등이 초당 60번 꺼졌다 켜지는데 이를 연속적으로 켜진 것처럼 보는 것과 같은 이치이다.

만일 전자의 밀도를 $10^{10}/cm^3$이라고 하면 플라즈마 진동수는 900MHz에 해당되고 플라즈마 식각에 보통 사용하는 고주파(RF)가 13.56MHz이므로 이와 같은 고주파(RF) 주파수에서는 전자가 전기장의 변화를 보고 쫓아 움직일 수 있음을 알 수 있다. 물론 이 값은 전자의 밀도에 따라 변화하게 된다. 전자의 밀도가 크면 더욱 그 쫓아 움직일 수 있는 진동수가 증가한다.

앞서는 전자가 진동하는 경우에 대하여 설명을 하였는데 이온 역시 전하로서 앞서와 같은 설명을 할 수가 있으며 이온역시 진동을 하게 된다. 이온에 대한 식도 같은 식을 얻게 되나 다른 점은 전자의 질량 대신 특정이온의 질량으로 대치하면 된다.

전에 설명한 바와 같이 이온의 질량은 전자의 질량에 비해 아주 크므로 그 고유주파수(oscillation frequency)가 전자의 진동수(oscillation frequency)에 비해 작게 된다. 이온의 고유진동수를 식으로 표시한다면 다음과 같다. 즉,

$$\omega_i = \sqrt{\frac{n_i e^2}{m_i \epsilon_o}}$$

결과적으로, 앞서의 전자의 고유진동수와 비교시 전자의 질량(mass)을 이온의 질량으로 대치한 것과 같다. 물론 이온의 밀도 $n_i$를 넣었으나 플라즈마 내에서는 이온의 밀도 $n_i$와 전자의 밀도 $n_e$가 거의 유사하므로 같은 값이다.

만일 이온의 밀도를 앞서와 같이 $10^{10}/cm^3$이라고 하였을 때 Ar의 경우 약 3.3MHz가 얻어지며 이는 플라즈마 에칭에 많이 사용되는 고주파 주파수(RF frequency)인 13.56MHz에 비해 작아서 이온이 이 고주파(RF)의 전기장의 변화를 느끼지 못하고 평균값의 변화를 느끼게 되어 Ar이온은 이 13.56MHz의 주파수에 쫓아서 이온이 움직일 수 없게 된다.

- Electron과 마찬가지로 ion도 oscillate 단지 mass가 크므로 그 oscillation frequency가 낮다.

$\omega_i = (n_i e^2 / m_i \epsilon_0)^{1/2}$ : ion oscillation frequency

예) $n_i = 10^{10}/cm^3$ 일 때

$\omega_i \sim$ 3.3MHz 〈 13.56MHz

➜ 따라서 13.56MHz의 rf frequency에 쫓아서 ion이 움직일 수 없음.

**그림 4-14** 이온의 고유진동수(oscillation frequency)에 대한 설명

## 4.12 이극성 확산(Ambipolar Diffusion)

이극성 확산(ambipolar diffusion)은 전자와 이온의 농도구배가 있을 때 전자의 평균속도가 이온의 평균속도보다 빠르기 때문에 다음의 아인슈타인 관계(Einstein relation)로부터

$$\frac{D}{\mu} = \frac{kT}{e}$$

전자의 확산계수와 이온의 확산계수를 비교하면 전자의 확산계수가 이온의 확산계수에 비해 아주 크게 된다. 즉,

$$D_i \ll D_e$$

따라서 플라즈마내부의 전자와 이온들이 벽 쪽으로 확산해 나아갈 때 전자의 확산이 이온보다 다음의 수식에 따라서 전자의 확산 플럭스가 이온의 확산플럭스에 비해 크게 될 것으로 예상된다.

$$\left| j_e = eD_e \frac{dn_e}{dx} \right| \text{ :전자의 확산 } \gg \left| j_i = -eD_i \frac{dn_i}{dx} \right| \text{: 이온의 확산}$$

■ Particle 의 concentration의 기울기가 있을때 : 물질의 dffusion 발생

→ Diffusion flux J : $J = -D\, dn/dx$

■ 이와 같이 ion, electron concentration의 기울기가 있을때 diffusion으로 인한 current density

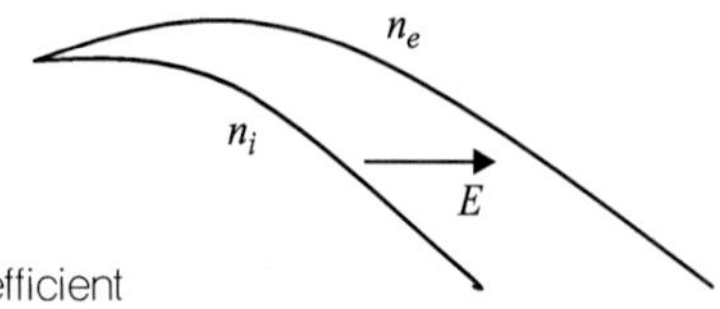


전자 : $j_e = eD_e dn_e /dx$

이온 : $j_i = -eD_i dn_i /dx$

■ $D_i$ , $D_e$: ion과 electron의 diffusion coefficient

diffusion coefficient와 mobility와의 관계 : Einstein relatiton

➜ $D/\mu = kT/e$

반면 $kT_e \gg kT_i$, $\mu_e \gg \mu_i$ ($\mu = e\lambda /m$, $\lambda = 1/n\sigma$ )

따라서 $D_i \ll D_e$

- 플라즈마 내 electron이 ion을 앞서서 diffuse
- plasma 가 positive하게 되며 이로 인해 electric field가 생김.
- 이 electric field로 인해 이온이 가속, 전자의 감속
- 이온과 전자의 diffusion 속도가 같아짐. (즉, 같은 diffusion constant를 갖게 됨)

$$j_i = j_e = -eD_A\, dn_e/dx$$

$$D_A = (\mu_i D_e + \mu_e D_i)/(\mu_i + \mu_e)$$ : Ambipolar diffusion coefficient

**그림 4-15** 이극성 확산(ambipolar diffusion)에 대한 설명

반면, 초기에 전자가 벽쪽으로 이온에 비해 더 많이 빨리 확산에 의해서 이동을 하면 플라즈마 내부는 전자가 빠져나가 이온이 주를 이루므로 (+)로 순전하(net charge)가 발생하게 되고 벽쪽의 전자가 이동한 지역은 전자가 이온보다 많아 (-)로 순전하(net charge)가 형성되게 된다.

이에 따라서 앞선 전자와 뒤에 남은 이온사이에 전기장이 그림 4-15에 보이는 바와 같이 발생하게 된다.

이 전기장은 이온은 확산하는 방향으로 밀어내고 전자는 더 빨리 못가게 당기는 역할을 하여 결과적으로는 벽쪽으로 확산해 나가는 전자와 이온은 같

은 확산계수인 이극성 확산계수(ambipolar diffusion coefficient) $D_A$는

$$D_A = \frac{(\mu_i D_e + \mu_e D_i)}{(\mu_i + \mu_e)}$$

로 확산을 해나가게 된다. 또한 전자나 이온이나 확산에 의한 전류밀도는 같은 값으로 다음과 같은 값을 가지게 된다.

$$j_i = j_e = -eD_A \frac{dn_e}{dx}$$

위의 결과는 다음과 같은 계산으로 얻어진다. 즉, 앞선 전자와 뒤에 남은 이온 사이의 전기장 E에 의해 후자의 플럭스 변화가 발생하며 이로 인한 전자와 이온의 플럭스(혹은 전류밀도)는

$$j_i = en_i u_i E - eD_i \frac{dn_i}{dx}$$

$$j_e = en_e u_e E - eD_e \frac{dn_e}{dx}$$

일정상태(steady state)에서 $j_i + j_e = 0$ 즉, 이온과 전자는 같은 양으로 벽으로 확산하며 $n_e = n_i = n$이므로

$$\therefore Ene(\mu_i + \mu_e) = -(D_e - D_i)\frac{dn_e}{dx}$$

$$\therefore E = \frac{-1}{ne}\left(\frac{D_e - D_i}{\mu_i + \mu_e}\right)\frac{dn_e}{dx}$$

이를 위의 $J_i$에 관한 식에 대입하면

$$J_i = -e\left(\frac{u_i D_e - u_i D_i}{\mu_i + \mu_e}\right)\frac{dn_e}{dx} - eD_i \frac{dn_e}{dx}$$

$$= e\left(\frac{-u_i D_e + u_i D_i - u_i D_i - u_e D_i}{\mu_i + \mu_e}\right)\frac{dn_e}{dx}$$

$$\therefore J_i = -e\left(\frac{u_i D_e - u_i D_i}{\mu_e + \mu_e}\right)\frac{dn_e}{dx}$$

$$= -eD_A\frac{dn_e}{dx}$$

여기서 ,

$$D_A = \left(\frac{u_i D_e + u_e D_i}{\mu_i + \mu_e}\right)$$

P/A/R/T

# 5 직류 플라즈마

이번 장에서는 직류 플라즈마(DC plasma)에 대한 설명을 하겠다. 특히 플라즈마의 구조, 플라즈마의 발생, 플라즈마의 유지, 직류 플라즈마( DC plasma)를 형성하는 음극(cathode)지역의 구조 등에 대한 설명을 한다.

## 5.1 플라즈마의 구조

플라즈마의 구조는 그림 5-1에서 보이는 바와 같이 우리가 저녁 때 보는 네온사인(Neon sign)과 같은 플라즈마를 보면 이해를 할 수 가 있다. 이 네온사인의 긴관을 자세히 보면 음전극과 양전극 사이에 여러 밝고 어두운 여러 구역이 관찰됨을 알 수가 있다.

우선 음극지역을 자세히 보면 그 옆에 아주 얇은 밝은 지역이 있고 그 다음으로 어두운 지역이 관찰됨을 알 수 가 있다. 아주 얇은 지역은 음극층(cathode layer)로서 이곳으로 들어온 이온이 음극 표면에서 중성화되면서 빛을 발하는 것으로 알려져 있다.

이는 아주 얇은 상태이며 실제로 중요한 것은 음극에 형성되는 어두운 지역, 즉, 쉬쓰 혹은 다크 스페이스이다. 이 음극의 어두운 지역은 수 mm ~ 1 cm의 큰 두께의 쉬쓰(sheath)를 형성하고 있다. 이를 음극 쉬쓰(chthode sheath 혹은 cathode dark space)라고 한다.

■ **Neon sign과 같은 긴 관에서의 플라즈마**

: cathode와 anode 사이에 여러 구역이 관찰됨

1) Cathode dark space, anode dark space : cathode 및 anode 주변의 어두운 경계지역
2) Cathode layer, anode layer : 이온의 전극에서의 neuralization으로 photon 방출지역
3) Negative glow : 가스의 ionization 및 excitation이 가장 많아 밝은 지역
4) Faraday dark space : 가스 이온화의 감소 지역, 약간 어두운 지역
5) Positive column : Electric field에 의해 전자가 재가속되며 이온화 및 recombination이 평형을 이루는 지역. 관의 길이가 증가하면 이 positive column이 지속적인 증가를 함

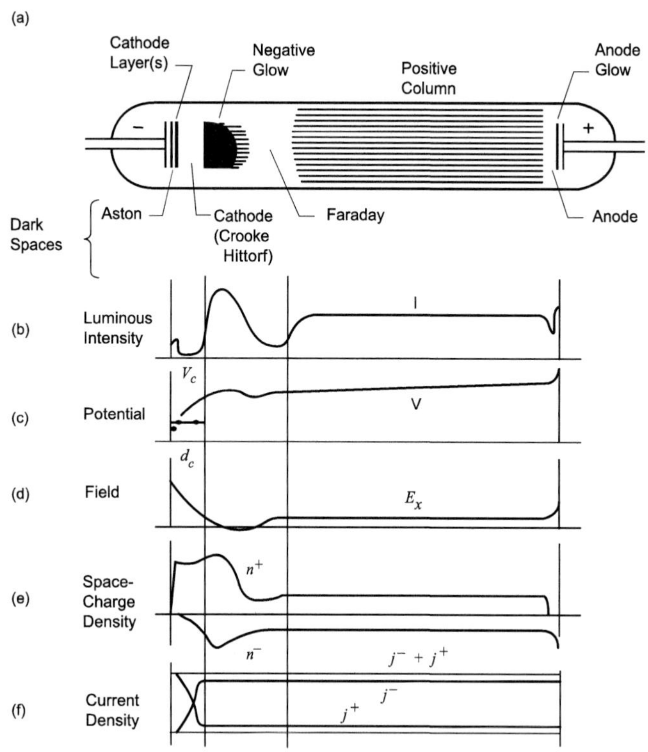


**그림 5-1** 네온사인과 같은 긴 관 내 플라즈마의 구조

반대편의 전극에는 양극이 있고 이 주변에도 입사하는 이온의 중성화에 의한 약간의 밝은 지역(anode layer) 옆에 음극 쉬쓰보다는 얇은 그 두께가 수 mm 이하의 어두운 지역인 쉬쓰가 관찰되며 이를 양극 쉬쓰(anode sheath 혹은 anode dark space)라고 한다.

음극 주변에서 음극 쉬쓰 이후에 관찰되는 지역은 제일 밝은 지역인 네거티브 글로우(negative glow)이다. 이는 가스의 이온화 및 여기(excitation)가 가장 많은 지역으로서 그 밝기가 제일 센 지역이다. 이 네거티브 글로우(negative glow)지역 이후에는 다시 약간 어두운 지역이 관찰이 되는데 이를 파라데이 어두운 지역(Faraday dark space)이라고 한다.

파라데이 어두운 지역(Faraday dark space)은 음극에서 전자가 방출하여 음극 쉬쓰에서 가속이 되어 네거티브 글로우(negative glow)에서는 충분한 전자의 에너지로 중성원자 및 분자를 이온화 및 여기시켜 이온화 및 여기현상이 많이 일어나 밝은 상태로 되지만, 음극 쉬쓰내 유시되는 전기징에 의해 가속된 전자가 네거티브 글로우(negative glow)에서 이온화 및 여기에 에너지를 다 소모하여 더 이상의 이온화 및 여기현상을 일으키기 어려워지는 지역에 도달하여 어두운 지역을 형성하는 것이다.

파라데이 어두운 지역(faraday dark space) 이후에는 포지티브 컬럼(positive column)이라고 네거티브 글로우 지역보다는 어둡지만 어느 정도 밝기를 유지하는 지역이 양극 쉬쓰까지 연결이 된다.

이 지역은 포지티브 컬럼내에 어느 정도의 전기장이 유지되어 다시 전자가 양극 쪽으로 가속이 되고 이로 인해 에너지를 받아 중성원자를 이온화 및 여기시킴으로써 어느 정도의 밝기를 유지하는 지역이다.

보통 플라즈마에 대한 설명은 이 포지티브 컬럼 내의 플라즈마 상태를 기준으로 하여 설명을 하게 되며 가장 이상적인 플라즈마의 형태이다. 만일 네온사인의 길이를 늘이면 이 포지티브 컬럼의 길이가 늘어나고 전체적으로 음극과 양극간의 유지되는 전위차도 증가하게 된다.

우리가 형광등이나 네온사인에서 보는 밝은 지역도 이 포지티브 컬럼에 해당이 된다.

결과적으로 네온사인 구조에서 중요한 것은 음극에 두꺼운 음극 쉬쓰(athode dark space)가 있다는 것과 양극에 양극 쉬쓰(anode dark space)라는 얇은 어두운  공간이 있다는 것, 그리고 이온화 및 여기현상이 주로 일어나는 곳은 네거티브 글로우(negative glow)라는 것, 그리고 포지티브 컬럼은 이상적인 플라즈마의 설명에 사용되며 길이 증감에 따라 증감이 되는 지역이라는 것이다.

## 5.2 공정용 플라즈마의 구조

우리가 플라즈마 에칭이나 증착 등에 사용되는 플라즈마는 네온사인이나 형광등의 구조와는 다르다. 이는 앞의 네온사인의 길이를 줄여서 얻은 것과 같다. 만일 앞의 네온사인의 길이를 줄이면, 우선적으로 길이가 감소하는 것은 포지티브 컬럼이다.

이 포지티브 컬럼이 지속적으로 감소하다가 소멸이 되면, 그 다음으로 감소하는 것은 파라데이 어두운 지역이다.

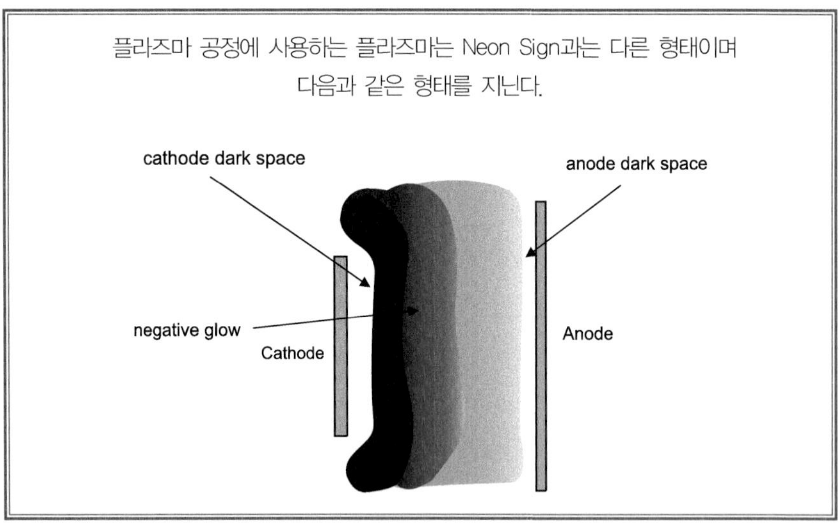


**그림 5-2** 공정용 플라즈마의 구조

파라데이 어두운 지역까지 소멸되면 그 다음으로는 네거티브 글로우가 줄어들게 된다. 반면 음극 쉬쓰나 양극 쉬쓰는 소멸되지 않고 또한 그 두께도 전과 같이 유지를 하고 있게 된다.

음극층및 양극층도 역시 그대로 유지되며 어떤 때에는 관찰을 할 수 없는 경우도 있다. 따라서 음극 쉬쓰 및 양극 쉬쓰의 두께가 유지되면서 네거티브 글로우의 두께가 감소하면 네거티브 글로우가 소멸되고 음극 쉬쓰와 양극 쉬쓰가 만나게 되는데 이와 같은 경우는 발생할 수가 없다.

왜냐하면 음극 쉬쓰와 양극 쉬쓰는 플라즈마(plasma)와 이에 접한 전극 사이의 경계지역일 뿐이기 때문이다. 그러므로 플라즈마가 유지되려면 네거티브 글로우가 어느 정도 유지되어야 하며 대체로 그 두께가 음극 쉬쓰의 2배 정도 이상이 되어야 플라즈마가 유지된다고 한다.

따라서 우리가 에칭이나 증착에 사용되는 플라즈마 공정용 플라즈마는 네거티브 글로우(negative glow), 음극, 그리고 양극 쉬쓰의 3구역으로 구분되는 형태를 띤다고 할 수 있다.

네거티브 글로우는 그림에서 보는 바와 같이 음극에 가까운 쪽이 더 밝은 형태이고 양극 지역으로 갈수록 그 밝기가 감소하는 경향이 있다.

## 5.3 플라즈마의 발생

앞에서는 이미 발생된 플라즈마에 대한 설명을 하였는데 음극과 양극 두 전극만이 있고 그 사이에 가스를 넣은 후 두 전극사이에 전압(voltage)을 가하였을 때 초기에 어떻게 플라즈마가 발생하는 가에 대하여 설명을 해보도록 하자.

우선 2개의 전극사이에 전압을 가하면 음극과 양극 사이에 전기장이 발생하게 된다. 이 발생된 전기장에 의해 두 전극 사이에 존재하는 어떤 전자가 가속을 하게 되고 가속된 정도가 충분하면 중성원자를 이온화할 수 있게 된다.

Ar의 경우는 15.8eV의 이온화 에너지를 지니며 따라서 전자가 이 정도의 전위만큼 가속 받으면 Ar을 이온화할 수 있게 된다.

■ 두 전극 사이에 Voltage를 가했을 때 방전되는 Voltage :

Breakdown voltage $V_B$

$$V_B = b\frac{pd}{c + \ln(pd)}$$

이를 도식한 것을 Paschen Curve라고 함

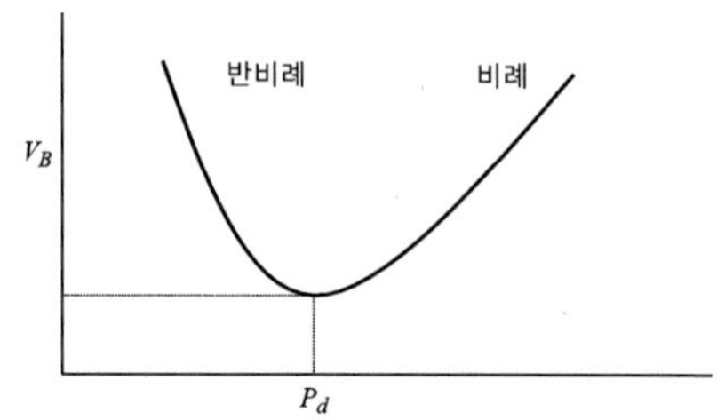


**그림 5-3** 방전이 일어나는 전위와 압력·거리간의 관계식을 나타내는 파센곡선에 대한 설명

일단 Ar이 이온화되면 전자가 1개 더 생기게 되며 이 전자와 Ar과 충돌한 전자가 다시 음극과 양극 사이의 전기장에 의해 재가속되어 다시 Ar을 이온화 할 수 있는 에너지인 15.8eV만큼의 에너지를 얻으면 이번에는 Ar원자를 2개 이온화시키고 다음에는 4개의 전자가 생기게 된다.

이와 같은 현상이 진행되면 전자는 기하급수적으로 증가하게 되고 결과적으로 충분한 이온화가 일어나서 가스 내에 플라즈마가 형성되게 된다.

플라즈마가 없을 때 두 전극사이에 초기에 발생되는 전자는 자외선(UV photon), 우주선(cosmic ray), 혹은 전자의 전극표면에서의 방출 등에 의하여 챔버 내에 발생되게 된다고 한다.

두 전극 사이에 전위를 가했을 때 방전현상이 일어나는 전위(voltage)를 방전전압(breakdown voltage)라고 부르고 $V_B$로 표기한다. 이 방전전압은 수식적으로 구했을 때 아래와 같은 식으로 나타내게 된다.

$$V_B = b\frac{(Pd)}{c + ln\,(Pd)}$$

이 식에서 $b$와 $c$는 상수이고 $P$는 압력, $d$는 전극간의 거리이다. 이를 도식하면 그림 5-3과 같게 되며 이를 파셴 커브(Paschen curve)라고 한다. 그림에서 보는 바와 같이 방전전압 $V_B$는 초기에는 압력과 전극간의 거리의 곱인 $Pd$의 증가에 따라서 감소하다가 최소치를 갖고 다음에는 압력과 전극간의 거리 $Pd$의 증가에 따라서 증가하는 것을 알 수 가 있다.

만일 두 전극 사이의 압력을 일정하게 하고 거리를 변화시켰을 때를 생각하면 멀리서부터 두 전선을 가까이 하면 가까울수록 방전이 잘 일어나다가 (비례영역) 너무 가까우면 방전이 일어나지 않는 것(반비례영역)을 의미한다. 특히 반비례영역은 우리가 전선 두 가닥을 들고 멀리 떼면 방전이 일어나지 않지만 가까이 하면 방전이 일어나는 보통 관찰되는 비례영역의 현상과 사뭇 다른 현상이며 진공상태에서 주로 관찰된다.

대기압과 같이 높은 압력에서 주로 관찰되는 비례영역에서는 우선 두 전선을 멀리하면 두 전선 간에 형성된 전기장 내 입자의 수가 너무 많기 때문에 입자와 입자사이에 형성되는 전기장이 낮아 만일 전자가 가속이 되더라도 이온화 할 수 있는 에너지를 충분히 받기 전에 입자와 충돌을 하므로 이온화를 할 수 없고 따라서 이온화가 지속되는 조건에 이르지 못하는 반면, 이 전선을 가까이 하면 전선 사이의 입자 수는 줄고 따라서 입자 간의 전기장이 증가하여 어떤 거리 이하에서는 입자와 입자 사이에 전자가 가속하여 입자를 이온화할 수 있는 충분한 에너지를 받게 되기 때문에 이온화가 일어나고 지속적인 이온화를 통한 전자의 증폭이 가능하기 때문이다.

반면 진공상태에서 주로 관찰되는 반비례영역에서는 두 전선 사이에서 이온화할 수 있는 입자의 수가 많지 않은 상태이기 때문에 전선을 가까이 한다면 입자와 입자 사이에서 전자가 이온화할 수 있는 충분한 전기장이 유지되고 있어서 이온화를 충분히 일으킴에도 불구하고 두 전선 사이에 존재하는 입자수가 너무 적어서 이온화가 적게 되어 방전이 일어날 만큼의 충분한 이온화를 이루지 못하므로 방전전압이 증가하게 된다. 또한 두 전선을 멀리할수록 두 전선 사이에 이온화를 시킬 수 있는 입자의 수가 증가하며 방전전압이 감소하게 된다. 물론 두 전선을 너무 멀리하게 되면 앞서 높은 압력에서 관찰되는 비례영역에 도달하게 된다.

따라서 같은 압력에서 방전전압은 어느 적정 간격에서 가장 낮은 전압에서 방전이 일어나게 된다. 이는 거리를 일정하게 하고 압력을 변화시키는 경우도 같은 설명을 할 수 있다.

두 전극 사이가 같은 거리에서는 압력이 너무 높으면 입자 간에 유지되는 전기장이 작아져서 입자 간에 존재하는 전자가 전기장을 따라 가속시에 입자를 이온화시킬 수 있는 충분한 에너지를 받지 못하고 압력이 감소함에 따라서 그 입자간의 거리가 증가하여 전자가 충분히 가속이 되어 이온화가 일어나 결과적으로 방전이 발생하는 반면, 압력이 너무 낮으면 방전이 일어날 만큼의 충분한 입자수가 없기 때문에 방전이 일어나지 않게 되어 결과적으로 방전전압이 최소화 되는 어떤 압력이 존재하게 된다.

방전전압을 거리로 나누면 전기장(electric field) $E$가 되고 따라서 이 곡선은 전압(voltage)와 압력거리($Pd$)간의 관계가 아닌 전기장 $E$와 압력 $P$간의 관계로서 $E-P$곡선으로 언급이 되기도 한다.

이 곡선은 전극 간의 사이가 어느 정도 이하가 되면 방전이 일어나지 않는 것을 의미하며 보통 음극 주변에 그라운드 쉴드(ground shield)라는 접지의 전극을 전력을 가하는 전극 주변 아주 가까이 둘러싸이게 해서 그 주변의 방전발생을 방지하고 어느 정도 떨어진 양극만이 방전이 발생되도록 한다. 이 간격은 약 1~2mm 정도로 음극과 그라운드 쉴드(ground shield)간격을 유지되도록 한다.

이와 같은 그라운드 쉴드는 정전압 및 고주파를 사용하는 식각및 스퍼터링에서 음극의 정해진 곳만 방전이 일어나고 나머지 음극지역은 그라운드 쉴드를 하여 방전이 일어나지 않도록 하는데 쓰는 중요한 방법이다.

## 5.4 플라즈마 내 전압분포(Voltage Distribution)

앞서 공정용 플라즈마 내에는 음극 쉬쓰, 네거티브 글로우, 양극 쉬쓰로 구분될 수 있다고 했다. 네거티브 글로우는 앞서 말한 이상적인 플라즈마인 포지티브 글로우와는 다르지만 그냥 우리가 플라즈마라고 부르고 있는 지역으로서 나중에 보면 이방성을 지닌 플라즈마임을 알 수 가 있게 된다.

우선 두 전극 사이에 전압을 가하여 플라즈마를 발생시키면 두 전극사이에 가한 전위의 분포가 생기게 되는데 이에 대하여 설명을 하도록 하겠다.

플라즈마가 없었다면 두 전극 사이에는 음극에서 양극까지 일정한 전기장의 분포를 갖고 있게 되지만 두 전극 사이에 플라즈마가 발생되면 그림 5-4에 보는 바와 같은 전압분포로 변화하게 된다.

우선 양극을 접지전극으로 하여 0V, 음극에 -1000V를 가하는 경우를 생각해 보기로 하자.

중간에 발생된 플라즈마를 생각한다면, 플라즈마는 전에 설명한 바와 같이 주변의 어느 전극보다 양의 전위를 갖는 플라즈마 전위(Vp)를 가지므로 음극의 전위인 -1000V보다 높게 되고 양극의 0V보다 높은 전위를 갖게 된다.

또한 플라즈마 내부에는 전자의 빠른 이동도(mobility)에 의해 거의 전기장이 유지되지 않은 도체로 유지되므로 그림에 보이는 바와 같이 음극에 가한 -1000V와 플라즈마 전위에 해당되는 전위를 합한 전위가 음극 주변의 음극 쉬쓰에 유지되고 양극 주변의 양극 쉬쓰에는 플라즈마 전위에 해당되는 전압이 유지되게 된다.

결과적으로 가한 음극 전압의 크기보다 큰 전위가 음극에 유지되는 형태이고 플라즈마 자체가 가장 높은 전위이고 음극과 양극으로 모두 전위의 기울기를 갖는 형태로서 플라즈마 내의 전자가 양쪽의 어느 전극에도 전위장벽을 가져 전자의 자유로운 접근을 방해하는 형태이다.

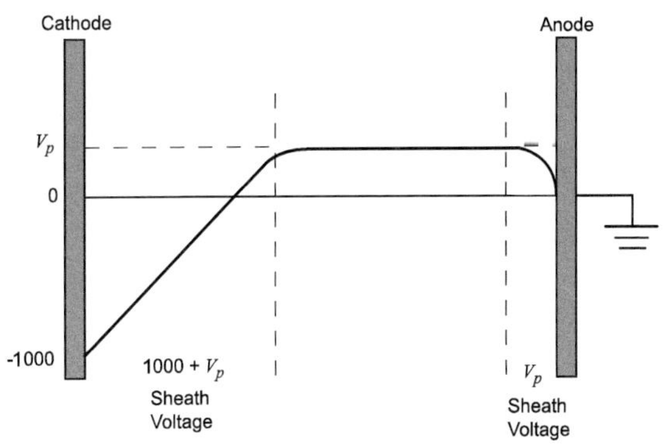


**그림 5-4** 직류전압을 가해 플라즈마를 발생시켰을 때 두 전극 사이의 전위분포

## 5.5 플라즈마의 유지

플라즈마 내에서는 존재하는 이온과 전자가 지속적으로 소모가 된다. 즉, 챔버벽과 전극으로의 지속적인 확산 및 이동에 의해 소모된다. 소모되는 형태는 챔버벽에서의 3원소간 합체(3 body recombination)이라는 입사하는

전자와 이온이 벽에서 중성화되는 것과 음극은 (+) 이온이 오게 되는데 이 플라즈마로부터의 (+)이온이 음극에서의 중성화, 그리고 양극은 전자가 오게 되는데 이 전자의 양극에서의 중성화 등으로 각 플라즈마와 접한 다양한 지역에서의 중성화 등을 통해 소모가 되게 된다.

플라즈마가 지속적으로 유지되려면 소모되는 만큼의 이에 대등한 이온화가 동반되어야 한다. 이 이온화는 전기장에 의해 전자가 가속되고 가속된 전자가 중성원소와 충돌로 이온화 및 여기를 일으켜 소모된 만큼의 이온, 전자를 발생시키고 그 밖에 빛을 발하게 된다.

이때 가속되는 전자는 주로 음극으로 충돌하는 이온에 의해 음극에서 방출되는 전자인 이차전자방출(secondary electron emission)현상에 발생된 전자에 의존을 하게 된다.

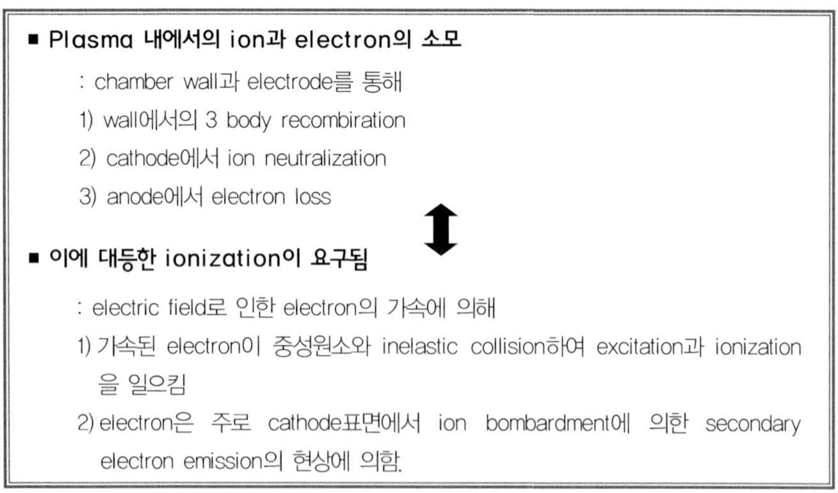


그림 5-5 플라즈마의 유지에 관한 설명도

## 5.6 이차전자방출(Secondary Electron Emission)

어떤 입자가 물체 표면을 때릴 때 전자가 방출되게 되며 이때 방출되는 전자를 이차전자(secondary electron)라고 한다. 또한 1개의 충돌하는 입자당 방출되는 전자의 수를 이차전자 방출계수(secondary electron emission coefficient)라고 한다.
우선 입자로서 전자가 물체표면을 칠 때 방출되는 전자에 대하여 알아보기로 하자.

앞서 말한 바와 같이 직류방전(dc discharge)에서는 음극, 양극, 그리고 주변에 챔버벽이 있게 되며 음극에는 이온이 수집되는 지역으로서 주로 이온의 충돌이 있게 되고 양극에는 (-)전하가 수집되는 지역으로서 음의 전하인 전자의 충돌이 있게 되며 챔버벽은 이의 구분이 없이 전자 및 이온의 충돌이 음극이나 양극보다는 적은 양으로 충돌이 있게 된다. 따라서 전자가 충돌하는 지역인 양극과 챔버벽에는 전자충돌에 의한 이차전자가 발생할 수 있게 된다.

전자의 충돌에 의한 전자의 발생비율을 이차전자 방출계수(secondary electron emission coefficient) $\delta$로 표기하며 이는 충돌하는 전자의 에너지, 그리고 전자가 충돌하는 물질의 종류에 따라서 변화하게 된다.

그림 5-6에서 다양한 금속전극에 여러 에너지를 가진 전자가 충돌하였을 때 얻어지는 이차전자 방출계수(secondary electron yield 혹은 secondary electron emission coefficient)에 대하여 표기하였다.

그림에서 보는 바와 같이 충돌하는 전자의 에너지에 따른 이차전자의 방출비율은 큰 변화가 없고 금속의 종류에도 큰 영향을 미치는 것 같지 않다. 즉, 충돌하는 전자 1개당 튀어나오는 전자는 약 1-2개로서 준 것보다는 많이 나오는 형태를 띠고 있다. 반면 산화물의 경우에는 오른쪽에 보이는 바와 같이 충돌하는 전자 1개당 5~20개로서 상당히 많은 전자가 튀어나오는 것을 알 수 있다.

실제 광자증폭기(photomultiplier)와 같은 광 증폭기나 전자 증폭기에서는 이와 같은 산화 물을 이용하여 전기장을 걸어놓고 전자를 가속 후 충돌시켜 충돌한 전자보다 많은 수의 전자를 만들어 검출하는 방식을 사용하고 있기도 하다. 어쨌든 전자가 충돌하여 전극 등에서 튀어나오는 전자수는 대체로 큰 것을 알 수 있다.

음극이나 챔버벽에는, 특히 음극에서는 이온이 충돌을 하게 되며 이 이온 충돌에 의하여 표면에서 발생되는 이차전자 방출계수를 $\gamma$로 나타내고 있다.

충돌하는 이온에 따른 이차전자방출은 충돌하는 이온의 종류, 이온의 에너지, 그리고 충돌하는 물질자체에 따라 변화할 수 있다.

■ 1) Electron bombardment

Dc discharge

- cathode ⇦ ion bombardment
- anode ⇦ electron bombardment
- wall ⇦ electron, ion bombardment(양이 적음)

Electron에 의한 Secondary electron yield $\delta$

- electron energy에 의존
- target

electron energy (metal 전극)

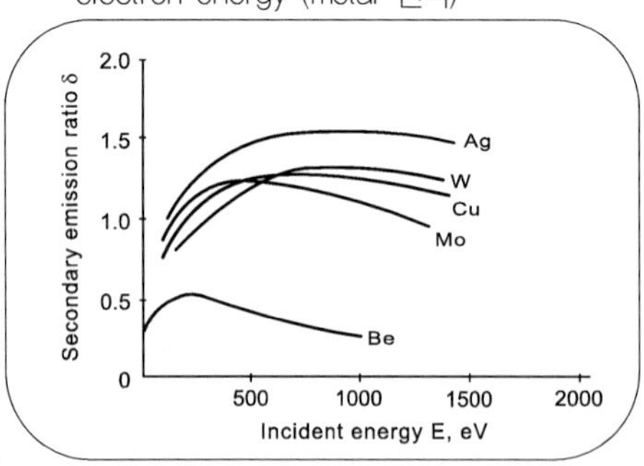


electrode 물질_

$\delta_{metal} < \delta_{oxide}$

1~2 5~20

**그림 5-6** 전자에 의해 발생되는 이차전자방출(secondary electron emission)

우선 그림 5-7에서 보는 바와 같이 이온의 종류 및 에너지에 따른 변화를 보면, 이온의 에너지에 따라서 발생되는 전자수는 전자의 경우와 같이 크게 다르지 않은 것을 알 수 있다.

다만 불활성가스로서 다양한 가스이온을 충돌시켰을 때 이온화 에너지가 높은 이온이 이온화 에너지가 낮은 이온보다 그 이차전자의 발생비율이 높음(예 : $He^+$에 의한 $\gamma_i$ 〉 $Xe^+$에 의한 $\gamma_i$)임을 알 수가 있다.

■ 2) Ion bombardment

➜ ion bombardmentdp dmlgks secondary electron emission : $\gamma_i$

➜ bombarding ion의 종류
ion의 energy
target material

ion의 종류, energy

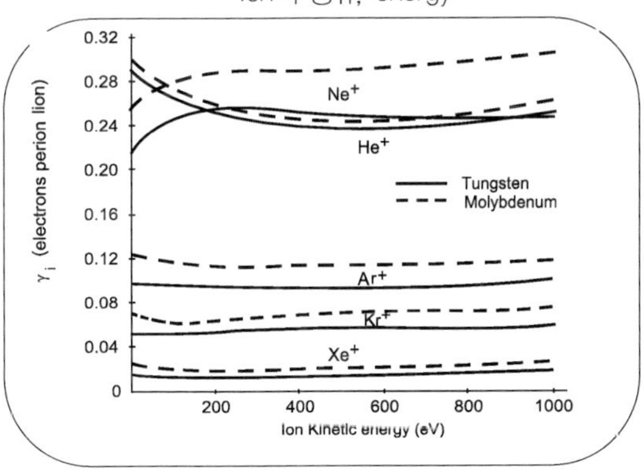


target

$\gamma_i$ metal < $\gamma_i$ oxide

– $He^+$ 〉 $Xe^+$(ionization potential)

– ion에너지에 따라서는 거의 일정

■ 3) Neutral, photon bombardment

➜ Yield $\gamma$가 적음

**그림 5-7** 이온에 의해 발생하는 이차전자방출(secondary electron emission)

이와 같은 현상은 이차전자의 방출이 이온의 중성화에 따른 에너지를 받아 방출하는 것으로서 중성화될 때 여분의 전위 에너지가 많은 He 이온이 여분의 에너지가 낮은 $Xe^+$ 이온에 비해 높은 이차전자방출을 나타내는 것으로 알려져 있다.

이온이 충돌하는 물질에 따라서 이차전자의 약간의 차이가 있으며 특히 전자와 같이 금속과 산화물에서는 큰 차이를 보이며 산화물의 이차전자방출이 큰 것으로 알려져 있다.

따라서 금속의 표면이 산화된다든가 하는 상태에서와 같은 표면조건에 따라서 이차전자의 방출량의 차이가 있는 것으로 보고된다.

이온이나 전자뿐만 아니라 중성원자나 광자(photon) 등에 의해서 이들이 벽이나 전극에 충돌하면 이차전자를 방출할 수 있다. 반면 이들의 이차전자 방출계수가 적어 무시할 정도이다.

여기서 중요한 사항은 전자가 표면에 충돌하였을 때에 비하여 이온이 표면에 충돌하였을 때 1보다 작은 비율로 이차전자가 방출된다는 것이다. 즉, 여러 개의 이온이 표면충돌해야 1개의 전자가 음극에서 방출될 수 있다는 것을 의미한다.

## 5.7 방출된 이차전자 에너지(Secondary Electron)

앞에서는 이온과 전자와 같은 입자가 표면에 충돌하였을 때 얼마나 많은 양의 이차전자가 튀어나오느냐에 대한 설명을 하였지만 그림 5-8에는 튀어나온 이차전자가 어떤 에너지를 가지고 방출되는가에 대하여 설명하도록 하겠다.

결론적으로 말한다면 방출되는 모든 이차전자의 에너지는 5-10eV의 범위의 에너지를 갖는다는 것을 알 수 있다.

물론 그림 5-8의 왼쪽 그림에서 보이는 바와 같이 이온화 에너지가 높은 $He^+$이온이 이온화 에너지가 낮은 $Xe^+$이온에 비해 결과적으로 좀더 높은 이차전자에너지의 분포를 갖는 것은 사실이지만 오른쪽의 그림에 보이는 바와 같이 입사하는 이온의 에너지에는 거의 무관하며 결과적으로 모든 방출된 이차전자의 에너지는 5-10 eV를 갖는다고 할 수 있다.

따라서 아무리 높은 에너지의 이온이나 전자로 표면을 내리치더라도 튀어나오는 전자의 에너지는 비교적 일정하고 작은 에너지인 5-10eV를 가지고 튀어나온다고 할 수 있다.

■ **모든 방출된 secondary electron의 energy : 5~10eV**

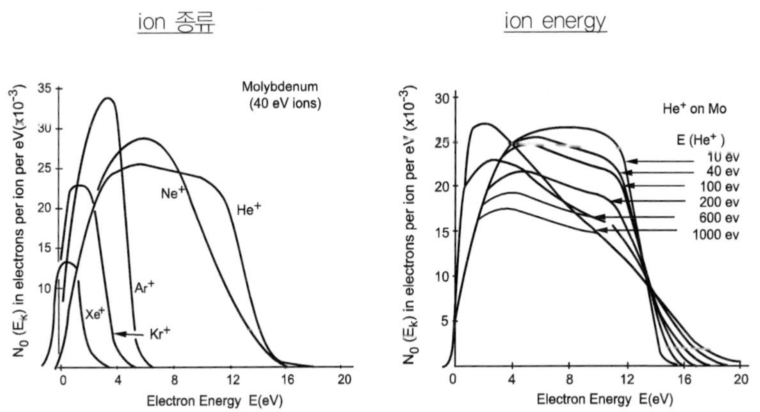


➜ ionization potential이 높은 이온충돌시 약간 높은 방출된 전자의 에너지를 갖는다.

➜ 입사하는 ion의 energy에는 거의 무관

**그림 5-8** 방출된 이차전자(secondary electron)의 에너지 분포

## 5.8 음극(Cathode) 지역

이번에는 직류 플라즈마를 구성하는 음극의 음극 쉬쓰 지역이 어떻게 구성되는가 설명하기로 하자.

전에 쉬쓰를 설명할 때 플라즈마 내에 플로팅 전극을 넣으면 플라즈마와 플로팅 전극 사이에 경계지역인 쉬쓰가 형성이 되고 플라즈마와 플로팅 전극 사이에 전위의 차이가 2~3 $\lambda_D$정도의 두께를 지닌 쉬쓰에서 발생된다고 했다.

또한 공정용 플라즈마를 설명하면서 음극에 형성되는 쉬쓰가 플로팅 전극에 발생되는 쉬쓰보다는 두껍게 형성된다고 했다. 실제로 음극 쉬쓰의 두께는 대체로 1cm 정도의 눈에 보일 정도로 큰 두께의 쉬쓰가 형성이 되는 경우가 많으며 이를 구분하면 그림 5-9에 보이는 바와 같다.

플라즈마 지역으로 부터 설명을 하면 쉬쓰가 쉬쓰 천이지역(quasi-neutral presheath), 디바이(Debye) 지역, 그리고 공간전하 전류제한지역(space charge limited current region)의 3지역으로 나누어지게 된다.

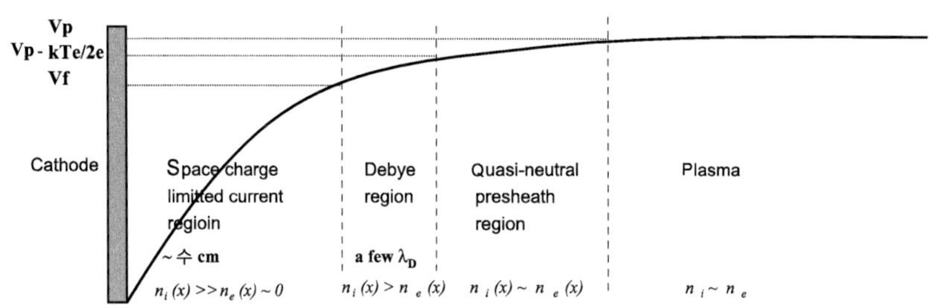


1) Quasi-neutral presheath 지역 : plasma내로 kTe/2e정도의 potential 구배가 존재하며 이로 인하여 ion의 속도가 증가하는 구역, 단 $n_i(x) \sim n_e(x)$를 유지
2) Debye region : floating electrode나 anode에 생성되는 전자와 이온의 에너지 차에 의한 sheath 정도로 $n_i(x) > n_e(x)$임. 따라서 electron density가 전극에 가까이 감에 따라 감소.
3) Space charge limited current region : target에서 secondary electron방출에 의한 약간의 electron density를 제외하고는 거의 positive charge로 이루어짐 $n_i(x) \gg n_e(x)$

**그림 5-9** 음극(cathode)지역의 쉬쓰(sheath)구조

쉬쓰천이지역(Quasi-neutral presheath region)은 전에 설명한 쉬쓰 주변에 일부 전위가 새어감(potential leak)으로써 형성되는 쉬쓰 앞(presheath) 지역으로 플라즈마 내부로 $kT_e/2e$ 정도의 전위가 새어 들어가는 지역이다. 이 지역에의 전자밀도와 이온의 밀도는 같은 값을 지니나 플라즈마로 부터 쉬쓰 지역에 가까이 올수록 낮은 이온밀도 혹은 전자밀도를 지니게 된다.

그 다음은 전에 설명한 쉬쓰에 해당되는 디바이 길이의 2~3배에 해당되는 두께를 가진 쉬쓰인 디바이 지역으로 이는 플로팅 전극이나 양극에서 생성되는 쉬쓰로서 5~15V정도의 에너지의 구배로 인해 이온의 밀도가 전자의 밀도보다 많은 지역이 된다.

음극에서 특정적인 쉬쓰는 이 다음에 관찰이 되는 공간전하 전류제한(space charge limited current)에 의한 쉬쓰지역으로 음극 쉬쓰 두께의 대부분을 차지하는 지역이다.

이 지역은 음극이 큰 (-)전압을 가함에 따라서 이 주변의 전자가 거의 완전히 밀려나게 되어 전자는 거의 없고 이온은 당겨 와서 이온만이 존재하는 양전하 공간지역이다.

물론 음극으로 입사하는 이온이 음극에 충돌하여 방출하는 이차전자가 있게 되어 약간의 전자가 존재하나 플라즈마로 부터 입사하는 전자는 거의 없어 전자의 밀도가 거의 0이고 이온의 밀도만 존재하는 지역이다. 이곳은 전자가 거의 없는 지역으로서 관찰시에 어두운 형태로 보이게 된다.

## 5.9 공간전하 제한전류(Space Charge Limited Current)

앞에서 본 음극 쉬쓰에서의 두꺼운 쉬쓰의 형성은 전구에서 보는 열선(hot filament)에서 전자가 방출될 때 일어나는 현상과 비교하여 설명할 수 있다.

필라멘트를 가열하여 열선를 만들면 필라멘트 내에서 전자가 필라멘트 금속표면의 일함수(work function)를 넘어 밖으로 튀어나오게 되며 이 필라멘트에서 튀어나온 전자를 주변에 놓은 전극에 수집하여 전류가 흐르게 할 수 있다.

이때 검출되는 전류는 리차드슨 더쉬맨(Richardson Dushmann)에 의해 계산된 다음과 같은 식으로 계산된다.

$$J_s = AT^2 \exp(-\frac{e\phi}{kT})$$

이때 $A$는 상수, $\phi$는 필라멘트 금속의 일함수이다. 따라서 검출되는 전류는 금속표면의 일함수 및 필라멘트에 가한 온도(T)에 의존하며 주변 전극에 가한 전압(voltage)에는 의존하지 않게 된다.

반면 실제로 한 금속으로 이루어진 열선에 가한 온도를 일정하게 한 상태에서 주변의 전극에 검출되는 전류를 보면 그림 5-10에서 보는 바와 같이 주변에 가한 전압이 증가함에 따라서 증가하다가 포화되며 이 포화된 전류값이 리차드슨 더쉬맨에 의해 계산된 식의 값과 같게 된다.

이와 같이 초기에 전압을 가함에 따라서 검출되는 전류가 증가하는 것은 열선에서 방출된 전자가 주변에 있게 되고 이로 인하여 다음에 방출되려는 전자가 전에 이미 방출된 전자에 의해 막혀서 즉, 유효 일함수(effective work function)의 값이 높아져서 전자가 방출되지 못하기 때문이다.

- **space charge limited current :**

  hot filament에서의 electron emission 방출과 같은 원리

- **Hot filament에서의 electron emission current Js :**

  Richardson–Dushmann equation

  ➜ $J_s = AT^2 \exp(-e\varphi / kT)$ : Saturation current

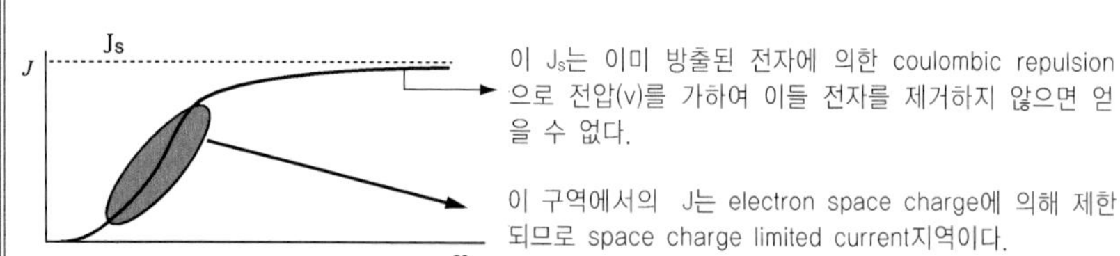


그림 5-10 열선(hot filament)에서 가한 전압에 따른 전류변화

즉, 앞의 고물차에 밀려서 뒷 차가 나가지 못하고 있는 상황과 유사한 상황이다. 따라서 이 앞에 방출된 전자를 빼주어야 원래 방출될 수 있는 전자들이 다 방출이 되는 것이고 이 전자는 전압을 가하여 빼줄 수 있게 된다.

이 열선에서 이 초기에 가해주는 전압($V$)과 주변의 전극에 검출되는 전류($J$)와의 식은 진공에서 얻어지는 식(vacuum version)으로 챠일드 랭뮤어(Child- Langmuir)에 의해 다음과 같은 형태로 나타내게 된다. 즉,

$$J = \frac{4\epsilon_o}{9}(\frac{2e}{m})^{1/2}\frac{V^{3/2}}{x^2}$$

만일 두 전극 사이에 일정한 전류(const, $J$)가 흐르는 경우를 생각하면 전압($V$)과 거리 $x$와의 관계는 $V \approx x^{4/3}$의 비례관계를 얻게 된다. 이는 일정한 진류에시 전압이 기지면 전지가 모인 영역의 거리 $x$가 증가한다는 것을 의미한다.

이와 같은 열선에 대한 전하가 모인 거리($x$)와 전극의 전압($V$)과의 관계식을 음극 쉬쓰에도 적용하여 설명을 하게 된다.

음극에는 (-)전압을 가함으로서 이온만이 몰려 있다. 따라서 열선에서는 전자가 모여 있으나 음극 쉬쓰(cathode sheath)에는 이온이 모인 상태이므로

■ HOt filament에서의 J와 V, 그리고 space charging된 간격 X와의 관계

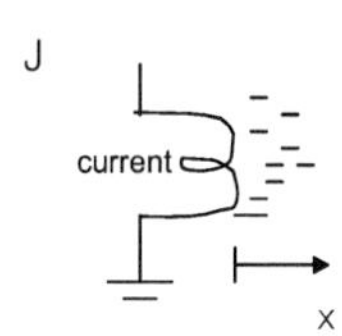


$J = \frac{4\varepsilon_0}{9}(\frac{2e}{m})^{1/2}\frac{V^{3/2}}{x^2}$

+ → Child Langmuir space charge limited

V → high vacuum version

→ const J 에서 $V \sim x^{4/3}$

→ 윗 관계식은 전자에 대해 유도되었으나 Cathode dark space내의 이온에도 적용 가능

**그림 5-11** 열선(hot filament)에서 전류, 전압, 그리고 공간전하의 간격간의 관계

같은 식으로 즉, 일정한 전류상태에서 음극의 전압 $V$와 음극 쉬쓰거리 $x$의 관계가 $V \approx x^{4/3}$의 비례식으로 주어지며 이는 음극전압이 증가할수록 음극 쉬쓰의 두께가 증가하는 것을 의미하게 된다.

## 5.10 음극(Cathode)지역의 역할

음극은 두꺼운 쉬쓰를 보유하고 있고 또한 앞서 설명한 바와 같이 전극 사이에 가한 전압보다 높은 전압 즉, 음극전압과 플라즈마 전위를 합한 전압을 보유하고 있으며 이 음극 쉬쓰는 직류 플라즈마의 유지에 아주 중요한 역할을 한다.

이는 이 두꺼운 쉬쓰를 통해 유지되는 높은 전압에 의해 이온이 음극표면에 충돌하고 이때 음극표면에서 이차전자가 방출되며 이 방출된 이차전자가 쉬쓰내 높은 전압에 의해 가속이 되어 높은 에너지를 가진 전자를 형성시키고 이 전자가 중성원자를 이온화(ionizaton) 및 여기(excitation)하게 하며 또한 네거티브 글로우 내에 이들 전자가 에너지를 전달하여 주는 역할을 하는 것이다.

음극 쉬쓰에서 일어나는 또 하나의 중요한 현상은 전하교환현상(charge exchange process)이다. 이온이 음극표면으로 가속될 때 음극 쉬쓰는 음극에 가한 전압과 플라즈마 전위를 합한 높은 전압을 유지하므로 이온은 이 전압만큼 가속이 되어 음극표면을 칠 것 같은데 실제로는 쉬쓰 내에 이온이 진입하여 가속이 되다 중성원자를 만나면 쉽게 이온의 전하 전달해주고 자기는 중성화가 되는 전하교환현상이 잘 일어난다는 것이다.

따라서 이온들의 에너지 분포를 음극표면에서 측정해 본다면 음극 쉬쓰에 유지되는 전압의 상대치를 1이라고 할 때 그림 5-12의 왼쪽 그림에 보이는 바와 같이 0~0.6의 에너지 분포를 하게 된다.

만일 이와 같이 전하교환현상이 잘 일어나지 않는 이온 예로 $Ar^+$에 대하여 조사하여 보면 그림 5-12의 오른쪽 그림에서 보이는 바와 같이 음극 쉬쓰에서 유지되는 전압을 갖는 이온의 비율이 큰 것을 알 수 있다.

반면 대부분의 이온이 음극 쉬쓰에 입사할 때 전하교환을 일으키게 되므로 그림 5-12의 왼쪽 그림에서와 같이 음극표면에서의 이온의 에너지는 음극전압보다는 대부분 낮은 전압으로 인한 에너지를 갖는 분포를 갖게 된다.

- **Cathode 지역은 DC plasma유지에 중요한 역할**
  - ➜ ion impact에 의한 secondary electron의 방출
  - ➜ 방출된 전자를 높은 cathode sheath voltage로 가속하여 전자에 에너지 전달 (fast electron의 형성)
  - ➜ 요구되는 ionization 일부 담당

- **Cathode sheath에서의 charge exchange process**
  - ➜ cathode에 입사하는 이온은 cathode sheath voltage에 의해 가속될 때 ion impact에 의한 ionization보다는 다른 중성원소와 충돌하여 전하를 전달하여 주는 charge exchange collision이 많이 일어난다.
  - ➜ 전극면에서 에너지를 sheath voltage(Vc)보다 낮은 에너지로 분포(0~Vc)시킴

$Ar^{+} + Ar$ $\qquad$ $Ar^{++} + Ar$

(charge exchange collision cross-section이 작음)

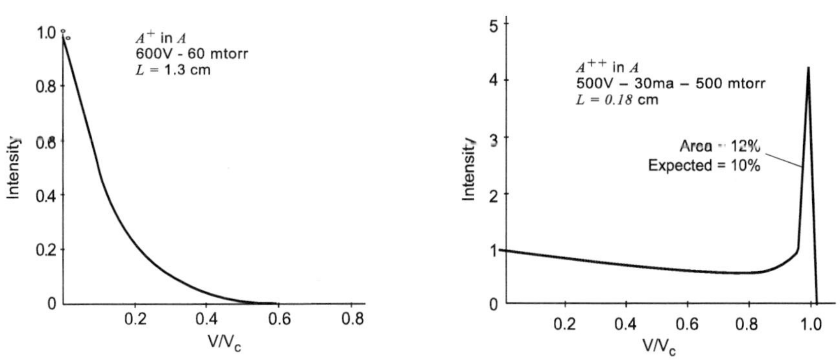


**그림 5-12** 음극 부근에서 일어나는 전하교환현상

## 5.11 양극 쉬쓰(Anode Sheath)의 구조

양극은 전에 설명한 바와 같이 양극으로서 (-)전하 즉, 전자가 수집되는 전극이라고 할 수 있다. 반면 이 전극에서는 실제는 전자와 이온이 다함께 수집(collect)된다. 전에 설명한 바와 같이 전자의 질량이 이온의 질량보다 아주 작아서 플라즈마와 접한 전극에 도달하는 전자의 플럭스는 이온의 플럭스에 비해 아주 크게 된다.

그림 5-13에서 보이는 바와 같이 전자의 플럭스 $J_e$는 많고 이온의 플럭스 $J_i$는 작게 된다. 만일 이 전극이 플로팅 전극이라면 즉, 외부와 연결된 전극이 아니라 고립된 전극이라면 이 전극은 전자 플럭스로 인하여 (-)전위로 기울게 되고 결과적으로 전자 플럭스의 일부가 전압차로 인해 밀려나게 되며 전자의 플럭스가 이온의 플럭스와 같은 값을 가질 때까지 플로팅 전위가 (-)전위로 더 기울게 될 것이며 이때 플로팅 전위와 플라즈마 전위의 차이는 전에 설명한 바와 같이 5~15V 정도일 것이다.

- **Anode : 전자가 collect되는 전극**
  - ➜ 실제 이전극에서는 electron + ion이 collect됨
  - ➜ 왜냐하면 random electron flux : $J_e = \frac{n_e \overline{v_e}}{4} \gg J_i = 0.6 n_i \left(\frac{kT_e}{m_i}\right)^{1/2}$

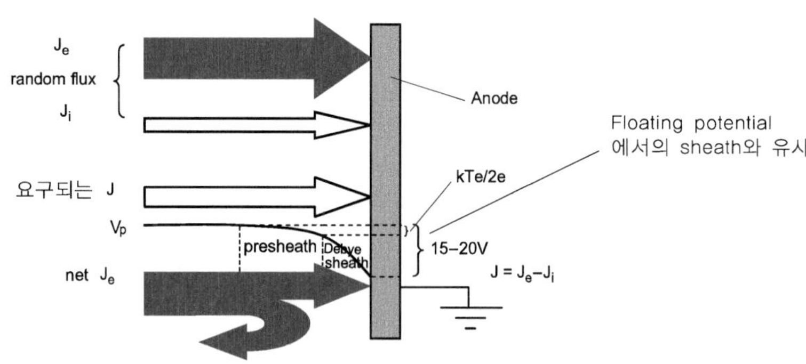


**그림 5-13** 양극(anode)에 도달하는 전하들 및 쉬쓰(sheath)에 대한 설명

반면 양극의 경우는 플로팅 전극과는 달리 전류가 통하는 전극이다. 이 전극은 양극으로서 전자가 흐르게 되어 있다. 따라서 플로팅 전극과 같이 플라즈마에 비하여 전위의 차이가 날 필요가 없다.

반면 양극에서 현재의 회로상 요구되는 음의 전류 이상으로 전류가 랜덤전류(random current)에 의해 흐른다면 플라즈마 전위에 비해 낮은 전위를 가지게 된다.

이와 같은 이유는 역시 전자의 플럭스에 의존한다. 우선 양극에 들어오는 전자의 전류밀도인 랜덤 플럭스($J_e$)는 이온의 전류밀도인 랜덤 플럭스($J_i$)보다 크며 이 둘의 차이가 양극에 흐르는 전류($J_e-j_i$)가 되는데 이 둘의 차이가 양극에서 요구되는 음의 전류값(J)보다 크기 때문에 결과적으로 양극이 플라즈마에 비해 낮은 전위 즉, 양극이 접지전위에 있다고 했을 때 플라즈마가 양의 전위를 가져야 일부의 전자가 밀려나서 양극에 도달하지 못하게 되고 양극에 요구되는 음의 전류량을 만족시킬 수 있게 된다.

따라서 양극은 (-)전하, 즉 전자를 수집되는 전극임에도 불구하고 플라즈마에 비해 음의 전위로 기울어져 있어서 이온은 랜덤전류가 양극에 들어오며 전자는 일부의 전자가 전위의 기울기에 의해 밀려난 형태로서 이온의 랜덤전류보다는 많이 들어와 양극에 요구되는 전류량을 만족시키는 형태를 대체로 띠게 된다.

## 5.12 음극 쉬쓰와 양극 쉬쓰의 차이점

앞 장에서는 음극 쉬쓰에 대하여 설명을 하였고 이번 장에서는 양극 쉬쓰에 대하여 설명을 하였으므로 이 둘 간의 차이에 대하여 설명을 해보자.

우선 음극 쉬쓰는 쉬쓰의 두께가 공간전하 전류제한지역으로 인해 cm 정도의 두꺼운 쉬쓰를 지니는 반면 양극의 쉬쓰는 음극 쉬쓰의 약 1/10정도에 불과하며 공간전하 전류제한지역이 없이 디바이 지역과 쉬쓰 천이지역만을 가지고 있다. 따라서 음극 쉬쓰는 3개의 구역으로 나눌 수 있고 음극 쉬쓰는 2개의 구역으로 나누어지게 된다.

**■ Cathode Sheath**

➜ ion density가 거리에 따라 크게 감소 ($j = n_0 v_o = n_i \downarrow v_i \uparrow$)

➜ electron density ~ 0 (space charge 지역)

➜ ion만 flow

➜ sheath 3 구역

➜ sheath 두께 cm 정도

**■ Anode Sheath**

➜ 쉬쓰 거리에 따른 이온속도($v_i$)의 변화가 적어 거리에 따른 ion density 변화가 크게 없다.

➜ 거리에 따라 electrondensity가 감소하나 0이 아님.

➜ electron T ion flow

➜ sheath 2 구역

➜ Cathode sheath의 1/10 두께

**그림 5-14** 음극 쉬쓰(Cathode sheath)와 양극 쉬쓰(anode sheath)의 차이점 설명

음극은 큰 음의 전압을 가하기 때문에 전자가 들어올 수 없고 따라서 이온만이 음극에 수집되게 된다. 반면 양극은 전자가 수집되는 지역임에도 불구하고 양극에 들어오는 랜덤전자전류가 너무 커서 오히려 전자가 일부 들어오지 못하게 하는 형태의 플라즈마 전위보다 낮은 전위를 가지기 때문에 랜덤 이온전류도 들어오고 이보다 많은 전자전류도 들어오게 된다.

음극 쉬쓰는 음극이 큰 음의 전압을 가지고 있어서 주변의 전자가 모두 밀려나서 전자의 밀도는 음극 쉬쓰 주변에는 거의 0인 상태인 반면 양극 쉬쓰는 양극의 전압이 플라즈마에 비해 상대적으로 음의 값으로 기울어져 있으나 그 크기가 작고 또한 전자가 수집되는 지역이나 이온과 전자가 다 들어오는 상황으로 양극 쉬쓰 내에는 전자 및 이온의 밀도가 존재한다.

전자나 이온의 밀도변화를 보면 플라즈마로부터 양극으로 감에 따라 다 감소하는 형태이다. 이는 전자의 경우 플라즈마로부터 전위장벽이 존재하므로 양극으로 갈수록 그 밀도가 줄고 이온의 경우는 랜덤하게 오는 이온의 속도가 빨라지므로 인해서 그 밀도가 감소하기 때문이다.

하지만 플라즈마 전위와 양극전위 간의 차이가 크지 않으므로 이온의 속도변화는 크지 않고 따라서 이온의 밀도변화도 크지 않은 상태이다. 반면 음극 쉬쓰에서는 큰 음의 전압으로 인해 입사하는 이온의 속도변화가 크게 되므로 음극에 근접할수록 이온밀도가 크게 감소한다.

## 5.13 양극에서의 이차전자방출(Secondary Electron Emission)

앞에서 음극 표면에서의 이차전자방출이 직류(DC) 플라즈마의 유지에 큰 역할을 하고 있다고 하였다. 이 이차전자는 주로 플라즈마로부터 입사하는 이온에 의해 음극 표면에서 방출하게 된다.

이는 음극에는 주로 이온이 입사하기 때문이다. 반면 양극의 경우에는 전자가 입사하는 지역이고 또한 이보다는 작지만 이온도 입사하고 있다. 물론 음극이나 양극이나 광자가 입사하여 광자로 인한 이차전자가 방출할 수도 있다.

양극에 입사하는 전자의 경우는  랜덤 전자 플럭스외에 음극으로부터 방출된 이차전자가 중성원자들과 충돌하지 않고  플라즈마를 지나서 양극에 도달하여 충돌하는 전자도 있다. 이 전자는 음극 쉬쓰에 유지되는 높은 전압에 가속되어 빠른 전자(fast electron)라고 부르기도 한다.

앞서 설명한 바와 같이 이온이 표면을 칠 때 방출하는 이차전자에 비해서 전자가 표면을 쳐서 방출하는 이차전자의 수는 상당히 크므로  양극에서의 이차전자방출의 양은 이들 전자, 이온, 그리고 광자들에 의한 전자방출을 생각할 때 상당히 클 수 있을 것을 생각된다.

■ Cathode나  Anode에서 모두 secondary electron이 방출됨

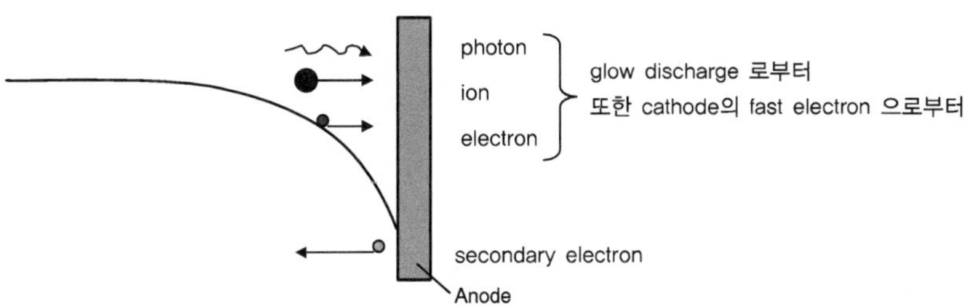


➜ Anode sheath voltage에 의해 방출된 secondary electron이 glow discharge로 가속

: Discharge유지의 electron, energy source로 어느 정도 역할

**그림 5-15** 양극에서의 이차전자(secondary electron)방출현상에 대한 설명

반면 플라즈마 전위와 양극전위 간의 차이가 별로 크지 않으므로 양극 쉬쓰에 유지되는 전압이 작아서 양극표면에서 발생된 이차전자로 인한 추가 중성원자의 이온화 및  여기는 기대하기 어려운 상태이다.

따라서 양극에서는 상당한 이차전자가 방출될 것으로 예상되나 플라즈마 유지에 필요한 음극 쉬쓰에서와 같은 이온화나 여기는 기대하기 어렵다고 할 수 있다.

## 5.14 공간전하제한 양극전류(Space Charge limited Anode Current)

음극에서는 양극에 상대적으로 큰 음의 전압이 걸리고 이에 따라 양의 이온만이 음극지역에 있게 되며 이를 열선에서 관찰되는 일정한 전류 하에서의 전압 $V$와 전자가 몰린 공간전하 지역의 거리 $x$의 관계식인 챠일드 랭뮤어(Child Langmuir)의 공간전하 전류제한에 관한 모델을 적용시킬 수가 있다고 하였다. 이와 같은 모델이 양극 쉬쓰에도 적용할 수 있는가에 대하여 설명하여 보기로 하겠다.

결론적으로 말한다면 음극의 쉬쓰에 적용된 것과 같은 공간전하 전류제한 모델은 적용할 수가 없다. 왜냐하면 양극 쉬쓰에는 전자와 이온이 둘 다 존재하고 또한 양극에서 방출된 이차전자가 존재하는 상태이다.

따라서 열선에서와 같이 음의 전하만 존재하고 이를 음극 쉬쓰에서와 같이 양의 전하만 존재하는 상태와는 다르다. 따라서 공간전하전류제한 모델을 적용할 수가 없다.

## 5.15 양극 쉬쓰(Anode Sheath)의 극성(Polarity)

앞에서 플라즈마 전위는 플라즈마를 접한 어떤 전극보다 높은 전위를 가지므로 양극의 전위는 플라즈마 전위보다 항상 낮은 전위를 갖는다고 하였다. 이는 일반적인 상태를 이야기 하는 것이며 이와는 상황이 다른 때, 즉, 예외가 있을 수 있다.

다시 말해서 플라즈마의 전위가 양극의 전위보다 낮은 전위를 갖는 때가 있을 수가 있다. 이는 양극이 접지전위에 있으면 플라즈마 전위가 음의 전위를 가지는 것을 의미한다.

이는 그림 5-16에 보이는 바와 같은 경우에 발생할 수가 있게 된다.

우선, 양극에 흐르는 전류를 생각해보자. 즉, 양극에는 전자전류($J_e$)와 이온전류($J_i$)가 흐르고 이들 전자와 이온으로 인한 양극표면에서 발생되는 이차전자로 인한 전류들, $\gamma J_i$, $\delta J_e$를 각각 생각할 수 있다. 즉, 양극에 흐르는 총 전류 $J$는

$$J = J_e - \delta J_e - J_i - \gamma J_i$$

로 나타낼 수 있다. 여기서 $\gamma$는 이온으로 인한 양극표면에서의 이차전자방출계수(secondary electron emission coefficient), $\delta$는 전자로 인한 양극표면에서의 이차전자방출계수이다.

위의 양극에 흐르는 전류에 관한 식으로부터 플라즈마 전위 $V_p$보다 양극전위가 낮은 경우는 다음의 두 가지 경우를 생각할 수 있다.

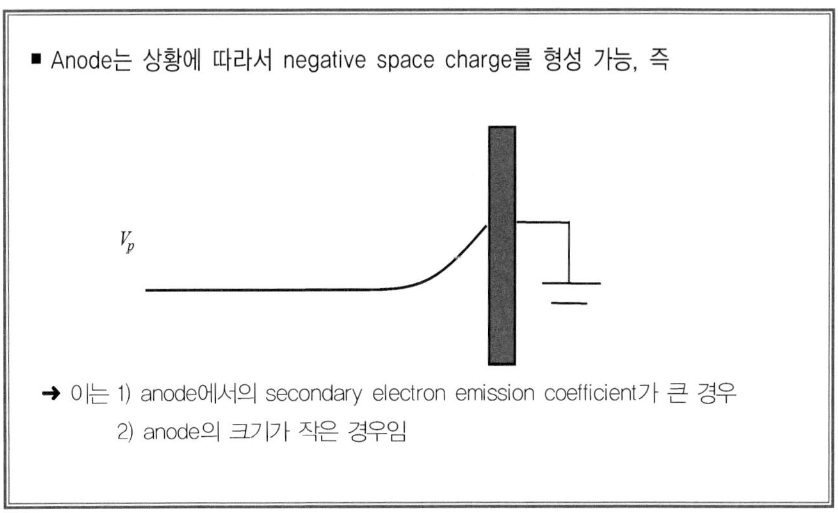


**그림 5-16** 양극전위가 플라즈마전위보다 높게 되는 경우에 대한 설명

첫 번째로 양극에서의 전자에 의한 이차전자 방출계수 $\delta$가 큰 경우이다. 앞서 설명한 바와 같이 많은 경우 전자에 의한 금속표면에서의 이차전자 방출계수는 $\delta > 1$이다.

또한 양극에는 이온($J_i$)도 들어오고 이온이 양극표면을 쳐서 이차전자를 방출을 하므로 이 이차전자전류 $\gamma J_i$가 흐른다.

따라서 $\delta > 1$인 경우 윗 식에서

$$J = J_e - \delta J_e - J_i - \gamma J_i < 0$$

이 되어 전류가 반대방향으로 흐른다. 또한 전자에 의한 이차전자 방출계수 $\delta$가 $0 < \delta < 1$이라도 $J_e < \delta J_e + J_i + \gamma J_i$가 되면 역시 전류가 반대방향으로 흐를 수 있다. 이런 경우 전류가 정상적인 방향으로 흐르려면 플라즈마 전위가 양극전위보다 낮아져야 한다.

즉, 양극 쉬쓰의 극성이 반대방향으로 변하여야 한다. 이와 같은 쉬쓰는 음공간전하 상태에 있다고 한다.

이렇게 되면 양극표면에서 방출된 이차전자의 평균에너지가 5-10eV 정도이므로 방출된 이차전자가 양극으로 되돌아가게 된다(즉, $\delta \approx 0$, $\gamma \approx 0$).

또한 이와 같은 상황에서는 랜덤한 전자전류 $J_e$가 모두 수집이 되고 오히려 이온이 밀려나는 상태($J_i \approx 0$)가 되어 요구되는 전자전류를 흐를 수 있게 된다(즉, $J = J_e > 0$).

한편, 이와 같이 극성이 변하지는 않는다 하더라도 양극표면에서의 이차전자방출이 큰 경우 플라즈마 전위와 양극전위의 차이는 크게 감소하게 된다.

또 한 가지 플라즈마 전위 $V_p$가 양극전위보다 낮은 전위를 가질 경우는 양극의 크기가 음극에 비해 아주 작은 경우, 혹은 아주 큰 음의 전류를 흘려야 할 경우이다.

이 경우에는 양극에 요구되는 단위면적당 단위시간당 전류가 아주 크게 되므로 앞의 경우와 마찬가지로 양극 쉬쓰의 극성이 변하여 이온은 밀어내고($J_i \approx 0$) 양극 표면에서 방출되는 이차전자도 흡수($\delta \approx 0, \gamma \approx 0$)해야 하는 경우가 발생할 수 있다.

따라서 예외 없는 법칙이 없다고 전에는 플라즈마는 주변의 모든 전극보다 높은 양의 전위를 갖는다고 했는데 이와 같이 양극에서 전류를 크게 흘려야 하는 경우나 양극표면의 이차전자방출이 큰 경우에는 플라즈마 전위가 양극전위보다 낮은 값을 가져 결과적으로 양극 쉬쓰 자체가 음의 전하가 양의 전하보다 많은 음전하공간을 형성할 수 있다는 것을 알 수 있다.

물론 현재까지 플라즈마 내 이온은 모두 양의 전하(charge)를 갖고 음의 전하(charge)를 갖는 것은 전자뿐이라고 하였지만 플라즈마 에칭에서 사용하는 가스는 음의 이온을 가지므로 이 경우 음전하 공간(negative space charge)를 갖는 쉬쓰(sheath)를 적용해야하는 경우가 종종 있다.

## 5.16 양전극에서의 전류

앞의 경우는 예외적인 경우를 이야기 하였다. 이제는 정상적인 경우로 다시 되돌아가서 쉬쓰가 양전하공간이고 플라즈마 전위가 주변의 어느 전극보다 높은 전위를 갖는 경우에 대하여 설명을 다시 하도록 하자.

플라즈마 시스템의 전기적 회로를 본다면 음극 표면으로부터 음극 쉬쓰, 네거티브 글로우, 양극 쉬쓰, 양극표면에 이르기까지 각 지역에서의 전류는 다 같아야 한다.

음극에는 큰 음의 전압이 가해져 음극 쉬쓰에서 전자전류가 밀려나고 이온전류만이 들어온다.

따라서 이온만으로 요구되는 전류를 흘리게 된다. 이때 들어오는 음극에서의 이온전류($J_{ic}$)는 랜덤한 이온전류로서 다음의 값으로 주어진다. 즉,

$$J_{ic} = 0.6 n_i (\frac{kT_e}{m_i})^{1/2}$$

로 주어지게 된다. 네거티브 글로우는 플라즈마이므로 이 내부에서는 전자의 이동도가 이온의 이동도보다 빨라서 요구되는 회로의 전류를 전자가 주로 흐르게 된다.

■ Cathode와 anode 각각에 collect되는 current

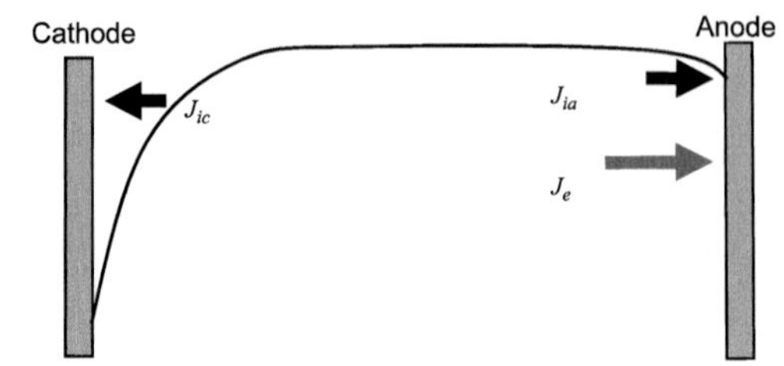


$$J_{ic} \sim J_{ia} = 0.6 n_e \left( \frac{kT_e}{M_i} \right)^{1/2}$$

**그림 5-17** 양 전극에 흐르는 전자 및 이온전류

반면 양극 쉬쓰에서는 이온과 전자가 모두 들어오는데 만일 이차전자 방출 현상을 무시한다면 양극에 들어오는 단위면적당 이온전류($J_{ia}$)는 음극와 같이 이 된다.

$$J_{ia} = 0.6 n_i (\frac{kT_e}{m_i})^{1/2}$$

따라서 양극에 흐르는 전자의 단위면적당 전류($J_e$)는 이만큼의 음의 전류를 흘리기 위해서 이의 두 배에 해당되는 전류인

$$J_e = 1.2 n_i (\frac{kT_e}{m_i})^{1/2}$$

가 흘러야 한다.

결과적으로 음극에는 랜덤한 이온 전류($J_{ic}$)가 흐르고 양극에는 이와 같은 양의 랜덤한 이온전류($J_{ia}$)와 이의 두 배에 해당되는 전자전류($J_{ia}$)가 흐른다고 할 수 있다. 물론 이차전자방출은 무시한 경우이다.

## 5.17 네거티브 글로우(Negative Glow)지역

이번에는 음극 쉬쓰와 음극 쉬쓰 지역 외에 공정용 플라즈마를 구성하는 네거티브 글로우지역에 대한 설명을 하도록 하겠다. 앞서 설명한 바와 같이 네거티브 글로우는 이상적인 플라즈마인 포지티브 칼럼과는 다른 이방성을 띠는 플라즈마라고 할 수 있다.

이 이방성을 띤다는 것은 네거티브 글로우 내에서 측정방향에 따른 전자들의 에너지가 다르다는 것을 의미하고 이는 음극 쉬쓰로부터 방출된 빠른 전자, 즉, 음극표면에서 방출된 이차전자가 음극 쉬쓰에 의해 가속이 되어 네거티브 글로우로 입사한 고에너지 전자 때문이다.

네거티브 글로우 내에서 관찰할 수 있는 전자는 3가지 군의 전자로 나눌 수가 있다.

첫 번째로 초기전자(primary electron)라고 해서 아까 말한 빠른 전자에 대해 다른 말로 표현한 것으로서 음극에서 방출된 이차전자가 음극 쉬쓰 내의 전압에 의해 가속이 되어 네거티브 글로우로 들어온 높은 에너지를 가진 전자들을 들 수 있다.

두 번째로는 이차전자(secondary electron)라고 하는 네거티브 글로우 내에서 초기전자가 중성원자와 충돌로 이온화시 중성원자로부터 튀어나온 전자들과 중성원자를 이온화에 따라서 에너지를 좀 잃은 초기전자들로서 중간정도의 에너지를 가진 전자군이다. 음극에서 방출된 이차전자와는 다른 개념의 전자를 의미한다.

그리고 세 번째는 최후전자(ultimate electron)라고 하는 맥스웰-볼쯔만 분포를 지니며 가장 큰 밀도를 지닌 열전자들이다. 물론 우리가 플라즈마 내 전자를 이야기 할 때는 이 열전자인 최후전자를 이야기 하는 것이지만 이들 높은 에너지를 가진 초기전자와 이차전자로 인하여 네거티브 글로우에 에너지를 전달하여 줄 수 있게 된다.

이와 같은 다양한 전자 군을 한 가지 전자분포 모델로 설명할 수는 없고 따라서 각 전자군당 다른 평균에너지를 가진 맥스웰-볼쯔만 분포로 나타내는 등의 다른 형태의 전자에너지 분포모델을 세워야 할 때도 있다.

➜ 플라즈마 공정에서의 negative glow지역은 앞서 neon sign에서의 plasma와 다른 성격을 지닌다.

(negative glow : anisotropic ↔neon sign plasma : uniform isotropic)

➜ 이와 같이 anisotropic한 이유 : cathode sheath로부터의 fast electron에 의함

■ **Negative glow 내 존재하는 3가지 group의 전자**

1) primary electron: cathode에서 방출된 secondary electron이 sheath voltage로 가속되어 glow로 들어온 high energy electron
2) Seconary electron : glow 내에서 primary electron이 neutral을 이온화하여 얻어진 electron과 energy를 잃은 primary electron의 중간 에너지 영역의 electron
3) Ultimate electron : thermal energy를 가진 electron. 가장 큰 밀도를 지닌다.

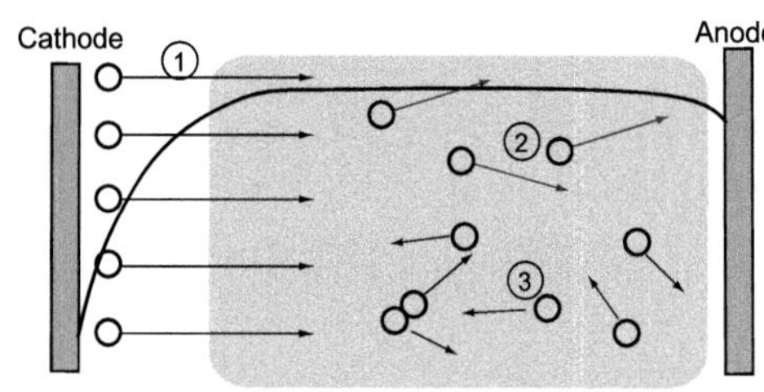


예 1) $5\times10^6$ : 2)$5\times10^7$ : 3) $5\times10^9/\text{cm}^3$

➜ 따라서 collision에 의해 얻어지는 random distribution인 Maxwell-Boltzmann distribution을 단순하게 적용하기 어려울 수도 있음

**그림 5-18** 네거티브 글로우(negative glow) 내 존재하는 다양한 전자군

## 5.18 플라즈마 유지를 위한 플라즈마 각 지역에서의 이온화

앞서서 플라즈마에서는 이온과 전자가 음극, 양극, 그리고 벽으로 이온과 전자가 이동하여 재결합함으로써 제거가 되고 광자도 방출하여 밖으로 빛을 발하므로 이를 보충하는 이온화 및 여기현상이 있어야 한다고 하였다.

이에는 우선적으로 음극 쉬쓰에서 방출된 이차전자가 쉬쓰 전압에 의해 가속되어 얻는 에너지가 중요한 인자라고 했다.

이 이차전자는 음극표면에서 방출될 때는 5-10eV의 작은 에너지를 가지나 음극 쉬쓰의 높은 전압에 의해서 가속이 되어 높은 에너지를 가질 수가 있다.

음극 쉬쓰에 의해 이 전자가 가속이 될 때 만일 Ar가스가 있는 경우 이 이차전자가 15.8eV의 에너지 이상만을 가지면 Ar을 이온화 할 수 있게 되고 이온화시 전자가 2개가 형성되므로 이 전자들은 다시 가속되어 충분한 에너지를 가지면 2개의 Ar을 이온화 시키는 과정 등을 통하여 지수적으로 다음과 같은 식을 통해

$$N_e(x) = N_e(0)\exp(n\sigma x)$$

이온화를 증가시킬 수가 있을 것이다.

여기서 $N_e(x)$는 거리 $x$에서의 전자수, $N_e(0)$는 초기전자수, $n$은 단위부피당 원자수, $\sigma$는 이온화 단면적(ionization cross-section)이다.

문제는 이 음극 쉬쓰의 두께이다. 이 쉬쓰의 두께 $L$이 1cm 정도이므로 이온화 정도는 그리 크지 못하게 된다. 만일 음극 쉬쓰로 입사하는 이온 1개당 결과적으로 쉬쓰 밖에서 얻어지는 이온의 수를 계산해보면 그림 5-19 아래에 보이는 바와 같이 다음 수식을 통해

$$\gamma[\exp(n\sigma L) - 1]$$

약 1cm의 쉬쓰에서 0.24개가 얻어진다.

이는 입사이온 1개당 방출되는 이차전자의 수($\gamma$), Ar의 이온화 단면적($\sigma$) 등을 다 고려하여 계산된 값이다.

따라서 결과적으로 음극 쉬쓰에서는 입사되는 이온 1개당 즉, 없어지는 이온 1개당 나오는 이온의 수, 즉, 생성되는 이온의 수는 0.24개로서 플라즈마 유지에  불충분하다는 것을 의미한다.

■ **Negative glow에서의 이온화**

: fast electron, secondary electron, thermal electron, ion, metastables 등에 의해 이온화를 일으킬 수 있으나 이 중 fast electron과 thermal electron에 의한 이온화 비중이 제일 큼.

Cathode에서의 이온화

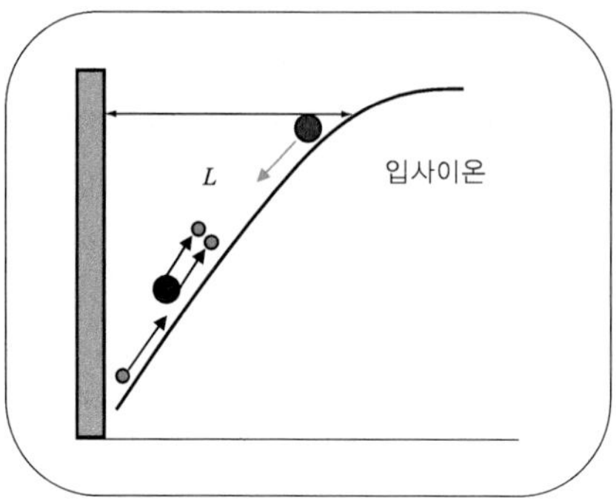


Anode에서의 역할

- 이온화는 거의 없음
- 약간의 전자와 energy를 glow에 방출 가능

➜ cathode sheath voltage에 의한 exponential multiplication

: $N_e(L)=N_e(0)\exp(nL)$

➜ 입사이온 1개당 이온화 : $\gamma\ [\exp(n\sigma L)-1] \sim 0.24$

➜ Cathode sheath에서의 이온화로는 plasma 유지에 어려움

**그림 5-19** 음극 쉬쓰(cathode sheath) 및 양극 쉬쓰(anode sheath)를 통해 가속된 이차전자(secondary electron)의 이온화 및 플라즈마 유지에의 기여도

양극 쉬쓰에서는 앞서 설명한 바와 같이 전자입자에 의한 이차전자의 방출계수가 크므로 충분한 전자가 플라즈마로 방출될 수는 있으나 이 음극 쉬쓰에 유지되는 전압이 작아서 이들 전자로 인한 이온화 및 여기는 거의 불가능할 것으로 생각이 된다. 따라서 결과적으로 나머지 플라즈마의 유지에 요구되는 이온화 및 여기현상은 네거티브 글로우 내에서 일어나야 할 것이다.

한 직류 플라즈마 회로에 대하여 없어지는 이온과 전자수를 예측해보고 이를 보충하는 방법에 대하여 숫자적으로 간단히 생각해 보기로 하자.

우선 50mTorr의 압력에서 플라즈마를 발생시켰을 때 그림 5-20에서 보이는 바와 같은 회로 내에 양극에서 음극으로 0.3mA/cm$^2$에 해당되는 전류가 흐르고 있다고 하자. 이때 각 전극에서 소모되는 이온 및 전자수, 그리고 보충해야하는 숫자를 생각해보기로 하자.

0.3mA/cm$^2$을 전하의 플럭스(flux)로 바꾸면

$$(0.3\times 10^{-3}A/cm^2)\times(\frac{1}{1.6\times 10^{-19}Coul}) = 1.88\times 10^{15}/cm^2\text{sec}$$

의 전자 혹은 이온에 해당된다. 즉, 단위면적당 초당 $1.88\times 10^{15}$개의 전자나 이온이 전극에 그리고 플라즈마 내에 흐르는 것을 의미한다. 이는 앞서 설명한 바와 같이 음극에는 이온전류만이 흐르고 따라서 이만큼의 이온전류가 즉, $1.88\times 10^{15}/cm^2\text{sec}$에 해당되는 이온이 음극 표면에서 중성화되는 것을 의미하고 양극표면에서는 이와 동일한 숫자의 이온이 중성화되며 이의 두 배에

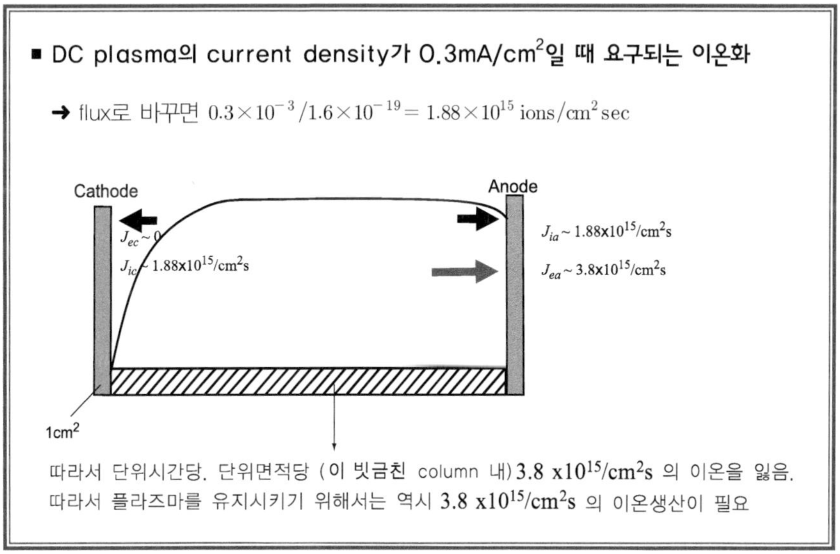


**그림 5-20** 플라즈마로부터 양 전극에 단위면적당 단위시간당 소모되는 이온수 및 플라즈마의 유지를 위해 생산되어야 하는 이온수의 한 예

해당되는 $3.8 \times 10^{15}/cm^2$sec의 전자가 양극표면으로 와서 중성화 되는 것을 의미한다.

따라서 단위면적, 즉 $1cm^2$당 1초당 그림에서 보이는 한 기둥(column) 내에서는 전자와 이온이 각각 $3.8 \times 10^{15}$개가 전극에서의 중성화를 통하여 소멸되는 것을 의미하며 플라즈마가 유지되기 위해서는 이만큼 즉, $3.8 \times 10^{15}$개의 이온화 혹은 이온 및 전자가 이 기둥 내에서 1초당 생성되어야 하는 것을 의미한다.

## 5.19 네거티브 글로우에서의 빠른 전자를 통한 이온화

앞에서 $1cm^2$ 당 초당 $3.8 \times 10^{15}$에 해당되는 이온과 전자가 생성되어야 한다고 했는데 우선 음극 쉬쓰에서는 이의 일부 즉, 약 0.24의 비율에 해당되는 양만의 이온화가 일어나고 양극 쉬쓰(anode sheath)에서는 전자방출만이 가능한 상태이므로 마지막으로 남은 플라즈마의 한 지역인 네거티브 글로우내에서 나머지의 이온화가 일어나야 한다.

따라서 이 네거티브 글로 내에서의 이온화에 대하여 생각해보기로 하겠다.

앞서 네거티브 글로우에는 3종류의 전자군이 있다고 했고 이중 가장 에너지가 높은 전자는 빠른 전자(fast electron, 혹은 primary electron)라고 했다.

이 전자에 의한 이온화비중이 어떨지 생각하도록 하겠다.

이 전자는 음극 쉬쓰에서는 가속이 되면서 중성원자를 이온화시키고 지수적으로 그 이온화가 증가하여 음극에 입사한 이온 1개당 발생하는 이온의 수는 0.24개라고 하였는데 이는 네거티브 글로우에 도달하는 전자의 수가 0.24개가 됨을 의미한다.

그런데 이들 전자 중 가장 높은 에너지를 지니는 전자는 초기에 금속표면에서 튀어나온 이차전자로서 이 전자는 네거티브 글로우를 통과하면서 추가 이온화를 일으킬 수가 있다.

■ **Negative glow에 의한 이온화 중 fast electron에 의한 비중**

➜ 이 fast electron에 의한 이온화는 cathod sheath에서의 이온화와는 다름
: 이온화되어 생긴 전자의 energy가 작아 ionization에 참여하지 않음

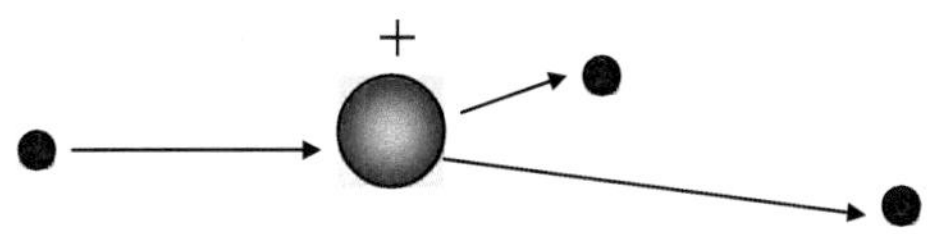


참조) cathode sheath의 경우 이 전자가 가속하여 다시 이온화에 참여 가능
➜ exponential multiplication
따라서 negative glow 내 fast electron의 경우 linear multiplication이 적용됨

■ fast electron 1개당 이온화할 경우 확률 : $an\sigma$ (a: negative glow의 길이,
N: neutral density)

■ cathode 입사이온 1개당 이온화할 확률 : $\gamma(an\sigma)$

■ cathode 입사이온의 수 : $J/e$

**그림 5-21** 네거티브 글로우에서 빠른 전자(fast electron)을 통한 이온화

음극 쉬쓰 내의 전자는 쉬쓰 내에 존재하는 전기장에 의해서 중성원자로부터 이온화를 통해 얻어진 전자도 다시 쉬쓰 전압에 의해 가속하여 추가 이온화를 하여 지수적인 이온화가 가능하였다.

그러나 네거티브 글로우에서는 네거티브 글로우 자체가 플라즈마로서 플라즈마 내에 큰 전기장이 없는 상태가 되므로 네거티브 글로우 내 중성원자를 이온화하여 얻어진 추가 전자는 플라즈마 내 전기장이 없어 추가 가속이 불가능하고 따라서 추가 이온화가 없게 된다.

따라서 네거티브 글로우 내에서의 이온화는 빠른 전자만이  네거티브 글로우 내 거리 이동에 따라서 이온화를 지속적으로 일으키는 직선적 전자 증식

(linear multiplication)만이 가능하다.

이와 같이 하여 빠른 전자 1개당 그림 5-20에 보인 네거티브 글로우의 길이 $a$ 내에서 이온화되는 개수는 입사하는 이온 1개당으로 계산하면 다음과 같이 표현할 수 있다. 즉,

$$\gamma(an\sigma)$$

여기서, $\gamma$는 입사하는 이온에 의한 이차전자 방출계수, $n$은 중성원자의 밀도, $\sigma$는 중성원자의 이온화 단면적(ionization cross-secio수)이다.

음극으로 입사하는 이온수가 앞 절의 경우를 예를 들면 50mTorr에서 0.3mA/cm$^2$의 전류를 얻은 전의 조건에서 $1.88\times10^{15}$이므로 이를 대입하고 네거티브 글로우 길이의 길이로 a = 5cm를 대입하면

$\gamma = 0.1$, $\sigma = 1.3\times10^{-16}\text{cm}^2$이라고 할 때,

$$J_{ic}\times\gamma(an\sigma)$$
$$=(1.88\times10^{15}/cm^2\text{sec})\times0.1\times$$
$$[(5cm)\times(50\times10^{-3}Torr\times3.5\times10^{13}atoms/Torr\cdot cm^{-3})$$
$$\times(1.3\times10^{-15}cm^2)=2.1\times10^{14}ions/cm^2\text{sec}$$

로서 결과적으로 네거티브 글로우 내에서 초당 단위면적당 이온화되는 수는 $2.1\times10^{14}$으로서 양쪽 전극에서 단위면적당 단위시간당 소모되는 이온(혹은 전자)의 총량인 요구되는 $3.8\times10^{15}$보다는 아주 적은 상태가 얻어진다.

따라서 이는 네거티브 글로우 내에 음극 쉬쓰로부터 입사된 빠른 전자만으로는 네거티브 글로우에서 충분한 수의 이온화가 얻어지지 않는 다는 것을 의미한다.

이 빠른 전자는 네거티브 글로우 내에서의 이온화의 중요성보다는 외부전원의 에너지를 흡수하여 플라즈마 내의 열전자의 에너지를 증가시키는데 더 주요한 역할을 하게 된다.

## 5.20 네거티브 글로우에서의 열전자를 통한 이온화

앞서서 네거티브 글로우 내에는 빠른 전자, 이차전자, 열전자의 3종류의 전자군이 있다고 하였고 이중 빠른 전자(fast electron)에 대하여 이온화 비중을 설명하였다.

앞서 설명한 바와 같이 빠른 전자는 네거티브 글로우 내에서의 이온화보다는 열전자의 에너지를 증가시키는데 주요한 역할을 한다.

다음으로 설명할 수 있는 이차전자는 무시하고 열전자가 네거티브 글로우 내에서 이온화 하는 비율에 대하여 설명을 하도록 하겠다.

열전자는 맥스웰-볼쯔만(Maxwell-Boltzmann) 분포를 지니며 2-8eV의 평균에너지를 지니고 있다. 이는 평균적인 에너지이며 전체적으로 전자는 0에서 무한대까지의 분포를 지니는 그림 5-22와 같은 전자의 에너지 분포를 지니고 있다. 따라서 일부의 전자는 중성원자를 이온화할 수 있는 에너지인 $E_o$이상의 에너지를 갖고 있으며 이 분포는 그 아래에 보이는 그림과 같이 전자의 평균에너지가 증가할수록 그 비율이 증가한다.

따라서 전자온도가 증가할수록 중성원자를 이온화할 수 있는 열전자 수는 증가하게 된다.

이 이온화 할 수 있는 열전자(thermal electron)중에서 이온화 할 수 있는 비율$dn_e(E)$과 실제 에너지에 따른 중성원자의 이온화 확률인 이온화단면적 $\sigma(E)$를 각 에너지에 대하여 곱하고 에너지에 대하여 적분을 하면

$$\sum \sigma(E) dn_c(E)$$

그 이온화 확률을 알 수 있고 이에 전체 중성원자의 수($n$)를 곱하면

$$n \sum \sigma(E) dn_e(E)$$

이온화 정도를 알 수 있게 된다. 여기서 이온화단면적은 전자의 에너지에 의존하므로 $\sigma(E)$로 표현되었다.

■ **Negative glow에서의 이온화 중 thermal electron에 의한 이온화 비중**

➜ thermal electron은 Maxwell-Boltzmann distribution을 하고 있음.

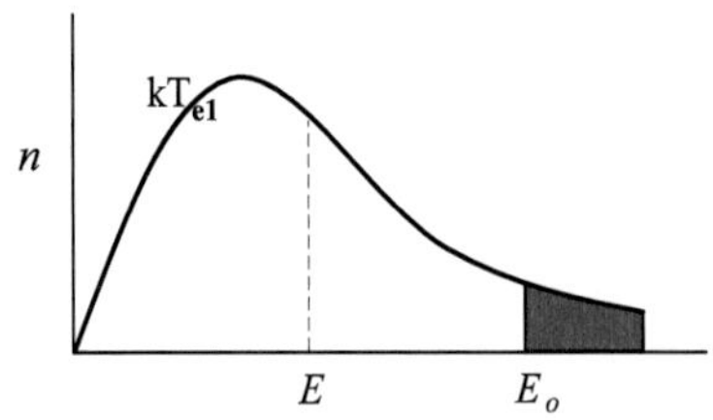


➜ KTe : 2~8eV의 평균에너지를 가지나 distribution에 의해 일 부 전자는 ionization potential 이상의 energy를 가짐

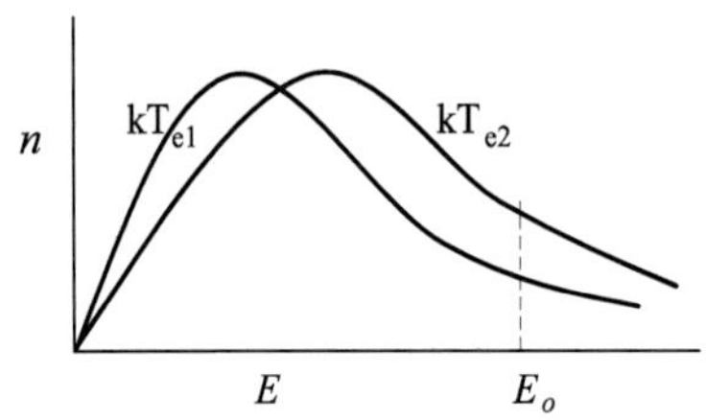


$kT_{e1} < kT_{e2}$

➜ 온도가 높을수록 ionization potential 이상의 전자수가 증가

**그림 5-22** 네거티브 글로(nagative glow)에 있는 열전자(thermal electron) 중 이온화를 할 수 있는 전자 비율에 대한 설명

이를 수식적으로 좀 더 정확히 표기해보자. 우선, 단위길이당 이온화율은 다음 식으로 표기된다. 즉,

단위 길이당 이온화율 : $n\sigma(E)$

위의 식에서 보듯이 이온화 단면적 $\sigma(E)$에 중성원자의 밀도 $n$을 곱하면 단위길이당 이온화 확률이 되는데 이에 전자의 속도 $v$ 를 곱하여 단위시간당 이온화 확률을 얻고(여기서 $E = \frac{1}{2} m_e v^2$)

단위 단위시간당 이온화율 : $n\sigma(E)v = n\sigma(E)\left(\frac{2E}{m_e}\right)^{1/2}$

이에 다시 전자의 이온화 에너지 이상의 에너지를 가진 전자의 비율 $dn_e(E)$를 곱하여 이를 전체 에너지로 적분을 하면 이온화 속도가 다음과 같이 얻어진다.

단위부피당 단위시간당 이온화양(이온화속도) $= \int_{E_o}^{\infty} n\sigma(E)(\frac{2E}{m_e})^{1/2} \cdot dn_e(E)$

여기서 전자의 맥스웰-볼쯔만(Maxwell-Boltzmann)에너지 분포는 다음과 같이 표기된다.

$$dn_e(E) = n_e \frac{2}{\sqrt{\pi}}(\frac{E}{kT_e})^{\frac{1}{2}} \exp(-\frac{E}{kT_e}) d(\frac{E}{kT_e})$$

따라서 이를 대입하면,

$$\text{이온화속도} = \int_{\frac{Eo}{kTe}}^{\infty} n\sigma(E)(\frac{2E}{m_e})^{\frac{1}{2}} n_e \frac{2}{\sqrt{\pi}}(\frac{E}{kTe})^{\frac{1}{2}} \exp(-\frac{E}{kTe}) d(\frac{E}{kTe})$$

를 얻는다.

이를 전에 설명한 50mTorr, $n_e = 10^{10} cm^{-3}$의 Ar에 대하여 생각해보면 전자온도가 약 2.5eV이면 $7.6 \times 10^{14}/cm^3$sec의 이온화 속도가 얻어지고 네거티브 글로우 길이 $a = 5cm$당 요구되는 $3.8 \times 10^{15}/cm^2$sec의 이온화가 얻어짐을 알 수가 있게 된다.

따라서 플라즈마에 요구되는 이온화는 음극 쉬쓰도 양극 쉬쓰도 아니고 네거티브 글로우 내에서의 열전자 중에서 이온화 에너지 이상의 높은 에너지를 가지는 전자들에 의해서 충분한 이온화가 일어남을 알 수가 있게 된다.

물론 네거티브 글로우 내에는 전자뿐만 아니라 이온과 준안정입자(metastables) 등도 존재하지만 이들에 의한 중성원소의 이온화도 거의 무시할 수가 있다.

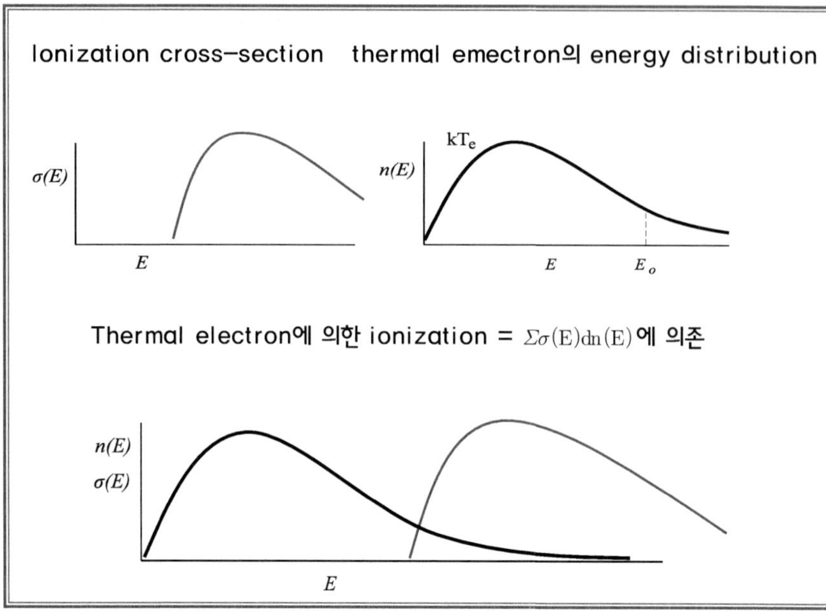


그림 5-23 네거티브 글로우에 있는 열전자(thermal electron)에 의한 이온화 현상

## 5.21 플라즈마 내 전자에너지의 분포(Electron Energy Distribution)

이제까지 열전자의 에너지 분포가 맥스웰-볼쯔만 분포(Maxwell-Boltzmann distribution)라고 했는데 이는 보통 이상가스(ideal gas)와 같이 랜덤한 충돌만을 일으키는 열적 평형에 있는 입자에 대한 이야기이고 플라즈마에서 보는 바와 같이 비평형 상태이며 이온화 에너지 이상의 에너지를 가진 전자는 이온화를 지속적으로 일으킨다면 실제적으로 맥스웰-볼쯔만 분포와 같을 수는 없고 이온화 에너지 이상의 에너지를 갖는 전자의 분포는 이온화에 의해 에너지를 잃어 낮은 에너지로 변환되어 그림 5-24와 같이 나타난다.

즉, 그림 5-24에서 보는 점선의 형태로 낮은 에너지를 갖는 전자의 분포는 증가하고 높은 에너지를 갖는 전자의 분포는 감소하여 맥스웰-볼쯔만 분포와는 다른 형태가 되어야 한다.

그런데 실제 플라즈마 내의 열전자의 분포를 측정해보면 맥스웰-볼쯔만 분포에 접근하는 분포를 갖는다고 한다. 이는 앞서 설명한 바와 같이 음극 쉬쓰로부터의 높은 에너지를 갖는 빠른 전자가 플라즈마로 유입되어 높은 에너지를 갖는 전자들을 보충하여 주기 때문으로 생각이 된다.

➜ 실제 glow discharge 내 electron은 non-equilibrium상태임

: 이는 distribution의 ionization 혹은 excitation potential 보다 높은 energy를 가진 전자는 inelastic collision을 하기 때문임

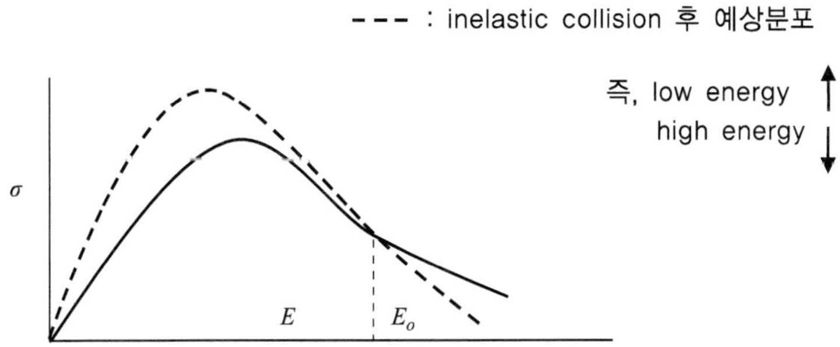


➜ 이럼에도 불구하고 실제 측정 결과는 예측하는 결과보다는 Maxwell-Boltzmann distribution에 접근

: 이는 cathode sheath로부터의 fast electron이 유입되어 높은 에너지를 가진 전자를 보충하여 주기 때문임

**그림 5-24** 플라즈마 내 전자에너지 분포의 설명

P/A/R/T

# 6 고주파 플라즈마

## 6.1 고주파(RF)의 사용

직류 플라즈마는 음극이나 양극 두 전극 중의 한 전극이 절연체로 둘러싸여있다면 회로에 전류가 흐르지 못하기 때문에 사용을 할 수가 없다. 이와같은 절연체(insulator)는 플라즈마 식각에서나 혹은 스퍼터 증착과 같은 반도체 등의 전자재료에 사용하는 물질로 $SiO_2$나 $Si_3N_4$, 혹은 $Al_2O_3$ 등이 있다.

플라즈마 식각에서는 이들 절연물질의 식각 외에 전극자체를 $SiO_2$나 베스펠(vespel)이라고 하는 고분자물질인 폴리이미드(polyimide)물질로 덮어서 사용하는 경우가 많은 데 이는 금속전극을 노출시 금속이 식각(etching)이 되어 발생하는 반도체 기판에의 오염 등을 방지하는 데도 목적이 있다.

RF를 사용해야 하는 또 한 가지의 목적은 플라즈마 식각에서는 반응성가스를 넣고 이를 분해하여 반응성을 높여서 이 반응성을 높인 가스와 반도체 물질간의 화합물을 만들어 식각하게 되는데 이 반응성가스를 분해하는 효율을 높이는 목적으로 RF를 사용하게 된다.

RF로 사용하는 주파수는 대체로 100KHz로부터 100MHz 이상까지 다양한 범위의 주파수를 사용하고 있는데 주로 사용하는 주파수는 13.56MHz이다.

- **Insulator($SiO_2$ , $Al_2O_3$ 등)의 존재시**
  → insulator sputter deposition
- **Plasma etching에서의 contamination 방지의 목적**
  → Electrode를 insulator로 cover함.
- **Gas의 분해율 향상**
  → Reactive processing
- **사용하는 frequency : 100KHz~100MHz, 대체로 13.56MHz**
  → international communication authorities에 의해 plasma 공정용으로 할당된 frequency. 13.56MHz 및 이의 multiples(27.12, 40.68MHz). 다른 RF frequency는 이 주파수가 외부로 빠져나가지 않도록 shielding이 완벽해야 할 필요 있음.

**그림 6-1** 플라즈마 공정에서 RF를 사용해야 하는 이유 및 사용 주파수

이 주파수를 주로 사용하는 이유는 이 주파수가 국제통신위원회(international communication authorities)에서 다른 통신용 주파수와 혼돈이 되지 않도록 플라즈마 공정용으로 할당을 해놓은 주파수이기 때문이다.

물론 이 주파수의 배수인 27.12, 40.68MHz도 13.56MHz와 더불어 발생할 수 있는 주파수 이므로 이들 주파수도 공정용으로 할당된 주파수라고 할 수 있다. 다른 주파수들은 통신 등의 다른 용도로 이용될 수 있는 주파수이고 따라서 이들 주파수를 사용할 때에는 이들 파가 외부로 빠져나가서 문제를 일으키지 않도록 접지철망 등으로 완전히 싸서 쉴딩(shielding)을 완벽하게 할 필요가 있다.

철망 등을 쉴딩물질로 사용할 때에는 철망의 간격이 주파수의 파장보다는 작은 간격의 철망구멍을 지녀야 하며 이 간격이 좁을수록 그 효과가 크고 철의 두께는 역시 주파수와 관련되나 저주파일수록 그 두께가 두꺼워야하는 것으로 알려져 있다. 정확한 두께는 계산을 하여야 하겠지만 우리가 사용하는 주파수 영역에서는 아마도 100마이크로미터 이상 즉 0.1mm 이상의 두께면 충분하리라 생각이 된다. 실제로 파가 바깥으로 나오는 것은 주변에 안테나를 설치하여 파의 강도를 측정한다면 알 수도 있다.

## 6.2 절연체(Insulator)의 전하축적(Charging)

만일 DC 플라즈마 형태에서 한 전극을 절연체(insulator)로 덮는 경우 왜 플라즈마가 지속적으로 유지하지 못하는 지 알아보기로 하자.

우선 그림 6-2의 가운데 왼쪽에 보이는 그림과 같이 두 전극사이에 방전 가스를 넣고 절연체가 없는 상태에서 DC 플라즈마가 뜨는 경우를 생각해 보겠다. 따라서 절연체가 없으면 DC 플라즈마가 정상적으로 뜰 수가 있다. 그런데 만일 그림에서 보는 것과 같이 한 전극에 절연체를 덮고 이 전극에 -전압을 가하는 경우를 생각해 보자.

그림 6-2에서 보는 바와 같이 전원스위치를 넣는 순간 절연체에 접한 음극에는 가한 -전압이 유도되고 이 전극에 접한 절연체표면은 +전압이 유도되며 또한 반대의 절연체표면에는 다시 -전압이 유도가 된다.

- **DC plasma 형태의 한 전극을 insultator로 하는 cover하는 경우**

  ➜ insulator 뒤에 놓인 전극에 가해지는 potential에 무관하게 ion flux = electron flux인 potential에 놓이게 된다.➜ no current flow ➜ plasma extinguish

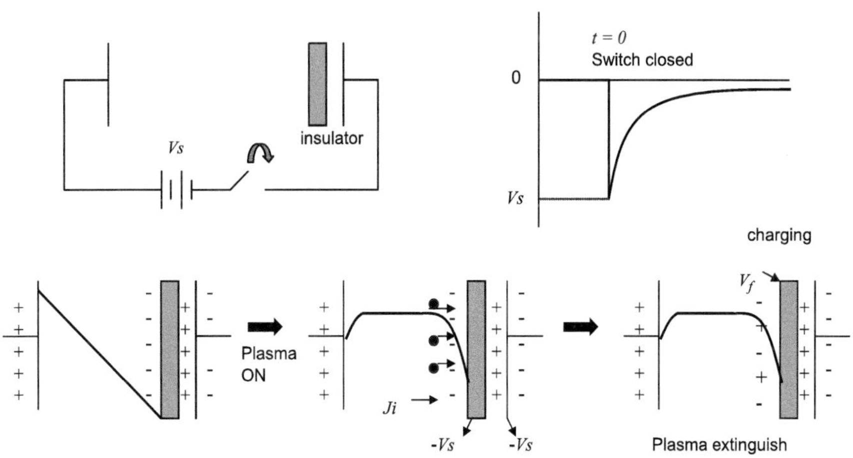


**그림 6-2** 절연체로 덮힌 전극에서 전하축적으로 인한 DC 플라즈마의 소멸현상

물론 반대편의 양극에는 음극에 가한 −전압에 상대적으로 + 전압이 전원에 의해서 가해진다. 이 상태에서 양극의 + 전압과 절연체 표면에 유도된 −전압의 차이가 충분하다면 그림 6-2의 아래 그림 중 두 번째 그림에 보이는 바와 같이 정상적인 플라즈마가 발생하게 되며 절연체 쪽에는 음극 쉬쓰가 형성된다.

따라서 플라즈마로부터 음극 쉬쓰에 의해 절연체 표면에 이온충돌이 일어나게 된다. 이 이온충돌로 인하여 절연체표면의 −전하를 중성화시키며 유도된 −전하를 없애게 된다.

실제로는 이 이온이 중성화되면서 절연체표면을 +로 전하를 축적시켜서 절연체에 접한 전극에 가한 −전압을 쉴드하게 된다. 이렇게 되면 이 절연체 표면에 유도되었던 전압의 감소로 음극 쉬쓰는 없어지고 이 쉬쓰의 전압차도 줄어들게 된다.

결과적으로 이 절연체부근의 쉬쓰에서 유지될 수 있는 전압은 $V_p - V_f$정도의 약한 전압만이 유지가 되어 절연체표면에서 방출되는 이차전자의 에너지가 작아 전체적으로 플라즈마가 유지되지 못하고 소멸되게 된다.

이 절연체 표면에서의 전하축적은 그림 6-2의 오른쪽 위의 그림에서 알 수 있듯이 스위치를 넣은 상태로부터 감소하는 속도로 증가하여 초기에의 음극에 가한 $V_s$의 전압으로부터 $V_p - V_f$의 약한 전압으로 감소하게 되는 것을 알 수 있다.

이 전하축적으로 인해 절연체표면에서의 전압이 감소하여 결과적으로는 직류 플라즈마에서는 절연체를 덮으면 플라즈마가 소멸할 수밖에 없게 된다.

## 6.3 교류방전(AC Discharge)의 사용

따라서 절연체를 포함하는 앞의 회로에서 플라즈마를 계속적으로 유지시키려면 절연체표면에 축적된 전하를 제거하여야 한다. 이는 DC가 아니라 AC 전원을 사용함으로써 가능하다.

즉, 절연체표면에 전하축적이 일어나더라도 AC를 가함으로 인해 AC주기의 반 주기 동안 음극으로서 양전하를 축적하고 다음 음극으로서 반 주기 동안 음전하를 축적하도록  하면 전하축적 및 전하방전이 반복이 되어 음극에서 가한 전압을 전하축적이 없이 절연체표면에 유지시킬 수 있게 된다.

AC의 파장의 주기는 대체로 절연체 표면에 전하축적되는 시간이 너무 빠르기 때문에 60Hz와 같은 AC를 사용한다면 절연체 표면이 재빨리 전하축적되서 플라즈마는 대부분의 시간이 꺼진 상태로 되므로 비효율적인 플라즈마를 형성하게 된다.

따라서 가능하다면 절연체를 전하축적하는데 걸리는 시간보다 짧아야 전하축적이 일어나서 플라즈마가 꺼지지 전에 다시 방전하고 다시 플라즈마가 발생되도록 하는 것이 필요하다.

전극 표면에 덮힌 절연체가 전하축적되는 시간을 계산해 보도록 하자.

이는 회로에 흐르는 전류, 절연체자체의 정전용량 등에 의존을 한다. 절연체내에 충전할 수 있는 전하 $Q$는

$$Q = CV = \int_0^t i dt \approx it$$

여기서 $C$는 절연체의 정전용량, $i$는 절연체로 흘러들어오는 전류이다. 따라서 절연체내의 전하축적은 절연체의 정전용량에 이 절연체에 유지된 전압 $V$를 곱한 값과 같고 이는 다시 이 절연체내로 흘러들어오는 전류를 시간(t) 동안 모은 값과 같다. 만일 절연체내로 흘러들어오는 전류의 값이 시간에 따라 변화하지 않는다면 전류와 시간의 곱과 같다.

만일 절연체의 두께가 1/8", 즉 0.125cm정도의 쿼쯔이고 가한 전압이 1kV, 입사되는 이온의 전류밀도가 1mA/cm2이라면 1/8" 두께의 쿼쯔의 정전용량은 약 $1pF/cm^2$이다.

위의 식에서 보듯이  전하축적이 되는 시간 $t$는

$$t = \frac{CV}{i} = \frac{(1 \times 10^{-12} F) \times 1000\,V}{1 \times 10^{-3} A} = 1\mu\text{sec}$$

로서 이들의 값을 넣으면 약 $1\mu$sec가 된다.

여기서 F(Faraday)는 Coulomb/Volt, 암페아(A)는 Coulomb/sec의 단위여서 각각의 값을 넣으면 초의 단위로 전하축적(charging)되는데 걸리는 시간이 얻어진다.

따라서 이 1/8"두께의 쿼쯔가 축적되는데는 1$\mu$sec가 걸리므로 이정도의 주기를 갖는 AC 파장, 즉, 1MHz이상을 가해야 한다. 이는 1MHz이상의 AC 주파수에서는 플라즈마가 거의 끊임이 없이 연속적으로 뜰 수 있다는 것을 의미한다.

실제의 경우 약 100KHz 이상에서도 반 연속적으로 플라즈마가 유지되고 있다고 한다.

따라서 이와 같이 절연체를 포함하는 플라즈마 회로에서는 DC 플라즈마로는 절연체 표면의 전하축적에 의해 플라즈마가 유지되지 않는 것을 100KHz 이상의 AC 주파수를 사용함으로써 연속적인 플라즈마를 발생시킬 수 가 있게 된다.

■ **Insulator를 charge up 하는데 걸리는 시간 :** Capacitor를 생각

$$Q = CV = \int_0^t i\,dt \cong it \qquad \therefore t = \frac{CV}{i} = \frac{1\times10^{-12}\cdot 1000}{1\times10^{-3}} = 1\mu\text{sec}$$

➜ 만일 insulator : 1/8" quartz : C = 1pF/cm$^2$
가한 voltage = 100V
ion current density Ji = 1mA/cm$^2$

$F = (Coul/V)\cdot V$
$A = Coul/sec$

■ **따라서 capacitor를 charge up 하는데 약 1$\mu$sec**

➜ 즉, 1MHz 이상의 frequency에서는 plasma가 거의 continuous

➜ 실제의 경우, 약 100KHz 이상에서는 quasi-continuous하게 plasma가 유지

**그림 6-3** 절연체를 사용하는 플라즈마 시스템에서 플라즈마의 소멸이 없도록 하기 위해 요구되는 AC 전력의 주파수에 대한 설명

## 6.4 유도 바이어스 전압(Self-bias Voltage)의 생성

교류플라즈마 발생시 대체로 100kHz이상을 사용하므로 고주파라고 할 수 있는데 이 고주파(RF)를 사용하는 경우 대체로 전력을 가하는 전극에 바이어스 전압이 유도된다. 이를 직류 자기유도전압(DC self-bias voltage)라고 한다.

이는 이 고주파 플라즈마회로 내에 축전기(capacitor)가 직렬로 연결되어 있는 경우에 발생을 하며 이는 고주파전력 전달을 위해 설치하는 정합회로(matching network) 내에 있는 축전기, 혹은 전극 표면에 얻은 절연체등에 의해 축전기가 직렬로 연결된 경우에 발생을 한다.

만일 이와 같이 축전기가 직렬로 플라즈마 회로에 연결되어 있는 경우는 회로 내에 교류전류만 흐르지 직류전류는 흐르지 못하며 따라서 플라즈마 회로 내 전극에 AC 전원을 가했을 때 얻어지는 각 전극면에서의 이온전류와 전자전류는 같게 된다.

즉, 한 주기 동안 모은 이온전류와 전자전류를 합하면 0이 되어야 한다.

- **RF glow discharge 회로 :** Capacitor가 series로 연결되어 있다.

  1) insulator가 전극에 얹혀 있을 때 2) 실제로 capacitor가 연결되어 있음

  → Capacitor : net current가 흐르지 않음. 즉, ion current = electron current

- 주어진 electric field 하에서의 ion current와 electron current

$$F = ma = eE \qquad \therefore a = \frac{eE}{m}$$

- 혹은

$$J = ne\bar{v} \qquad \bar{v} = \frac{eE}{m}\tau \qquad \therefore J = me^2 \frac{\tau}{m} E$$

따라서 current flow는 주어진 electric field(+ /−) 하에서 mass에 역비례

$$\therefore J_e \gg J_i$$

**그림 6-4** 일정 전기장 하에서 흐르는 전자전류밀도와 이온전류밀도의 비교

앞서 설명한 바와 같이 만일 어떤 일정한 전기장이 있을 때 전하에 가해지는 힘 $F$는

$$F = ma = eE \quad \rightarrow \quad a = \frac{eE}{m} \quad \rightarrow v = \frac{eE}{m}\tau, \quad (\tau\text{: 가속시간})$$

로서 전하의 가속정도는 그 질량에 반비례하고, 이 상태에서 어떤 면으로의 전하의 입사되는 단위면적당 단위시간당 수 즉, 플럭스 $J$ 역시 다음에 보이는 식으로부터

$$J = ne\bar{v} = ne(\bar{v} = \frac{eE}{m}\tau) = \frac{ne^2\tau}{m}E$$

그 질량에 반비례하게 된다. 따라서 어떤 일정한 전기장 ($E$) 하에서 흐르는 이온의 전류밀도 ($J_i$)와 전자의 전류밀도($J_e$)를 비교하면 전자의 질량이 이온의 질량보다 아주 작으므로 단위면적당 흐르는 전자의 전류는 이온의 전류보다 아주 크게 된다. 즉,

$$J_e \gg J_i$$

$J_e \gg J_i$를 염두에 둔 상태에서 그림 6-5에 보인 바와 같은 축전기가 직렬로 연결된 플라즈마장치에 직각파(square wave) 형태의 RF를 윗 전극에 가하는 경우를 생각해 보기로 하겠다. 앞서 설명한 바와 같이 고주파 플라즈마(RF plasma) 장치에는 축전기가 정합회로 내의 축전기나 아니면 전극을 덮는 절연체의 형태로서 축전기(capacitor)가 직렬로 연결되게 된다고 했다.

플라즈마를 구성하는 회로에서 보듯이 축전기가 직렬로 연결되어 있기 때문에 전력을 가하는 전극은 외부회로와 절연이 되어있고 일종의 플로팅전극이 형성되고 있음을 알 수가 있다.

우선 그림 6-5의 오른쪽 1)에 보는 바와 같이 가하는 고주파(RF)가 직각파형으로 초기에 $-V_a$를 얼마동안 가하고 다음 $+V_a$를 가하는 반복적인 형태의 RF의 경우를 생각해 보자.

■ **다음과 같은 capacitor가 연결된 장치에 RF를 square wave로 가한 경우**

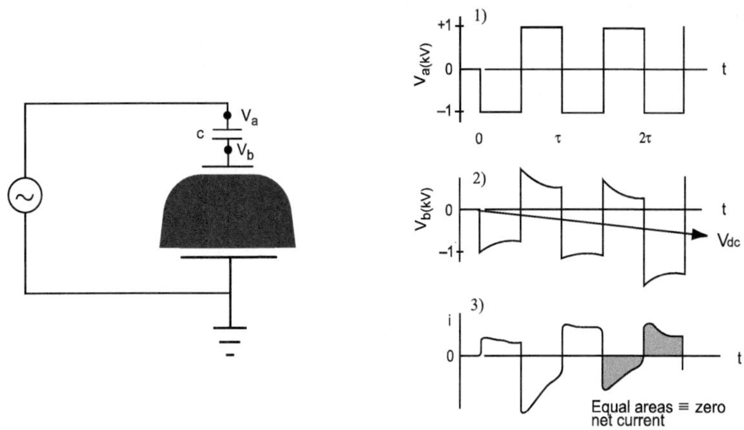


➜ Capacitor가 연결된 전극에 +Va를 가하면 전자가 collect되고 −Va를 가하면 이온이 collect된다.

➜ 일정 E에서 Je≫Ji이므로 한주기당 electron이 ion보다 많이 collect되고 따라서 capacitor가 연결된 전극은 −로 charge된다.

➜ −로 charge됨에 따라 한주기당 +이온을 더 모으고 전자를 덜 모은다. (Je≫Ji로 한주기당 계속 −로 charging). 결국 −로 충분히 charging되어 한주기당 Je=Ji이 voltage가 되면 steady state 유지 ➜ 이 voltage가 self−bias voltage

**그림 6-5** 직각형태의 AC 전압을 가한 경우에 대한 자기유도전압 발생 이유

우선 $-V_a$를 윗 전극에 가하면 축전기를 지나서 전압 $-V_b$(초기에는 $-V_a$)가 진공챔버 내 전극에 발생하게 된다. 만일 이 $-V_b$전압으로 플라즈마가 두 전극 사이에서 발생을 하였다면 $-V_b$를 가한 전극이 음극이 되서 이때 + 이온을 끌게 된다.

이온이 이 전극에 입사하면 플라즈마와 접한 전극은 플로팅되어 있으므로 입사하는 이온에 의해 + 로 전하축적이 일어나고 따라서 $-V_b$보다는 적은 − 전압으로 되면서 전하축적이 될 것이다.

얼마 후 다시 가한 RF의 극성이 변화하여 $+V_a$를 가하게 되면 플로팅 전극 상에서는 전의 이온 축적으로 인해 $+V_a$보다는 약간 높은 $-V_b$의 전압이 형성될 것이다. 얼마 동안 이와 같은 상태가 유지되어 음극이 되어 있는 동안에 이 전극에는 전자가 수집되게 된다.

이 전자의 단위시간당 단위면적당 전극에 도달하는 수 (flux)는 같은 전기장 하에서 전의 이온의 단위시간당 단위면적당 전극에 도달하는 수보다 크므로 전에 형성된 이온에 의한 + 전하축적을 넘어서 더 많이 - 로 전하축적될 것이다. 따라서 초기에 보인 $+V_b$ 보다 크게 전압이 감소한 상태가 될 것이다.

다시 이 전극에 $-V_a$가 가해지면 플라즈마와 접한 플로팅 전극의 전압 $-V_b$는 $-V_a$보다 낮은 전압이 유도될 것이며 이로 인해 앞의 주기에서 보다는 많은 이온이 수집될 것이다. 다시 전극의 전압이 $+V_a$로 되어 플로팅 전극이 $+V_b$가 되면 한 주기 동안에 모은 순전하가 -이므로 전 주기의 $+V_b$보다는 낮은 +전압이 유지되며 전압이 낮아 전자의 수집이 감소할 것이다.

이와 같이 한주기를 거치면서 플라즈마와 접한 플로팅 전극에는 반주기 동안 수집된 전자의 플럭스가 나머지 반주기 동안의 이온의 플럭스보다 많아서 플로팅 전극은 -전압으로 기울게 된다.

이와 같은 주기를 여러 번 거치면 지속적으로 한주기당 -전하를 계속 모아서 지속적으로 플로팅 전극상의 전압은 -로 내려가서 그림 6-5의 2)에서 보듯이 가해진 RF 전압에 -DC 전압이 포함된 상태를 유지하게 된다.

이 지속적인 매주기당 -전하의 수집은 영원히 계속되는 것이 아니고 전에 플로팅 전위에 대하여 설명한 바와 같이 한 주기당 이온이 수집되는 양과 전자가 수집되는 양이 같게 될 때까지 -전압으로 내려가게 된다.

이에 대한 현상을 그림 6-5의 3)에 나타낸 바와 같다. 즉, 한 주기에서 플라즈마와 접한 전극이 수집하는 이온의 양보다 전자의 양이 많으나 이 플로팅 전극의 전위가 지속적으로 -로 기울어짐에 따라서 한주기당 이온이 앞주기보다 더 수집되고 전자가 앞주기보다 덜 수집되어서 결과적으로 한주기당 이온이 수집되는 양과 전자가 수집되는 양이 같을 때까지 지속적으로 더 낮은 -전압으로 기울다가 일정한 전압에서 유지가 되게 되는 것이다.

이 유지되는 -전압을 직류 바이어스전압(dc self-bias voltage)이라고 한다.

앞의 경우에서 중요한 것은 결과적으로 RF 주기당 전자의 이동도가 이온의 이동도보다 빨라서 결과적으로 전자가 순전하로 수집되고 이로 인해 플로팅 상태로 된 플라즈마와 접한 전극에 -전하축적으로 -전압이 유도된다는 것이며 이 전압이 직류 바이어스 전압으로 남게 되는 것이다.

앞에서는 가한 RF가  직각파 형태로 가한 상태기 때문에 플라즈마와 접한 플로팅된 전극이 -직류 바이어스 전압을 갖는다고 하더라도 한 주기의 시간 중 반주기의 시간은 플라즈마와 접한 플로팅된 전극이 양극으로 되어 있고 나머지 반주기의 시간은 음극으로 되어 있을 것이다.

반면 가한 RF가 그림 6-6의 오른 쪽에 보이는 바와 같이 정현파인 경우는 플라즈마와 접한 전극이 -직류 바이어스 전압을 갖는 경우 오른쪽 아래 그림에 보이는 바와 같이 한주기당 이 전극이 +로 , 즉, 양극으로 남아 있는 시간은 감소하고 -전압 즉, 음극으로 남아 있는 시간은 증가한다.

■ RF voltage가 sine wave인 경우

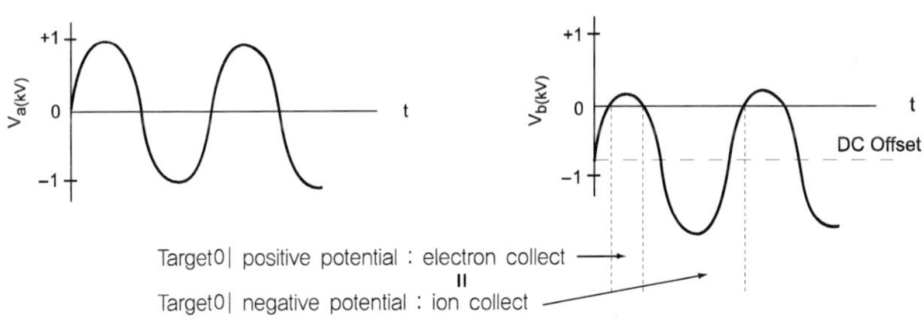


➜ 역시 $J_e$ 〉〉 $J_i$로 인해 electrode의 charging이 발생. 반면 앞의 square wave의 경우와는 달리 전극이 anode인 시간이 cathode인 시간보다 아주 짧다.

➜ Electrode가 대부분의 시간동안 negative potenial로 ion bombardment를 받는다.

**그림 6-6** 정현(sine)파 형태의 고주파전압을 가한 경우에 대한 직류 바이어스의 생성

물론 각각 양극 및 음극으로 남아 있는 시간은 서로 다를지라도 이 전극이 매주기당 수집하는 이온의 양과 전자의 양은 결과적으로 같은 상태로 될 것이다.

어쨌든 이와 같이 RF로 정현파를 가하는 경우 고주파 전력을 가한 전극은 -로 기울게 되며 양극으로 남아있는 시간보다는 음극으로 남아 있는 시간이 증가하게 된다.

직류 바이어스 전압이 생성되는 것에 대하여 다르게 설명하는 사람들도 있으며 이에 대한 설명을 하여 보겠다.

이는 플라즈마에 도선을 넣고 플라즈마에 비해 -전압으로 부터 +전압을 가했을 때 얻어지는 전류의 곡선, 즉 I-V곡선으로 설명하게 된다.

이 I-V곡선은 절연성이 좋지 않은 다이오드의 I-V곡선 형태를 띠게 되는데 이는 도선에 플라즈마보다 낮은 -의 전압을 가하면 이온이 수집되는데 이온의 이동도가 낮아서 작은 이온전류가 도선에 수집되나 플라즈마에 비해 높은 + 전압을 가했을 때는 전자가 수집되게 되며 이 전자의 이동도가 커서 큰 전자전류가 수집되는 상태를 나타낸 것이다.

이와 같은 도선에 정현파의 전압을 그림 6-7 a)의 아래와 같이 가하는 경우 같은 -전압과 +전압으로 부터 유도되는 전류는 그 위의 그림에서와 같이 전자전류는 크고 이온전류는 작아 순전류로 전자전류가 얻어지게 된다.

이 전극이 플로팅 전극이라면 순전류가 생성되면 안되므로 이 고주파 전압에 직류전압을 추가하여 조정해 순전류가 없게 하려면 그림 6-7 b)의 오른쪽 아래 그림과 같이 - 직류전압을 포함한 고주파전압을 도선에 가해야 한다.

이를 통해 그림 6-7(b)의 윗 그림에서 보듯이 한 주기에서 소진된 이온전류와 전자전류가 같게 되는 것을 알 수가 있다.

따라서 전극이 절연된 플로팅 전극이라면 플라즈마 내의 이온과 전자의 이동도가 서로 달라서 고주파를 가하는 전극의 전압이 -직류전압을 포함하도록 기울어져야 된다는 것을 의미한다.

■ Self-bias voltage 형성에 대한 다른 설명

➜ 플라즈마에 도선을 넣고 가한 voltage에 따른 current 특성은 leaky한 diode의 특성임. 이는 Je>>Ji로 인함.

➜ 위에서와 같이 floating probe에 AC potential을 가한 경우 한 주기당 전자가 더 모여 -로 charging됨

➜ 결과적으로는 한 주기당 모이는 전자와 이온의 current가 같을 때까지 charging이 일어남.

➜ 이는 floating probe에 가한 AC potential 외에 -voltage를 가한 경우와 같음.

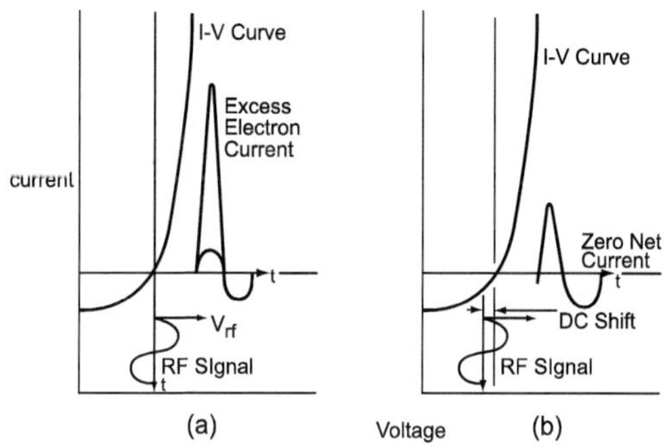


그림 6-7 직류 바이어스 전합 형성에 대한 다른 설명

## 6.5 고주파 방전(RF Discharge)의 효율

앞서서 RF 플라즈마를 사용하면 절연체를 식각(etching) 혹은 스퍼터링(sputtering)하여야 하는 경우나 절연체가 전극에 덮혀 있는 경우에 대하여서도 플라즈마를 발생 및 유지시킬 수 있으므로 직류 플라즈마에 비해 장점이 있다고 했다. 또한 식각에서와 같이 반응성가스를 사용할 때 이 반응성가스를 분해하는데 더 효율적일 수 있다고 하였다.

가스의 분해뿐이라 물론 이온화에도 RF 플라즈마는 더욱 효율적이다.

이는 직류 플라즈마에서는 음극표면에서 방출되는 이차전자가 플라즈마 내 중성원소를 이온화 및 여기하는데 에너지원으로서 중요한 역할을 하는 반면에 RF 플라즈마의 경우는 이와는 별도로 플라즈마 내부의 전자에 에너지를 주어 이온화 및 여기에 대한 부가적이 방법이 존재하기 때문이다.

이는 고주파의 주파수가 증가함에 따라 증가하며 증가된 이온화, 여기 그리고 가스분해도는 플라즈마를 유지시킬 수 있는 최소 압력을 낮추는 효과를 나타내기도 한다.

■ **RF의 장점**

- Insulator의 sputtering
- Gas를 이온화하는데 더 효율적 : 부가적인 electron impact ionization source가 존재 ➜ plasma density 증가

■ **이는 frequency가 증가함에 따라 증가**

- 최소 operation pressure 감소
- 이온화, 분해효율 증가

■ **RF에서의 부가적인 ionization source**

- plasma 내의 electric field의 침두로 인한 전자의 oscillation ➜ 이 field에 의해 전자가 energy를 얻는다.

이 얻을 수 있는 energy : $E_{max} = \frac{e^2 E_0^2}{2m\omega^2}$ ($E_0$: 플라즈마 내 RF electric field의 진폭)

➜ **Surf riding** : 전극이 넓은 cathode sheath와 좁은 anode sheath를 반복함에 따라 oscillating sheath edge에서 전자가 밀려나면서 받는 에너지

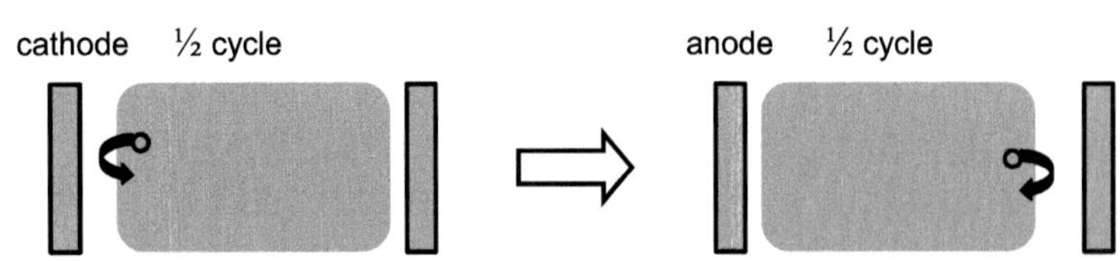


**그림 6-8** 고주파 방전의 고효율을 설명하는 그림

고주파에서의 부가적인 이온화소스로서는 플라즈마 내로 고주파의 전기장이 침투하여 전자를 주기적으로 흔들어 놓음으로써 이 전기장에 의해 부가적인 에너지를 얻는 것이 있다.

또한 그림 6-8의 아래에 보이는 파도타기(surf riding)라고 해서 고주파와 접한 전극은 한주기 동안에 한번은 양극한번은 음극이 되는데 양극이 되는 경우는 쉬쓰두께가 얇고 음극이 되는 경우는 쉬쓰 두께가 두껍다. 결과적으로 각 전극면에서 쉬쓰가 파도와 같이 출렁이게 되며 이때 플라즈마 내의 전자가 이 쉬쓰의 움직임과 함께 출렁이면서 에너지를 얻음으로 인해 부가적인 에너지를 얻는 것이다.

결과적으로 고주파를 사용하면 직류 플라즈마와 같이 전극이 플라즈마 내부에 있지 않아도, 다시 말해서, 이차전자가 방출되지 않아도 플라즈마를 발생 및 유지시킬 수 있는 충분한 에너지를 이들 부가적인 에너지원으로서 얻을 수 있게 된다.

## 6.6 고주파 플라즈마 쉬쓰(RF Plasma Sheath)

고주파 플라즈마(RF plasma)는 앞서 설명한 바와 같이 직류 플라즈마(DC plasma)와는 다른 것이 음극과 양극으로 대전되는 것을 번갈아 반복한다는 것이고, 이것은 쉬쓰(sheath)의 두께가 두꺼웠다 얇아졌다 하는 진동을 하게 됨을 의미한다. 하지만 우리가 고주파 플라즈마의 쉬쓰를 관찰하면 평균치만을 보게 되며 이두께는 약 1cm정도라고 할 수 있다.

반면 실제적으로 고주파 플라즈마의 쉬쓰는 두꺼워졌다 얇아졌다 반복을 하는데, 음극이 되었을 때 두꺼운 쉬쓰 두께로 인해 전극면으로 입사하던 이온이 그 속도가 느리면 그 동안에 전극이 양극으로 변하고, 이로 인해 입사하던 이온은 멈추게 된다.

이후 전극이 음극으로 바뀌면 다시 전극을 향하여 가속되기 시작한다. 이러한 과정을 반복하여 이온의 질량이 크면 쉬쓰가 가질 수 있는 음극 전압이 음(-)으로 최대일 때 얻을 수 있는 최대 에너지와 양극으로 되서 얻게 되는 최소 에너지를 모두 나타내지 못하고 평균에너지를 전극표면에서 나타내게 된다.

반면 이온의 질량이 작아 그 속도가 빠른 경우에는 음극으로서의 최대 쉬쓰 에너지, 양극으로서의 최소 쉬쓰 에너지 모두를 나타내는 이온 에너지 분포를 그림 6-9의 왼쪽 아래에 보이는 바와 같이 전극표면에서 얻을 수가 있게 된다.

이와 같은 경우를 무거운 $Eu^+$이온(양극와 음극 쉬쓰로 가속되는 에너지의 평균치를 나타냄)과 가벼운 수소이온(양극 및 음극 쉬쓰로 가속되는 에너지의 모든 분포를 나타냄)에서 실제로 측정한 경우에 대하여 아래 그림에 나타내고 있다.

$H_2O^+$의 경우는 이의 중간에 해당되는 이온에너지를 나타냄을 알 수 있다. 물론 이때 쉬쓰에서 이온과 중성원소 간에 많이 일어나는 전하교환(charge exchange)에 대한 사항은 고려되지 않도록 한 것으로 생각된다.

- RF plasma는 DC plasma와는 다르게 각 전극이 cathode(두꺼운 sheath) 및 anode (얇은 sheath)를 한 주기에 반복하므로 sheath가 oscillation을 한다.
- 반면 눈으로 보는 RF plasma sheath는 이의 평균치를 보게 된다. (약 1cm)
- 이 oscillation으로 인해 electrode로 입사하는 ion의 energy를 변화시킨다. ➜ Mass 의존성 $E= mv^2$에 의해 mass가 큰 이온은 v가 빨라서 sheath를 재빨리 통과하여 순간의 sheath potential($V_{pmax}$, $V_{pmin}$)을 나타낼 수 있으나 무거운 이온은 v가 느려 $V_{pave}$만을 나타냄.
- $H_3^- < H_3O^+ < Eu^+$

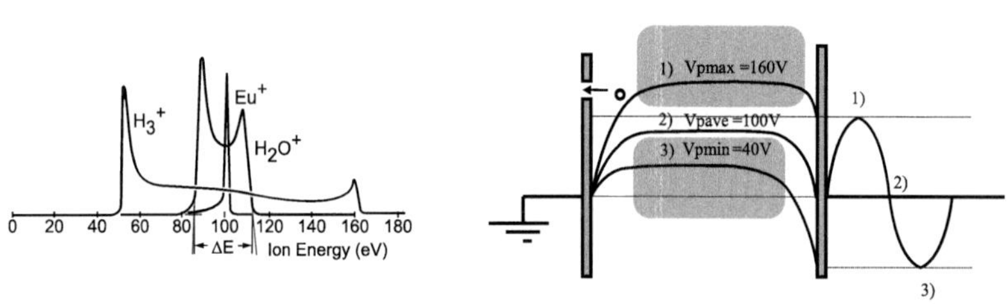


그림 6-9 플라즈마 내 전자에너지 분포의 설명

## 6.7 정합회로(Matching Network)

전에 말한 것처럼  고주파 플라즈마를 사용할 때는 고주파 전력이 플라즈마에 효율적으로 전달되기 위하여 플라즈마 회로의 임피던스(impedance)를 전력장치(power supply)의 임피던스와 맞추기 위한 정합회로(matching network)를 고주파 전력장치와 플라즈마 장치 사이에 설치한다.

- RF 사용시 rf generator와 plasma 사이에 matching network을 사용함
  → RF generator를 보호하고 glow discharge에 generator로부터 보낸 power를 전달하기 위한 목적(matching)

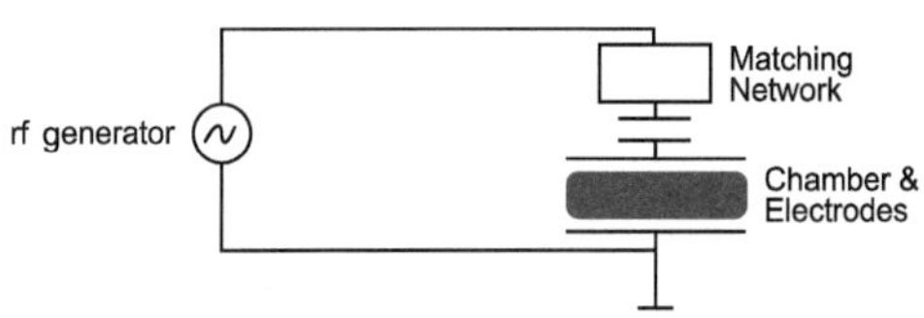


- RF에서의 power 전달 개념 DC의 개념으로부터 즉, 아래와 같은 DC 회로에서 외부저항 R에 최대 power를 전달하기 위한 외부저항 R의 값을 구하면

$$E = i(r + R) \text{ 따라서 } power = i^2 R = \frac{E^2 R}{(r+R)^2}$$

R의 변화에 따라 최대로 소모되는 Power : $\frac{dP}{dR} = o$ , 이를 구하면 $r = R$에서 최대로 소모됨.

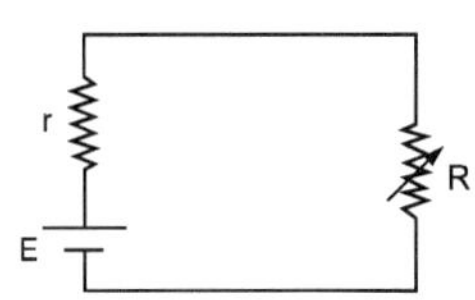


그림 6-10  고주파 플라즈마에서 정합회로(matching network)를 사용하는 이유

이는 고주파 전력장치를 보호하고 전력장치로부터 보낸 전력을 플라즈마 내로  모두 전달하기 위해 필요한 것이다. 이 정합회로는 그림 6-10에 보이는 바와 같이 전력을 가하는 전극 주변에 설치하며 전에 설명한 바와 같이 이 정합회로 내에는 축전기가  전극에 직렬로 형성되는 경우가 대부분이다.

정합회로에서 수행하는 정합의 개념은 직류의 개념으로부터도 얻을 수가 있다.

그림 6-10의 두 번째 그림에 보이는 바와 같이 내부저항으로 $r$을 가진 전력장치의 전원 $E$ , 그리고 가변 외부저항 $R$로 이루어진 회로를 생각해보도록 하자.

이 회로에서 외부저항 $R$에 최대 전력를 전달하기 위한 외부저항 $R$의 값을 구하면, 우선 전압 = (회로에 흐르는 전류)×(저항)이므로

$$E = i(r+R)$$

로 나타낼 수 있게 된다. 또한 외부저항 $R$에서 소모되는 전력(power)은

$$P = i^2 R$$

이므로 전 식에서 전류를 구하여 전력의 식에 대입하면,

$$P = \frac{E^2 R}{(r+R)^2}$$

이 된다. 외부저항 $R$을 변화시킴에 따라 얻어지는 전력(power)의 최대치는 이 전력(power)에 관한 식을 $R$로 미분하여 0과 같다고 놓으면 되는데 이를 계산해보면

$$\frac{dP}{dR} = 0 \rightarrow E^2(r+R)^2 - 2E^2R(r+R) = 0 \rightarrow r = R$$

$r = R$일 때 이다. 즉. 전원인 전력장치의 내부저항과 부하인 외부저항과 값이 같을 때 외부저항 $R$에 최대의 전력이 전달이 된다.

■ 앞의 경우는 DC의 경우로 resistancea만 고려. AC의 경우는 impedance를 고려하여야 한다. 즉, $z = a + bj$

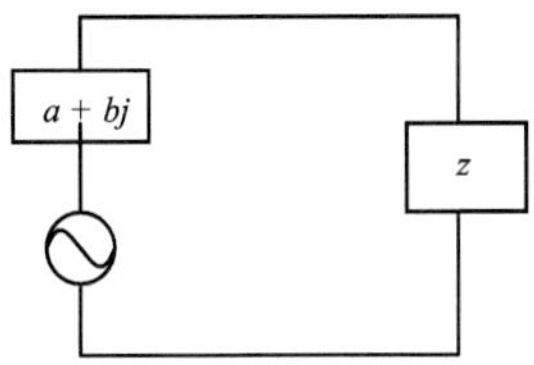


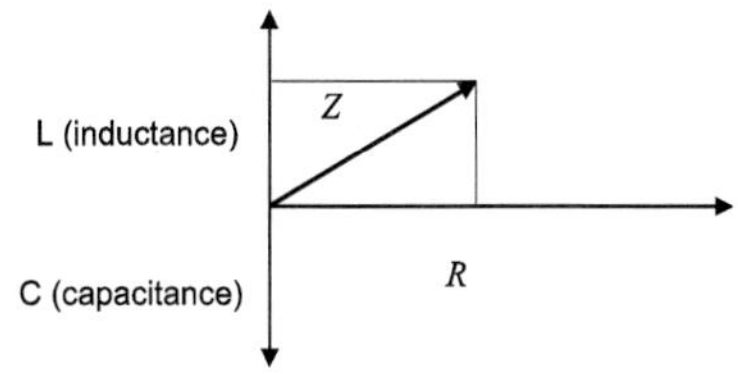


■ AC의 경우 최대 power가 소모되기 위해서는 output impedance가 $a + bj$ 일 때 load+matching network의 impedance = $a - bj$ 이어야 함.

■ 대부분의 경우 rf generator의 output impedance = 50Ω resistive
– 따라서 matching network을 사용하여 matching + load impedance = 50Ω 으로 만듬
– matching network과 load(plasma) 사이에 많은 rf current가 흐르므로 서로 가까이 위치하도록 함.

■ Glow discharge는 대체로 capacitive 함

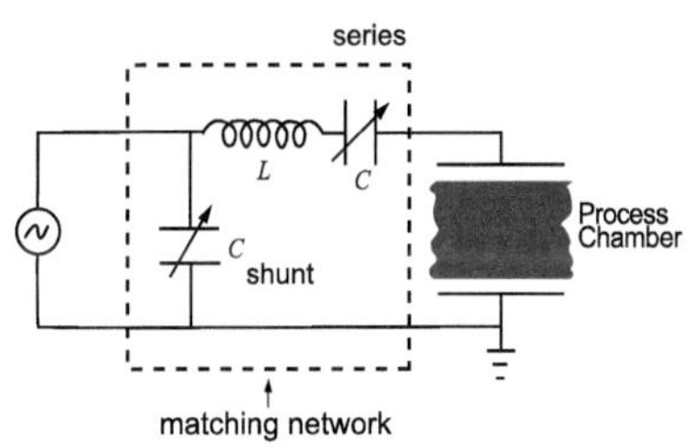


**그림 6-11** AC 전원에서 정합회로의 조건 및 형태

앞의 경우처럼 직류인 경우에는 정합을 생각할 때 저항만을 고려하였지만 교류(AC)인 경우에는 회로 내에 있는 저항 외에 정전용량과 인덕턴스를 합한 개념인 임피던스까지도 고려해야 한다.

만일 전력장치의 내부 임피던스가 그림 6-11에 보이는 바와 같이 $a+bj$라면 플라즈마와 정합회로를 포함한 외부회로의 임피던스는 $a-bj$로 되어야 한다.

여기서 $j$는 허수(imaginary) 항으로서 오른쪽 위에 보이는 바와 같이 $+j$일 때는 인덕턴스 $-j$일 때는 정전용량(capacitance)이 되며 $a$는 순수저항(resistance)의 항이다.

실제의 경우 시판되는 많은 고주파 발생장치(RF generator)의 출력 임피던스, 즉 내부 임피던스값을 순수저항인 저항 값으로 50ohm으로 맞추어 출고하며 따라서 정합회로에서는 플라즈마 자체의 임피던스와 합해서 순수 50ohm으로 되게 한다.

정합회로를 분해하여 보면 그림 6-11의 오른쪽 아래 그림에 보이는 바와 같이 인덕터와 가변 축전기 2개로 이루어지며 가변 축전기의 경우 한개는 접지에 연결되어 있고 다른 1개는 전력을 가하는 선이 인덕터를 통해 전극과 직렬로 연결되게 된다.

대체로 전력과 직렬로 연결된 축전기는 10회전의 500pF를 갖는 진공 축전기나 대기형 축전기와 같은 것을 사용하며 접지에 연결된 축전기는 10회전의 1000pF의 진공 축전기나 대기형 축전기를 사용한다. 이 정합회로와 플라즈마 사이에는 많은 전류가 흐르므로 가까이 하도록 하고 또한 표면적이 넓은 도선으로 플라즈마를 발생하는 전극에 연결하여야 한다.

플라즈마 자체는 쉬쓰가 축전기의 역할을 하여 대체로 정전용량이 크므로 정합회로가 이를 보상하는 회로를 구성하며 이는 전력, 압력, 사용가스 등의 여러 조건에 따라서 플라즈마 자체의 임피던스가 변화하므로 전체 회로가 50ohm이 되도록 정합조건을 변화시켜 주어야 한다.

## 6.8 쉬쓰 내 전압분포(Voltage Distribution)

이번에는 고주파 플라즈마를 발생시킬 때 각 전극의 쉬쓰에 발생하는 평균전압이 전극 면적비에 따라서 변화하게 되는 것에 대해 설명을 해 보자.

우선 고주파 전력장치에서 정합회로를 통과하여 전력(power)을 가하는 전극에 고주파전압을 가하면 이 전극의 전압은 직류 바이어스 전압이 함유한 상태로 (+)전압으로부터 (−)전압으로 진동을 하게 된다.

그림 6-12의 왼쪽 위의 그림은 전력을 가한 전극에 최대 (-)전압이 걸렸을 때 전극간의 전위변화를 도식한 것으로서 전력을 가한 전극이 음극이 된 형태로서 전극에 가한 전압이 모두 전력을 가한 전극의 쉬쓰에 걸리게 되며 직류 플라즈마와 유사한 형태가 될 것이며 이때 플라즈마가 지니는 순간 전위가 최소($V_{Pmin}$)가 된다.

반면 전력을 가하는 전극에 최대 (+)전압이 걸리는 경우 그림 6-12의 오른쪽 윗 그림에 해당이 되는데 이때는 전력을 가한 전극이 양극이 되고 접지 전극이 음극이 되는 형태로서 플라즈마는  양극의 전압보다 높고 접지전극의 전압보다 높으므로  전극간의 전압형태는 오른쪽 위의 그림과 같이 되며 이때 플라즈마가 지니는 순간 전위가 최대($Vp_{max}$)가 된다.

따라서 고주파전력을 가하면 전극의 전압뿐만 아니라 플라즈마 자체의 전위도 진동을 하게 된다. 이를 평균 잡으면 그림 6-12의 오른쪽 아래 그림과 같게 된다.

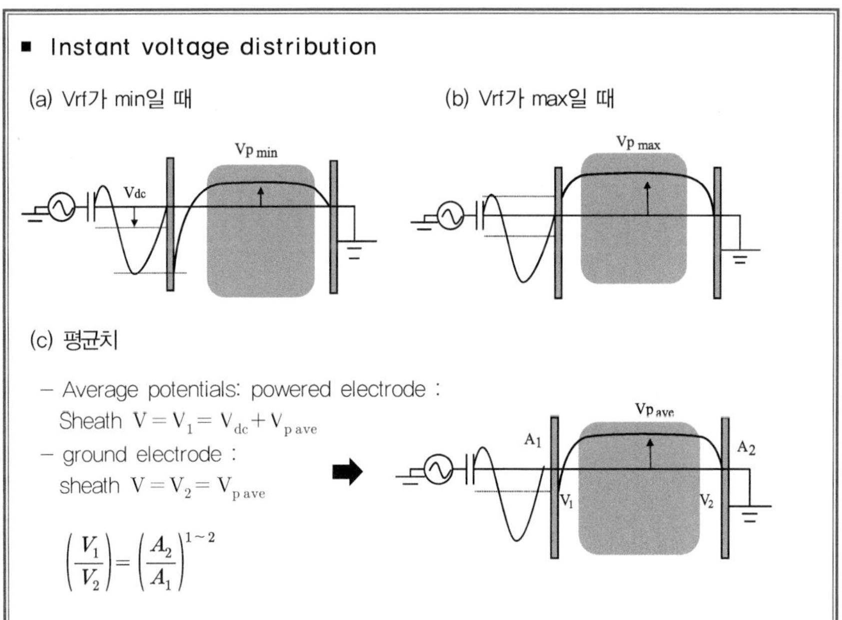


**그림 6-12** 교류전압(RF power)를 가했을 때의 음극 쉬쓰(cathode sheath)와 양극 쉬쓰(anode sheath)간에 걸리는 평균전압의 설명

즉, 전력을 가한 전극은 음의 직류 바이어스 전압을 지니고, 이 전극의 쉬쓰 전압은 직류 바이어스 전압에 평균 플라즈마 전위를 합한 전압이 유지되며 플라즈마는 평균 플라즈마 전위를 갖고 접지전극의 쉬쓰에는 이 평균 플라즈마 전위가 유지되게 된다. 이 형태도 직류 플라즈마와 같은 형태임을 알 수가 있다.

그런데 이와 같은 평균치를 보면 플라즈마를 가한 전극의 쉬쓰에 걸리는 전압인 직류 바이어스 전압과 플라즈마 전위를 합한 전압을 $V_1$ 이라고 하고 접지전극의 쉬쓰에 걸리는 전압인 플라즈마 전위의 값을 $V_2$라고 하면

$$\frac{V_1}{V_2}=\left(\frac{A_2}{A_1}\right)^{1\sim 2}$$

의 관계를 가져 이들 전압의 비율이 상호전극의 면적비에 의존하는 것을 알 수가 있으며 그림 6-12의 왼쪽 아래에 보이는 바와 같이 각 전극의 면적비의 1~2승에 반비례하는 것을 알 수가 있다.

두 전극의 쉬쓰에 걸리는 전압의 비율이 이들 전극의 면적비에 반비례하게 되므로 만일 접지전극의 면적에 비해 상대적으로 더 작은 면적을 전력을 가하는 전극이 갖게 한다면 면적비율이 더 크게 되어서 전력이 가해지고 있는 작은 면적의 전극에 더 큰 쉬쓰 전압이 걸리게 된다.

이와 같은 현상은 고주파전압을 포함하는 전체 회로를 보았을 때 회로가 직렬로 연결된 축전기에 의해 직류전류는 흐르지 못하며 전체적으로 회로에 흐르는 AC전류가 같아야 한다는 데서 비롯된다.

그림 6-13의 왼쪽 중앙의 그림에서 보이는 바와 같이 고주파전력을 가한 전극이 음극이 되는 경우 이 전극에는 이온 전류가 흐르고 반대편 접지전극에는 전자전류가 흐르게 된다.

반대로 고주파전력을 가하는 전극이 오른쪽 중앙의 그림에서 보는 바와 같이 양극이 되는 경우 접지전극이 음극이 되서 이온전류가 흐르고 전력을 가한 전극은 양극이 되서 전자전류가 흐르게 된다. 하지만 이들은 AC이므로 순전류가 흐를 수 없고 한 주기로 보았을 때 흡수된 이온전류와 전자전류는 같아야 한다.

보통 전극에서 요구되는 전류가 흐를 때 전자전류는 그 이동도가 빨라서 전극면적에 무관하게 요구되는 전류를 흘릴 수 있게 된다. 반면 이온전류는 이동도가 느려서 전극의 면적에 따라서 변할 수 있다.

이는 전력을 가하는 전극의 면적 $A_1$에 흐르는 이온전류와 접지전극의 면적 $A_2$에 흐르는 이온전류가 같아야 하는데 이온의 이동도가 전자의 이동도(mobility)보다 느리므로 그림 6-13의 아래 왼쪽 그림에 보이는 바와 같이

- ground electrode의 면적에 상대적으로 더 작은 powered electrode를 가질수록 powered electrode의 sheath voltage가 크게 됨 ➜ 이는 blocking capacitor가 있을 때 회로에 흐르는 AC 전류가 같아야 한다는 데서 비롯됨. 즉 전체 회로에서

$$I = I_1 = I_2 \text{ , 한 rf 주기당 } I_{1\,ion} = I_{1\,electron}, \quad I_{2\,ion} = I_{2\,electron}$$

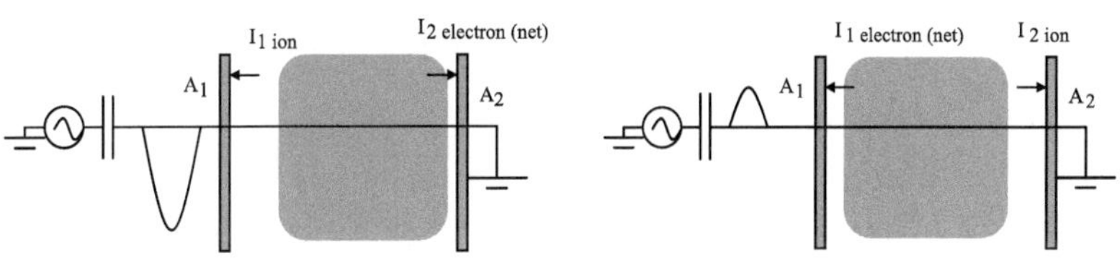


- $A_2 > A_1$이면 가한 voltage가 같다면 $I_{1\,ion} > I_{2\,ion}$이 될 수 있음. ➜ 각 전극은 net current가 흐를 수 없으므로 $I_{1\,ion} = I_{1\,electron} = I_{2\,ion} = I_{2\,electron}$이어야 함. ➜ 이러기 위해서는 $A_1$의 potential이 $A_2$의 potential보다 plasma potential에 비해 더 낮은 potential을 가져야 함. Reference potenital을 ground potential이므로 오른쪽 그림과 같이 됨.

  즉, $V_{f2} = 0$

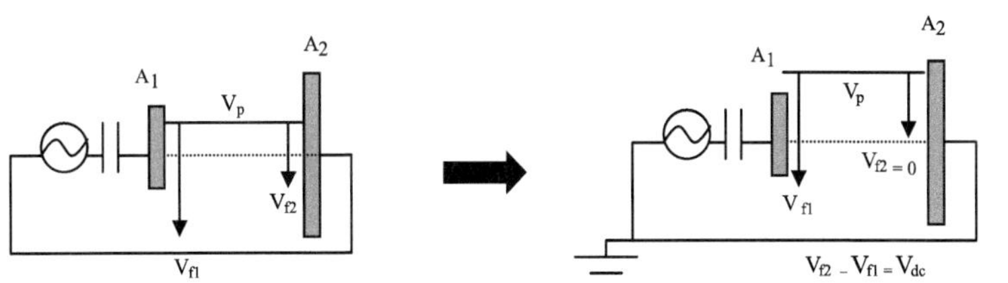


**그림 6-13** 전극 면적비에 따른 쉬쓰 전압(sheath voltage) 변화의 설명

플라즈마에 비해 음의 전위로 이 전극이 기울어야 하고 면적이 작은 전력을가한 전극은 플라즈마에 비해 많이 음으로 기울어야 요구되는 이온전류를 흘리고, 면적이 넓은 접지전극은 이보다는 적은 만큼의 음의 전위로 기울어야 한다.

반면 기준이 되는 전위는 접지전극의 전위이므로 이 차이에 해당되는 전위만큼 전력을 가한 전극이 (-)전위를 그림 6-13의 아래 오른쪽 그림에 보이는 바와 같이 가지며 이 전압이 정량적인 값의 직류 바이어스 전압에 해당이 된다고 할 수 있다.

따라서 만일 전력을 가한 전극의 면적이 접지전극의 면적보다 상대적으로 더 작은 값을 가지면 전력을 가한 전극이 접지전극에 상대적으로 더 (-)로 기울게 되어 더 낮은 직류 바이어스 전압을 나타내고 결과적으로 면적비에 반비례하는 형태로서 쉬쓰 전압의 비율을 나타내게 될 것이다.

결과적으로 축전기를 포함하는 고주파 회로에서 이온전류의 이동도에 의해서 직류 바이어스 전압의 양이 결정되게 된 것인데 이 직류 바이어스 전압은 여태까지는 음의 전압으로만 생각이 되었지만 이는 상대적인 값으로 그림 6-14에 보이는 바와 같이 접지전위에 비해 양의 전압을 가질 수도 있다.

만일 그림 6-14의 왼쪽 위의 그림에서 보는 전에 설명한 형태의 전력전극의 면적이 접지전극의 면적보다 작은 상태에서는 측정되는 직류 바이어스 전압이 음의 전압으로 측정이 되지만, 만일 반대로 이번에는 고주파전압을 가하는 전극의 면적이 접지전극의 면적보다 크다면 양의 직류 바이어스 전압이 전력을 가한 전극에 유도될 수 있다는 것을 의미한다.

이를 그림 6-14의 오른쪽 위 그림에 나타내었다. 또한 왼쪽 아래에 보이는 그림과 같이 두 전극의 면적이 같다면 직류 바이어스 전압은 없어지게 된다. 물론 오른쪽 아래 그림과 같이 직류전류가 흐르지 못하게 하는 축전기가 없는 회로라면 당연히 두 전극의 면적비가 달라도 직류 바이어스 전압은 없게 된다.

전에 직류 바이어스 전압이 (-)로 얻어진다고 했던 것들은 한 전극이 플라즈마에 비해 음의 전위를 갖는다고 한 것이지 회로에서 측정된 실제 바이어스 전압)의 값을 의미하는 것은 아님을 알 필요가 있다.

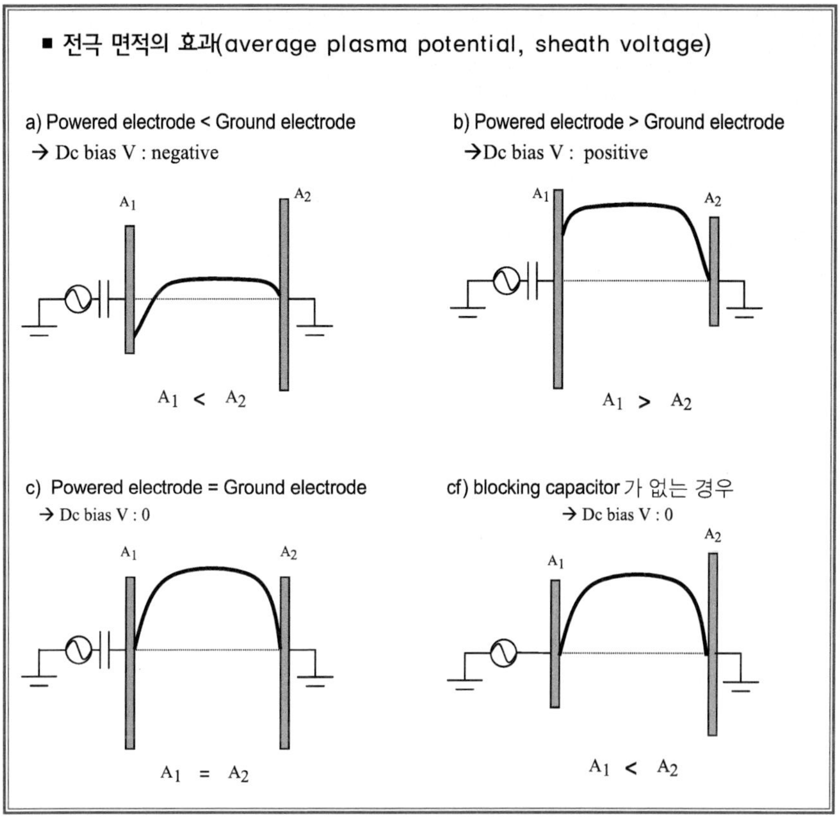


**그림 6-14** 전극의 면적비에 따른 플라즈마내 평균전위분포

또한 직류 바이어스 전압이 0이라고 해도 플라즈마 전위는 전극의 전위보다 높아서 어느 정도의 쉬쓰 전압을 지니고 있음을 알 필요가 있다.

또 하나의 유의할 사항은 전극의 면적은 플라즈마가 보는 면적이지 실제의 전극면적과는 다를 수가 있다는 것이다.

즉, 여기서 설명하는 전극의 면적은 플라즈마가 접촉하는 전극의 면적으로서 두 전극의 면적을 같게 하더라도 플라즈마가 챔버벽에 접하여 있는 경우는 이 면적도 접지전극의 면적에 포함되어 전력(power)을 가한 전극에는 더 큰 음의 직류 바이어스 전압이 나타나게 된다.

플라즈마 공정시 공정압력을 증가시키면 대체로 플라즈마가 전극 주위로 모여 전력전극상의 직류 바이어스 전압 크기가 줄고 압력을 줄이면 플라즈마가 챔버 전체로 퍼져서 직류 바이어스 전압이 증가하게 된다.

## 6.9 직류 바이어스 전압(DC Bias Voltage)의 용도

고주파 플라즈마에서 얻어진 직류 바이어스는 상당히 중요한 역할을 한다. 플라즈마 식각 중의 한 가지인 반응성 이온식각장치(reactive ion etching system)에서는 그림 6-15에 보인 바와 같이 플라즈마가 보는 전력을 가하는 전극의 면적을 접지전극의 면적보다 작게 만들고 이 전력을 가한 전극에 큰 음의 직류 바이어스 전압이 걸리게 한다.

또 이 전극면에 웨이퍼(wafer)를 놓아서 이온이 기판에 수직으로 높은 에너지로 입사충돌하게 함으로써 미세한 패턴(pattern)을 식각(etching)할 수 있게 한다.

고주파 스퍼터링 증착장치(RF sputtering system)에서도 절연체를 스퍼터한다고 했을 때 이 절연체가 덮힌 전극, 즉, 전력을 가하는 전극을 접지전극보다 작게 만들어 큰 음의 직류 바이어스 전압이 걸리게 함으로써 이온이 큰 에너지를 가지고 이 절연체에 충돌하게 하여 절연체 물질이 스퍼터될 수 있도록 한다.

반면 플라즈마 화학증착(plasma enhanced chemical vapor deposition)과 같은 곳에서도 고주파 플라즈마를 사용하여 가스의 분해도를 증가시키게 되는데 이때는 직류 바이어스 전압(DC bias voltage)을 원하지 않기 때문에 플라즈마가 보는 전극의 면적을 같게 하기 위하여 실제 전극의 면적도 같게 하지만 이들 전극을 가까이 붙여서 주변의 챔버벽의 면적효과를 가능한 줄임으로써 전력을 가한 전극에 발생하는 직류 바이어스 전압을 0에 가깝게 한다.

■ **Reactive ion etching(RIE) system**

: powered electrode 면적 〈 ground electrode면적이며 같은 면적으로 하여도 wall이 대체로 ground로 연결되어 있어 ground된 면적이 powered electrode의 면적보다 크다. 큰 negative sheath voltage가 걸리는 powered electrode에 기판을 놓아서 ion bombardment를 유도함

■ **Sputter deposition system**

: insulator sputtering에 rf power를 사용하고 역시 powered electrode(〈ground electrode)에 sputter target을 놓아 develop된 negative dc bias voltage를 이용하여 sputtering을 함.

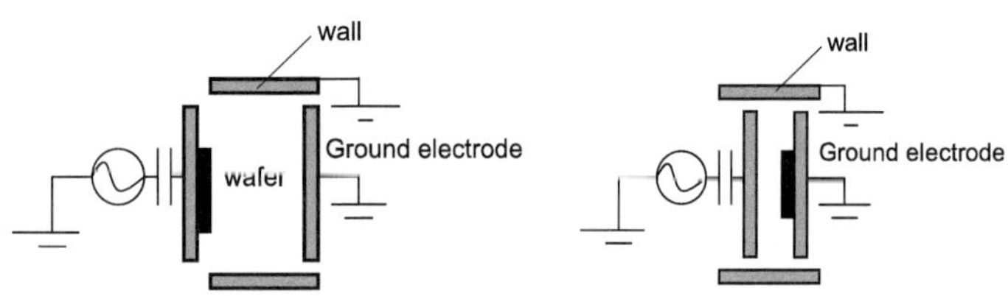


(RIE) (PECVD)

■ **Plasma enhanced chemical vapor deposition system(PECVD)**

: powered electrode–ground electrode가 되도록 하기 위하여 전극의 면적을 같게 하고 또한 전극간의 간격을 좁혀 wall의 ground 면적에 미치는 영향을 최소화시킴. : DC bias voltage~0

**그림 6-15** 직류 바이어스 전압의 용도에 대한 설명

## 6.10 전극 면적이 같은 대칭시스템에서의 순간 쉬쓰 전위

이번에는 평균적인 쉬쓰 전압이 아닌 가한 고주파전압에 따라 순간적으로 각 전극의 쉬쓰에 나타내는 전압의 변화에 대하여 생각해 보기로 하겠다.

우선 간단한 경우로서 전력을 가한 전극과 접지전극의 면적이 서로 같아서 직류 바이어스 전압이 발생하지 않는 시스템, 즉, 대칭시스템(symmetric system)에서 양 전극 쉬쓰에 걸리는 전압에 대하여 설명을 해보도록 하겠다.

직류 바이어스 전압이 전력을 가한 전극에 걸리지 않은 상태이므로 고주파 전압이 전력을 가한 전극에서 $V_{rfo}$의 진폭을 가지면서 그림 6-16의 왼쪽 아래 그림과 같이 한 주기에서 나타날 것이다. 즉,

$$V = V_{rfo}\sin\omega t$$

이에 따라 $-V_{rfo}$의 전압을 나타낼 때는 전력전극은 음극(cathode)이 되서 이 음극 쉬쓰 내에 $V_{rfo}$에 플라즈마 전위인 $V_o$를 더한 큰 전압을 유지하고 접지전극의 양극 쉬쓰는 이때 플라즈마 전위인 $V_o$만큼의 전압을 유지하고 있을 것이다.

따라서 전력전극의 전압이 최소일 때 이 전극의 쉬쓰 전압은 최대이고 그 값은 $V_{rfo}+V_o$가 되며 접지전극의 쉬쓰에 형성되는 전압은 $V_o$로서 가장 낮은 값을 갖게 된다.

- Powered electrode와 ground electrode의 면적이 같아 dc self bias voltage가 발생하지 않는 system에 대한 양전극 사이에 걸리는 sheath voltage
- Power를 가한 전극의 sheath voltage $V_s$'는 potential curve와 180° out of phase
- Ground 전극의 sheath voltage $V_s$는 in phase

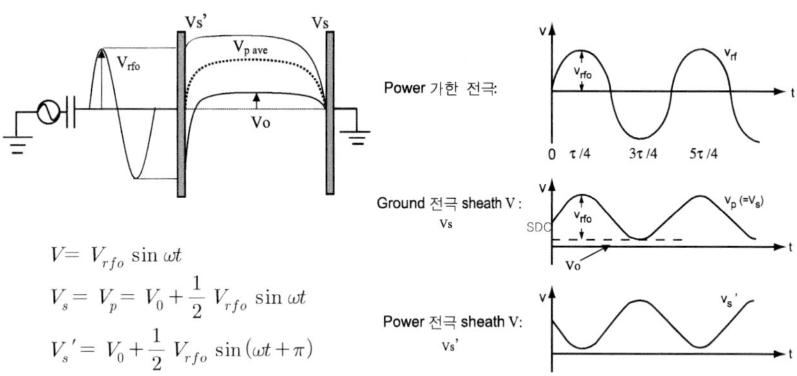


**그림 6-16** 전극면적이 같은 대칭시스템에서의 순간 플라즈마 전위에 대한 설명

반면 고주파 전압이 전력전극에서 $+V_{rfo}$의 최대값을 나타낼 때는 전력전극의 쉬쓰는 양극 쉬쓰로서 약 $V_o$의 값을 쉬쓰 내에 나타내는 반면 접지전극 쉬쓰는 음극으로서 $V_{rfo}+V_o$의 높은 플라즈마 전위를 나타내게 된다. 따라서 고주파 전력을 가한 전극의 전압이 최대일대 이 전극의 쉬쓰 전압은 최소로서 $V_o$정도를 나타내고 접지전극의 쉬쓰에 해당되는 전압은 $V_{rfo}+V_o$로 최대치를 나타내게 된다.

따라서 전력전극의 고주파 전압과 접지전극의 쉬쓰 전압은 위상이 같고 전력전극의 쉬쓰내 전압은 이와 위상이 180° 바뀐 형태로 되며 이 순간 쉬쓰 전압(instant sheath voltage)을 수식화하면 다음과 같다. 즉,

전력전극(power electrode)의 쉬쓰 전압 : $V_{s'} = V_o + \frac{1}{2} V_{rfo} \sin(\omega t + \pi)$

접지전극(ground electrode)의 쉬쓰 전압 : $V_s = V_p = V_o + \frac{1}{2} V_{rfo} \sin\omega t$

여기서 $V_o$는 최소 플라즈마 전위, $V_{s'}$는 고주파 전력전극 쉬쓰의 전압의 파형, $V_s$는 접지전극 쉬쓰의 전압파형을 나타내고 $V_s$와 $V_{s'}$사이에는 180도의 위상차가 나는 것을 알 수가 있다.

앞의 경우는 플라즈마 발생에 사용하는 고주파의 주파수가 높을 때 발생되는 현상이라고 할 수 있다. 만일 고주파 주파수가 낮은 경우에서 한주기의 일부구간에서 전극에 가해지는 전압이 충분하지 못할 때는 플라즈마가 소멸되는 현상도 발생할 수가 있다.

그림 6-17의 오른쪽 윗 그림에서 실선으로 보이는 것이 전력을 가하는 전극에서의 파형이라고 하면 고주파의 주파수가 낮은 경우에는 가한 고주파전압 중에 어느 전압 이상에서만 플라즈마가 켜지고 그 이하가 되면 플라즈마가 소멸되는 현상이 발생할 수 있다. 따라서 고주파전압이 (+)로 되는 경우 0에서 $t_1$까지는 플라즈마가 발생전 상태로 있다가 $t_1$이상에서는 접지전위와 전력전극의 전압차가 충분하여 플라즈마가 발생을 하며 이때 전력을 가하는 전극은 양극이고 접지전극은 음극으로서 플라즈마 전위는 전력전극에 가한 전압보다는 약간 높은 전위를 유지하게 된다.

반면 전력전극에 가한 전압이 최고치를 지나 감소할 때 어느 전압이하로 떨어지면 플라즈마가 소멸이 되어 플라즈마가 갖는 전압은 0으로 떨어지게 된다.

전력전극의 전압이 (-)로 되서 어느 정도의 플라즈마를 발생시키기 충분한 -전압이 되면 이번에는 전력전극이 음극이 되고 플라즈마 전위는 양의 최소값으로 되며 이와 같은 상태는 전력 전극에 가한 고주파 전압이 (-)전압으로

■ **Frequency가 plasma potential에 미치는 효과**

➜ low frequency의 경우

: $t_1 \sim t_2$ , $t_3 \sim t_4$의 전극 voltage가 높은 경우에만 plasma가 켜지고 전극의 voltage가 낮은 경우에는 plasma가 off된다.

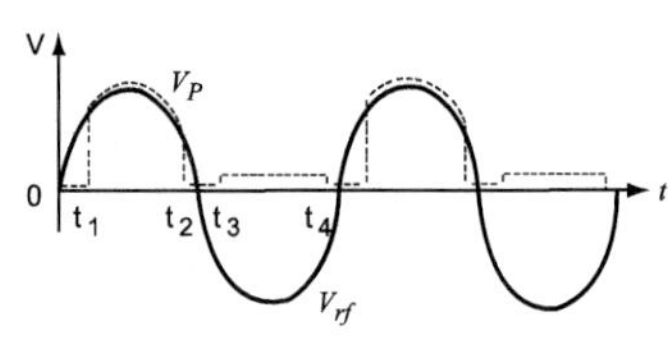


(a)

➜ high frequency의 경우

: plasma가 점차로 감소하여 소멸되지 않는 상태에서 다시 voltage증가로 plasma가 켜지는 상태

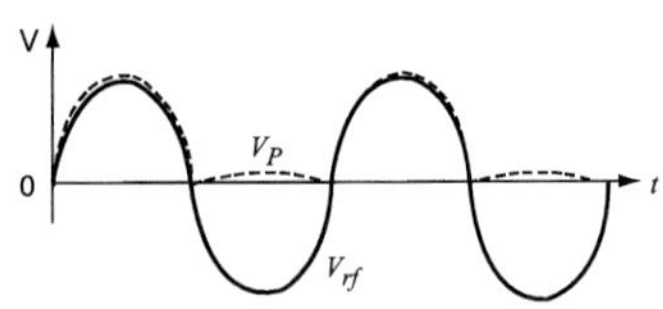


(b)

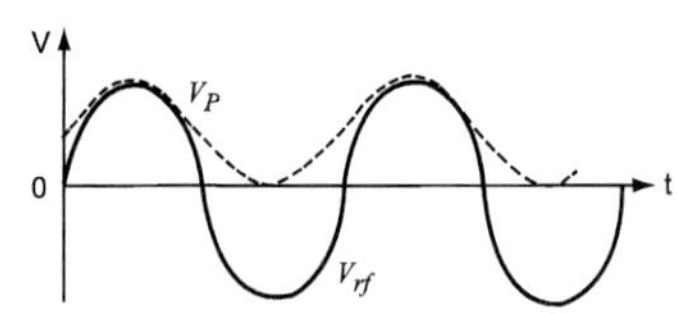


(c)

➜ plasma가 off된 상태 : 잔류 plasma가 존재

➜ Afterglow : plasma가 꺼진 상태에서 잔류하는 plasma : diffusion $\propto e^{-density}$

: recombination $\propto \sqrt{density}$

➜ high frequency에 의한 enhanced ionization high frequency에서는 plasma가 계속 존재

**그림 6-17** 플라즈마에 사용하는 고주파의 주파수에 따른 플라즈마 전위변화 설명

최대가 되었다가 다시 플라즈마가 유지되기 충분한 전압 이하가 될 때까지 유지될 것이다. 이보다 전력전극의 전압이 적은 (-)값을 갖게 되면 다시 플라즈마는 소멸되는데, 이와 같은 현상을 전력전극의 주기에 따라서 주기적으로 반복하게 된다.

반면 그림 6-17의 아래 그림들에서 보이는 높은 주파수의 고주파전력 하에서는 전력전극에 가해진 순간의 고주파전압이 플라즈마가 유지되지 못하는 전압을 갖는 영역에 놓이더라도 플라즈마는 소멸되지 않고 플라즈마 밀도가 감소하는 형태로 존재하다가 플라즈마 밀도가 다시 증가하여 플라즈마가 정상적으로 유지되는 현상을 주기적으로 반복하게 된다.

이때의 플라즈마 전위 곡선의 형태는 그림 6-17의 아래의 곡선 형태를 가질 수가 있다. 이는 고주파 플라즈마는 전에 설명한 바와 같이 진동하는 전기장(oscillating field) 및 쉬쓰의 진동(sheath의 oscillation) 등에 의해서도 플라즈마로 전력전달이 가능하며 이는 주파수 증가에 따라 증가하고 또한 플라즈마가 꺼진다고 해도 애프터 글로우(after glow)라는 잔류 플라즈마가 존재하여 시간에 따라서 감소하기 때문에 완전히 잔류플라즈마까지 제거되지 않은 상태에서 다시 플라즈마가 켜지면 지속적으로 플라즈마가 켜진 것과 같은 상태로 되기 때문이다.

플라즈마가 소멸된 후 잔류하는 플라즈마가 완전히 없어지는 정도는 플라즈마의 확산과 재결합 속도에 의존을 하며 확산의 경우 플라즈마 밀도에 지수적으로, 재결합의 경우 플라즈마 밀도의 1/2 지수승으로 다음과 같이 감소한다고 한다. 여기서 $n_i$는 초기 플라즈마 밀도이다.

- 애프터 글로우(afterglow)시 확산에 의한 플라즈마 밀도변화

$$\frac{dn_i(t)}{dt} \propto e^{-n_i}$$

- 애프터 글로우(afterglow)시 재결합에 의한 플라즈마 밀도변화

$$\frac{dn_i(t)}{dt} \propto \sqrt{n_i}$$

## 6.11 전극면적이 다른 비대칭시스템에서의 순간 쉬쓰 전위

여태까지는 직류 바이어스 전압이 유지되지 않는 두 전극의 면적이 동일한 시스템에 대하여 플라즈마 전위의 변화에 대하여 이야기 하였는데, 이번에는 전력을 가한 전극의 면적이 접지전극의 면적보다 작아서 (-)의 직류 바이어스 전압이 나타나는 경우에 대한 플라즈마 전위의 순간적인 변화에 대하여 설명하여 보겠다.

이를 간단히 설명한다면 첫 번째로 그림 6-18의 오른쪽 위의 그림에서 보는 바와 같이 직류 바이어스를 나타내지 않는 대칭시스템에서는 시간에 따라 변화하는 플라즈마 전위의 진폭이 $V_{rfo}$이고 최저 플라즈마 전위가 $V_o$의 형태로서 나타낼 수가 있으며 $V_o$가 $V_{rfo}$보다 작은 경우 평균 플라즈마 전위(time average plasma potential)를 다음과 같이 나타낼 수 있다.

대칭시스템의 평균 플라즈마전위 : $\overline{V_p} \simeq \dfrac{V_{rfo}}{2}$

반면 그림 6-18의 오른쪽 아래 그림에 보이는 바와 같이 직류 바이어스 전압을 나타내는 비대칭 시스템(asymmetric system)에서는 고주파 전압에 음의 직류 바이어스 전압이 더해진 형태로 그림 6-18의 오른쪽 아래 그림과 같은 실선으로 고주파전력을 가한 전극의 전압이 변화할 것이고, 플라즈마 전위는 플라즈마와 접한 어느 전극의 전위보다 높게 되므로 최소한 접지전위보다는 높은 형태로  고주파전력을 가한 전극과 같은 위상을 가지며 그림에서 보이는 점선의 형태로 변화할 것이다. 이때 전압의 진폭은 $V_{rfo}$인데 직류 바이어스 전압인 $V_t$의 전압만큼 감소한 것의 1/2에 해당되는 진폭으로 플라즈마 전위가 시간에 따라서 변화한다고 할 수 있으며 이에 대한 수식은 다음과 같이 나타낼 수 있다. 여기서 $V_t$는 직류 바이어스 전압으로 음의 값이다.

비대칭시스템의 평균플라즈마 전위 : $\overline{V_p} \simeq \dfrac{V_{rfo} + V_t}{2}$

■ Asymmetric system에서 dc bias voltage가 target(powered electrode)에 존재

➜ DC bias voltage의 존재로 rf voltage가 전체적으로 negative로 기운다.
이에 따라서 plasma potential도 ground potential보다 크고 가한 rf voltage보다 큰 상태로 fluctuate

$$V_p = V_{rfo} + V_t(negative)$$

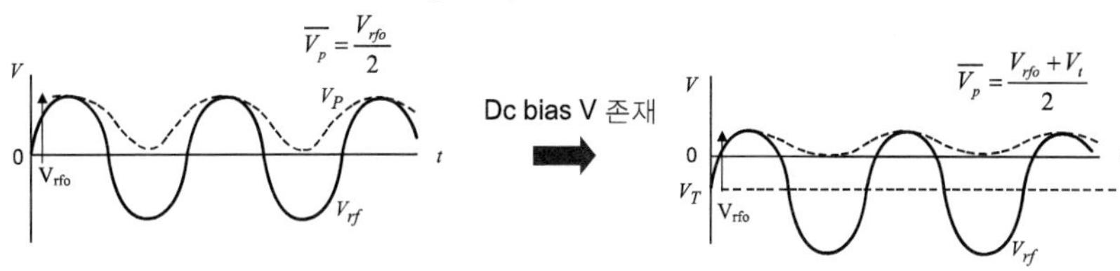


**그림 6-18** 전극면이 다른 비대칭 시스템에서의 순간 플라즈마 전위의 변화

## 6.12 주파수 효과(Frequency Effect)

앞서 설명한 바와 같이 만일 고주파 주파수가 감소하면 쉬쓰의 진동 및 고주파전기장에 의한 에너지 흡수도 감소하고 또한 에프터 글로라는 플라즈마가 꺼졌을 때 잔류하는 플라즈마 밀도의 감소가 크므로 전체적으로 평균 잡은 플라즈마의 밀도가 감소할 수가 있다.

이에 따라서 가한 고주파전력의 주파수가 낮아질수록 같은 전력에서 플라즈마를 유지하기 위해서 더 큰 전압, 즉 큰 $V_{rfo}$ 및 더 큰 직류 바이어스 전압이 얻어지는 경향이 있다. 또한 주파수가 감소함에 따라서 쉬쓰가 더욱 저항의 특성을 띠고 플라즈마 전위도 정현파의 형태가 아니라 접지전위 이상에서 가한 고주파전압의 형태를 쫓아가는 경향이 있다.

또한 쉬쓰의 움직임이 느려지므로 이온이 순간 쉬쓰 전압으로 가속되어 전극표면에 도달할 확률이 높아져서 그림 6-19의 오른쪽 아래에 보이는 두 그림 중의 왼쪽 그림에서와 같이 쉬쓰가 보이는 최대전압과 최소전압을 접지전극으로 입사하는 이온이 나타낼 수가 있다.

물론 주파수가 높으면 오른쪽의 그림에서와 같이 이온이 가속되다 멈춰서다 하다가 쉬쓰전압의 평균에 해당되는 전압을 이온이 나타내게 된다.

그림 6-20은 앞서 설명한 낮은 주파수에서 접지전극에 입사하는 이온이 쉬쓰의 최대전압과 최소전압에 해당되는 값을 모두 나타내는 것을 다시 설명하게 위해 나타낸 것이다.

- RF frequency가 감소함에 따라 plasma density의 감소로 인해 system의 voltage ($V_{rf}$, $V_{dc}$)가 같은 input power에서 증가한다.

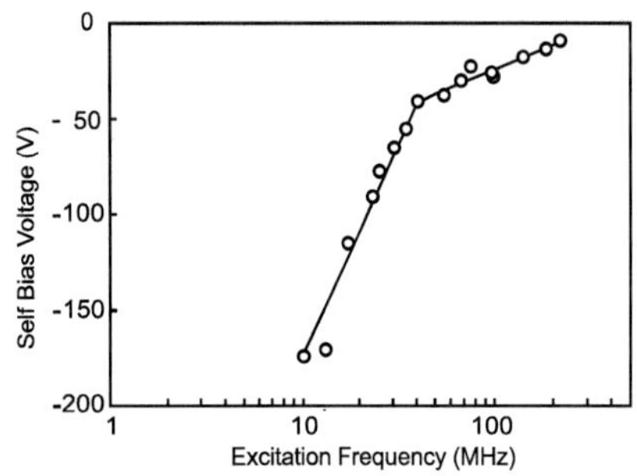


- 또한 frequency가 감소함에 따라 sheath는 더욱 resistive하고 $V_p$는 앞에서 본 바와 같은 sine curve 형태가 아니라 rf voltage(ground potential 이상)를 쫓아간다.

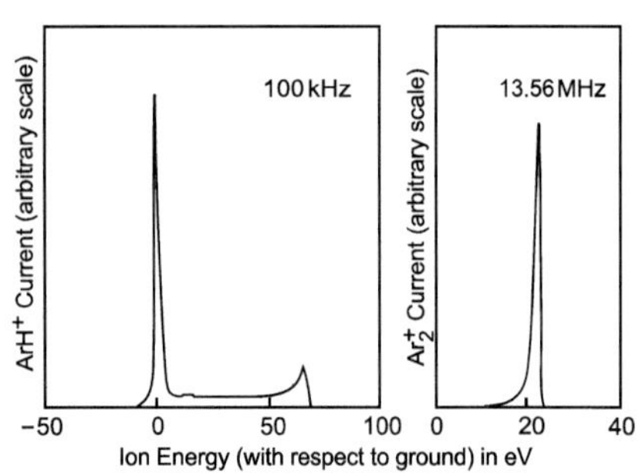


**그림 6-19** 주파수의 크기에 따른 직류 바이어스 전압 변화 및 접지전극에 입사하는 이온의 에너지 분포 변화

즉, 고주파 주파수가 감소함에 따라서 쉬쓰에 입사하는 이온은 고주파의 한주기보다 빠른 시간 안에 쉬쓰를 통과하게 되어 이온의 질량이 충분히 작다면 쉬쓰가 나타내는 최대 및  최소 전압값을 다 나타낼 수 있다는 것을 설명하고 있다.

물론 그 중간의 주파수나 쉬쓰에 입사하는 이온의 질량이 어느 이상으로 큰 경우 접지전극에서 측정된 입사이온의 에너지 분포는 평균값도 아니고 쉬쓰가 한주기에 나타내는 최대 및 최소를 모두 나타내는 값도 아닌 그 중간의 전압으로 분포된 이온에너지 분포를 나타낼 것이다.

- RF frequency가 감소함에 따라 ion은 rf의 한 주기보다 빠른 시간 안에 sheath를 통과하게 되어 energy distribution이 broad 하게 됨.
- 어느 이하의 frequency에서는 (이온 종에 의존, mass가 작을수록 높은 frequency) 최소 최대의 energy를 다 나타내게 됨.

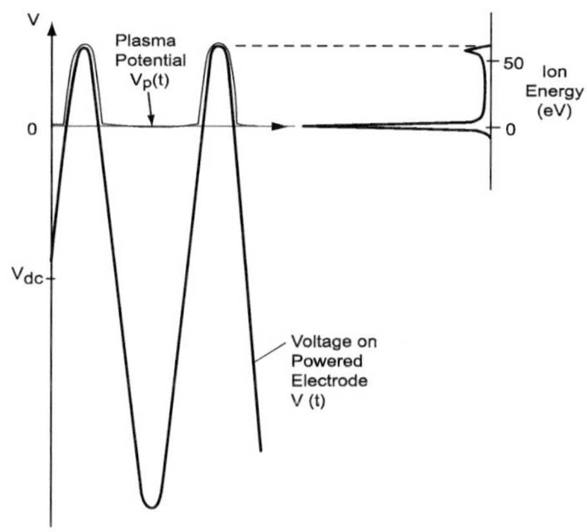


그림 6-20 낮은 주파수 하에서 플라즈마 전위 및 이로 인한 접지 전극으로 입사하는 이온 에너지 분포

## 6.13 고주파 방전(RF Discharge)의 등가회로

마지막으로 고주파 플라즈마를 유사한 성질의 전기회로 구성부품으로 구성한 등가회로에 대하여 설명하겠다.

쉬쓰는 전극과 플라즈마 사이에 전압이 유지되는 전극과 플라즈마를 상대전극으로 하는 축전기와 같은 성격을 띠게 된다.

따라서 주로 축전기라고 표현을 하는데 이 쉬쓰를 통해 들어오는 이온의 중성원소와의 충돌로 전력의 소모가 일부 있으므로 이온전류에 대한 저항으로 그림 6-21에서 보는 바와 같이 큰 $R$의 저항을 이 축전기와 병렬연결한 모양으로 쉬쓰를 표현하기도 한다.

또한 이 쉬쓰 내 전압구배로 인해 전자가 전극에서 플라즈마로는 쉽게 이동하나 플라즈마로부터 전극으로는 이동이 어려우므로 이 전자의 충돌에 따른 전력 소모를 작은 $r$로 표현하고 한쪽 방향으로만 이동하므로 다이오드의 형태를 이 저항과 직렬로 하여 쉬쓰 내 전자의 이동방향에 대하여 표기한다. 이 역시 축전기와 병렬로 연결된 형태를 띤다.

어쨌든 쉬쓰는 그림 6-21의 아래 그림과 같은 회로로 나타내고 플라즈마 자체는 역시 저항으로 표기하게 된다. 가장 간단하게는 그냥 쉬쓰를 축전기로 표현하기도 한다.

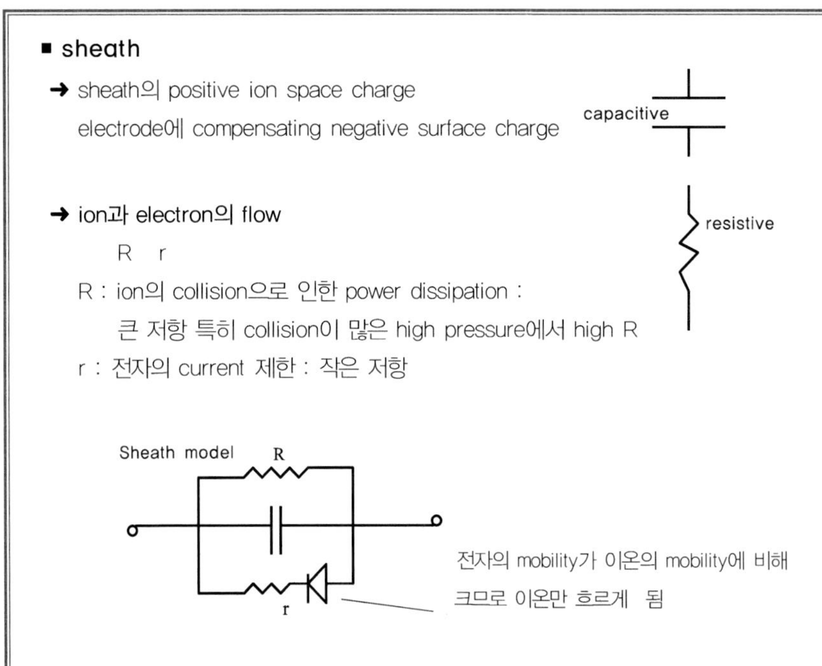


**그림 6-21** 쉬쓰의 전기적 등가회로에 대한 설명

P/A/R/T

# 7 고밀도 플라즈마

이번 장에서는 최근에 반도체를 비롯한 다양한 박막의 플라즈마 식각(plasma etching)공정으로 많이 이용되고 있는 고밀도 플라즈마(high density plasma)에 대하여 설명을 하도록 하겠다.

## 7.1 고밀도 플라즈마(High Density Plasma)의 종류

고밀도 플라즈마는 우선 다음과 같은 종류의 플라즈마가 가장 많은 연구가 진행되고 있고 이 외에도 연구된 다른 고밀도 플라즈마도 있다. 가장 많이 연구되고 있는 형태의 고밀도 플라즈마는 유도결합형 플라즈마(inductively coupled plasma, ICP)이다.

이는 여러 가지 형태로 제작이 되어 산업에 응용이 되고 있는데 그 타입은 평판형(planar type)과 원통형(cylindrical type)이 있다. 작동방식은 일부 다르나 유도결합형 플라즈마의 한 형태로서 여겨지는 고밀도 플라즈마 장치로서 헬리칼 공명장치(helical resonator)라는 것이 있다.

이와는 다른 원리를 바탕으로 한 웨이브 가열(wave heating)에 의한 플라즈마 발생방식으로서 마이크로웨이브(microwave)를 사용하는 마이크로웨이브 플라즈마(microwave plasma) 및 이에 자기장을 이용하는 전자회전공명 플라즈마(electron cyclotron resonance plasma) 그리고 이 보다는 낮은 자기장 및 고주파(RF)를 이용하여 헬리콘웨이브(helicon wave)를 발생시켜 이를 플라즈마 발생에 사용하는 헬리콘 플라즈마(helicon plasma)가 있다.

전통적으로 사용하는 정전결합 플라즈마(capacitively coupled plasma)의 경우에도 고밀도 플라즈마를 얻기 위한 여러 방식이 연구되었으며 이는 좀 오래된 방식이기는 하지만 정전결합 플라즈마에 자기장을 이용하여 플라즈마 밀도를 높이는 자장강화 플라즈마(magnetically enhanced plasma), 그리고 양극보다는 음극의 면적이 챔버전체를 형성하며 직류전원(DC)을 이용하여 고밀도를 발생시킬 수 있는 할로 캐소드 플라즈마(hollow cathode plasma)도 고밀도 플라즈마 발생방식에 속한다고 할 수 있다.

이밖에 이 정전결합 플라즈마(capacitively coupled plasma)로서 2개의 다른 주파수를 동시에 사용하여 고밀도 플라즈마를 얻는 방식이 최근에 인기를 얻고 있다.

다른 고밀도 플라즈마를 얻는 방식으로서 마이크로웨이브를 사용하는 표면파 플라즈마(surface wave plasma)라는 것도 있다.

- **Inductively coupled plasmas**
  - Planar type
  - Cylindrical type
  - Helical resonator
- **Wave heated plasmas**
  - Microwave
  - Electron cyclotron resonance
  - Helicon plasma
  - Surface wave plasma
- **Capacitively coupled plasmas**
  - Magnetically enhanced plasmas
  - Hollow cathode

**그림 7-1** 고밀도 플라즈마의 종류

이와 같이 다양한 방식의 고밀도 플라즈마를 얻을 수 있는 방법들이 있으나 실제로 가장 많이 산업에 응용이 되고 있는 방식은 유도결합 플라즈마와 고밀도 방식의 정전결합 플라즈마 방식이라고 할 수 있다.

## 7.2 고밀도 플라즈마(High Density Plasma)의 사용 이유

고밀도 플라즈마란 앞서 설명했던 직류 플라즈마나 두 전극사이에 고주파를 가하여 얻은 플라즈마인 정전결합 플라즈마 방식으로 얻을 수 있는 플라즈마의 밀도에 비해 높은 밀도를 얻는 경우를 말한다.

이는 $1cm^3$당 약 $10^{11}$ 이상의 전자나 이온밀도를 얻는 플라즈마를 고밀도 플라즈마라고 하며 이온화비율이 약 $10^{-3}$ 정도 이상을 갖는 경우를 말한다.

이와 같은 고밀도를 형성하면 이온화율이 증가할 뿐만 아니라 가스의 분해도도 증가하여 결과적으로 플라즈마를 사용하는 식각공정에서 식각속도 혹은 식각속도가 증가하기 때문에 처리속도를 증가시킬 수가 있게 된다.

또한 대부분의 고밀도 플라즈마를 이용한 식각장비에서 플라즈마를 발생시키는 전력뿐만 아니라 기판에 에너지를 발생시키기 위한 직류 바이어스 전압을 형성하기 위한 전력을 별도로 사용한다.

앞 장의 고주파 플라즈마 발생방식에서는 전력을 가하는 전극을 통해 플라즈마를 발생시킬 뿐만 아니라 직류 바이어스도 이 전극에 발생하여 전력의 변화에 따라서 직류 바이어스 전압과 플라즈마 밀도가 한 전력장치로 동시에 변화하게 된다.

반면, 고밀도 플라즈마를 이용한 식각장비에서와 같이 플라즈마를 발생시키는 전원과 직류 바이어스를 발생시키는 전원으로 나누게 되면, 기판에의 직류 바이어스 전압, 즉, 시편에 이온충돌(ion bombardment)하는 에너지와 플라즈마의 밀도, 즉, 이온의 밀도를 따로 조절이 가능하게 된다.

따라서 기판에의 손상을 줄이면서 식각속도를 증가시키거나 물질에 따라서 이온충돌에너지(ion bombardment energy)를 변화시키면 식각속도가 변하므로 이 식각선택도를 키우며 식각속도 혹은 에칭속도를 증가시키는 등의 목적으로 고밀도 플라즈마를 사용한다.

물론 일부 실리콘산화물 식각과 같은 경우는 플로로카본(fluorocarbon)계의 가스를 사용하는데 불소가 너무 많이 분해되어 나와서 식각선택도의 조절이 어렵게 되는 경우 등도 많이 관찰이 된다.

또한 고밀도 플라즈마를 사용하면 기존의 고주파 플라즈마인 정전결합 플라즈마에 비해 낮은 압력에서 사용이 가능하므로 현재와 같이 0.1micron이하의 작은 크기를 갖는 형상을 수직으로 식각하는데 유리하게 된다.

■ **고밀도 플라즈마의 형성**
- 이온화율의 증가
- 가스 분해도의 증가
- 식각속도의 증가

■ **플라즈마 밀도변화 source와 기판에 입사하는 이온에너지 source의 분리**
- 이온에너지를 작게 하여 ion bombardment에 의한 physical damage를 줄이면서 etch rate를 증가시키기 위해
- etch selectivity를 증가시키기 위해(대부분의 경우 분해율의 증가로 얻어지기가 힘듬)

■ **낮은 operational pressure에서 사용 가능**
- 미세한 hole의 식각시 anisotropy유지 가능

**그림 7-2** 고밀도 플라즈마의 사용 이유에 대한 설명

## 7.3 유도결합 플라즈마 소스(Inductively Coupled Plasma Source)

고밀도 플라즈마 중에서 현재 가장 많이 산업계에서 이용되고 있는 유도결합 플라즈마에 대한 설명을 하도록 하겠다.

이 유도결합 플라즈마는 그림 7-3에 보인 바와 같이 1869년에 무전극 고리 플라즈마(electroless ring discharge)라고 하여 플라즈마를 관찰하였더니 원통형 챔버(cylindrical chamber)의 바깥 부분만이 밝게 플라즈마가 형

성된 것이 관찰되어 무전극 고리 플라즈마(electrode less ring discharge)라고 히터(Hittor)라는 사람에 의해 발표된 정도로 오래된 플라즈마이기도 하다.

또한 이 유도결합 플라즈마는 물질의 광분석(spectral analysis)을 위한 대기압 상태에서의 플라즈마 토치(plasma torch) 등으로 현재까지 응용이 되어 왔기도 하다.

이와 같은 유도결합 플라즈마를 1980년대 후반부터 반도체 집적회로 공정에 적용하기 위한 플라즈마로 연구되어 왔는데 그 결과 현재의 저압(low pressure)을 사용하여 고밀도를 얻는 방식인 유도결합 플라즈마를 얻게 된 것이다.

이 유도결합 플라즈마의 발생에 관련된 이론이 간단하고 이를 제작하기도 손쉬우므로 최근에도 다양한 소재의 공정에 많이 연구 및 이용되고 있다.

진형직인 유도결합 플라즈마 발생소스는 평판형(planar) 혹은 와선형(spiral)으로 제작이 되거나 실린더형(cylinderical) 혹은 나선형(helical)으로 제작이 된다.

- 1869년 electrodeless ring discharge라고(cylindrical chamber의 바깥 부분에만 bright glow관찰됨)Hittor에 의해 발표된 정도로 오래된 discharge.
- Spectral analysis를 위한 대기압 상태에서의 plasma torch 등으로 현재 응용이 되고 있음.
- 1980년대 후반부터 연구되온 IC fabrication에 응용되는 low pressure inductively coupled plasma는 낮은 압력에서 높은 밀도의 플라즈마를 형성할 수 있고 또한 이에 관련된 physics 및 제조방식이 간편하므로 플라즈마 공정을 위한 소스로서 최근에 많이 연구되고 있음.
- 전형적인 inductively coupled plasma source는 planar(spiral) 혹은 cylindrical (helical) geometry로 제작이 됨.

그림 7-3 유도결합 플라즈마에 대한 기원

## 7.4 유도결합 플라즈마 소스의 형태

그림 7-4에 두 가지 형태인 평판형과 실린더형에 대한 유도결합형 장치를 나타내었다.

그림 7-4의 왼쪽 그림에 나타내고 있는 플라즈마 장치가  평판형 혹은 와선형의 유도결합형 플라즈마 장치이고 오른쪽 그림에 나타내고 있는 플라즈마 장치가 실린더형 혹은 나선형의 유도결합형 플라즈마 장치이다.

왼쪽 그림에서 유도결합형 소스로서 가운데서부터 바깥으로의 1~4회의 와선형의 형태로 구리선을 감은 형태로 소스를 위한 장치가 챔버 밖에 형성되며, 이와 진공상태로 유지되는 챔버 내부를 분리시키며 와선형 형태의 안테나로부터 전자기파가 챔버 내부로 침투할 수 있도록 알루미나 혹은 쿼쯔와 같은 절연체 물질(dielectric)로 챔버 꼭대기를 형성하도록 한다.

이렇게 함으로써 챔버 내부에 가스를 넣고 와선형의 안테나에 고주파(RF)를 가했을 때 챔버 내부에 전자기파가 챔버 꼭대기의 절연체를 통해 투과하여 들어옴으로서 플라즈마가 형성되게 된다.

챔버 밑에 놓은 기판홀더(substrate holder)에는 다시 고주파 전력을 가하게 되는데 이는 위의 유도결합 플라즈마 소스로부터 발생된 플라즈마 내 이온의 에너지가 거의 없으므로 수직형상의 식각을 하기 위해 필요한 쉬쓰 전압을 고주파를 가하여 기판 홀더에 직류 바이어스가 발생되도록 하여 이온을 당기는 역할을 하도록 한다.

그림 7-4의 오른쪽 그림에 보이는 유도결합형 소스에서는 챔버 위에 코일을 감는 방식이 아닌 챔버벽 주위에 코일을 감는 방식을 사용하며 이때는 챔버벽으로서 절연체를 사용하여 전자기파가 챔버 내부로 침투할 수 있도록 한다.

이때는 절연체의 주변에 높은 밀도의 플라즈마가 발생하며, 기판에는 역시 고주파를 가하여 직류 바이어스 전압이 발생하도록 하여 이온의 기판으로의 수직입사 및 이온 충돌이 일어나도록 한다.

■ Planar type

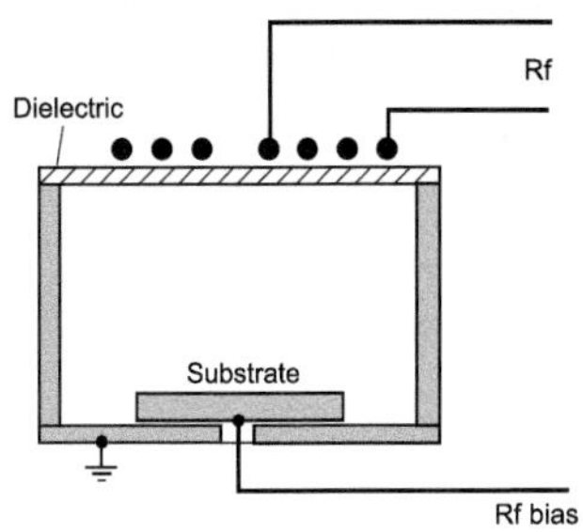


- spiral type의 Cu coil : 1~a few turns
- chamber top : electromagnetic field 의 침투를 위한 dielectric plate
- substrate : rf biasing

■ Cylindrical type

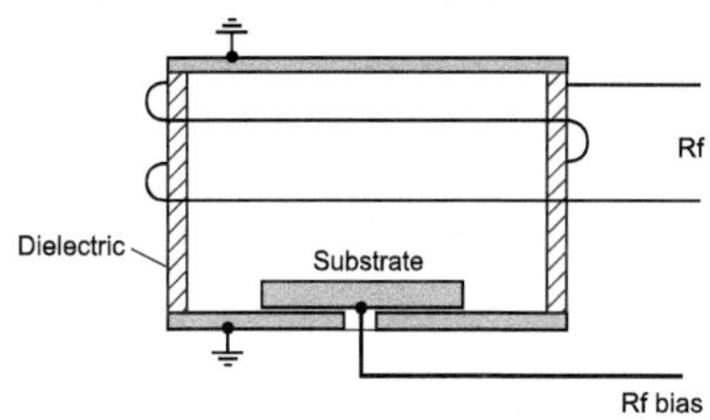


- helical type coil : a few turns
- chamber wall : electromagnetic field의 침투를 위한 dielectric plate
- substrate : ion bombardment를 위한 rf biasing

그림 7-4 두 가지 형태의 유도결합 플라즈마 소스

## 7.5 유도결합 플라즈마의 작동원리

이 유도결합형 플라즈마의 발생 원리는 다음과 같이 설명이 될 수 있다. 즉, 와선형이나 나선형 인덕터, 즉, 코일을 가스방전, 즉 플라즈마가 발생될 수 있는 가스 주변에 놓아서 이 코일에 교류전류를 가하여 발생된 시간에 따라 변화하는 자기장이 챔버 내부의 플라즈마에 침투하게 된다.

이 자기장을 이용하여 외부의 코일에 가하는 전력이 잼버 내부의 발생된 플라즈마 내 전자에 에너지를 전달함으로써 고밀도의 플라즈마를 얻게 된다.

즉, 코일에 가한 고주파로 시간에 따라 변화하는 자기장이 챔버 내부에 침투하면, 전자기파의 맥스웰(Maxwell)이론에 의해 시간에 따라 변화하는 자기장($\overrightarrow{B}$)은

$$\overrightarrow{B}= B_o e^{kt}\overrightarrow{ra_z}$$

이에 수직인 방향으로 전기장($\vec{E}$)을 발생시키는데 이 전기장이 챔버 내부에 발생되게 된다. 이에 관한 파라데이(Faraday) 법칙의 수식을 다음에 나타내었다.

$$\nabla \times \vec{E} = -\frac{\partial \vec{B}}{\partial t}$$

이렇게 발생된 전기장은 그림 7-5의 오른쪽 그림에 보이는 바와 같이 자기장의 방향이 수직인 방향으로서 챔버 주위로 원형으로 발생이 되게 된다.

$$\overrightarrow{E_\theta} = -\frac{1}{2} k B_o e^{kt} r \overrightarrow{a_\theta}$$

이에 따라서 플라즈마 내 전자가 이 전기장의 방향을 따라 가속이 되면서 에너지를 얻게 되어 이온화 및 여기(excitation)를 하게 된다. 고밀도 플라즈마를 얻을 수 있는 이유는 이 전자가 가속이 되는 방향이 챔버 벽의 방향이 아니라 챔버 내부를 도는 원형을 갖기 때문에 가속된 에너지를 받은 전자의 에너지를 이온화 및 여기현상에 거의 모두 사용할 수 있고 챔버 벽으로 가속하여 에너지를 소모하지 않기 때문이다.

따라서 소스로 부터 받은 에너지를 열로 소모하지 않고 이온화 및 여기에 대부분 사용하게 되어 고밀도의 플라즈마형성이 가능하게 되는 것이다.

- Sprial이나 helical inductor를 gas discharge 안쪽이나 인접한 곳에 놓아서 rf power source로부터 발생된 magnetic field를 coupling하여 plasma에 에너지를 전달.
- 즉, coil에 가한 rf type의 alternating electric field로 발생된 magnetic field에 의해 유도 (Maxwell Equation)된 magnetic field를 coupling하여 plasma에 에너지를 전달.
- Maxwell equation중의 Faraday의 법칙

  ➔ $\nabla \times \vec{E} = \frac{\partial \vec{B}}{\partial t}$
- Helical type의 경우 $\vec{B} = B_0 e^{kt} r \overrightarrow{a_z}$ 의 B field로 발생되는 electric field

  ➔ $\overrightarrow{E_\theta} = -\frac{1}{2} k B_\theta e^{kt} r \overrightarrow{a_0}$

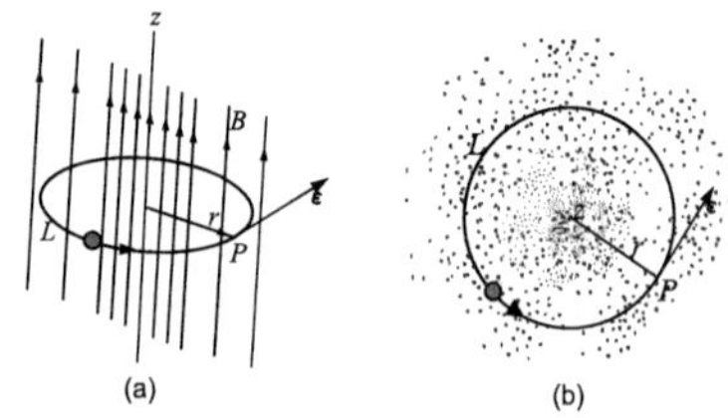


**그림 7-5** 유도결합 플라즈마의 작동원리에 대한 설명

평판형에 대하여 유도결합형 플라즈마가 발생되는 원리를 그림 7-6을 이용하여 좀 더 자세히 설명을 하도록 하겠다. 평판형의 코일(coil)에 고주파전압을 가하면 이에 따라 전류가 흐르고 이로 인한 자기장이 발생을 하게 된다.

이에 발생되는 자기장의 형태를 그림 7-6의 오른쪽 그림에 나타낸 바와 같다. 이와 같은 자기장으로 인해 챔버 내부에는 챔버를 따라서 원형의 형태로 전기장이 발생을 하고 이로 인해 발생된 전기장은 원주($\theta$)방향으로서 다음과 같이 나타낼 수 있다. 즉,

$$\overrightarrow{E_\theta} = j\omega\delta\overrightarrow{B_r}$$

여기서 $j$는 허수이고 $\omega$는 고주파 주파수, $\delta$는 코일로부터의 거리, 그리고 $\overrightarrow{B_r}$은 코일에서 발생된 $r$ 방향으로의 시간에 따라 변화하는 자기장이다.
초기에 플라즈마가 없을 때는 이 코일로 부터 발생된 시간에 따른 자기장 및 이로부터 유도된 원형의 전기장이 챔버 내부로 퍼져 존재하니 이 전기장으로 인해 플라즈마가 발생되면 플라즈마가 일부의 유도된 전기장을 쉴드(shield)하여 코일의 부근에만 전기장이 국한되며 이곳에 고밀도의 플라즈마가 형성되게 된다.

- Planar type의 경우 : $B_r$(반경방향으로의 B field변화) 에 의해 이 역시 $\overrightarrow{E_\theta} = j\omega\delta\overrightarrow{B_r}$ 형태로서 theta방향(즉, 원주방향)으로 E field가 발생한다.

➜ 플라즈마가 없을 때는 coil내 E field로 인해 유도된 B field가 chamber 내부로 넓게 퍼지나 플라즈마가 발생되면 일부의 두께 (skin depth) 정도로만 퍼지게 되고 이때 축 주위에는 $B_z$,축에서 멀리는 $B_r$성분이 주를 이루게 된다.

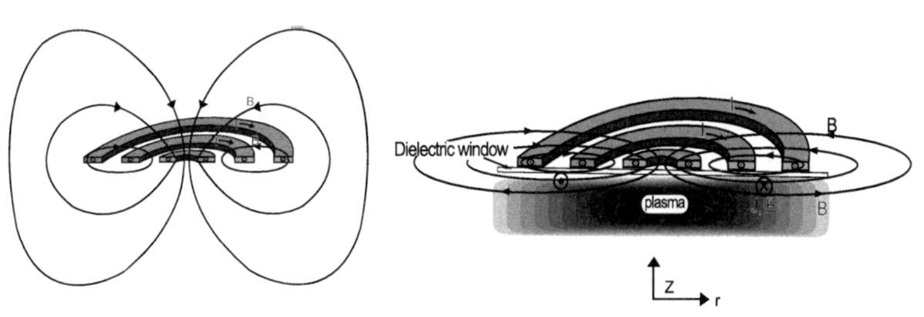


그림 7-6 평판형 유도결합 플라즈마의 작동원리

이와 같이 가한 고주파로 인해 유도된 자기장 및 전기장이 플라즈마 내로 침투하는 거리를 스킨깊이(skin depth)라고 하며 이 내부에 고밀도 플라즈마가 형성되게 된다.

좀더 평판형의 유도결합형 플라즈마의 형성에 대하여 그림 7-7을 이용하여 설명을 하겠다. 코일에 가한 고주파에 의해 챔버 내에 반경방향으로 거리에 따른 자기장인 $B_r$이 오른쪽 그림과 같이 발생을 하게 된다. 코일의 형태가 와선형이므로 코일의 중앙에서 끝 사이의 중간 부분에서 가장 큰 자기장 $B_r$이 그림과 같이 형성되게 된다.

앞서 설명한 바와 같이 이로 인하여 챔버 내부에는 이의 수직인 방향으로 결과적으로는 챔버 내부를 도는 방향인 $\theta$방향으로, 전기장이 발생되며 이는 그림 내의 수식에서 보이는 바와 같이 자기장의 값에 비례를 하므로 발생된 챔버 주위를 도는 원형의 형태로서의 발생된 전기장의 크기도 코일이 챔버 꼭대기의 전체를 덮고 있다고 했을 때 챔버의 중앙과 끝 사이의 중앙에 해당되는 부분에서 가장 큰 전기장이 얻어지며 이 전기장의 방향은 챔버 벽을 향하는 방향이 아니라 챔버 내부 주위를 도는 방향이 된다.

- Planar type의 경우의 거리에 따른 $B_r$(반경방향으로의 B field변화)
  → spiral 형태의 coil에서는 코일 중심과 외부 coil 사이에 가장 큰 $B_r$이 발생함
- 이에 따라 유도된 theta 방향(즉, 원주방향)으로 E field $\overrightarrow{E_\theta} = j\omega\delta\overrightarrow{B_r}$
  → 이 역시 $B_r$과 같게 됨.

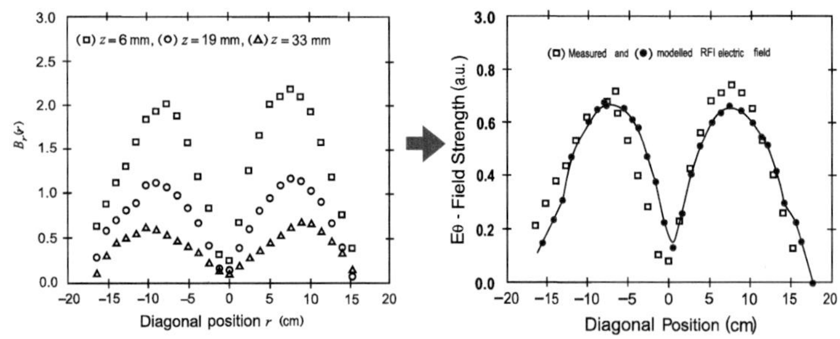


**그림 7-7** 평판형 유도결합 플라즈마 코일에서 발생된 위치에 따른 자기장 및 이로 인해 플라즈마 내 유도된 위치에 따른 자기장 형태

이 $\theta$ 방향으로 형성된 시간에 따라 변화하는 전기장의 한 순간에서의 방향 및 크기를 그림 7-8의 오른쪽 위의 그림에 나타내었다. 화살표의 방향이 전기장의 방향이며 그 크기가 전기장의 크기에 해당된다.

그림에서 보이는 바와 같이 원형의 방향으로 챔버 내부의 주위를 도는 방향으로 전기장이 형성이 되게 된다. 물론 이는 가한 고주파의 반주기를 넘어서면 자기장의 방향이 반대가 되므로 이 유도된 전기장의 방향은 반대방향으로 형성이 되나 그 크기는 같은 형태를 띄게 될 것이다.

이와 같이 형성된 전기장에 의해 발생된 플라즈마 내의 전자는 가속이 되게 된다. 이 전자의 가속방향은 $\theta$방향으로서 전기장에 의해 가속이 되어 에너지를 흡수하고 이 전자가 중성원자와 충돌을 하여 에너지를 잃게 되며 다시 가속되는 과정을 반복하게 된다.

- theta 방향으로 유도된 electric field의 한 순간의 방향과 크기
  ➜ 이들의 값은 RF반주기씩 방향이 바뀜.
- 결과적으로 이 electric field에 의해 가속되는 전자의 방향
  ➜ theta 방향으로 electric field에 의해 가속이 되어 energy를 흡수하고 중성원자와 충돌하여 energy 잃음. 단, 벽쪽으로 가속이 되지 않아 가속된 전자의 energy를 챔버 벽으로 잃지 않음 ➜ 낮은 전자온도, 고밀도 플라즈마를 얻음.

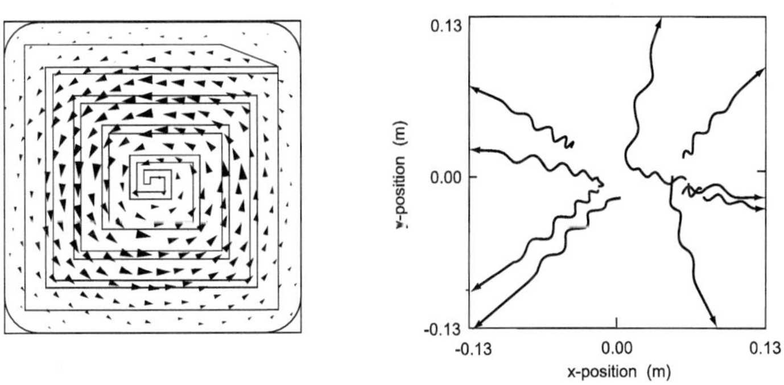


(a) (b)

**그림 7-8** 평판형 유도결합 플라즈마를 통해 발생된 어느 한 시간 $\theta$ 방향의 유도전기장(a) 및 시간에 따른 $\theta$ /$-\theta$ 방향의 유도전기장으로 인해 가속되는 전자의 궤도(b)

단지 이 전자가 가속되는 방향이 전에 설명한 바와 같이 챔버벽의 방향이 아니라 챔버를 도는 방향이므로 흡수된 에너지를 대부분 이온화 및 여기화, 가스분해 등으로 소모되게 되며 챔버벽에서 열(heat)로 소모되는 양은 적게 되어 낮은 전자온도를 갖는 고밀도 플라즈마를 형성하게 된다.

유도결합 플라즈마 내의 형성된 전기장에 의해 가속되는 전자의 움직임을 그림 7-8의 오른쪽 아래 그림에 나타내었다.

전자는 가속이 되다 충돌하고 이런 과정을 반복을 하다 낮은 에너지 상태에서 챔버 벽으로 제거가 되게 된다.

앞서 설명한 바와 같이 그림 7-8의 오른쪽 윗 그림에 보이는 바와 같은 전기장은 코일로부터 어느 정도 떨어진 거리, 즉 스킨 깊이라는 거리에만 형성이 되고 그 외의 지역에는 플라즈마의 쉴드에 의해 외부에서 가한 고주파에 의한 전기장이 유지되지 못하게 된다.

## 7.6 스킨 깊이(Skin Depth)

앞에서 스킨깊이에 대하여 설명을 하였는데 이 스킨깊이에 대하여 좀더 설명을 하도록 하자.

플라즈마도 도체에 해당되는데 보통 도체에 전자기파를 쪼이면 전자기파가 투과하지 못하고 표면에서 전자기파가 어느 정도의 거리 내에서 감쇄되게 된다. 이와 같이 전자기파가 도체내를 통과할 수 있는 깊이가 스킨깊이가 된다.

이는 전자기파가 도체, 플라즈마와 같이 전하가 존재하는 매체를 통과할 때 전자기파의 주파수가 그 도체의 플라즈마 진동수, 즉, 전자의 경우 $8.98 \times 10^3 n_e$Hz에 비해 낮은 경우 전하입자(charged particle)가 가한 전자기파의 전기장을 따라 움직여 전자파를 감쇄시킬 수 있기 때문이다.

이와 같은 현상은 물질의 가열에 사용하는 유도가열(induction heating)에서도 볼 수가 있다.

즉, 그림 7-9의 아래 그림에서 보는 바와 같이 나선형으로 도체에 전선을 감아서 이 전선에 교류를 가하면 물체에 가한 전류와는 반대방향으로의 유도전류가 흐르게 되는데  이 도체 내부에 유도된 유도전류의 효과로 인해서 밖에서 가한 전자파가 차단되게 된다. 물론 이 유도전류($I$)에 의해서 $I^2R$에 해당되는 전력소모가 도체내부에 생겨 열이 발생하여 가열되는 것이며 이 유도된 전류를 에디 전류(eddy current)라고 한다.

이와 같이 침투하는 전자파를 차폐하는 깊이인 스킨깊이는 가한 전자기파의 주파수가 클수록, 도체의 저항이 낮을수록, 그리고 도체의 자기투자율(magnetic permeability)이 클수록 그 효과가 커져서 스킨깊이는 감소하게 된다. 즉, 스킨깊이 $\delta$는 다음과 같은 수식으로 나타낼 수 있다.

$$\delta \propto \sqrt{\frac{\rho}{\mu f}}$$

- Electromagnetic field를 plasma와 같은 도체에 쪼이면 electromagnetic field가 투과하지 못하고 표면에서 감쇄하게 됨. 이 electromagnetic field가 통과할 수 있는 깊이가 skin depth임.

  → electromagnetic field가 charged particle로 이루어진 매체를 통과할 때 전자파의 frequency가 plasma frequency (전자의 경우 $8.98 \times 10^3 \mathrm{n\,e}^{1/2}\,\mathrm{Hz}$)에 비해 낮은 경우 charged particle이가한 electromagnetic field를 따라 움직여 전자파를 감쇄시킬 수 있기 때문임.

  → 이와 같은 현상은 물질의 가열에 사용하는 induction heating에서도 볼 수 있음. : 즉, 아래와 같이 도체에 helical 형태로 전선을 감아 교류를 가하면 물체에 가한 전류와 반대방향으로의 유도 전류 (eddy current)가 흐르고 도체 내부에는 이 유도전류의 효과로 내부가 차폐됨.

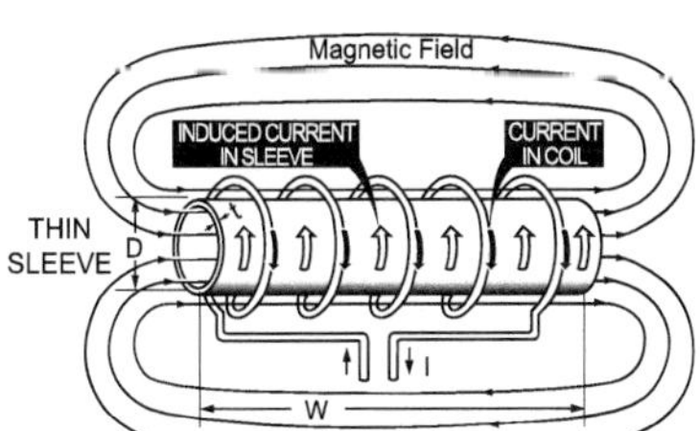


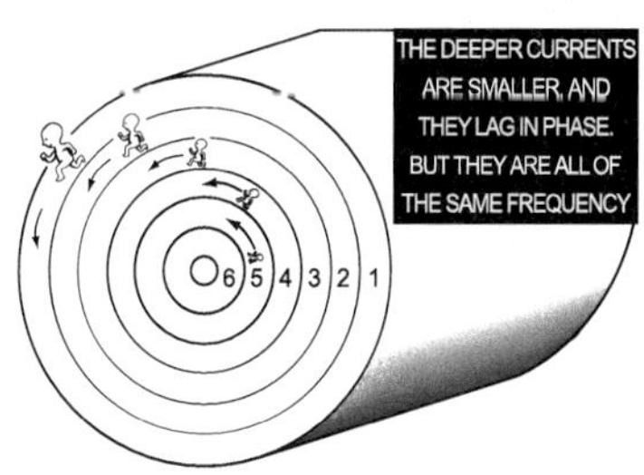


그림 7-9 스킨 깊이(skin depth)에 대한 설명

여기서 $\rho$는 도체의 비저항(resistivity), $\mu$는 자기투자율, $f$는 가한 전자기파의 주파수에 해당이 된다.

유도결합형 플라즈마의 경우도 이와 같은 전자기파의 차폐효과에 의해서 플라즈마내부에 가한 고주파 주파수가 플라즈마 내를 통과하지 못하고 감쇄되게 된다. 다른 조건이 같다면, 플라즈마의 밀도를 고주파전력을 더 가하여 증가시키면 플라즈마의 비저항이 감소하므로 고주파전력의 증가에 따라 스킨 깊이는 감소한다.

그림 7-10에 가한 고주파전력, 즉, 플라즈마 밀도에 따른 스킨깊이(skin depth)의 변화의 측정치를 나타내고 있다. 스킨깊이는 0.5~3cm정도로서 고주파전력이 증가함에 따라 반비례하여 감소하는 것을 알 수가 있다.

- 이와 같은 효과는 frequency가 클수록, 도체의 저항이 낮을수록, 그리고 도체의 magnetic permeability가 클수록 효과가 커져서 skin depth가 감소.

  ➜ $\delta \propto \sqrt{\frac{\rho}{\mu f}}$ (여기서 $\delta$=skin depth, $\rho$ = resistivity, $\mu$ = magnetic permeability, $f$= frequency)

- inductively coupled plasma의 경우도 이와 같은 차폐의 효과에 의해 플라즈마 내부에 가한 rf frequency가 플라즈마 내를 통과하지 못하고 감쇄됨.

  ➜ 같은 조건에서는 plasma의 밀도, 즉 rf power 증가에 따라 감소

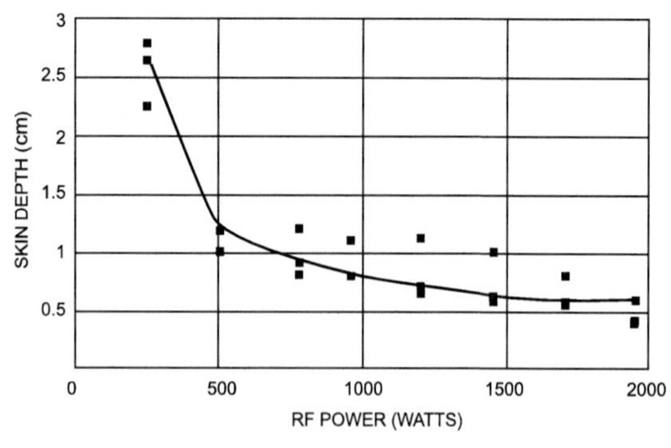


**그림 7-10** 유도결합 플라즈마에서의 스킨 깊이(skin depth)

## 7.7 전력의 전달

유도결합형 플라즈마에서 외부의 코일(coil)에 가한 전력(power)이 챔버 내부의 발생된 플라즈마에 전달되는 것을 전기회로의 형식으로 설명하는 모델이 있는데 이에 대하여 설명을 하도록 하자.

유도결합 플라즈마(inductively coupled plasma), 혹은 약자로 ICP의 코일과 플라즈마 사이의 전력전달의 간단한 모델은 변압기결합(transformer coupling)이라는 모델이다. 즉, 유도결합을 위한 코일은 변압기의 1차 코일로서 생각하고 플라즈마를 1회전 형태의 2차 코일로 생각하는 것이다.

따라서 $L_{coil}$로 표시된 유도결합용 코일로 인하여 플라즈마 내의 1 회전 코일 $L_{plasma}$로 전류가 유도되고 이 전류로 인해 플라즈마 내 저항 $R_{plasma}$를 통해 에너지가 소모되는 것이다.

플라즈마 내 유도된 전류란 유도된 전기장에 의해 전자의 움직임으로 발생이 되는 것이고 소모되는 전력은 중성원자의 이온화, 여기화, 그리고 가스분해 등이 될 것이다.

플라즈마가 1회전 코일인 것은 그냥 도체이기 때문에 전자가 돌아도 1회전으로 설명이 될 수밖에 없으며 이 경우 많은 전류가 즉, 많은 전자의 전기장에 의한 가속이 있게 될 것으로 생각이 된다.

이밖에 진공챔버의 절연창(dielectric window) 부근의 플라즈마 쉬쓰를 통한 정전결합(capacitive coupling)도 발생할 수 있다. 이는 안테나 코일에 가한 전압과 플라즈마 사이에 발생하는 전위차에 의해 플라즈마와 높은 전압을 가지는 코일 부근에서 발생되는 쉬쓰로 인해 축전기 성격의 전력결합이 발생하는 것으로 유도결합형 플라즈마와 더불어 전형적인 정전결합에 의한 플라즈마도 동시에 발생할 수 있다는 것을 의미한다.

- ICP의 rf coil과 plasma사이의 power coupling의 간단한 model은 transformer coupling임. ➜즉, induction coil은 transformer의 primary winding으로 그리고 plasma는 secondary winding으로 나타낼 수 있음.

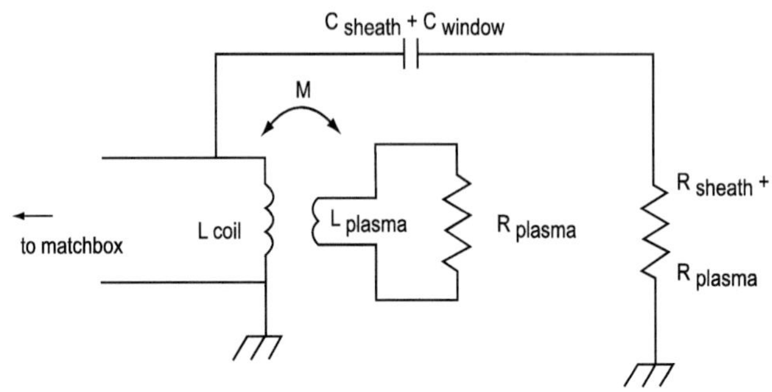


➜ 이밖에 vacuum window(dielectric)와 plasma sheath의 capacitance를 통한 capacitive coupling.(즉, rf coil상 전압과 plasma 사이의 voltage차이로 인한 capacitive coupling)

**그림 7-11** 유도결합 플라즈마의 전력전달에 대한 모델

## 7.8 유도결합 플라즈마에서의 정전결합

이 유도결합 플라즈마에서 유도결합과는 별도로 동시에 발생할 수 있는 정전결합에 대하여 설명을 하도록 하자.

유도결합 플라즈마의 코일에서 전력이 가해지는 부분에는 대체로 수 kV의 높은 전압이 가해지며 이로 인해 앞에서 설명한 바와 같이 정전결합을 통한 정전결합 플라즈마 발생도 가능하게 된다.

이로 인하여 고주파 전압이 가해지는 지역은 높은 전압의 쉬쓰가 생기고 이로 인해 플라즈마로부터 안테나 코일 쪽으로, 즉, 이 코일과 접한 절연창쪽으로 이온 충돌이 발생하여 절연창의 스퍼터링이 발생할 수 있게 된다.

물론 코일에 가해진 고주파전압은 플라즈마와 접한 지역에 발생하는 쉬쓰로 인한 정전용량과 안테나 코일과 챔버를 분리하는 절연창 자체의 정전용량에 의해 고주파전압 $V_{rf}$가 둘로 나누어지게 되며 이에 따라서 2개의 쉬쓰의 정전용량의 비율에 따라서 쉬쓰 내 걸리는 전압 $V_s$는 작을 수도 있다.

쉬쓰에 걸리는 전압 $V_s$는 다음과 같이 표기할 수 있다. 즉,

$$V_s = \frac{d_s}{\epsilon d_g - d_s} V_{rf}$$

여기서 $d_s$는 쉬쓰 두께, $d_g$는 절연창의 두께, $\epsilon$은 절연창의 절연상수이다. 또한 안테나 코일의 회전수가 $N$이라면 5장에서 설명한 차일드-랭뮤어(Child-Langmuir)의 법칙에 의해 쉬쓰 두께와 쉬쓰 내 유지되는 전압간의 관계식이

$$d_s \propto V_{rf}^{3/4}$$

이고 $V_{rf}$는 코일회전수가 증가하면 이에 비례하여 전압도 증가한다. 즉,

$$V_{rf} \propto N$$

결과적으로 쉬쓰에 걸리는 전압 $V_s$는

$$V_s \propto N^{7/4}$$

의 함수로 증가 한다.

따라서 코일의 회전수가 증가할수록 이 쉬쓰상의 전압이 더욱 증가하여 정전결합에 의한 전력전달이 증가하고 절연창으로의 이온충돌도 증가하게 된다.

- Sheath에 걸리는 voltage : $V_s$ $\quad V_s = \dfrac{d_s}{\epsilon d_g - d_s} V_{rf}$

  $V_{rf} = V_g + V_s$

- 또한 만일 rf coil의 turn수가 N이라면 $d_s \propto V_{rf}^{3/4}$ (Child-Langmuir law), $V_{rf} \propto N$

  ➜ 따라서 coil의 turn수가 증가할수록 더욱 급격하게 sheath의 voltage가 증가함.

  $V_s \approx N^{7/4}$

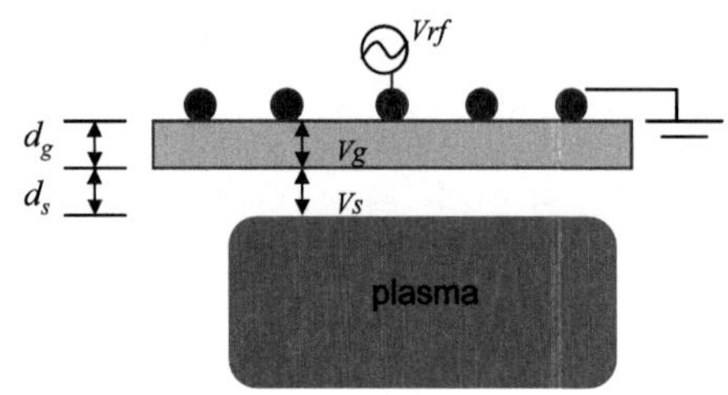


**그림 7-12** 유도결합 플라즈마에서의 정전용량으로 인한 쉬쓰(sheath) 전압변화

## 7.9 전기적으로 차폐(Shielding)된 유도결합 플라즈마

유도결합 플라즈마 코일에 걸리는 고주파 전압으로 인해 발생되는 정전결합을 제거하기 위해 전기적으로 차폐된(electrically shielded) 유도결합 플라즈마라는 형태의 유도결합 플라즈마 장치를 사용하기도 한다.

이는 안테나 코일에서 발생되는 전자기파 중에서 유도결합 플라즈마 발생에 필요한 자기장은 통과시키고 고주파 전압에 의해 발생되는 정전결합을 없애기 위해 전기장을 없애는 장치로서 그림 7-13의 오른쪽 아래 그림과 같이 고주파 전압이 높은 쪽에서 낮은 쪽으로 안테나 코일과 절연창 사이에 도선을 장치하거나 슬롯(slot)을 만든 금속도체통과 같은 것을 설치하는 것이다.

- 이와 같은 문제점을 제거하고 또한 방전체기에 발생할 수 있는 문제점을 제거하기 위해 electrically shielded ICP를 이용하기도 함.

  → Coil에서 발생된 electromagnetic wave중 magnetic field는 통과시키고 electric field는 통과하지 못하게 함. : rf voltage를 접지시킴.

  → Cylindrical type의 경우 그림과 같은 균일한 slot이 있는 metal box를 주로 사용 : rf field중 electric field vector가 slot의 방향과 평행한 것은 통과하지 못하고 electric vector가 slot방향과 수직인 것만 통과.

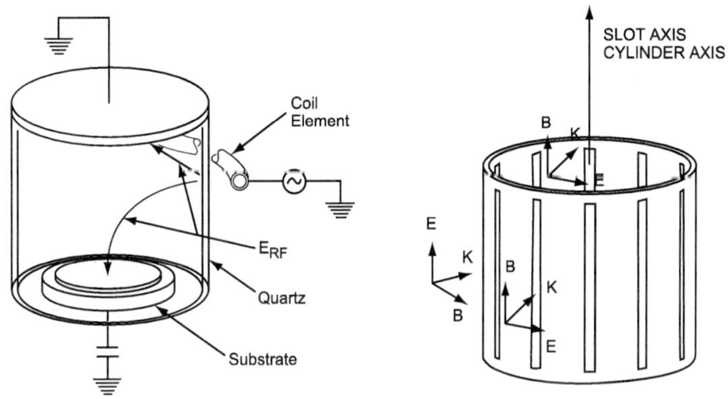


**그림 7-13** 전기적으로 차폐(electrically shielded)된 유도결합 플라즈마

이렇게 함으로써 안테나에 걸리는 고주파 전압으로 인하여 그림 7-13의 왼쪽 아래에 보이는 바와 같은 챔버 내부로 전기장이 침투하여 기판으로의 이온충돌이나 절연창으로의 이온충돌 등을 없애는 것이다.

이와 같은 유도결합 플라즈마 장치에 정전결합 플라즈마의 형성을 없애기 위해 안테나 코일과 절연창 사이에 설치하는 도체를 파라데이 쉴딩(Faraday shielding)이라고 부르기도 한다.

앞의 전기적으로 쉴딩된 유도결합 플라즈마의 형태에서 슬롯을 가진 금속도체 통을 설치하는 방식에서는 이 통내 슬롯의 수와 슬롯의 폭에 따라서 쉴드의 정도가 변화하게 된다.

만일 슬롯의 폭이 증가하면 전기장이 내부로 침투하여 정전결합의 정도가 증가하며 반대로 폭이 감소하면 정전결합의 정도가 감소하는데 이렇게 하면 또한 챔버 벽주변이 금속으로 거의 둘러싸인 꼴이 되어 안테나로부터 발생된 자기장도 일부만 챔버 내로 침투하여 효율이 떨어지고 이 쉴드에 가한 전력의 소모로 인한 많은 열이 발생되게 된다.

따라서 슬롯을 많이 만들고 그 폭도 적당하여야 할 필요가 있다. 슬롯을 많이 만들면 물론 챔버 내부에 형성되는 플라즈마 균일도를 증가시키는데도 효과적이다.

반면 이와 같은 전기적 쉴딩은 초기에 플라즈마를 발생시키는데 유용한 정전결합을 감소시켜서 초기 플라즈마의 발생을 어렵게 할 수 있다.

즉, 순수한 유도결합형 플라즈마로서는 아주 높은 자기장이 침투되어야 하는데 이는 어렵고 따라서 유도결합형 플라즈마가 발생되기 전의 초반의 플라즈마 발생은 안테나 전압에 의해 발생된 정전결합에 의한 플라즈마 발생에 의존을 하게 된다. 따라서 이와 같은 안테나의 전기장을 차폐(shield) 해버리면 초반에 플라즈마를 발생시키기 어렵게 된다.

■ **Electrically shield의 slot수와 gap**

- slot gap의 폭이 증가하면 slot shielding으로 인한 capacitively coupling이 증가하고 shield상에 흐르는 rf current의 양이 감소하여 power loss가 적게 됨.
- 만일 단 1개의 slot만 놓는 경우라면 plasma uniformity에도 문제가 생기나 shield에 multiple slot을 만들면 plasma의 균일도를 유지할 수 있음.

■ **Electrically shielding의 문제점**

- 초기에 plasma를 발생시키는데 유용한 capacitively coupling을 감소시켜 초기 플라즈마 발생이 어렵게 될 수 있음.
- shield의 power흡수로 인한 발열 및 power 전달 감소.

**그림 7-14** 유도결합 플라즈마에서의 전기적 쉴딩(electrical shielding)

또한 앞서 설명한 바와 같이 이와 같은 파라데이 쉴드를 만들면 이 쉴드를 위한 도체상에 높은 전류로 인한 발열이 있고 또한 챔버 내로의 전력전달도 감소하게 되는 단점이 있어서 많은 경우 이 쉴드를 사용하지 않는 것이 대부분이다.

## 7.10 헬리칼 공명장치(Helical Resonator)

고밀도 플라즈마를 발생시킬 수 있는 다른 형태의 소스로서 헬리칼 공명장치(helical resonator)라는 소스가 있다.

이 장치는 헬릭스(helix)라는 전자파의 발생을 통하여 고밀도 플라즈마를 발생시키게 되는데 그 장치는 그림 7-15의 오른쪽 그림에 보이는 바와 같다. 이 헬릭스(helix)는 빛보다 낮은 속도로 전파하는 전자파로서 이 헬릭스(helix)를 MHz 영역에서 공명현상을 일으키도록 함으로써 낮은 압력에서 플라즈마 발생에 이용한다.

이 헬리칼 공명장치 플라즈마는 3~30MHz 영역에서 정합회로 및 자기장을 사용함이 없이 작동이 가능한데, 정합은 오른쪽에 보이는 챔버 주위에 감은 코일에 고주파전력을 가하는 전선의 위치를 변화시킴으로써 정합을 하게 된다.

물론 결과적으로 코일에 흐르는 전류에 의해 전에 설명한 실린더형의 유도결합 플라즈마와 같은 플라즈마 발생이 이루어지기 때문에 이를 유도결합 플라즈마의 한 가지 변형으로 생각하기도 한다.

이 헬리칼 공명장치의 구성에는 챔버벽을 이루는 절연체, 이 주위를 감싼 코일, 그리고 이 주위를 감싼 쉴드 형태의 도체가 필요하고 전력을 코일의 한 부분에 연결시키게 되고 코일의 끝은 접지를 형성하거나 플로팅시키도록 한다.

- 나선형의 helix는 과거 빛의 속도보다 낮은 속도를 가진 전자파를 전파시키는데 이용되어 옴. $V_{ph} << C$
- 이 helix를 이용하여 MHz영역에서 공명을 일으켜 저압에서 플라즈마를 발생시키는데 이용함.
- 이 helical resonator plasma는 3–30MHz 영역에서 matching network 및 자장 없이 operation이 가능하기도 함. (tap의 위치변화)
- 여러 연구자는 이 helical resonator를 ICP의 한 가지 변형으로 여기기도 함.

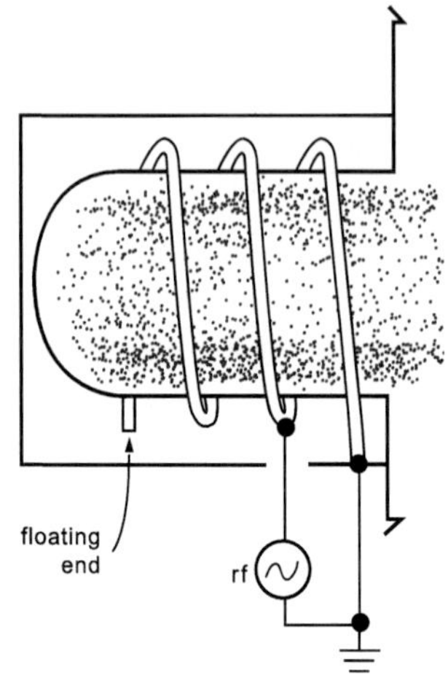


그림 7-15 헬리칼 공명장치(helical resonator)에 대한 설명

## 7.11 헬리칼 공명장치(Helical Resonator)의 구조

앞에서의 유도결합 플라즈마의 발생 원리와 이 헬리칼 공명장치와의 차이점 중의 한 가지는  앞에서의 유도결합 플라즈마 장치에서는 안테나 코일의 길이가 제한이 없었던 반면 이 헬리칼 공명장치에서는 그 코일의 길이가 공명을 위한 특정 길이로 만들어진다는 점이다.

이 길이 $l$은 $\lambda/4$형 일 때와 $\lambda/2$형 일 때로 이루어지는데 다음의 수식으로 표현된다.

$$\frac{\lambda}{4}\text{형} : l = \frac{\lambda}{4} + n\frac{\lambda}{2}$$

$$\frac{\lambda}{2}\text{형} : l = \frac{\lambda}{2} + n\frac{\lambda}{2}$$

여기서 $\lambda$는 가하는 고주파전력의 파장 길이이고 $n$은 0을 포함한 양의 정수이다. 첫 번째의 길이인 $\lambda/4$형으로 이루어 졌을 때는 절연체주위를 감싸는 안테나 코일 한 끝은 접지하고 다른 한 끝은 아무데도 연결되지 않은 개방형으로 하고 $\lambda/2$형일 때는 안테나 코일의 한 끝은 접지하고 다른 한 끝도 접지시켜 각각 파장의 공명을 형성하도록 한다.

두 경우 모두 안테나 코일의 한끝은 접지하고 또한 바깥쪽은 그림 7-15의 오른쪽 그림에 보이는 바와 같이 접지 쉴드로 감싸며 고주파 전력은 안테나 코일길이의 한 부분에 접속을 시키게 된다.

- 구조의 ICP와 마찬가지로 conducting coil을 이용하여 plasma를 발생시킴. 차이는 helical coil의 길이가 resonance를 위한 특정 길이로 만듬..
- Electrical length : $l=\frac{\lambda}{4}+n\frac{\lambda}{2}$ 혹은 $\frac{\lambda}{2}+n\frac{\lambda}{2}$(여기서 $n=0,1,2,\ldots$, $\lambda$는 excitation frequency의 파장)
- 또한 $\frac{\lambda}{4}$형 일 때는 coil의 한 끝을 open시킴 : quarter wave resonator
  $\frac{\lambda}{2}$형 일 때는 coil의 한끝을 short시킴 : half wave resonator
- 다른 한 끝은 short시킨다. 또한 coil의 바깥쪽은 ground shield로 싼다. power line은 이들 coil사이에 접속시킴.

**그림 7-16** 헬리칼 공명장치(helical resonator)의 형성방법

## 7.12 헬리칼 공명장치(Helical Resonator)의 작동원리

이 헬리칼 공명장치의 작동원리는 완전히 이해가 된 상태는 아닌 것으로 알려져 있다. 단지 작동압력, 고주파 전력, 안테나 코일의 길이 $L$, 실린더 내 형성되는 플라즈마의 반경 $a$, 안테나 코일인 나선의 반경 $b$, 접지쉴드실린더의 반경 $d$, 안테나 코일의 감는 피치각도 $\psi$, 그리고 공명여기 주파수 $\omega$ 등이 플라즈마 작동에 주요한 요소임이 알려져 있다.

■ **Helical resonator의 design parameter :**

pressure, rf power, source length(L) plasma radius(a), helix radius(b), outer cylinder radius(d), winding pitch angle($\psi$), 그리고 excitation frequency($\omega$)가 중요한 parameter로 이해가 완전히 되지 않는 system임.

■ 이와 같은 geometry로 방출되는 electro-magnetic wave의 특성을 계산:

➜ plasma가 없을 때 : wave는 helical wire를 따라 전파하며 이는 coaxial line내 wave가 전파하는 것과 같다.
즉, helical coil이 내부 conductor, 바깥의 ground shield가 바깥 conductor로서 작용.
이때의 cylinder 내부를 통해 이동하는 wave의 wave number

$k_h \left(k = \dfrac{2\pi}{\lambda} = \dfrac{\omega}{v}\right)$

$$k_h = \frac{\omega}{c\tan\psi}$$

즉, 수직방향으로의 wave속도: $v = c\tan\psi$

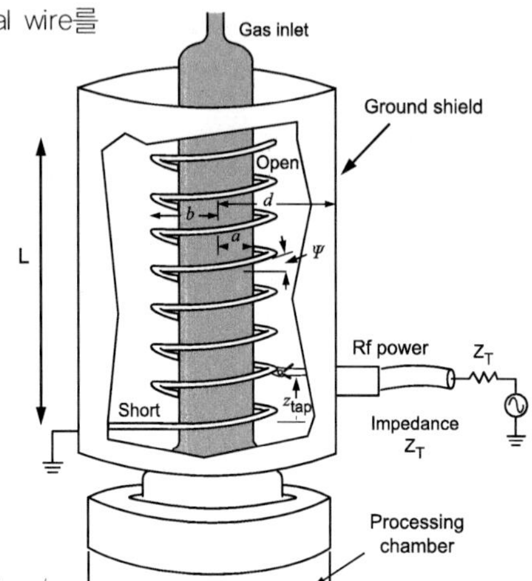


**그림 7-17** 헬리칼 공명장치(helical resonator)의 작동원리

그림 7-17의 오른쪽의 그림과 같은 형태를 갖는 헬리칼 공명장치에서 방출되는 전자기파의 특성을 보았을 때 우선 플라즈마가 뜨지 않았을 때 전자기파는 감은 코일인 나선형 코일을 따라서 전파하며 이는 동축선 내에 전자파(wave)가 전파하는 형태와 같게 된다고 한다.

즉, 나선형 코일이 내부 도체가 되고, 바깥의 접지쉴드가 바깥도체로 작용하게 된다. 이때 실린더(cylinder) 내부를 통해 이동하는 파의 속도 $v$는

$$v = \frac{\omega}{c\tan\psi}$$

가 된다. 여기서 $c$는 광속, $\psi$는 감은 코일의 피치이다.

이를 파수($k=(2\pi)/\lambda$), 혹은 고주파 주파수($\omega$)를 파의 속도($v$)로 나눈 값($\omega/v$)인 파수로 표기하면 수직방향으로 다음과 같이 나타낼 수 있다. 즉,

$$k_h = \frac{\omega}{c\tan\psi}$$

앞의 경우는 동축모드(coax mode)라고 하는데 앞의 경우는 플라즈마가 뜨지 않았을 때 파가 전파하는 것을 나타내는데 플라즈마가 발생을 하게 되면 이와 같은 모드 외에 나선모드로 파가 전파한다고 한다.

플라즈마가 발생했을 때 발생되는 동축 모드의 경우 나선코일 및 플라즈마가 외부접지 실린더에 비해 높은 전위를 갖고 플라즈마 밀도가 증가함에 따라서 파의 속도도 증가한다고 한다.

나선모드의 경우에서는 플라즈마와 외부 접지 실린더가 같은 낮은 전위를 갖고 나선코일이 높은 전위를 갖는데 이와 같은 나선모드가 형성이 되려면, 플라즈마 밀도가 증가하여 $9000n_e^{1/2}$로 표현되는 플라즈마 진동수가 가한 고주파의 주파수보다 같거나 큰 경우에 얻어지며 이 경우는 초기에 플라즈마가 발생하여 그 밀도가 증가하게 되면 어떤 순간에 플라즈마 주파수와 가한 고주파 주파수가 같은 순간이 발생하는데 이때 공명조건이 형성이 되면서 나선모드가 발생하게 된다고 한다.

물론 이때도 초반에 플라즈마가 없거나 위의 조건을 만족시키지 못했을 때 존재했던 동축 모드도 존재하지만 파의 속도가 $c\tan\psi$보다 작게 하면 나선모드만 남는다고 한다.

즉, 이미 설명한 바와 같이 $\lambda/4$ 파장 공명형으로 하거나 $\lambda/2$ 파장 공명형으로 코일의 길이를 만들면 동축모드는 없어지고 나선모드만 남는다고 한다. 공명조건이 얻어지면 결과적으로는 이 공명에 의해 생긴 전자기파에 의해 유도결합 플라즈마와 같이 전자를 가열하고 전력을 전달하게 된다.

또한 헬리칼 공명장치는 공명형 장치이므로 $\lambda/4$형 헬릭스의 열린 끝과 플라즈마사이에 높은 전압이 나타나게 된다. 이 $\lambda/4$형 코일의 열린 끝에 유도되는 최대 전압은 다음과 같이 표현된다.

■ **plasma가 발생**

plasma가 발생하면 이와 같은 coax mode외에 helix mode로 wave가 전파함.

**coax mode** : helix와 plasma가 outer cylinder에 비해 높은 potential을 가짐. coax mode에서 plasma 밀도 n이 증가함에 따라 wave의 속도가 증가함.

**helix mode** : plasma와 outer cylinder가 같은 낮은 potential을 갖고 helix가 높은 potential을 가짐.

➔ plasma frequency ($(w_p = 9000\sqrt{n}$ ) ≥ driving frequency $w$인 경우에 얻어짐. ➔ helical resonator의 작동 mode로서 plasma가 작은 밀도로부터 증가하여 $w_p = w$가 되는 순간이 되면 resonance조건이 되며 helix mode가 발생 ➔ 이 때 coax mode도 존재하나 다음과 같은 조건을 취하면 helix mode만 resonance로 남음 : wave 속도 $< c\tan\psi$

➔ 즉, source길이 L을 helix pitch를 따라가는 wave의 길이의 1/4로 하면, 즉, $k_h L = \frac{\pi}{2}(k = \frac{2\pi}{\lambda}$ 이므로$)\lambda = 4L$, coax mode는 exite하지 못하고 helix mode만 남음.

**그림 7-18** 헬리칼 공명장치(helical resonator)의 작동원리 부가 설명

즉,

$$V_{\max} \propto \frac{b}{L} N I_{\max}$$

여기서 $b$는 헬릭스 코일의 반경, $L$은 코일의 감긴 상태에서의 총 직선길이, $n$은 코일의 감은 횟수, $I$는 흐르는 전류로서 유도결합 플라즈마와 마찬가지로 코일의 감은 횟수증가에 따라서 플라즈마 쉬쓰 전압의 증가로 정전결합 플라즈마가 발생할 수 있게 된다. 따라서 코일과 플라즈마 사이에 유도결합 플라즈마에서와 같은 파라데이 쉴드를 사용하기도 한다.

유도결합 플라즈마와 헬리칼 공명장치의 가장 큰 차이점은 같은 회전수의 안테나 코일을 감는 경우라도 헬리칼 공명장치는 공명조건을 이용하는 반면 유도결합 플라즈마는 이와 같은 공명상태를 이용하지 않는다는 점이다.

헬리칼 공명장치에서 이 공명을 얻기 위하여 가변주파수 고주파 전력장치(variable frequency power supply)가 필요하며 따라서 헬리칼 공명장치도 정합회로(matching network)를 이용하고 고정주파수 고주파 전력장치(fixed frequency power supply)를 사용하는 것이 대체적인 사용방법이다.

- 결과적으로 이와 같은 resonance에 의한 electromagnetic wave로 ICP와 같이 전자를 가열하여 power를 전달. 또한 helical resonator는 resonance device이므로 helix의 open end와 plasma 사이에 높은 voltage가 나타나게 됨.

- **Coil의 high voltage 등에 유도되는 최대 voltage :**

  $V_{\max} \propto \frac{b}{L} N I_{\max}$ (여기서 N은 coil turn수)

  - 따라서 inductive discharge와 마찬가지로 plasma sheath 증가로 capacitive discharge가 발생.
  - Coil과 plasma에 ICP와 마찬가지의 Faraday shield를 사용하기도 함.

- **ICP와의 차이점**

  - 만일 5 turn ICP와 5 turn helical resonator를 비교한다면, helical resonator는 resonant condition을 이용한다는 것이 차이점.
  - 이 resonance를 얻으려면 variable frequency power supply가 필요. 따라시 helical resonator도 matching network를 사용하고 fixed frequency power supply를 사용하는 것이 대체적인 사용 방법임.

**그림 7-19** 헬리칼 공명장치(helical resonator)의 코일에 유도되는 전압

## 7.13 헬리콘 플라즈마(Helicon Plasma)

이번에는 또 다른 고밀도 플라즈마를 발생시키는 방식인 헬리콘 플라즈마(helicon plasma)에 대한 설명을 하기로 하자.

헬리콘 플라즈마는 헬리콘이라는 플라즈마 내부에 발생된 파의 특성을 이용하게 된다. 지구상의 천둥이나 번개에 의해 낮은 주파수를 포함하는 전자기파에너지가 방출이 되는데 이 에너지 펄스(energy pulse)가 자장으로 둘러싸인 지구상의 전리층을 따라 전파하면서 지구상의 북극이나 남극에 도달하는 파를 휘슬러파(whistler wave)라고 한다.

이 파가 지구표면에 도달시 높은 주파수가 낮은 주파수보다 빨리 도착하여 그림 7-20의 중앙에 보이는 바와 같이 이를 리시버(receiver)로 들었을 때 톤(tone)이 감소하는 피치의 휘파람 소리 같은 소리를 낸다고 해서 그 이름이 휘슬러파라고 이름이 붙었다고 한다.

■ **Whistler wave :**

지구상의 천둥이나 번개에 의해 low frequency를 포함하는 electromagnetic energy가 방출되는데 이 energy pulse가 자장으로 둘러싸인 지구상의 전리층을 따라 전파하면서 지구상(북극 및 남극)에 도달하는 wave. ➜ 지구표면에 도달시 high frequency가 low frequency보다 빨리 도달하여 이를 receiver로 discending pitch의 휘파람 소리 같은 소리를 냄.

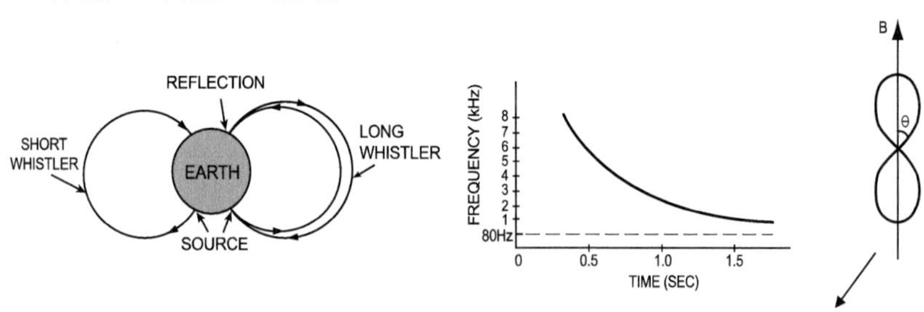


■ **Helicon :**

Helicon wave는 이 whistler wave가 자화된 일정크기의 용기 내에 구속되어 전파되는 wave로서 B tip 이 나선형을 따라가므로 helicon이라 부름.

**그림 7-20** 휘슬러파(whistler wave) 및 헬리콘(helicon)의 정의

그런데 헬리콘이라는 파는 휘슬러파가 자화된 일정한 크기의 용기 내에 구속되어 전파되고, 이 전자기파의 자기장 선단(tip)이 나선형을 따라가므로 헬리콘이라고 불린다.

## 7.14 헬리콘 플라즈마(Helicon Plasma)의 구조

이 헬리콘 파를 이용한 플라즈마 소스를 만들기 위해서는 $R$의 반경을 가지는 절연체 실린더에 이 실린더의 축 방향으로 일정한 자기장 $B$를 가하고 이 실린더 바깥에 그림 7-21에서 보이는 바와 같은 고주파 안테나를 설치하여 고주파 안테나를 통해 플라즈마 내에 헬리콘 파를 형성하게 된다.

- Plasma processing에서는 반경 R의 quartz cylinder에 축방향으로 자장 $B_0$를 가하고 이 cylinder 바깥에 rf antenna를 설치하여 rf antenna를 통해 plasma내에 helicon wave를 형성시킴.

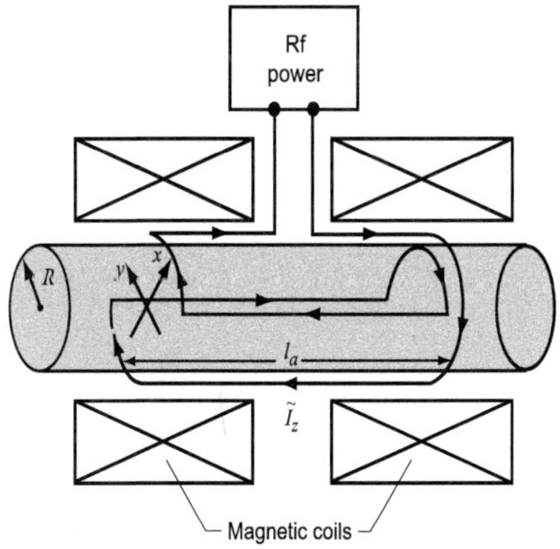


그림 7-20 헬리콘 플라즈마(helicon plasma)장치의 기본구조

## 7.15 헬리콘 플라즈마(Helicon Plasma)의 작동원리

헬리콘 안테나를 통해 플라즈마 내부에 형성된 헬리콘파의 시간 및 위치에 따른 전기장($E$) 및 자기장($H$)은 다음과 같은 수식으로 나타내어진다. 즉,

$$E,H \sim \exp j(\omega t - kz - m\theta)$$

여기서 $\omega$는 가해진 고주파 전력의 주파수, $k$는 파수(wave number), $m$은 모드, 그리고 $t,z,\theta$는 각각 시간, 위치, 각도를 나타낸다. 이 식에서 모드를 나타내는 $m$의 값에 따라 다른 $E,H$를 가지고 실제로 응용이 되는 헬리콘 플라즈마는 $m=0,1$인 모드에 대해 개발이 된 상태이다.

$m=0$의 모드는 그림 7-22의 왼쪽 아래의 첫 번째 그림과 같이 위치, 시간에 따른 전기장의 변화를 나타내는데 그림에서 보이는 바와 같이 축방향으로 대칭인 전기장의 형태를 갖고 $m=1$의 모드의 경우에는 그림 7-22의 왼쪽 아래의 두 번째 그림에 보이는 바와 같이 시간에 따라서 전기장이 회전하는 나선형변화를 나타낸다고 한다.

$m=1$의 헬리콘 모드에서의 헬리콘파의 축방향 파장 길이 $\lambda$는 다음과 같이 표현된다.

$$\lambda = \sqrt{\frac{2\pi B_o}{e\mu_o n_o f}}$$

여기서 $f$는 고주파전력의 주파수, $B_o$는 가한 자장, $n_o$는 플라즈마밀도, 그리고 $\mu_o$는 투자율이다. 이렇게 얻은 헬리콘파의 축방향 파장길이 $\lambda$는 헬리콘 플라즈마 소스의 절연체 실린더 튜브의 직경에 관계된다.

따라서 이 식에서 만일 고주파전력의 주파수를 일정하게 하고 절연체 튜브 직경이 일정한 경우, 가한 자장 $B_o$에 비례하여 플라즈마 밀도 $n_o$가 증가하게 되는 것을 알 수 있다.

이에 대하여 실제로 측정한 결과를 그림 7-22의 오른쪽 아래그림에 나타내었으며 실제 가한자장과 플라즈마밀도가 비례하는 것을 알 수가 있다.

■ 이 wave의 electric과 magnetic field는 다음과 같은 형태를 가짐.

$$E, H \sim \exp j(\omega t - kz - m\theta)$$

m의 값에 따라 다른 E, H를 가지며 현재 helicon plasma는 m=0, ±1인 mode에 대해 개발된 상태임.

➜ m = 0 mode(a)는 axially symmetric한 field를 갖고 m=1 mode(b)는 시간에 따라서 회전하는 helical variation을 가짐.

■ m = 1의 helicon mode에서의 helicon wave의 axial 파장 .

$$\lambda = \frac{2\pi}{k} = \left(\frac{2\pi B_0}{e\mu_0 n_0 f}\right)^{1/2} \quad (f \text{ : excitation frequency})$$

➜ frequency 및 tube diameter($\lambda$에 관계)가 일정한 경우 $\frac{n_o}{B_0}$는 일정한 관계.

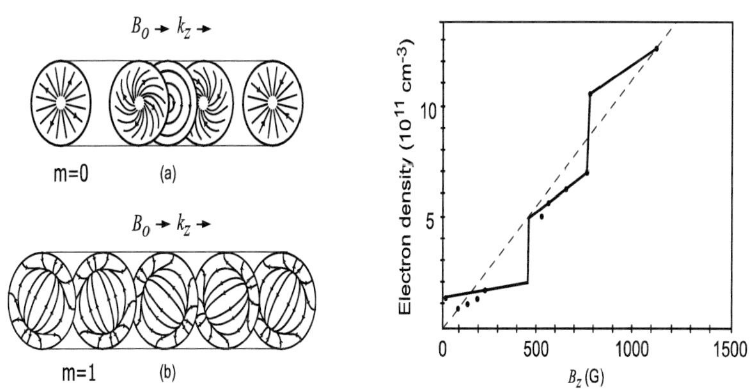


그림 7-22 헬리콘 플라즈마의 모드(mode) 및 형성조건

## 7.16 헬리콘파로부터의 전력 흡수

앞에서 보인 바와 같이 $m=0$ 모드에서는 전기장의 변화가 절연체 실린더 축 방향에 대칭의 형태이고 $m=1$ 모드에서는 시간에 따라서 회전하는 형태를 갖는데 이 헬리콘 웨이브의  전기장을 통해 플라즈마 내의 전자가 전력을 흡수하게 된다.

그런데 이 헬리콘파로 인한 에너지 흡수는 아주 낮은 압력에서도 잘 일어나는데 이는 헬리콘파가 실리더 축을 따라 전파해 나감에 따라서 두 가지 방식으로 플라즈마 내의 전자에 전력을 전달하는 것으로 알려져 있다.

첫 번째는 충돌감쇄(collisional damping)로서 전자가 헬리콘파의 전기장에 의해 가속이 되고 이 받은 에너지를 중성원자의 충돌로 플라즈마에 전달하는 방식으로 여태까지 설명한 보통의 전자에 에너지를 전달하는 방식으로 압력이 높을 때는 이 방식에 의한 에너지전달이 유효하다.

두 번째는 아주 낮은 압력 하에서의 에너지 전달은 충돌현상이 없는 비충돌감쇄 혹은 란두감쇄현상(Landau damping)이라는 방식으로 이것은 그림 7-23의 오른쪽 아래의 헬리콘 장치 그림에서 보이는 바와 같이 헬리콘파가 실린더축(cylinder column)을 따라서 주어진 속도($v_{ph}$)로 이동을 하게 되는데 이때 유사한 속도로 움직이는 플라즈마내의 전자군에 헬리콘파의 에너지를 전달하는 방식이다.

이 전자군에의 에너지 전달은 그림 7-23의 왼쪽 아래 그림에서 보이는 바와 같이 파도타기에서 서핑(surfing)을 하는 사람이 파도를 통해 에너지를 받는 것과 유사한 형태라고 한다. 따라서 아주 낮은 압력에서는 란두감쇄에 의해 그리고 높은 압력에서는 보통의 충돌감쇄에 의해 플라즈마 내 전자에 에너지를 전달하여 높은 고밀도 플라즈마를 형성한다고 한다.

이와 같은 장치도 역시 플라즈마를 발생하는 장치로서 기판에 이온에너지를 공급을 하려면 다른 직류 바이어스 전압을 유도하기 위한 정전결합의 고주파전력이 연결되어야 하고 이는 이 헬리콘뿐만 아니라, 헬리칼 공명장치, 그리고 다음에 설명할 마이크로웨이브 및 전자공명장치(electron cyclotron resonance, ECR)의 경우도 마찬가지이다.

- **Helicon wave로부터의 power 흡수 :** Helicon wave의 energy는 plasma electron으로부터 이들 helicon이 column을 따라 전파해 나감에 따라서 collision damping과 collisionless damping에 의해 전달됨.

1) Collisional damping : Electron이 helicon의 electric field에 의해 가속이 되고 이 받은 energy를 이온 및 중성원자와의 충돌과정에서 thermal (bulk) electron에 energy를 전달 ➜ high pressure에서 유효

2) Collisionless damping(여기서는 Landau damping) : Helicon wave가 plasma column을 따라서 주어진 속도 $V_{ph}$로 이동할 때 이와 유사한 속도로 움직이는 전자군에 wave의 energy를 주는 mechanism. 이 전자의 energy 전달은 파도타기에서 surfing하는 사람이 에너지를 받는 것과 같은 형태임. ➜ low pressure (10mTorr)에서 유효.

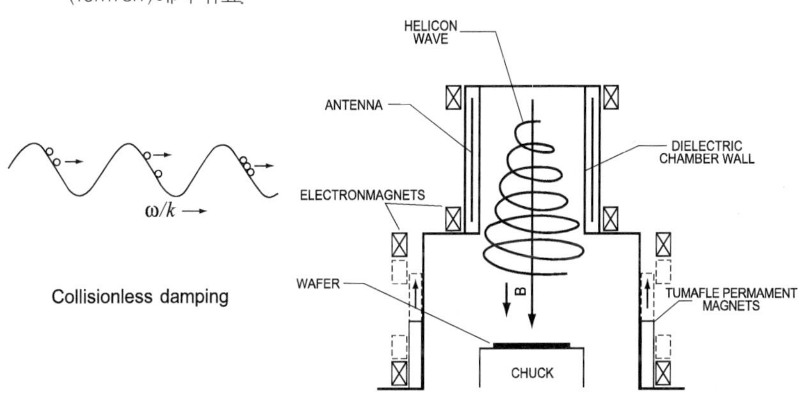


그림 7-23 헬리콘파(helicon wave)로부터의 전력흡수

## 7.17 헬리콘파를 얻기 위한 안테나 형태

헬리콘파를 낮은 압력에서 사용하기 위해서는 이 안테나의 설계가 매우 중요하다. 이 헬리콘파의 발생을 위한 안테나를 설계할 때 낮은 압력에서는 란두감쇄(Landau damping)에 의해 에너지가 흡수되므로 고주파주파수와 안테나의 길이를 조절하여 전달되는 에너지가 플라즈마 내 가능한 많은 수의 전자가 가지고 있는 열전자의 에너지에 맞도록 하여야 한다.

- Helicon wave의 antenna를 낮은 압력에서 사용하기 위해 design할 때 Landau damping에 의해 대부분의 energy가 흡수되므로 rf frequency와 antenna 길이를 조절하여야 전달되는 energy가 plasma내 전자의 thermal energy나 primary electron의 energy와 match가 되도록 하여야 함.

- 안테나의 길이의 경우 다음 조건을 만족시킬 때 plasma에 흡수가 잘됨.(플라즈마 내 발생되는 electric field를 수학적으로 계산하여 $k$에 따른 흡수되는 power($\propto \; E_y^2$)를 유도시.

$$\lambda_z \approx 2l, \frac{2l}{3},,(k_z \approx \frac{\pi}{l}, \frac{3\pi}{l},,)$$

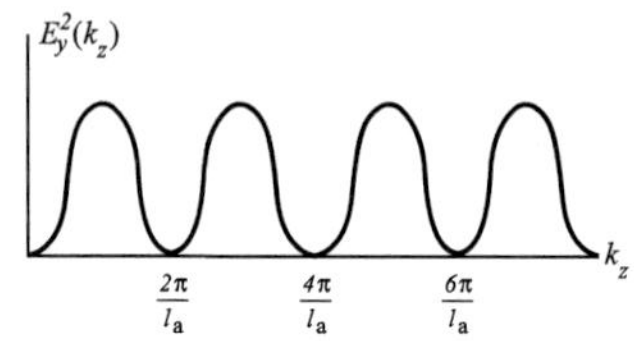


- **Helicon wave를 excite시키는 antenna 형태**

대체로 $\quad L(\text{안테나길이}) = \frac{\lambda_z}{2}$

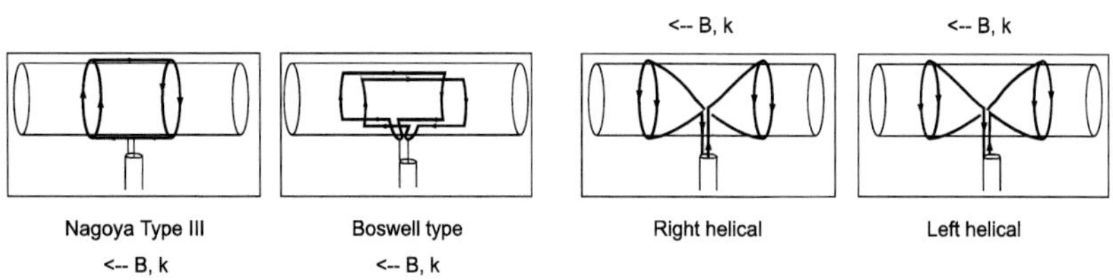


**그림 7-24** 헬리콘파(helicon wave)로부터의 에너지 흡수를 최대화하기 위한 안테나 형태 및 조건

안테나의 길이의 경우, 다음 조건을 만족시킬 때 플라즈마 내에 에너지흡수가 잘된다고 한다. 즉, 안테나의 길이($l$)가 헬리콘파 파장의 $z$방향 길이($\lambda_z$)의 1/2, 3/2일 때 에너지 흡수가 잘된다. 이를 헬리콘파 $z$방향 파장길이로 다시 표기하면

$$\lambda_z \approx 2l, \frac{2l}{3,},,,(k_z \approx \frac{\pi}{l}, \frac{3\pi}{l},,,,)$$

를 만족시켜야 플라즈마 내 에너지 흡수가 잘된다고 한다.

이를 만족시키기 위해 대체로는 안테나의 길이를 헬리콘파의 z방향, 즉, 절연체 실린더축 방향 길이의 반 정도로 하는 경우가 많다고 한다.

이와 같은 헬리콘파를 형성하기 위한 다양한 형태의 안테나가 있는데 $m=0$을 유도하는 타입과 $m=1$을 유도하는 타입들을 그림 7-24의 아래 그림에 나타내었다.

## 7.18 마이크로웨이브 플라즈마(Microwave Plasma)

이번에는 마이크로웨이브 플라즈마의 발생에 대하여 설명을 하도록 하겠다. 여태까지 플라즈마 발생에 사용한 교류전원은 주로 13.56MHz와 같은 고주파진원이었다. 반면 2.45GHz와 같은 마이크로웨이브의 주파수를 사용하기도 하며 혹은 915MHz와 같은 이 보다는 낮은 주파수를 사용하기도 한다.

낮은 주파수의 사용은 마이크로웨이브가 공명하는 공면관의 크기를 증가시켜서 대면적용으로 알맞게 된다. 즉, 2.45GHz를 사용하면 플라즈마 발생크기를 12.5cm, 915MHz를 사용하면 32cm의 플라즈마 크기를 얻을 수 있다고 한다.

이 마이크로웨이브는 파장의 길이가 고주파(RF)에 비해 아주 짧게 되는데 이 파장을 제한된 공간 즉, 공명공간(resonant cavity)라는 공간에 전파시켜 여기될 수 있는 파의 모드를 제한함으로써 형성된 공명된 전자기파의 강한 전기장을 이용하여 전자를 가속하고 또한 플라즈마 내 에너지를 전달하는 방식이다.

이와 같은 방식을 사용하면 낮은 압력에서 심지어 대기압에서도 고밀도의 플라즈마를 이 마이크로웨이브를 사용하여 형성시킬 수 있게 된다. 이 마이크로웨이브의 공명공간 내부에 형성되는 강한 전기장도  벽면이 아닌 공간 내부에 높은 전기장이 형성이 되므로 고밀도를 얻을 뿐 아니라 전극이나 벽의 스퍼터링(sputtering)이 없게 된다.

이 마이크로웨이브의 정합은 그림 7-25의 오른쪽에 보이는 가변접지(adjustable short)나 가변봉(adjustable probe) 등을 이용하여 그 길이를 변화시켜 임피던스 정합을 하게 되며 여기되는 전자기파는 TM01 혹은 TM013라는 모드의 전자기파형이라고 한다.

- 여태까지 사용한 AC 전원의 주파수는 주로 13.56MHz의 radio frequency
- Microwave는 2.45GHz의 주파수를 사용하며 가끔 915MHz의 낮은 주파수를 사용하기도 함.
- 낮은 주파수의 사용은 applicator의 크기를 증가 – 대면적용 – 2.45GHz (discharge 12.5cm cylindrical cavity applicator17.8cm), 915MHz (discharge: 32cm applicator: 45cm)
- Microwave를 제한된 공간(resonant cavity) 내에 전파시켜 excite될 수 있는 mode를 제한함으로써 형성된 resonant electromagnetic wave의 강한 electric field로 전자를 가속시킴.
- Wide range of operation pressure내부에 형성된 electric field에 의해 전자가 가속되며 벽을 통해 높은 electric field를 가하는 것이 아니므로 전극이나 벽의 sputtering이 없음.

–Internally tuned resonant cavity (microwave applicator)
→ Resonant cavity 크기를 조절

- Adjustable short와 adjustable probe를 변화시켜 matching coaxial power feed로 TM01 혹은 TM013 mode를 excite 시킴.

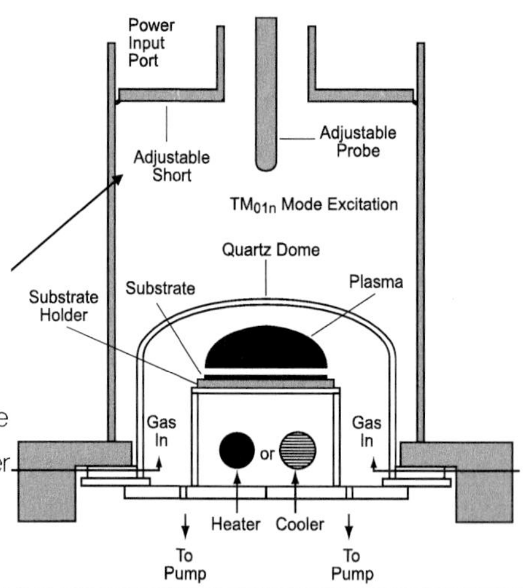


그림 7-25 마이크로웨이브 플라즈마(microwave plasma)장치의 정의 및 일반적인 구조

마이크로웨이브의 임피던스 정합은 앞서 보인 바와 같이 길이 조절이 가능한 챔버벽인 가변접지와 가변봉을 이용하여 정합을 하기도 하지만 그림 7-26의 아래 그림에 보이는 바와 같이 스터브(stub)라고 막대기를 마이크로웨이브가 전달되는 관인 웨이브 가이드(wave guide)내부에 넣어 그 길이를 조절하는 방식인 외부 튜닝막대(external tuned stub)를 이용하기도 한다.

이 막대 튜너의 수는 3개로서 전기장튜너(E tuner), 자장튜너(H tuner), 그리고 방전임피던스(discharge impedance)변화에 따른 정합을 위한 튜너의 3개를 이용한다.

이 튜너의 위치는 마이크로웨이브가 모드로 전환되는 응용장치의 위치로부터 마이크로웨이브의 반파장의 정수배 떨어진 곳에 위치하며 정합이 되면 플라즈마와 이 정합막대 사이에 정상파가 형성되고 응용장치와 더불어 정합막대까지 같이 공명하는 형태가 된다고 한다.

마이크로웨이브 플라즈마 장치의 전체적인 구조를 나타낸 그림 7-26의 아래 그림을 이용하여 마이크로웨이브 플라즈마 장치의 각 구조 및 전력의 전달 과정을 설명해보자.

우선 마이크로웨이브는 현재 전자레인지에서 쉽게 구하는 2.45GHz를 사용하고 이로부터 3.8cm × 7.6cm의 직각형관인 웨이브 가이드관으로 연결되어 서큘레이터(circulator)에 도달한다.

이 서큘레이터는 가부하(dummy load)로서 초기의 전력이 반사되어 돌아오는 반사전력을 전력장치에 보냄이 없이 제거하기 위해서 사용한다.

다음에 방향성 커플러(directional coupler)라는 입력전력 및 반사전력을 측정하는 장치를 지나서 앞에서 설명한 3개의 막대튜너를 지나 공명공간을 통하여 절연창을 지나 진공 잼버 내의 플라즈마로 전달되게 된다.

물론 공명공간 전까지는 아까 말한 웨이브 가이드관으로 연결이 되어 전력이 전달된다.

■ Externally tuned type(stub 길이를 조절)

- Matching은 3개의 stud tuner를 이용함.
- E tuner(arm adjustment), H tuner, wide variation of discharge impedance에 대한 matching을 위한 3번째 tuner
- 이들 tuner는 applicator(실제로는 z=0plan)로부터 여러 half-wave lengths 떨어진 곳에 위치
- Matching이 되면 discharge와 matching network 사이에는 standing wave가 형성되고 applicator와 더불어 matching network까지 한 resonant하는 cavity-like applicator가 됨.

■ 구조

- Microwave는 현재 전자레인지 등에서 쉽게 구하는 2.45GHz의 magnetron source이므로 이 frequency를 사용함.
- Circulator는 dummy load로 reflected power를 shunt시키기 위하여 사용함.
- 3개의 tuner는 앞서 설명한 바와 같이 임의의 plasma load에 matching이 되도록 하기 위한 것이며 reactive power loss를 줄이기 위해 coupler바로 전에 놓음.
- Reflected power는 −50dB의 directional coupler를 이용하여 sampling하며 이를 diode detect를 사용하여 DC signal로 바꿈.
- 이들은 3.8cm × 7.6cm의 직사각형 wave guide관으로 연결됨.
- Microwave는 resonant cavity so dielectric window를 통해 source chamber로 전달됨.

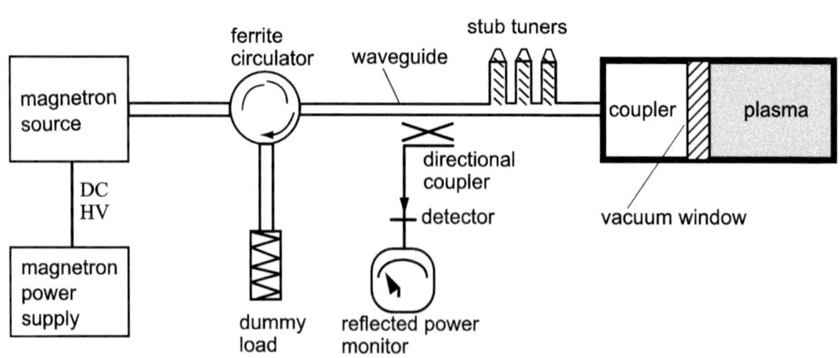


그림 7-26 마이크로웨이브(microwave) 플라즈마의 임피던스정합

## 7.19 마이크로웨이브의 공명파 모드

마이크로웨이브를 가하여 공명공간에 존재할 수 있는 공명 주파수는 공명공간의 길이 $L_s$와 반경 $r_1$에 의존을 하게 된다. 이들 공명 주파수에 대하여 수식적으로 계산을 한 것을 그림 7-27의 오른쪽에 복잡하지만 한번 나타내어 보았다. 이 수식에서 보듯이 공명 주파수는 두 종류 모드로서 전기횡파(transverse electric, TE)와 자기횡파(transverse magnetic, TM)가 있고 이들은 공명공간의 길이와 반경에 의존을 하며 상수($n,p,q$)에 따라 다른 값을 갖게 된다.

이 TE와 TM은 공명공간 내 형성되는 두 가지 모드로서 TE는 파의 진행방향인 응용장치의 절연 실린더축에 수직인면에는 전기장만 존재하는 전자들이고 TM 모드는 절연 실린더축에 수직인 면에는 자기장만 존재하는 모드로서 그림 7-27의 오른쪽 아래에 이 두 가지 모드의 파에 대하여 나타내었다. 그 다음에 붙는 3숫자는 가능한 파들로서 앞의 $n,p,q$에 해당되는 숫자이다.

이들 공명공간에 형성되는 전기장은 그림 7-27의 왼쪽아래 그림과 같이 그 공간내부에 전기장이 높은 지역이 존재하게 된다.

TE211 모드에 대한 그림을 나타내고 있으며 이는 공간의 4구석에 높은 전기장이 형성되고 있음을 나타내고 있다. 따라서 이 강한 전기장에 의해 전자가 에너지를 받게 되는 것이다.

공명공간 내는 $n,p,q$의 다른 값의 조합을 가지는 파가 여기될 수 있는데 공명공간의 크기가 감소하고 실린더의 반경이 줄어들면  공명될 수 있는 파의 모드가 줄어들고  공명공간 및 실린더 반경이 커지면 많은 모드가 여기될 수 있게 된다.

단 1개 모드의 파만이 공명공간 내에서 여기 된다면, 예로 앞의 TE211의 모드만 발생하여 높은 전기장이 몇 곳에 집중된 형태가 얻어지지만 다른 모드도 여기되면, 각 모드로 인한 높은 전기장의 부분이 서로 겹쳐져서 전기장의 값이 공간 내 평균치를 나타내어 비효율적이 되게 된다.

이와 같은 여러 개의 모드가 발생하는 상태로 사용하는 예가 전자레인지이다. 이 전자레인지에서는 음식을 넣는 공간이 공명공간이 되는데 이 공간의 크기가 커서 많은 파가 여기되는 상태로 사용하게 된다.

- Cavity에 존재할 수 있는 resonant frequency는 cavity의 길이 ($L_s$)와 radius($r_1$)에 의존함.
- Cavity의 길이($L_s$)와 radius($r_1$)에서 공명하며 존재할 수 있는 frequency들은 다음과 같음.
- 이들 frequency는 두 가지 mode로 크게 나눌 수 있음.
  - ➜ TM(transverse magnetic) : cylinder 축에 수직인 면내에 magnetic field만 존재
  - ➜ TE(transverse electric) : cylinder축에 수직인 면 내에 electric field만 존재

$$(f)_{npq}^{TM} = \frac{1}{2\pi r_1 \sqrt{\mu\epsilon}} \sqrt{X_{np}^2 + \left(\frac{q\pi r_1}{L_s}\right)^2}$$

$$(f)_{npq}^{TE} = \frac{1}{2\pi r_1 \sqrt{\mu\epsilon}} \sqrt{(X'_{np})^2 + \left(\frac{q\pi r_1}{L_s}\right)^2}$$

$$\left.\begin{array}{r} n=0,1,2,\ldots \\ p=1,2,\ldots \\ q=0,1,2,\ldots \end{array}\right\} \text{ for TM modes}$$

$$\left.\begin{array}{r} n=0,1,2,\ldots \\ p=1,2,3,\ldots \\ q=1,2,\ldots \end{array}\right\} \text{ for TM modes}$$

$X_{np} = \text{zeros of } J_n(X)$

$X'_{np} = \text{zeros of } J'_n(X)$

- 이들 field는 공간에 field strength가 큰 지점과 작은 지점이 있음.

**TE211 mode에 대한 예**

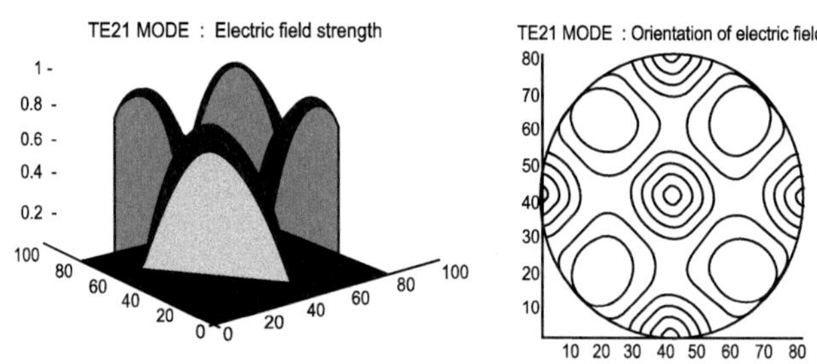


**TE 및 TM mode의 예**

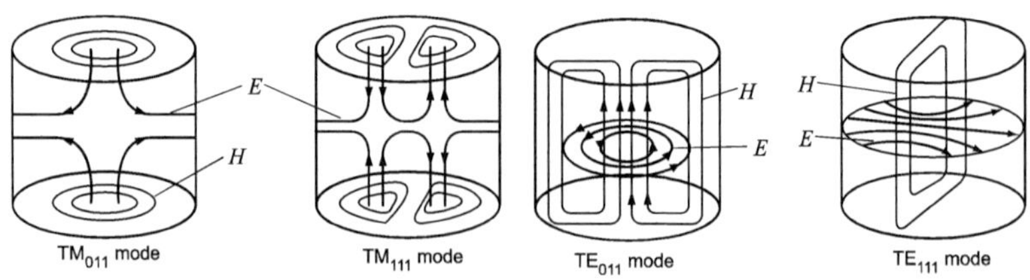


TM011과 TM111 mode에 대한 field형태 TE011과 TE111 mode에 대한 field의 형태

**그림 7-27** 마이크로웨이브(microwave)의 공명파 모드

높은 전기장으로 플라즈마 발생을 용이하게 하려면 가능한 적은 수의 파가 여기되도록 하여야 하며 만일 넓은 공간에 사용하는 경우라면, 즉 플라즈마의 반경이 커야한다면, 낮은 주파수의 마이크로웨이브를 사용하여야 한다.

예로 2.45GHz의 공명공간의 직경이 17.78cm인 반면 915MHz에서는 공명공간의 직경이 47cm로 증가하게 된다. 물론 이렇게 크게 하면 1개의 파가 여기된다 하더라도 이 넓은 공간 내에 파의 정상파가 존재하므로 단위 길이 당 전압인 전기장의 크기는 감소할 수 있다.

그림 7-28의 아래 그림은 공명공간의 직경의 변화에 따라서 공명할 수 있는 여기되는 파의 모드들을 표기하였다. 9.8cm로 작을 때 2.45GHz에서는 오직 1개의 모드만 가능하고 그 모드는 TE111인데 이 공명공간의 크기가 증가함에 따라서 여러 개의 모드가 가능하고 그 숫자가 증가함을 알 수 있다.

- 따라서 cavity크기 및 cylinder radius 가 작으면 single mode가 excite하게 되며, 반면 이들 값들이 크게 되면 multi mode가 excite할 확률이 큼.
- Single mode가 excite하게 되면 electromagnetic focus(1개의 standing wave로 electric field가 집중)가 가능하나 multimode의 경우는 어려움.
- Multi mode의 예 : 전자레인지(resonant cavity의 길이가 커서 여러 개의 mode가 동시 excite)
- Diameter가 큰 경우는 낮은 frequency를 사용해야 single mode excitation이 가능
  예) 47cm diameter cavity at 915MHz~17.78cm diameter cavity at 2.45GHz 47cm 경우 : Cavity내 standing wave의 파장이 넓은 길이 내에 분포

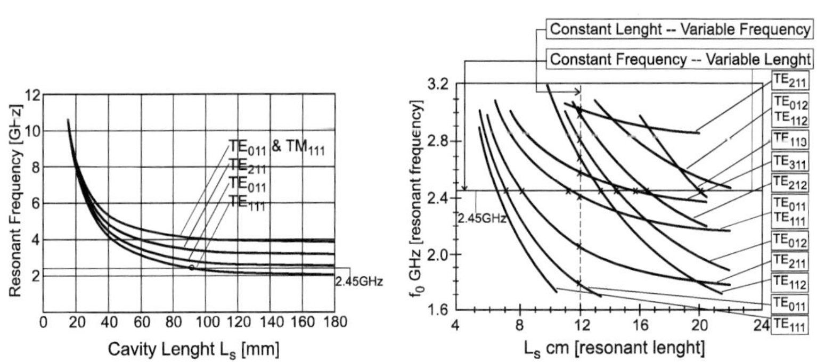


**그림 7-28** 공명공간(resonant cavity)의 크기 및 마이크로웨이브 주파수에 따른 공명모드(resonant mode)의 종류 및 수

# 7.20 전자 사이클로트론 공명 플라즈마(ECR)

이번에는 마이크로웨이브에 자기장을 가한 형태인 전자 사이클로트론 공명(electron cyclotron resonance, ECR)플라즈마에 대하여 설명을 하도록 하겠다. ECR 플라즈마는 특별한 형태의 마이크로웨이브 플라즈마이다. 자기장을 이용하여 챔버 표면으로 부터 떨어진 곳에 고밀도를 형성하며 또한 낮은 압력에서 고밀도를 형성할 수 있는 고밀도 플라즈마 장치 중에서 가장 높은 밀도를 형성할 수 있는 플라즈마 장치이다. 사용 압력 및 플라즈마 밀도에 대한 그림을 그림 7-29의 왼쪽 아래에 나타내었다.

- ECR은 특별한 형태의 microwave plasma임. B field를 이용하여 표면으로부터 떨어진 곳에 고밀도 플라즈마를 형성. 낮은 압력에서 사용 가능.
- Microwave의 power를 효율적으로 흡수하기 위한 방법으로 static magnetic field를 이용.

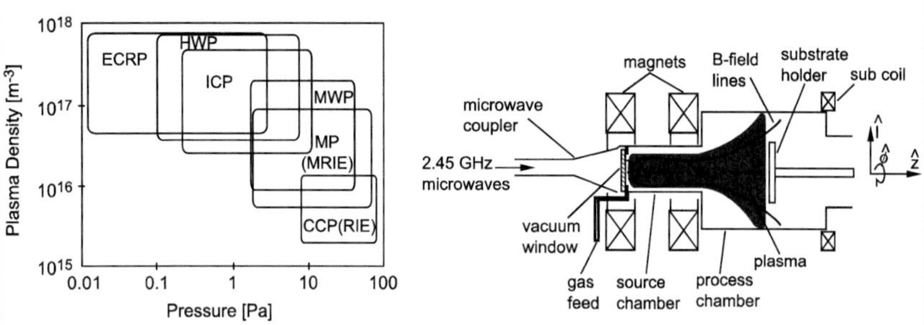


- 자장이 있으면 전자는 field line의 주위를 특정 frequency로 회전

$\rightarrow \omega_c = 2\pi f = \dfrac{eB}{m_e}$ (f = frequency in Hz, B = B field in Tesla= $10^4$Gauss
e : electron charge, $m_e$ : electron mass)

- 만일 이 frequency가 전자의 회전하는 frequency와 일치할 때 ECR 조건을 만족 : 2.45GHz의 microwave frequency에서는 875Gauss

**그림 7-29** 전자 사이클로크론 공명플라즈마(ECR plasma)의 설명

그림에서 보이는 바와 같이 가장 높은 밀도와 가장 낮은 압력에서 이 ECR 플라즈마가 얻어지는 것을 알 수 있고 그 다음으로 헬리콘웨이브 플라즈마(helicon wave plasma, HWP)가 높은 밀도와 낮은 압력에서 사용될 수 있고 그 다음이 유도결합 플라즈마( inductively coupled plasma, ICP), 그 다음이 마이크로웨이브 플라즈마(microwave plasma, MWP) 등의 순서인 것을 알 수가 있다.

이 ECR 플라즈마장치는 마이크로웨이브 전력을 효율적으로 흡수하기 위한 방법으로 자기장을 이용하게 된다.

자장이 있으면 전자는 자기장 주위로 특정 주기로 회전을 하게 되는데 이 주파수($\omega_c$)는 다음과 같다. 여기서 $f$는 Hz단위의 주파수, $B$는 가한 자장(Tesla), $e$는 전자의 전하, 그리고 $m_e$는 전자의 질량이다.

$$\omega_c = 2\pi f = \frac{eB}{m_e}$$

만일 가하는 마이크로웨이브의 주파수와 전자의 자장에 의해 회전하는 주파수가 일치할 때 ECR 조건을 만족하게 되며 2.45GHz의 마이크로웨이브의 주파수에서 이 자장의 값은 875Gauss가 된다.

자기장이 있을 때 전자가 회전하는 방향에 대하여 설명을 하면 자장이 있을때 전자의 회전방향은 그 외부의 자장을 줄이는 방향으로 발생을 하게 된다. 마이크로웨이브는 웨이브 가이드(wave guide)를 통해 플라즈마 장치로 입사시에 대체로 선형편광파(linearly polarized wave)의 상태를 띤다고 한다.

선형 편광파(linear polarized wave)란 그림 7-30의 그림에서 보이는 바와 같이 오른손 회전 편광파(right-hand circularly polarized wave)와 왼손 회전 편광파(left hand circularly polarized wave)의 합으로 이루어진 것으로 파의 진행방향으로 보았을 때 시계방향으로 전기장이 진행하는 파가 오른손 회전편광파, R 파(right hand polarized wave, R wave)이고 시계반대방향으로 전기장(electric field)이 회전하는 파가 왼손 회전편광파, L파(left hand polarized wave, L wave)이다.

- 자장이 있을 때 전자의 회전방향은 그 외부자장을 cancel하는 방향임.
- Microwave는 wave guide를 통해 입사시 대체로 linearly polarized wave상태임. 이는 right-hand polarized wave와 left-hand polarized wave의 합으로 이루어진 것임.

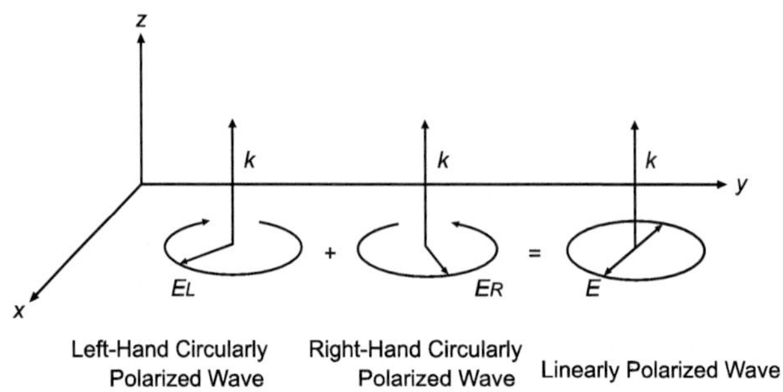


- 자장이 존재하면 이 두 wave로 쪼개져서 자장을 따라 전파함.
- 이 right-hand polarized wave와 left-hand polarized wave의 dispersion relation (파의 전파특성)
- n 〉 0 이어야 wave가 전파됨

$\omega$: microwave frequency, c: 광속

$k: \frac{2\pi}{\lambda}$; wave number

$\omega_p$: plasma frequency(Hz)

$\omega_c$ : electron cyclotron frequency

$n = \frac{ck}{\omega}$: refractive index

(R wave) $\frac{c^2 k^2}{\omega^2} = 1 - \frac{\omega_p^2/\omega^2}{1+(\omega_c/\omega)}$

(L wave) $\frac{c^2 k^2}{\omega^2} = 1 - \frac{\omega_p^2/\omega^2}{1-(\omega_c/\omega)}$

**그림 7-30** ECR 플라즈마에서 플라즈마 내부로 전파하는 파에 대한 설명

자장이 존재할 때는 이 두 파로 쪼개져서 자장을 따라 전파한다고 하며 이 파의 전파특성인 분산곡선(dispersion curve)은 아래에 나타낸 바와 같다.

$$\text{R 파} : \frac{c^2k^2}{\omega^2} = n^2 = 1 - \frac{\omega_p^2/\omega^2}{1+(\omega_c/\omega)}$$

$$\text{L 파 : } \frac{c^2k^2}{\omega^2} = n^2 = 1 - \frac{\omega_p^2/\omega^2}{1-(\omega_c/\omega)}$$

여기서, $\omega$는 마이크로웨이브의 주파수, $k$는 파수(wave number), $\omega_p$는 플라즈마진동수(plasma frequency), $\omega_c$는 전자 사이클로크론 공명(electron cyclotron resonance) 주파수, 그리고 $n$은 굴절률(refractive index)이다. 이 식은 이 파가 전파하려면 굴절률(refractive index)인 $n$값이 0보다 커야한다는 것을 알려준다.

이들 R 파와 L 파는 자장을 따라서 전파하게 되는데 플라즈마가 존재시에 이 파가 플라즈마 내 전자와 반응을 하게 된다. 특히 자장이 875Gauss가 되는 지점에서 오른손 회전 편광파만 강하게 흡수되고 왼손 회전 편광파는 흡수됨이 없이 되튕겨 나간다고 한다.

- 플라즈마가 존재시 자장을 따라 전파하는 이들 wave가 플라즈마 내 전자와 반응.
  - ➜ $\omega = \omega_3$에서 right-hand polarized wave만이 전자에 흡수됨.
  - ➜ 이는 전자가 자장주위로 움직이는 방향과 right-hand polarized wave의 전기장의 방향과 일치하기 때문임

**전기장의 방향과 전자의 방향** **한 주기에서의 전기장의 방향과 전자의 방향**

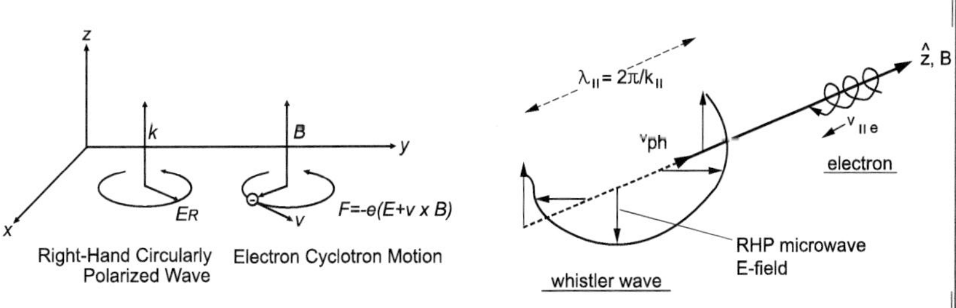


**그림 7-31** 자기장이 있는, 즉 자화된 플라즈마 내에 전자와 마이크로웨이브파의 전기장과의 방향 관계로 인한 ECR 플라즈마에서 파의 에너지흡수의 차이를 설명하는 그림

이는 오른손 회전 편광파의 전기장의 시간에 따라 회전하는 방향과 자기장을 따라서 회전하는 전자의 방향이 서로 일치하여 전자가 움직이는 방향으로 전기장이 지속적으로 형성이 되기 때문이다.

이를 한 주기에서 전기장의 변화와 전자의 방향에 대하여 그림 7-31의 아래 그림들에 나타내었고 그림 7-32에는 각 90도씩 변화하는 편광파(polarized wave)들의 전기장의 방향과 이에 따라 움직이는 전자의 방향의 관계를 나타내고 있다.

그림 7-32로 설명을 한다면 윗 그림은 자장의 방향에서 보았을 때 오른손 회전편광파의 경우이고 아래 그림은 왼손 회전편광파의 경우이다. 위의 그림에서 평행한 회살표는 파의 90도마다의 전기장의 방향이고 까만점은 전자 및 이에 따라 가속되는 방향을 나타내고 있다.

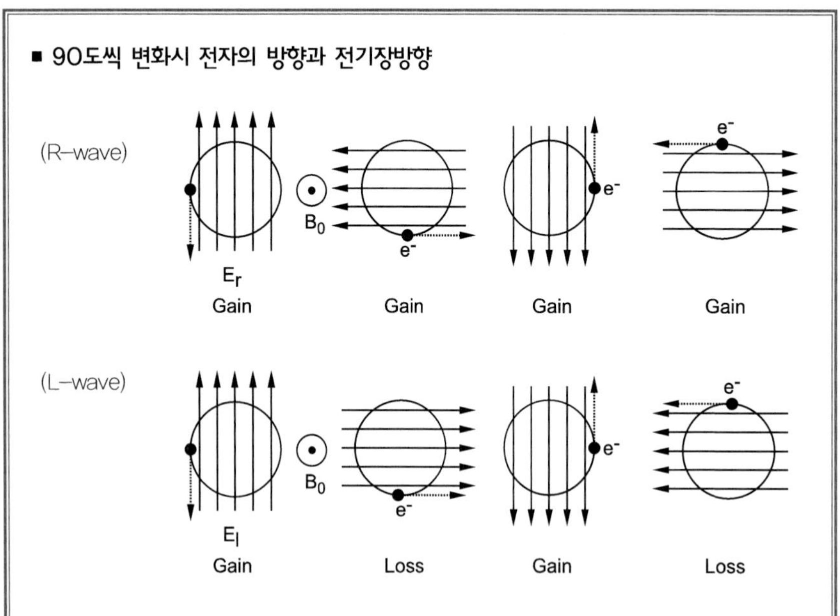


**그림 7-32** ECR 상태에서 오른손 회전공명파(R wave)와 왼손 회전공명파(L wave)에서의 전기장 방향변화와 전자의 회전방향에 따른 전자의 공명파에너지 흡수 차이

오른손 회전 편광파의 경우는 전자가 회전할 때마다 전기장의 방향과 일치하여 전자는 지속적으로 에너지를 얻는 반면, 아래의 왼손 회전편광파의 경우는 한번 얻으면 다음에 에너지를 잃어 한번 회전을 360도하면 전자가 받은 총에너지는 0이 되게 되므로 왼손 회전편광파는 플라즈마 발생에 소용이 없고 오른손 회전편광파만이 플라즈마 발생에 주요한 역할을 한다.

ECR 플라즈마를 효율적으로 챔버 내부에 발생시키려면 875Gauss의 자기장의 형성에 주의하여야 한다고 한다. 즉, 그림 7-33에 보이듯이 875Gauss의 자기장을 표면이 아닌 챔버 내부에 발생하도록 하되 마이크로웨이브파가 이 지점이 도달하기 전에 반사되지 않도록 해야 한다.

이는 마이크로파가 입사되는 지점에서는 875Gauss보다 높게 하여 챔버 내부로 갈수록 875Gauss에 접근을 하면서 감소하도록 해야 앞의 웨이브의 전파에 관한 수식에서 n이 0보다 크게 되고 파가 반사되지 않는다고 한다.

■ **ECR을 효율적으로 발생시키기 위한 조건들**

–B field : 875Gauss를 플라즈마 내부에 발생시키되 microwave가 입사시 reflect되지 않도록 함.

➜ 초기의 dielectric window를 통해 microwave가 입사되는 지역의 B field가 875G (즉 $\omega = \omega_c$이 되도록)보다 높게 함.

➜ 작으면 right-hand polarized wave도 reflect됨.

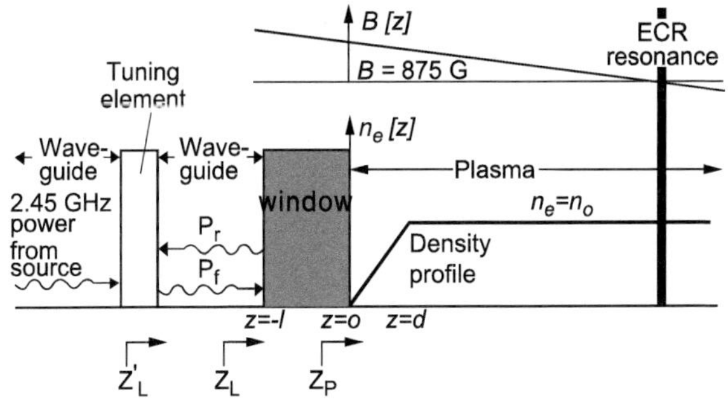


**그림 7-33** ECR 플라즈마를 효율적으로 챔버 내부에 발생시키기 위한 조건에 대한 설명

그림 7-34의 아래 그림에 보는 바와 같이 자장이 없을 때는 진공 챔버와 외부를 분리하는 절연창을 통해 일부 반사가 되면서 입사되며 마이크로웨이브의 에너지흡수는 점진적으로 일어나겠지만 자장을 가하면 875Gauss가 되는 지점에서 강하게 파가 흡수되고 이 자장은 마이크로파가 입사하는 지역으로 부터 감소하는 값으로 875Gauss가 되도록 오른쪽 아래 그림의 형태로 되어야 하는 것을 보여주고 있다.

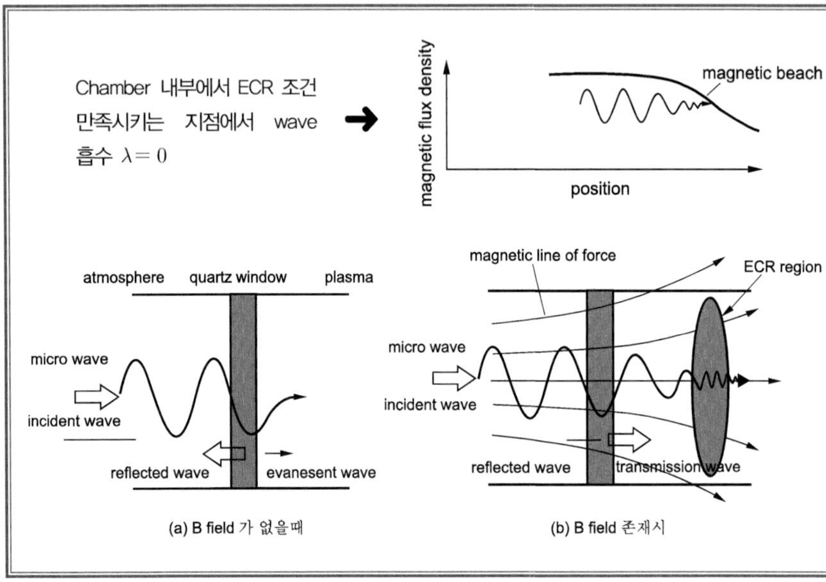


**그림 7-34** 자장의 유무에 따른 마이크로파의 플라즈마에서의 에너지 흡수 차이

## 7.21 다양한 형태의 ECR 플라즈마

전자석을 이용하여 875Gauss를 대면적에서 얻기가 어렵고 또한 균일하게 얻기는 더욱 어려우므로 ECR 플라즈마를 대면적에서 균일하게 얻기 위한 다양한 방법이 연구된 바가 있다. 이중의 몇 가지 ECR 플라즈마장치의 형태를 그림 7-35에 나타내었으며 아래쪽의 그림은 영구자석을 이용하는 ECR 플라즈마에 대하여 나타내었다.

즉, 전자석이 아닌 영구자석을 이용하고 마이크로웨이브의 전파는 봉형태의 안테나를 이용하여 발생시켜 영구자석으로 발생된 875Gauss지역에서 ECR 플라즈마를 형성하며 이 ECR플라즈마가 챔버 주위에 많은 지역에 발생하도록 하여 고밀도의 플라즈마를 넓은 영역에 발생하도록 하는 것이다. 물론 다양한 방법이 연구되어 왔지만 현재로서는 이 ECR은 대면적화 등의 문제점을 안고 있는 상태여서 실제 반도체 등의 공정에는 사용을 거의 하지 않고 있는 상태였으나 최근 차세대 반도체에 저압 고밀도 플라즈마의 요구로 이들 ECR 지역을 분산시킨 ECR 플라즈마 장비들이 다시 연구 개발되고 있는 추세이다.

- ECR zone을 기판부근에 형성하고 혹은 대면적에 균일한 고플라즈마를 형성하기 위해 다양한 형태의 ECR 장비를 연구 개발.

: 875Gauss을 위한 solenoid coil의 배열

: 전자석은 대면적에서 875Gauss 얻기 어려우며 균일하게 얻기도 힘듬 : 영구자석을 이용한 distributed ECR 연구

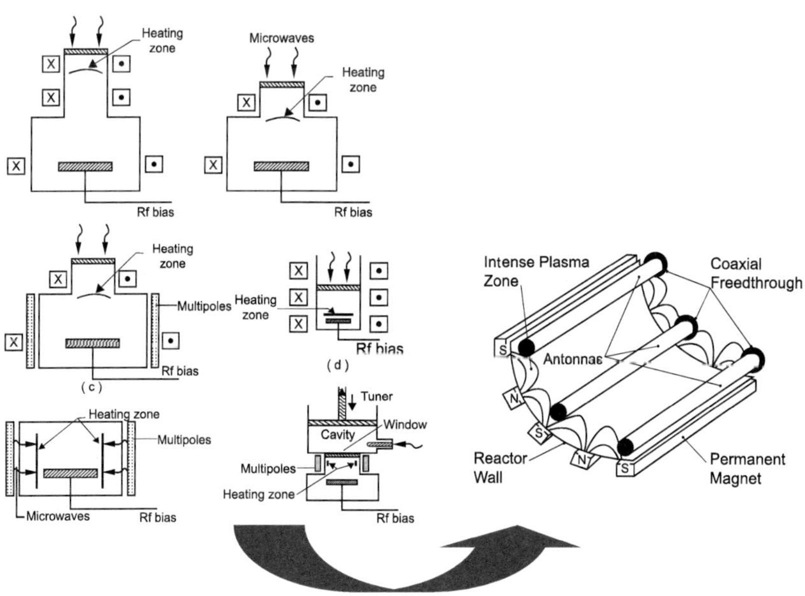


**그림 7-35** 다양한 형태의 ECR 플라즈마 장치

## 7.22 고밀도 플라즈마(High Density Plasma)장치의 단점

이제까지 몇 가지의 고밀도를 발생시키는 플라즈마 장치들에서 고밀도 플라즈마를 발생시키는 것은 장점이나 다음과 같은 단점도 지니고 있다는 것을 알아둘 필요가 있다.

첫째, 전자기파를 챔버 내로 통과시키기 위한 절연창이 필수적으로 필요하다는 것이다. 또한 많은 경우 낮은 전자온도의 고밀도 전자가 분해하여 많은 분해종(radical)을 형성시킨다. 예로 $CF_4$의 경우 F가 너무 많이 생겨서 에칭 혹은 식각시(etching)시에 물질간의 식각선택도(etch selectivity)를 떨어뜨릴 수가 있다는 것이다.

또한 고밀도의 이온으로 인해 식각속도(etch rate)는 빠르나 이들 이온의 충돌(bombardment)에 의한 기판가열(substrate heating)도 클 수 있으며 따라서 효율적인 기판의 냉각이 필요하다는 것이다. 또한 유도결합 플라즈마를 제외하고는 이미 보았듯이 그 플라즈마 발생의 원리를 이해하기가 어렵거나 완전히 이해하지 못하고 있다는 것이다. 따라서 유도결합 플라즈마를 제외하고는 장비 및 공정개발이 쉽지 않은 상태이다.

- Electromagnetic wave의 흡수를 위한 Dielectric window 요구됨.
- Too much radicals : 고밀도의 전자 및 낮은 전자온도로 인해 $CF_4$와 같은 분자의 경우 F radical이 너무 많아져 식각시의 etch selectivity가 작음.
- Substrate heating이 크므로 효율적인 기판냉각이 필요함.
- ICP를 제외하고는 그 플라즈마 physics가 어렵거나 이해가 완전하지 못함.
- 따라서 장비 및 공정개발에 어려움.

**그림 7-36** 플라즈마 장치의 단점에 대한 설명

P/A/R/T

# 8 플라즈마 식각의 원리 및 공정인자의 영향

## 8.1 플라즈마 식각의 기구

플라즈마 식각에 관한 이론을 구분한다면 다음과 같은 기본적인 4가지 식각기구(etching mechanism)로 나누어 설명할 수가 있다.

그 첫 번째가 스퍼터 식각기구(sputter etching mechanism), 두 번째가 화학적 식각기구(chemical etching mechanism), 세 번째가 이온보조식각증진기구(ion enhanced etching mechanism), 그리고 마지막으로 이온보조 식각억제기구(ion enhanced inhibition mechanism) 이렇게 4가지 식각기구(etching mechanism)로 식각(etching)이 일어나는 현상에 대하여 구분할 수가 있다.

우선 스퍼터 식각기구는 물리적인 식각(etching)으로서 기판과 플라즈마 사이에 형성되는 쉬쓰전압에 의해 가속된 이온이 기판을 치면서 에너지를 전달하여 기판의 물질을 떼어 냄으로써 표면의 물질을 제거, 즉, 에칭 혹은 식각하는 것으로 이온의 입사방향에 따라 식각되는 형상이 바뀌며 이온이 수직 입사할 때 대체로 이방성의 식각형상이 얻어지게 된다.

이 물리적 식각은 물질간의 식각 선택도가 입사이온 1개당 스퍼터되는 원자의 수인 스퍼터율(sputter yield)에 의존하게 되는데 대체로 물질간의 스퍼터율이 크지 않은 상태이므로 그 식각선택도가 크지 않은 것이 일반적인 현상이다.

■ **Plasma etching의 4가지 기본 etching mechanism**

1) Sputter etching mechanism
sheath voltage로 가속된 이온이 substrate를 치면서 energy를 transfer하여 기판의 표면물질을 제거. Mechanical한 반응임, Anisotropic etching을 일으킴.

2) Chemical etching mechanism
순수한 화학적인 반응으로 반응성 기체중의 radical에 의한 기판물질과의 반응으로 volatile한 product을 만들어 기판표면 물질을 제거. Isotropic에 가까운 etching을일으킴.

3) Ion enhanced etching mechanism
neutral이나 radical만으로는 기판과의 반응이 적으나 energetic ion이 substrate를치면서 기판물질내의 기판물질과의 반응성을 높이는 현상. Reactive ion의 경우neutral이 없어도 이 physiochemical 반응을 동시에 만족시킬 수 있다. Anisotropic etching을 얻음.

4) Ion enhanced inhibiting mechanism
radical과 기판물질과의 반응에서 radical과 기판물질반응을 방해하는 inhibitor막이 생성 가능. Ion이 입사하는 바닥에는 이 물질이 sputter되거나 vaporize되도록 ion이 도우나 sidewall은 이온의 입사가 없어 etching이 되는 것을 막는다. Radical과 기판물질 간 spontaneous etching이 있을 때 anisotropic etching을 얻는 방법임.

**그림 8-1** 플라즈마 식각의 4가지 기본 식각기구에 대한 설명

두 번째의 식각기구는 화학적 식각기구(chemical etching mechanism)로서 이온이 아니라 반응성기체 혹은 라디칼이라는 분해된 반응성기체에 의해 기판의 물질과 화학반응으로 인해 화합물을 형성하고 이 화합물의 증기압이 높아 증발을 함으로서 기판물질을 제거하는 식각방식이다.

이 반응성기체나 라디칼은 대체로 방향성이 없이 기판으로 입사하여 기판물질과 반응을 하므로 등방성 식각이 주로 일어나게 된다.

세 번째의 식각기구는 첫 번째의 스퍼터 식각기구와 두 번째의 화학적 식각기구(chemical etching mechanism)가 합쳐진 식각기구로 생각할 수도 있는데 우선 기판의 물질이 안정한 상태에서는 반응성 기체나 라디칼이 기판

에 입사하여도 기판의 물질간의 결합에너지가 커서 상호간의 반응이 크지 않으나 스퍼터 식각에 의해 이온이 기판표면의 물질을 충돌하여 기판물질간의 결합을 깨놓으면 반응성 기체 및 라디칼과의 반응성이 커져서 식각이 빨라지는 현상을 이야기 한다.

물론 이온자체가 반응성이온으로 되어 있어서 기판물질의 결합(binding)도 깨고 또한 반응성화합물을 동시에 만들 수도 있다. 또한 이 반응성 이온의 에너지가 크다면 기판물질의 스퍼터링현상도 동시에 발생할 수 있다.

네 번째 식각기구는 이온보조 식각억제기구로서 식각이 일어나는 기구라기보다는 이방성식각(anisotropic etching)을 얻는 식각기구의 한가지라고 할 수 있다.

이는 반응성 기체 및 라디칼 중에서 반응성기체 및 라디칼을 구성하는 일부원소가 기판물질과 화합물을 형성하였을 때 이 화합물의 증기압이 아주 낮은 상태여서 증발하지 않고 표면에 남아있 게 되는 경우가 있으며 이것이 다음 반응성기체 및 라디칼이 왔을 때 식각이 진행되는 것을 막는 식각억제막으로서의 역할을 할 수가 있다.

이온이 입사하는 면의 바닥에는 이 식각억제막이 스퍼터되거나 증발되도록 이온의 충돌로 도움을 주어 식각이 진행될 수 있으나 벽면과 같은 이온이 수직 입사시에 이온이 닿지 않는 지역은 이온의 입사가 없어서 식각억제막이 그대로 남아 있어서 식각이 되는 것을 막게 된다.

이는 반응성기체나 라디칼과 화학적 식각에 대한 반응성이 커서 자발적으로 식각이 되어 등방성 식각이 일어나는 때에 비이방성 식각이 필요할 때 이용한다. 즉, 반응성기체에 포함된 첨가가스나 아니면 반응성기체나 라디칼(radical)에 포함된 원소에 의해 이와 같은 식각억제막을 형성하도록 하여 비이방성 식각을 얻을 때 사용하는 방식이라고 할 수 있다.

앞서 설명한 플라즈마 식각기구를 도식화하여 그림 8-2에 나타내었다.

우선 스퍼터링은 이온의 입사에 의해 물리적인 충격으로 기판물질이 식각되는 것으로 이방성식각이 얻어지게 되는데 이는 수직으로 이온이 입사시 수직으로 식각이 되는 경우가 많으나 그림에 보이는 바와 같이 마스크층도 같이 식각이 되어 약간 벌어진 형태의 식각형태가 관찰되는 수도 많이 있다.

두 번째의 반응성기체나 라디칼에 의한 식각의 경우는 이 반응성기체나 라디칼이 랜덤(random)한 방향으로 기판으로 입사하여 기판물질의 벽면과 바닥부분을 동시에 같은 속도로 식각을 할 수 있게 되므로 두 번째 그림에서 보이는 바와 같은 등방성의 마스크층을 파고드는 형태로 식각(etching)이 진행된다.

이와 같은 식각을 등방성식각(isotropic etching)이라고 한다. 이는 반응성 기체 및 라디칼과 기판물질간의 자발적인 식각(spontaneous etching)이 가능할 때 이와 같은 식각이 관찰되게 된다.

만일 반응성 기체나 라디칼과의 자발적인 반응성이 없는 경우는 이온충돌과 같은 추가적인 수단이 필요하며 이와 같은 방법이 이온보조 식각증진기구라고 할 수 있다.

이는 그림 8-2의 세 번째에 보이는 바와 같이 기판물질은 결합에너지가 큰 상태여서 그대로는 반응성기체나 라디칼과는 반응을 하지 않으나 입사하는 이온이 입사하여 기판에 있는 물질간의 결합상태를 끊고 기판의 결정구조를 파괴하면 기판물질 표면에 비결합 본드(dangling bond)가 형성되어 반응성도 증가하게 되므로 이 상태에서 반응성 기체, 라디칼, 혹은 이온에 포함된 반응성 원소와 화합물을 형성하고 또한 이 형성된 화합물의 증기압이 크면 식각이 증가되는 현상을 얻게 된다.

이 경우 이온이 입사하지 않는 벽면은 식각이 진행되지 않고 그대로 남는 경향이 있으므로 세 번째 그림에 보이는 바와 같이 수직한 식각형상을 얻을 수 있게 된다.

네 번째 그림에 보이는 것은 반응성 기체, 라디칼의 일부 원소와는 증기압이 높은 화합물을 형성하여 기화하나, 첨가가스나 반응성 기체 및 라디칼 내 포함된 일부원소와는 기판물질과 형성된 화합물의 증기압이 낮아 그대로 남아 있는 경우이다.

이 경우 초기의 기판벽면이나 기판바닥의 모든 곳에서 식각이 진행되다가 증기압이 낮은 화합물의 막이 남게 되는데 기판 바닥은 입사하는 이온이 이 막을 지속적으로 제거하여 식각이 진행되는 반면에 벽면쪽은 이 생성된 증기압이 낮은 화합물 막, 즉, 식각억제막을 제거할 수가 없으므로 식각이 진행되지 않아서 결과적으로 네 번째 그림에 보이는 바와 같은 이방성의 식각형상이 얻어지게 된다.

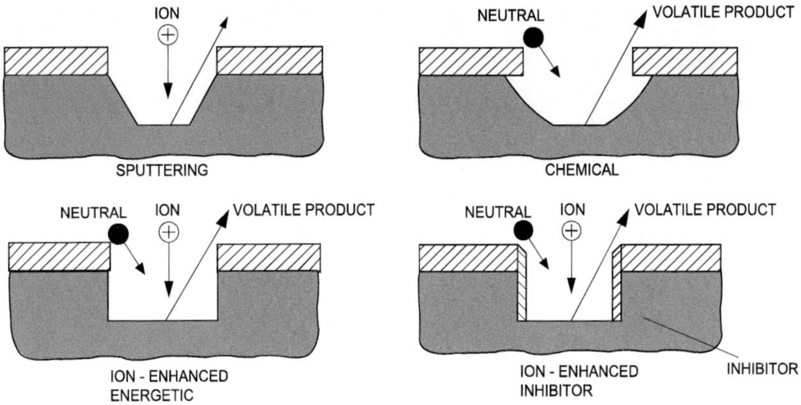


**그림 8-2** 4가지 플라즈마 식각기구(plasma etching mechanism)에 대한 도식

우선 각각의 플라즈마 식각기구(plasma etching mechanism)에 대하여 좀 더 자세히 관찰하여 보자.

스퍼터링에 의한 식각은 물리적인 식각으로서 보통 기판과 플라즈마 사이에 형성된 쉬쓰전압에 의해 플라즈마 내의 이온이 가속되어 기판에 입사하며 이때 쉬쓰에 형성된 전압이 기판에 수직으로 되어 있어서 이온은 기판면에 수직으로 입사하게 된다.

반면 기판 내에 있는 미세한 올록볼록한 면은 플라즈마가 그 형태를 보지 못하므로 미세한 경사진 면이 있으며 기판 면에 수직입사하는 이온과 90도가 아닌 다른 각도로 기판물질에 입사하게 된다.

이온의 입사에 따른 물질의 스퍼터되는 정도는 그림 8-3의 왼쪽 그림에 나타낸 바와 같다. 0도가 수직입사이고 이로부터 각도가 변화함에 따른 물질의 스퍼터율(sputter yield)을 보여주고 있는데 같은 물질에서는 다음과 같은 수식으로 표현된다. 즉,

$$S = d\sec\theta$$

여기서 $S$는 스퍼터율, $d$는 스퍼터되는 물질표면 두께, $\theta$는 입사이온의 각도이다.

또한 그림에서 보는 바와 같이 기판물질이 무엇인가에 따라서 즉, 금(gold), 포토리지스트(photoresist), 알루미늄(aluminum)인지 등에 따라서 같은 이온의 입사각에서도 약간의 차이가 나는 것을 알 수가 있다.

반면 본질적으로 스퍼터 식각에서는 물질간의 식각선택도가 크지 않게 되는데 이는 물질간의 결합력에 비해 기판으로 부터 스퍼터링에 의해 물질을 떼어 내는데 사용되는 이온에너지가 대체로 아주 크기 때문이다.

반면 그림에서 보이는 바와 같이 같은 물질에서도 이온의 입사각도에 따라서 스퍼터율이 차이가 나며 40~70° 사이에서 가장 높은 스퍼터율을 나타내고 있음을 알 수가 있다.

■ Sputtering

- 기판에 sheath가 평행하게 형성되어 이온이 수직입사. Anisotropic etching을 도움.
- 미세한 patterning이 기판에 있는 경우 sheath는 cm 단위로 이 pattern의 모양을 따르지 않아 pattern의 면에 경사진 각도로 입사가 가능. 이로인해 facet을 형성하고 etched feature 부근에 trench를 형성함.
- Sputtering은 본질적으로 unselective하다. 이는 물질간의 bond energy의 차이에 비해 기판으로부터 sputtering으로 물질을 eject하는데 필요한 ion energy가 아주 크기 때문.
- 또한 reactive etching에 비해 식각속도가 대체로 낮음.

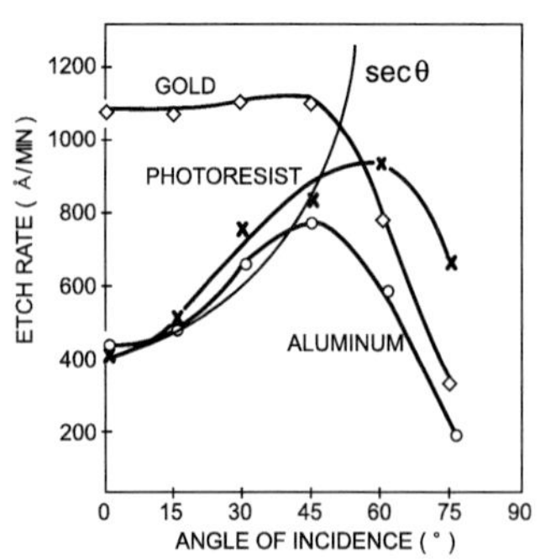


이온입사각에 따른 sputter etch rate(s)
$s = d\sec\theta$

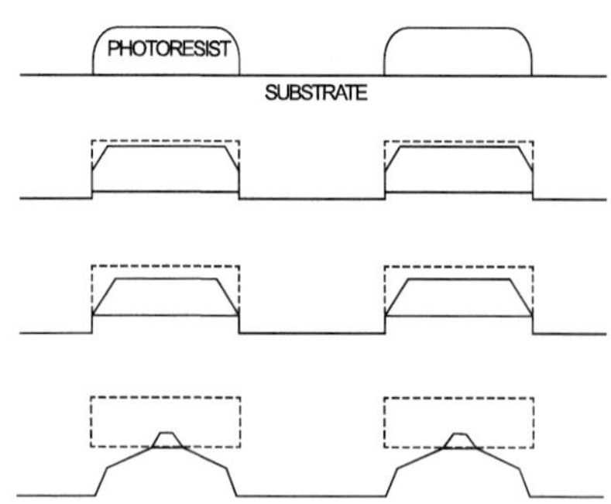


sputtering에 따른 facet형성

**그림 8-3** 스퍼터 에칭에 의한 식각

그림 8-3의 오른쪽 그림은 기판에 포토리지스트를 마스크(mask)로 사용한 경우에 막에 대한 스퍼터 에칭 경향을 보여주고 있다.

포토리지스트의 모서리 면은 둥글게 되어있는 경향이 있고 이 지역은 이온이 기판으로 수직 입사시에 40~70°의 스퍼터율이 큰 각도를 포함하게 되므로 이 지역에서의 스퍼터링이 다른 지역보다 크게 되어 오른쪽의 두 번째와 세 번째에 보이는 그림과 같이 빠른 속도로 그 각도로 식각이 진행되어 결과적으로는 마스크층이 기판물질을 덮은 면적이 줄어들게 되고 오른쪽 네 번째 보이는 그림과 같이 될 수가 있다.

이렇게 되면 이 마스크층의 모서리 부분에서의 빠른 식각으로 인해 기판물질의 식각된 형태가 경사진 미세한 면인 각면(facet)을 형성할 수도 있게 된다. 어쨌든 스퍼터링으로는 이와 같은 모서리 부분의 식각속도가 빨라서 생기는 문제 및 마스크층과의 낮은 식각선택도 등으로 인해 보기 좋은 수직한 식각형상을 얻기가 쉽지는 않다.

화학적 식각은 플라즈마 식각을 하는 이유이기도 하다. 즉, 화학적 식각은 주입한 반응성 가스를 분해하여 주입된 가스 자체로서 반응성이 없더라도 이를 분해하므로 인해 생성된 라디칼은 대체로 높은 반응성을 띠게 되므로 플라즈마를 이용하여 이와 같은 반응성이 높은 라디칼을 만들어 기판물질을 높은 속도로 식각하는 것이다.

예로서 실리콘은 불소인 F와 반응을 하여 식각이 될 수 있는데 이 F 원자를 공급하기 위하여 $NF_3$나 $CF_4/O_2$와 같은 가스를 공급하여 이 가스 내에서 F를 분해하여 실리콘을 식각하게 된다. 이때 실리콘이 식각되면서 나오는 휘발성이 높은(volatile) 화합물은 $SiF_4$가 된다.

화학적 식각은 대체로 매우 선택적인 식각이 가능한데 이는 반응에 있어서 열역학적으로 자발적으로 일어나는 반응만 일어날 수 있기 때문이다.

예로 실리콘과 F 혹은 Cl은 자발적으로 반응이 진행이 되지만 Cl과 F는 $Al_2O_3$와는 자발적으로 반응이 일어나지 않게 된다. 이는 열역학적으로 불가능하기 때문이다.

또한 반응은 일어나더라도 휘발성이 높아 증기압이 높은 화합물이 형성이 되어야지 형성된 화합물의 증기압이 낮으면 그대로 기판 표면에 남아 있게 되는데 스퍼터링의 경우 이와 같은 반응산물의 증기압이 낮은 경우라도 스퍼

■ **Chemical Etching**

- Chemical etching에서는 plasma가 feed가스를 분해하여 reactive한 radical을 만드는데 역할을 함.
  예) silicon은 F radical에 의해 식각됨. 이를 $NF_3$ 나 $CF_4/O_2$plasma 등으로 공급.
  etch product는 $SiF_4$.
- Chemical etching은 대체로 매우 selective etching이 가능. 왜냐하면 thermodynamically unfavorable한 반응은 일어나지 않음.
  예) $Al_2O_3 + Cl_2 \leftarrow AlCl_3 + O_2$ : → 열역학적으로 안정한 반응.
- Sputtering은 반응 product가 involatile해도 sputtering으로 etching이 가능하나 chemical etching의 경우는 반응 product의 vapor pressure가 높아야만 반응산물이 제거 되므로 reaction product이 volatile해야 함.
- 화학적 반응성에 의해서만 etching이 되는 경우 wet etching과 유사하게 non-directional. 따라서 anisotropitc etching을 얻기 위해서는 sidewall inhibitor와 같은 mechanism 등이 필요.

**그림 8-4** 화학적 식각 (chemical etching)의 조건

터하여 제거하면서 식각을 일으킬 수 있지만 순수한 화학적 식각의 경우에는 이와 같은 반응으로 생성된 물질의 증기압이 낮은 경우는 이를 제거할 수 있는 방법이 없게 되므로 반응으로 생성된 화합물의 증기압이 높아 자발적으로 제거되어야 할 필요가 있다.

또한 화학적인 반응성에 의해서만 식각이 되는 경우에는 습식식각에서와 같이 등방성으로 식각이 된다.

이와 같은 등방성 식각은 미세한 패턴을 식각 하는 데에는 문제가 생기므로 이와 같은 등방성 식각이 일어나지 않게 하기 위하여 네 번째 식각기구인 벽식각 억제기구(sidewall inhibitor mechanism)를 이용하여야 한다.

플라즈마 식각에서 이온은 중요한 역할을 한다. 그림 8-5의 중앙에 보이는 그림과 같이 실리콘을 식각하는데 $XeF_2$와 같은 기체를 그냥 흘려주면 $XeF_2$ 가스 자체의 분해 및 이의 실리콘과의 자발적인 반응으로 그림에서 보이는 바와 같이 식각이 진행되게 되나 그 속도는 낮은 상태이다.

반면 이 실리콘 위로 $XeF_2$를 흘리는 상태에서 $Ar^+$ 이온 등과 같은 이온을 충돌하면 그 식각속도가 크게 증가하게 된다. 물론 흘린 $XeF_2$를 제거하고 $Ar^+$ 이온만으로 충돌하면 다시 그 속도가 $Ar^+$ 이온에 의한 스퍼터 에칭 속도만 남으므로 그 속도가 감소하게 된다.

즉, 초기의 $XeF_2$는 화학적 식각이라고 한다면, $Ar^+$ 이온에 의한 식각은 물리적 식각이고 이 둘의 합으로 발생하는 식각은 이온보조 식각증진기구으로 이온보조 화학적 식각이 된다.

이 경우는 화학적 식각의 실리콘 식각속도와 $Ar^+$ 이온에 의한 스퍼터 에칭 속도의 단순한 합보다 높은 속도의 식각이 얻어지게 된다.

이는 앞에서 설명한 바와 같이 이온으로 스퍼터링만이 일어나는 것이 아니라 이 이온이 실리콘 표면의 실리콘 원자들의 결합을 끊어 반응성을 증가시키고 이에 화학적 식각이 반응성 기체로 일어나게 되어 식각속도가 크게 증가하는 것이다.

이 반응을 증대시키는데 요구되는 임계에너지(threshold energy)에 대하여서는 알려진 바가 없지만 대체로 이온의 에너지가 물질의 결합에너지보다 높은 경우 반응속도가 증가될 것으로 생각이 된다.

이와 같은 화학적 식각에 이온충돌을 더하여 발생되는 식각속도의 증가는 마스크층으로 패턴한 물질의 식각에서의 식각선택도를 증가시키게 되며 이에 대한 그림을 그림 8-5의 왼쪽 아래에 나타낸 바와 같게 된다.

그림에서 보이는 바와 같이 실리콘에 포토리지스트로 마스크를 하였을 때 실리콘이 노출된 면은 이온충돌을 받아서 화학적 식각속도 이상의 높은 속도로 식각이 진행되는 반면에 벽면은 마스크층에 의해 이온이 가려져서 이온의 충돌없이 화학적 식각만으로 식각이 되어 식각속도가 낮게 되므로 왼쪽 그림에 보이는 바와 같이 이방성의 식각이 진행되게 된다.

오른쪽 그림에서는 화학적 식각의 상태인 벽면에서의 $XeF_2$의 유동속도에 따른 식각속도($b$), 그리고 이에 $Xe^+$ 이온을 충돌했을 때의 노출된 실리콘 바닥면에서의 식각속도($a$), 그리고 이 둘의 차이로서 실리콘 바닥면이 벽면에 비해 증가된 식각속도( $a-b$)를 보여 주고 있다.

■ Ion enhanced etching

- Energy driven ion enhanced etching으로서 susbtrate와 gas phase로부터의 neutral species간의 반응이 ion bombardment에 의해 가속됨.
- 반응에 요구되는 특정 threshold energy(반응의 특정 threshold energy 값은 잘 알려진 바 없음)에 대해 ion energy가 물질의 binding energy보다 높은 경우 반응속도가 증진됨.
- Ion bombardment에 따른 etch rate의 증가는 etching의 anisotropy를 증진시킴.

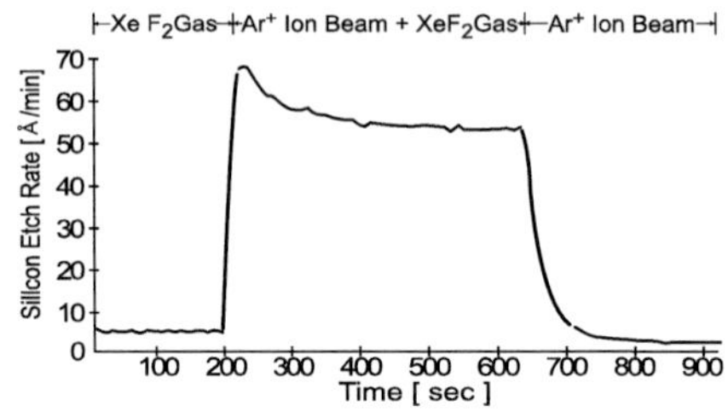


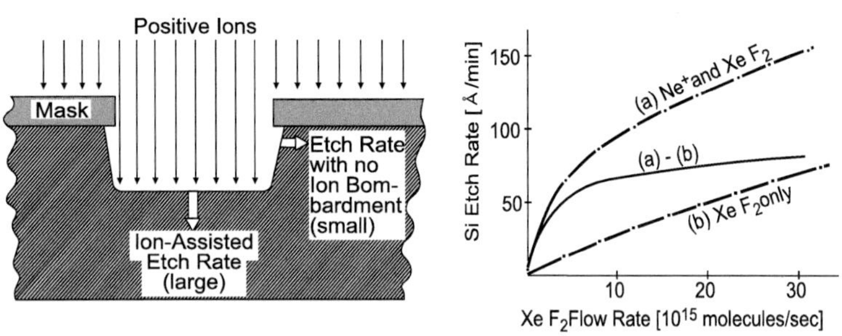


( b )

**그림 8-5** 이온보조 식각 증진기구에 의한 식각의 설명

이와 같이 이온충돌을 이용하여 반도체의 식각에서 이방성식각 및 높은 식각속도를 얻는 것이 보편적인 방법이다.

이온보조식각의 경우 그 식각하는 물질에 따라서 거의 완전한 수직식각이 일어날 수도 있고 앞에서 본 바와 같이 비등방성의 약간의 벽면식각이 존재하는 이방성 식각이 일어날 수도 있다.

이는 플라즈마를 발생시켰을 때 생성된 반응성을 지닌 라디칼과 기판물질과의 자발적인 반응성의 정도에 의존을 한다.

좀 더 정확히 말한다면, 식각의 이방성정도는 자발적인 반응에 의한 식각속도, 즉, 그림 8-6의 왼쪽 윗 그림에서 x 방향의 식각속도와 이온충돌에 의해 증가된 기판의 수직방향으로의 식각속도 즉, z 방향으로의 식각속도의 비율에 의존하여 마스크층으로 패턴한 물질의 식각형상이 변화할 수 있다고 할 수 있다.

실리콘의 식각의 경우 사용하는 할로겐 가스의 종류에 따른 자발적인 식각속도의 차이로 인한 식각형상의 변화에 대하여 그림 8-6의 왼쪽 아래 그림에 나타내고 있다.

그림에 보이는 바와 같이 실리콘은 F와는 큰 반응성을 지녀서 x 방향으로 자발적 식각이 크게 되나 Cl과는 그 반응성이 좀 떨어지고 또한 Br과는 그 반응성이 아주 낮은 상태여서 더욱 자발적 식각이 떨어지는 상태이다.

따라서 이들 원소를 이용하여 실리콘을 식각하되 이온보조식각을 하는 경우 이온보조식각에 의한 z방향의 식각속도에 비해 자발적인 화학적 식각에 의한 x방향의 식각속도 차이로 F의 경우 벽면으로의 식각이 큰 식각형상이 얻어지고 Br의 경우는 벽면의 식각이 거의 없는 수직한 식각을 얻을 수 있게 된다.

이와 같은 특성은 기판물질에 따라서도 얻을 수 있다. 플루오린(fluorine, F)은 실리콘과 자발적으로 높은 속도로 화학적 식각이 일어나지만 $SiO_2$와는 이와 같은 자발적인 반응성이 없다.

이 $SiO_2$를 식각하려면 $SiO_2$의 결합을 끊고 실리콘의 비결합 본드를 형성하여야 식각이 진행된다.

이는 그림 8-6의 오른쪽 윗 그림에서 보는 바와 같이 바이어스 전압 증가를 통한 이온충돌 에너지의 증가에 따라서 증가하게 된다.

오른쪽 윗 그림의 바이어스 전압이 0인 지점이 이온충돌이 거의 없을 때의 식각속도로서 실리콘은 이온충돌이 없어도 어느 정도 $Vx$에 해당되는 식각속도을 나타내지만 $SiO_2$의 경우 0으로서 전혀 식각이 되지 않으며 이온충돌을 가해야만 식각이 되고 이는 이온충돌 에너지의 증가에 따라서 증가됨을 알 수가 있다.

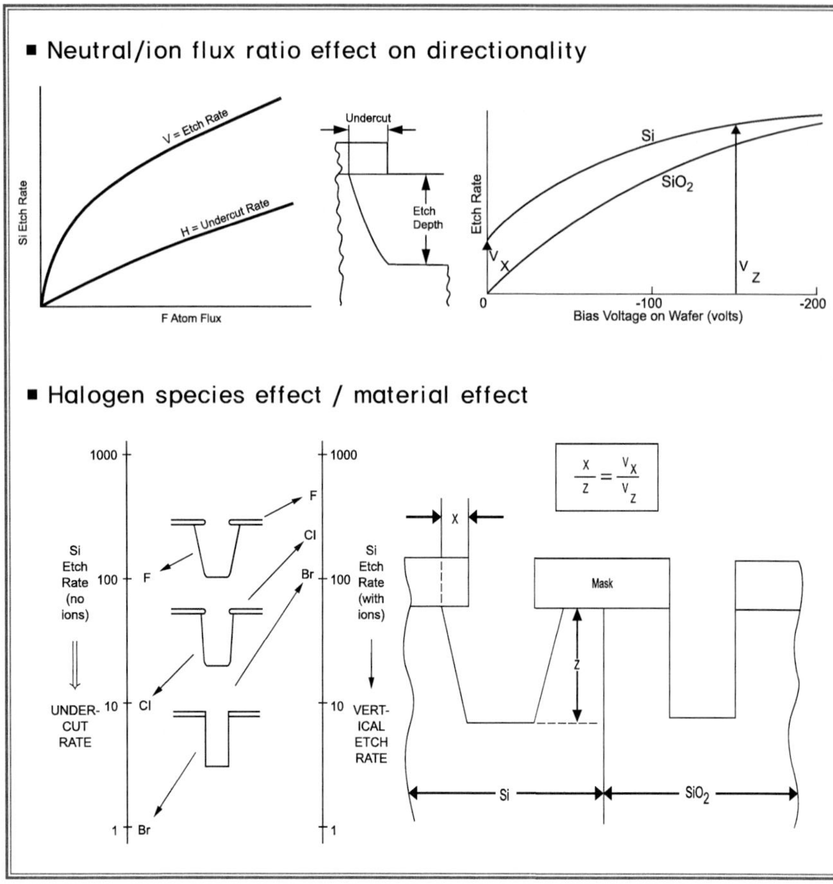


**그림 8-6** 이온 및 가스에 따른 이방성 식각의 변화

이로 인하여 그림 8-6의 오른쪽 아래 그림에서 보는 바와 같이 같은 플루오린 가스를 쓰고 같은 이온충돌을 동시에 하였을 때 실리콘의 경우는 자발적인 식각으로 벽면이 $V_x$의 식각속도로 증가하므로 약간의 마스크층 내부로 식각이 진행되는 식각형상, 즉 언더컷을 나타내는 반면에 $SiO_2$의 경우는 자발적인 식각이 전혀 없으므로 수직한 식각형상을 나타내게 된다.

불소로 실리콘을 식각하는 경우에서와 같이 자발적인 식각속도가 높아서 수직한 형태의 식각이 어려운 경우에는 벽면의 식각을 막는 다른 방법을 고려해야 한다.

이 중의 한 가지 방법이 벽면 식각억제(sidewall inhibition)에 의한 이온 보조 식각억제기구(ion enhanced inhibition mechanism)를 사용하는 방법이다. 이 식각 억제제(inhibitor)로는 적절한 원소의 첨가를 통하여 기판물질과 증기압이 낮은 화합물을 만들거나 이들 원소가 기판물질과 반응을 하지 않아 기판에 쌓이게 하는 방법이다.

또한 어떤 물질의 경우는 예를 들어 Al을 $Cl_2$로 식각하는 경우, 자발적인 식각속도가 빠를 뿐만 아니라 이온충돌을 하여도 오히려 Al과 화합물을 형성하는 Cl을 제거하는 경향을 지녀서 오히려 Al의 식각속도가 다소 감소하는 경우도 관찰할 수 있다. 이 경우는 이방성 식각을 위해서는 벽면 식각억제가 필수적이 되게 된다.

예로서 플루오로카본(fluorocarbon)계 가스를 사용한 실리콘의 식각에서 식각형상에 미치는 인자들에 대하여 정전결합 플라즈마(capacitively coupled plasma)의 반응성 이온식각(reactive ion etching) 방법의 경우에 대하여 표 8-1에 도표로 나타내었다.

대체로 공정압력을 증가시키면 라디칼이 증가하고 직류 바이어스 전압은 감소하므로 이온 충돌효과는 감소하고 자발적인 식각을 하는 플루오린이 증가하여 식각형상이 등방성형태로 변화한다.

고주파전력을 증가시키면 정전결합 플라즈마의 전력 전극에서의 직류 바이어스 전압은 증가하고 또한 기판도 이곳에 놓여 있게 되므로 자발적인 식각을 하는 플루오린 원자도 증가하지만 이온충돌 에너지도 증가하여 결과적으로는  식각형상이 크지는 않지만 다소 이방성형태로 변화한다.

| Parameter Change | F Atom Flux | Ion Energy | Directionality |
|---|---|---|---|
| Pressure Increase | Increase | Decrease | Decrease |
| rf Power Increase | Increase | Increase | Increase |
| Loading Increase | Decrease | No Change | Increase |
| Add $H_2$(F/C↓) | Decrease | No Change | Increase |
| Add $O_2$(F/C↑) | Increase | No Change | Decrease |

**표 8-1** 플루오로카본(fluorocarbon)계를 이용한 실리콘 식각에서 식각형상(etch profile)에 영향 미치는 인자들

공정 챔버내 실리콘 기판을 많이 넣으면 화학적 식각을 하는 불소 양의 소모가 많아지나 이온충돌은 변화가 없게 되어 결과적으로 식각형상이 이방성으로 변할 수 있다.

플루오로카본 가스에 수소를 첨가하면 수소가 F와 결합하여 HF를 형성하여 플루오린 원자를 제거하게 되므로 식각형상이 이방성화 되고 산소를 첨가하면 F와 결합된 카본을 제거하여 더 많은 F가 발생하여 식각형상이 등방성화 되는 경향이 있다.

또한 이 산소는 실리콘 표면에 플루오로카본(fluorocarcon)의 플루오린이 반응하고 남은 카본이 표면에 남는 것을 CO로 제거하여 카본이 식각억제물로 역할을 하는 것을 막음으로써도 등방성의 식각형상을 가지도록 한다고 할 수 있다.

알루미늄을 Cl을 포함한 가스를 이용하여 식각하는 경우 벽면식각억제(sidewall inhibition)를 이용하여 이방성 식각을 얻는 방법에 대하여 좀 더 알아보기로 하자.

그림 8-7의 왼쪽 그림에서 Al을 $Cl_2$ 플라즈마로 식각하는 경우와 카본을 함유한 Cl가스인 $CCl_4$로 식각하는 경우에 대한 식각경향을 보여주고 있다. 우선 $Cl_2$로 식각을 하는 경우에는 반응성 이온식각방식으로서 이온충돌(ion bombardment)이 있어도 앞서 설명한 바와 같이 Al과 Cl간의 자발적인 반응성이 아주 높음과 동시에 또한 Al 표면에 식각이 되기 위해서 표면에 흡착된 Cl을 이온충돌에 의해 제거하는 경향을 지니기 때문에 왼쪽 위의 그림에 보이는 바와 같이 이온충돌을 증가시켜도 Al의 식각속도에는 변화가 없고 실제로는 약간 감소도 하게 된다.

반면 $CCl_4$를 사용하여 반응성 이온식각(reactive ion etching)을 하는 경우는 Al이 Cl과 반응하여 증기압이 높은 Al-Cl 화합물로 제거되지만 이 $CCl_4$에 함유된 카본은 Al과 반응을 하지 않아 Al 표면에 남게 된다.

따라서 이온충돌을 하여야 이 카본층이 제거되게 되고 따라서 왼쪽 위 그림에서 보이는 바와 같이 이온충돌(ion bombardment)의 증가에 따라 Al의 식각속도가 증가하고 이온충돌(ion bombardment)이 없을 때는 오히려 카본을 함유한 막이 증착되는 형태를 보인다.

따라서 이와 같은 $Cl_2$와 $CCl_4$를 사용하여 패턴된 Al을 식각하는 경우 왼쪽은 두 번째 및 세 번째에 보이는 그림과 같이 $Cl_2$를 사용하면 거의 같은 속도로 식각이 되므로 이온충돌(ion bombardment) 여부에 관계없이 거의 등방성의 식각형상을 나타내게 될 것이다.

반면, $CCl_4$를 사용하는 경우는 이온충돌이 없는 경우는 Al 표면에 증착이 일어나고 이온충돌이 있어야만 식각이 일어나는 수직(vertical)한 Al 식각을 얻을 수 있는 것을 알 수 있다. 이때 벽면(sidewall)에는 카본(carbon)이 함유된 물질이 증착되어 존재하며 식각 후에 이 Al을 습식식각으로 제거해보면 벽면(sidewall)에 쌓여 있던 카본(carbon)이 함유된 막만을 볼 수 있고 이를 오른쪽 주사전자 현미경 사진에 나타내었다.

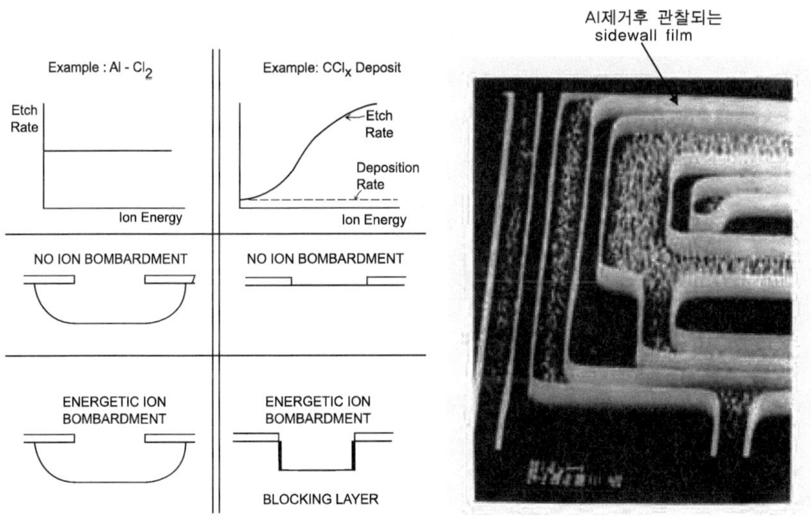


**그림 8-7** 알루미늄 식각에서 $Cl_2$ 사용한 경우와 $CCl_4$ 사용한 경우의 식각형상 및 이의 원인

이와 같이 벽면식각 억제물을 형성하는 첨가가스 및 원소를 이용하여 기판표면위에 비휘발성(involatile)의 물질이 생기도록 함으로써 반응성가스로부터 벽면을 보호하고 이온이 노출되는 수평면은 이온충돌을 이용하여 이 비휘발성(involatile)의 식각억제물질을 스퍼터로 제거하여 지속적으로 식각억제물이 형성되는 것을 막고 식각을 진행시킴으로써 수직한 식각을 할 수 있게 된다.

이와 같이 식각억제물질을 형성하는 원소나 물질은 다양한 소스를 통하여 얻을 수 있다. 우선 프레온가스(freon gas), 예로 $C_2F_6$, $CHF_3$, $C_2F_4$, $C_3F_6$와 같은 카본이 많이 함유된 플루오로카본 가스(fluorocarbon gas)를 이용해서는 C-F 폴리머를 형성하게 되는데 이는 $CF_2$와 같은 라디칼을 통하여 기판표면에 폴리머 고리(polymer chain)를 형성하도록 하는 방식이다.

다른 가스로서 $CHCl_3$, $CCl_4$와 같은 가스의 경우에서는 $CCl_2$나 $C_2Cl_4$가 이와 같은 폴리머 형성의 역할을 한다고 한다. 카본의 소스로서 포토리지스트가 플루오린(fluorine)이나 클로린(chlorine)에 의해 식각이 되면서 카본을 방출하여 벽면식각억제를 위한 소스의 역할을 하는 경우도 있다.

또한 이와 같은 반응성가스 자체 내에 있는 폴리머나 카본이 기판 위에 막을 형성하거나 또는 반응성 기체나 라디칼, 그리고 첨가가스가 기판물질과 화학적으로 비휘발성의 화합물을 형성하는 경우에도 이 화합물이 벽면 식각억제물질로서 작용할 수가 있게 된다.

표 8-2에는 이와 같이 반응성 가스와 기판물질과의 반응을 막는 식각억제물질들에 대하여 일부 설명을 하고 있다. Al을 $CCl_4$로 식각하는 경우는 앞서 설명한 바와 같이 $CCl_x$ 물질의 증착이 벽면식각 억제물질로서의 역할을 하고 실리콘을 플루오로카본 가스로 식각하는 경우에는 $CF_x$의 C-F 폴리머가 그 역할을 한다.

| Blocking Mechanism | Example | Blocking Materials | Comments |
|---|---|---|---|
| Polymer | Al–$CCl_4$ | $(CCl_x)_s$ | |
| Polymer Deposition | Si–$CF_4$ (Fluorine Deficient) | $(CF_x)_s$ | Required for high pressure operation |
| Sidewall Oxidation (Nitriding) | Si–$CF_4$/$O_2$ | $SiO_2$ | Hard on resist |
| Involatile Constituent | Al:Cu–$Cl_2$ | $CuCl_x$ | CuClx is involatile at room temperature |

**표 8-2** 다양한 물질에서 수직한 식각을 위해 벽면식각억제(sidewall inhibition)물질을 형성하는 가스조합 및 식각억제물질

Al에 Cu 첨가된 경우에서 $Cl_2$로 식각을 하는 경우 $CuCl_x$가 비휘발성이므로 충분하게 $CuCl_x$가 형성된다면 이 경우에도 이 비휘발성의 막이 벽면식각 억제물질로서 역할을 할 수 있다.

실리콘을 $CF_4/O_2$로 식각하는 경우에는 산소가 어느 정도이면 산소가 식각 억제작용을 하는 카본을 제거하여 식각형태가 등방성이 되도록 하지만 산소가 어느 정도 이상이면 오히려 실리콘 표면을 산화하게 되어 벽면식각 억제물질의 역할을 할 수 있기도 한다.

물론 이 실리콘에 산소를 첨가하여 벽면식각억제를 하는 방식은 실리콘 식각속도를 감소시킬 뿐만 아니라 포토리지스트(photoresist)가 산소에 쉽게 식각되므로 포토리지스트와의 식각선택도를 감소시킴으로 좋은 방법은 아니다.

## 8.2 플라즈마 식각에서 플라즈마의 역할

플라즈마 식각에서의 플라즈마의 역할은 다음과 같이 설명할 수 있다.

우선 반응기에 주입한 가스는 대체로 반응성이 없거나 반응성이 떨어지는데 플라즈마를 발생시킴으로서 이 가스가 분해하여 라디칼을 형성하였을 때 기판물질과의 반응성이 크게 증가되므로 이와 같이 반응성이 높은 라디칼을 형성하는 것이 플라즈마의 한 가지 역할이라고 할 수 있다.

두 번째로는 이온충돌인데 이는 반응성 이온(reactive ion)으로 반응성 기체의 이온화한 가스도 포함이 된다. 이와 같은 이온은 쉬쓰를 통해 기판표면을 수직으로 충돌함으로써 분해된 가스로인한 화학적 식각과 더불어 식각속도를 크게 증가시키는 역할을 하고 또한 비휘발성의 물질을 형성하는 경우는 이를 제거함으로써 이방성 식각이 일어나게 한다.

물론 플라즈마 식각을 할 때 사용하는 가스는 식각가스의 원소와 식각하고자 하는 물질 간에 화합물을 형성하고 이 화합물의 증기압이 어느 정도 이상이 되어야할 필요가 있다. 이는 이들 형성된 화합물의 증기압이 커야 식각속도가 크게 증가하기 때문이다.

형성된 화합물의 증기압이 아주 낮다면 형성된 화합물을 스퍼터링으로 제거함으로써 식각은 가능하지만 식각속도는 크게 감소하기 때문이다.

표 8-3에 일부 반도체 물질과 이를 식각하는데 사용하는 가스 및 이로 인해 방출되는 증기압이 높은 반응화합물에 대하여 나타내었다.

| SOLID | ETCH GAS | ETCH PRODUCT |
|---|---|---|
| Si, $SiO_2$, $Si_3N_4$ | $CF_4$, $SF_6$, $NF_3$ | $SiF_4$, $Si_2F_6$,.. |
| Si | $Cl_2$, $CCl_2F_2$ | $SiCl_4$, $SiCl_2$,.. |
| Al | $BCl_3$, $CCl_4$ | $Al_2Cl_6$, $AlCl_3$ |
| Refractory Metals (W, Ta, Nb, Mo) | $CF_4$, $Cl_2$ | $WF_6$, $WCl_6$ |
| Organic Solids | $O_2$, $O_2$+$CF_4$ | CO, $CO_2$, HF, $H_2O$,.. |
| III-V (GaAs, InP) | $Cl_2$, $CCl_2F_2$ | $Ga_2Cl_6$, $GaCl_3$, $AsCl_3$ |
| II-VI (HgCdTe, ZnS,..) | $CH_4$ + $H_2$ | $An(CH_3)_2$, $H_2S$ |

**표 8-3** 일부 반도체 물질과 이를 식각하는데 사용하는 가스 및 이로 인한 반응화합물

앞에서 저밀도 플라즈마인 정전결합 플라즈마(capacitively coupled plasma, CCP)장치와 고밀도 플라즈마 장치에 대하여 설명하였는데 이를 비교한 그림을 그림 8-8에 나타내었다.

왼쪽 그림에서와 같이 보통의 고밀도 플라즈마 장치가 아닌 정전결합 플라즈마 장치에서는 이온의 밀도가 낮고, 라디칼이 이온보다는 많으나 주입한 식각가스의 일부만 분해된 상태이며 식각부산물은 많은 양으로 관찰된다.

반면 고밀도 플라즈마 상태에서는 주입한 가스의 이온화 및 분해가 저밀도 플라즈마에 비해 크게 증가하여 식각가스는 거의 분해되어 분해된 가스인 라디칼의 농도가 높고 이온의 농도도 높은 것을 알 수가 있다.

이와 같은 고밀도 플라즈마 장치에서는 높은 라디칼과 높은 이온밀도에 의해 높은 속도로 식각이 가능하게 된다.

■ High density plasma와 low density plasma의 차이

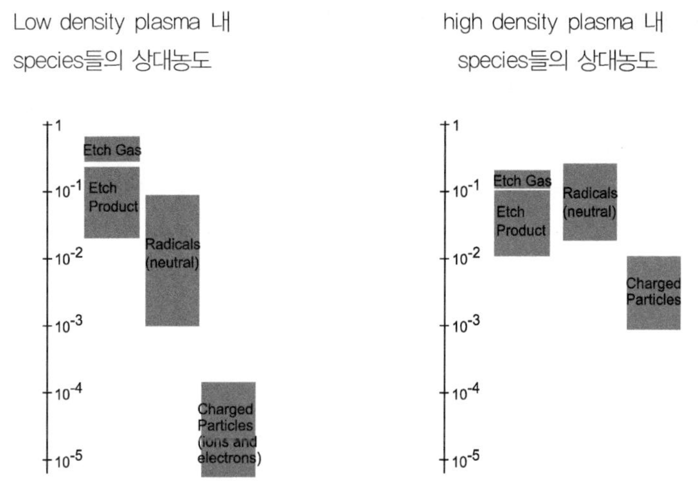


그림 8-8 고밀도 플라즈마와 저밀도 플라즈마의 차이점

## 8.3 플라즈마 식각에서 챔버벽의 영향

많이 연구는 되지 않으나 플라즈마 식각에서는 챔버벽과 같은 부분에서도 식각 특성에 영향을 줄 수가 있다.

우선적으로 벽에도 쉬쓰가 있고 이 쉬쓰로 가속된 이온이 벽물질을 스퍼터하여 오염을 일으킬 수 있다. 대체로 플라즈마 전위가 낮은 경우에는 이와 같은 현상은 크게 문제되지 않는 것으로 알려져 있다.

또한 플루오로카본(계의 가스를 사용하는 경우에는 이 분해된 플루오로카본 가스가 벽으로 가서 C-F 폴리머를 형성하여 증착되게 되는데 이는 특히 플루오로카본 가스 내 카본이 플루오린보다 높은 비율로 존재하는 경우에는 필연적으로 이와 같은 벽면에 폴리머 증착이 일어나게 되며 이와 같은 벽면의 폴리머 층은 후에 불순입자로서 영향을 미치게 될 수 있다.

따라서 챔버를 가열한 상태로 하여 폴리머 증착을 막거나 주기적인 산소 및 할로겐-산소 혼합가스에 의한 플라즈마 클리닝(plasma cleaning)을 하여야 한다고 한다.

또한 로드락(loadlock)이 없는 시스템의 경우, 예를 들어 매엽식 시스템(single wafer system)에서는 대체로 웨이퍼를 진공상태에서 챔버로 이송하는 로드락이 있는 반면에 여러 웨이퍼를 한 번에 챔버에 넣는 배치시스템(batch system)에서는 대기상으로 챔버를 노출시켜 웨이퍼를 챔버에 넣게 되는 경우가 종종 있는데, 대기상 노출시 노출시 수분 등이 벽면에 흡수되었다가 플라즈마를 발생시켰을 때 이들 흡착된 가스가 방출하여 주입된 반응가스와 반응을 할 수 있고 또한 불순입자, 식각선택도, 식각속도 등에 영향을 줄 수도 있다.

- Wall로부터 plasma potential로 가속된 이온에 의한 sputtering
  → plasma potential이 낮은 경우 문제되지 않음.
- Fluorocarbon 계열의 gas를 사용하는 경우에 있어서의 wall상 polymer deposition
  → Halogen deficient한 halocarbon계열의 gas에서는 불가피함. 이는 particle의 source가 됨
  → 주기적인 산소나 halocarbon-oxygen mixture에 의한 cleanig이 필요함.
  → Chamber가열로 일부 해결
- Outgassing : loadlock이 있는 single wafer system과 같은 데서는 문제가 크지 않으나 wafer loading시 대기노출하는 데에서는 수분 등의 흡수로 인한 outgassing 및 이 가스와 reactive 가스 간의 반응이 발생됨(particle 발생, etch selectivity 및 etch rate 감소 등)
- 가장 중요한 것은 radical-radical recombination임. 예로
  O(g)+wall → O(adsorbed)
  O(g)+O(adsorbed)→$O_2$(g)
  → 많은 plasma etching에서 etching species의 wall loss는 중요한 factor이나 잘 이해되지 않은 상태임.
  → 이 recombination efficiency는 surface 조건에 크게 의존함

**그림 8-9 플라즈마 식각에서 챔버벽의 영향에 대한 설명**

특히 중요한 사항은 아직은 완전히 이해가 되어있지 않으나 라디칼이 벽면에서 재결합 하는 현상이라고 한다. 이는 벽의 표면조건에 민감하게 변화하는데 예로 산소원자가 벽에서 산소분자로 변화하는 것으로서 벽면에서 쉽게 일어나게 된다고 하며 다른 라디칼도 이와 같은 재결합이 쉽게 일어나 플라즈마 식각에 영향을 줄 수 있다. 따라서 벽면조건을 일정하게 하고 혹은 이 영향을 최소화 시킬 수 있는 방안, 예로 들어 전극을 가깝게 붙이는 방법 등이 이용되기도 한다.

## 8.4 플라즈마 식각을 일으키는 입자들에 대한 정의

플라즈마 식각을 일으키는 입자에 대한 정의를 하도록 하겠다.

우신 주입힌 가스로서 안정된 분자(stable molecule)를 생각할 수 있다. 이 분자라는 말은 최외각 전자를 다 채운 2개 이상의 원자로 구성된 입자를 말하며 대부분의 경우는 기판물질과의 반응이 없으나 일부물질의 경우는 분자의 상태로서 화학적으로 활성화되어 기판물질과 반응을 할 수 있다. 이들 분자의 예는 $Cl_2$, $F_2$, HF, $CF_4$, $SiF_4$ 등을 말한다.

그 다음으로는 라디칼(radical)을 생각할 수 있다. 라디칼이란 2개 이상의 원자로 구성된 최외각전자가 8개를 채우지 못한 혹은 비결합 본딩상태(unsatisfied bonding)를 가진 분자를 말한다. 이는 플라즈마에 의해 안정된 분자(stable molecule)가 분해하여 발생하게 되며 그 반응성이 크게 된다.

플라즈마에 의해 분해된 입자에는 원자도 있다. 이 원자도 불활성원소가 아니라면 최외각전자를 완전히 채운 상태가 아니므로 화학적으로 반응성이 크게 된다. 물론 라디칼은 2개 이상의 원자로 이루어진 중성원소이고 원자는 1개 원자로 된 중성원소이지만 둘 다 반응성이 증가된 상태의 원소라고 할 수 있다. 이 라디칼의 예는 $CF_3$, $CF_2$, OH 등이며 반응성이 큰 원자는 F, O, H 등이라고 할 수 있다.

플라즈마 식각에서 또 중요한 입자는 반응성 이온(reactive ion)이다. 이는 안정된 분자, 라디칼, 그리고 원자가 이온화된 것으로서 (+) 이온일 수도 (−) 이온일 수도 있다.

양이온의 경우는 이들이 전자를 잃고 +로된 원소로서 $Cl^+$, $Cl_2^+$, $CF_3^+$, H+, $SiF_4^+$ 등을 들 수 있으며 이들 이온은 반응성을 지니며 기판을 높은 에너지로 충돌하게 된다.

음이온은 앞의 중성원소가 전자를 흡수하여 −로 된 상태로서 대체로 쉬쓰는 (+) 이온을 당기는 전기장의 형태를 지니므로 이들 음이온은 실제로 플라즈마 식각에는 큰 영향을 주지 못하나 플라즈마 전위 및 직류 바이어스 전압 등의 값 형성에 영향을 미친다고 할 수 있다.

이 음의 반응성 이온은 $Cl^-$ $Cl_2^-$, $F^-$, $CCl_4^-$ 등을 들 수가 있다.

■ Stable molecule

– 최외각 전자의 조건을 만족시키는 2이상의 원자로 구성된 분자.
– Molecule에 따라서 molecule 상태로 화학적으로 active 하여 물질과 반응할 수 있다. 예) $Cl_2$, $F_2$, HF, $CF_4$, $SiF_4$,....

■ Radical

– 1개 혹은 그 이상의 원자로 구성된 unsatisfied bonding 상태의 원자 혹은 molecule
– Uncharged
– Plasma 에 의한 dissociation 에 의해 발생 예) F, O, OH, $CF_X$ (x=1,2,3),...

■ Reactive ion

– Plasma 에 의해 발생된 반응성 가스의 이온들로 positive ion 이나 negative ion으로 구성될 수 있음.
– **Positive ion :** 원자, radical, 혹은 stable molecule이 전자를 잃고 +로 charging 된 상태 예) $Cl^+$, $Cl_2^+$, $CF_3^+$, $HF^+$, $SiF_4^+$,...
– **Negative ion :** 원자, radical, 혹은 stable molecule이 전자를 capture하여 −로 charging된 상태. 기판은 −로 dc-bias에 의해 charging되므로 식각에는 직접적인 영향이 적음. 예) $Cl^-$, $Cl_2^-$, $SF_5^-$, $F^-$, $CCl_4^-$...

**그림 8-10** 플라즈마 식각을 일으키는 플라즈마 내의 다양한 입자들에 대한 정의

## 8.5 플라즈마 식각의 순차적 단계(Sequential Step)

실리콘이 $Cl_2$에 의해서 플라즈마 식각이 진행되는 예를 들어 플라즈마 식각이 일어나는 단계를 짚어보도록 하겠다. 우선 플라즈마 내에서 넣은 $Cl_2$가 플라즈마 형성에 따라 이온화하여 이온과 전자를 형성한다. 따라서 $Cl^+$, $Cl_2^+$와 같은 이온이 형성된다. 또한 플라즈마 내에서는 이 $Cl_2$ 분자가 분해되서 Cl 원자가 형성되기도 한다.

이와 같이 형성된 Cl 원자는 실리콘 표면으로 이동하여 흡착이 되게 되며 Si-$Cl_x$를 형성한다. 이와 같은 $SiCl_x$는 $Cl_2^+$, $Cl^+$의 이온충돌에 의해 쉽게 제거되며 또한 이온충돌은 실리콘 자체의 표면 결합을 끊어 Cl과의 화학적 결합을 증가시키게 된다.

■ Silicon이 $Cl_2$에 의해 plasma etching 되는 경우에 대한 예.

I) ion and electron formation

$$e + \begin{cases} Cl \\ Cl_2 \end{cases} \rightarrow \begin{cases} Cl + 2e \\ Cl_2^{\ +} \end{cases}$$

II) reactive radical (etchant) formation (이온의 형성보다 favorable)

$$e + Cl_2 \rightarrow 2Cl + e$$

III) adsorption of radicals on the substrate

$$\begin{cases} Cl \\ Cl_2 \end{cases} \rightarrow Si_{surf} - nCl$$

Ⅳ) reaction to form etch product

$$\overset{\text{ion assist}}{Si - nCl \rightarrow SiCl_x\,(ads)} \quad \text{or} \quad \overset{\text{pure chemically}}{Si - nCl \rightarrow SiCl_x\,(ads)}$$

V) etch product desorption

$$SiCl_x\,(ads) \rightarrow SiCl_x\,(gas)$$

■ 이들 중에 가장 느린 반응이 etch rate를 결정.

■ Silicon의 경우는 undoped silicon의 경우 Cl 혹은 $Cl_2$ 와 silicon의 반응이 느리나 heavily doped silicon의 경우에는 Cl과 빠르게 반응.

그림 8-11 플라즈마 식각의 단계

이렇게 해서 형성된 $SiCl_x$는 표면에서 증발되어 제거되어 실리콘 표면을 떠나게 된다. 이와 같은 순서는 좀 다르게 될 수 있으나 이들 각 단계를 대부분 거쳐서 식각이 진행이 되며 이중 가장 느린 반응이 이 실리콘의 $Cl_2$에 의한 식각을 지배하게 된다.

## 8.6 작동인자(Operational Parameter)들의 영향

원하는 식각속도, 식각선택도, 식각형상 등을 얻기 위해서는 여러 가지 식각인자(etch parameter)를 조절하여야 한다.

작동인자의 기본적인 변수로서는 $E/N$ 혹은 $E/P$로서 $E$는 전기장, $P$는 압력, $N$은 기체의 밀도이다, 또한 $n_e/N$ 등이 중요할 수 있다. 여기서 $n_e$는 전자의 밀도이다. $E/N$, 혹은 $E/P$는 기체간격당 전기장의 세기로서 전자의 에너지의 척도로서 그 중요성을 띠고 $n_e/N$은 중성원소의-중성원소간의 반응에 상대적인 전하입자(charged particle)-중요성을 나타내고 있다.

반면 이와 같은 $E/P$, $n_e/N$은 공정조건에 따라 변화하더라도 공정시 실제로 변화시키는 변수는 아니고, 이것을 변화시키는 요소는 고주파전력, 압력, 가스유속, 가스조성, 기판온도, 고주파 주파수 등일 수 있다.

또한 반응용기의 형태(reactor geometry), 반응용기 구성물질(reactor construction material)도 어렵기는 하지만 변화가 가능하고 이들 요소에 따라 공정의 결과가 변화할 수 있다.

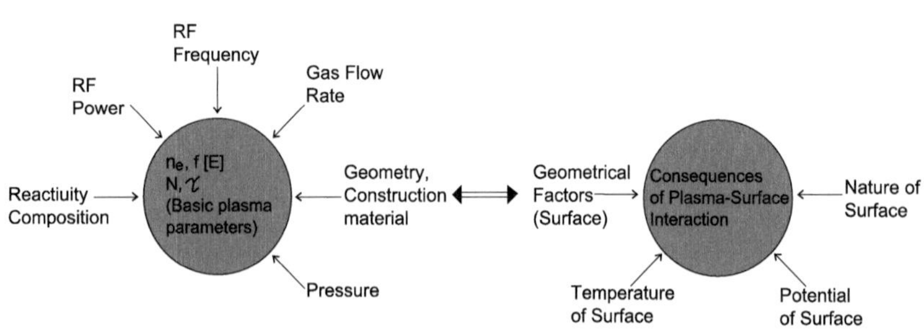


**그림 8-12** 플라즈마 식각에 영향을 미치는 다양한 인자들

## 8.7 압력의 효과(Pressure Effect)

우선 압력이 플라즈마 공정에 미치는 효과에 대하여 고찰해 보자.

이 공정압력은 플라즈마와 기판 그리고 전력을 가하는 전극에서의 쉬쓰 전압 및 이온충돌하는 이온의 에너지에 영향을 미칠 수 있으며 전자의 에너지, 기판에 입사되는 이온과 라디칼의 상대 입사량, 표면 흡착에 의한 기판 표면에의 커버(coverage) 정도, 플라즈마 내 주요 라디칼이나 반응성 이온의 종, 플라즈마 식각이 일어나는 일련의 반응에 대한 상대속도 등에 영향을 미쳐서 다양하게 플라즈마 식각의 결과에 영향을 미칠 수가 있다.

만일 압력을 감소시키면 같은 전력에서 고주파 전압과 쉬쓰 전압을 증가시켜 기판으로의 이온충돌 에너지가 증가하게 된다. 또한 압력을 감소시킴에 따라서 충돌에 대한 평균자유행로를 증가시키므로 쉬쓰(sheath)를 통하여 입사하는 이온이 중성원자와 충돌하여 낮은 에너지 분포로 입사하는 전하교환(charge exchange)현상이 줄어들어 같은 쉬쓰 전압을 가진 상태라고 하더라도 많은 이온이 쉬쓰 전압에 유사한 높은 에너지로 기판에 입사하는 것이 가능하며 기판에서 튀어나온 식각 부산물이 재증착되는 확률도 감소하게 되므로 이온보조 식각증진기구(ion enhanced etching)에 의해 식각속도가 증가할 수 있다.

정전결합 플라즈마 및 바이어스 전력을 일정하게 한 고밀도 플라즈마의 경우는 압력감소에 따라 기판이 위치한 고주파전극의 직류 바이어스 전압의 증가 및 고주파전압의 증가로 인해 이 전극이 위치한 기판위로의 이온충돌 에너지가 증가하게 된다.

반면 직류 바이어스 전압을 일정하게 유지하는 고밀도 플라즈마에서는 압력감소에 따라서 직류 바이어스 전압의 증가효과는 없지만 앞에서 설명한 바와 같이 쉬쓰로 입사하는 이온에너지가 전하 교환현상에 의해 중성원자와의 충돌로 전하가 이전되어 기판에 입사되는 이온의 에너지가 쉬쓰 전압보다 낮은 에너지 분포로 되는 현상이 줄어들고 기판표면에서 튀어나온 스퍼터된 원자나 식각부산물이 기판표면으로 다시 증착되는 재증착현상도 줄어들어서 이온보조 식각증진현상이 증가할 수 있다.

따라서 그림 8-13의 오른쪽 그림에서 보이는 바와 같이 같은 이온보조 식각공정이라고 하더라도 공정압력이 높은 경우에는 이온의 에너지도 낮고 라디칼도 증가하여 화학적 식각의 현상에 가깝게 되는 반면, 작동압력이 감소할수록 이온의 에너지도 증가하고 또한 화학적 식각을 증가시키는 라디칼이 감소하므로 물리적 식각의 현상에 가깝게 된다.

■ **압력이 플라즈마 식각에 미치는 영향**

1) sheath potential 과 기판을 bombard하는 ion의 energy에 영향
2) electron energy
3) ion-to-neutral abundance ratio와 이들의 기판으로 입사하는 flux
4) 라디칼이나 반응성 이온의 종
5) surface coverage by physisorption
6) mass transport process의 상대속도

■ **Potential과 energy에의 pressure effect**

- Pressure의 감소는 rf voltage와 sheath voltage 증가.
- Pressure의 감소에 따라 ion enhanced etching 증가.
- Capacitively coupled plasma 및 bias power를 일정하게 한 high density plasma 에서는 dc-bias voltage증가. 반면 dc bias voltage를 일정하게 한 high density plasma에서는 sheath voltage의 증가 효과는 없으나 pressure감소에 따라 ion enhanced etching이 가능.

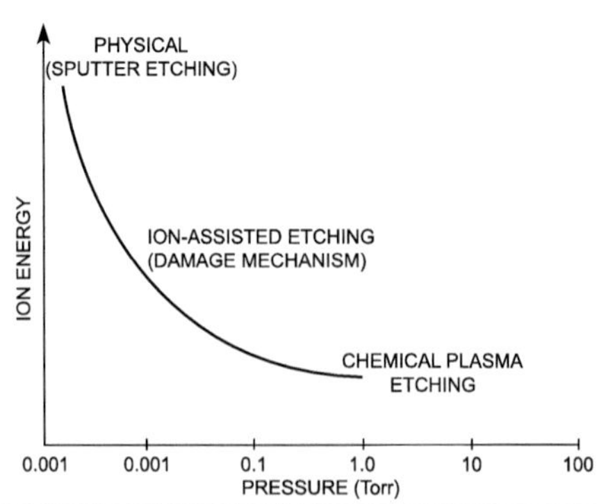


**그림 8-13** 압력이 플라즈마 식각에 미치는 다양한 효과 및 이중 이온에너지에 미치는 효과

■ **Pressure가 electron energy에 미치는 영향**

- E/N : pressure의 감소는 gas density N을 감소시키고 rf voltage가 증가하므로 E를 증가시킴. 따라서 pressure감소에 따라 E/N은 증가.
- electron energy는 E/N에 비례하므로 pressure의 증가에 따라서 ionization rate constant가 감소(less efficient ionization)함. 또한 dissociation rate constant도 electron의 energy 감소에 따라서 감소 가능.
- 반면 pressure 감소에 따라 gas density가 감소하고 diffusivity가 증가하므로 (ambipolar diffusion은 전자온도에 비례)하므로 전자밀도나 dissociated, ionized species가 증가하지 않음.

■ **Pressure가 ion to neutral ratio에 미치는 영향**

- 따라서 이온화는 이온밀도가 $10^{10} \sim 10^{11}$ /㎝$^2$ 으로서 pressure가 1mTorr ~ 1Torr로 변해도 pressure의 변화에 다소 무관하게 거의 일정하게 남으며 이온화는 장비, power 밀도, 그리고 사용가스에 더욱 의존함.
- 이로 인해 pressure 변화에 따른 ion to neutral ratio를 크게 변화시켜 etching이 주로 chemical하게 일어나는지 주로 ion assisted로서 일어나는지를 pressure 변화로 결정될 수 있음.

**그림 8-14** 압력이 플라즈마 내 전자에너지 및 이온/중성비에 미치는 영향에 대한 설명

압력이 감소하면 $E/N$에서 중성원자의 밀도인 $N$이 감소하게 되며 또한 고주파전압의 증가 및 쉬쓰전압의 증가로 인하여 전기장 $E$를 증가시키게 된다. 따라서 $E/N$이 증가되게 된다. $E/N$이 증가하면 전자의 에너지는 증가하게 된다.

전자의 에너지는 압력이 감소함에 따라서 증가하게 되며 이와 같은 전자에너지의 증가는 이온화 속도(ionization rate) 및 분해속도(dissociation rate) 등을 증가시키게 되지만 압력이 감소함에 따라서 기체자체의 밀도가 감소하고 이들의 확산이 증가하게 되므로 전자밀도, 혹은 이온밀도, 혹은 플라즈마밀도나 라디칼의 밀도가 필연적으로 증가하지는 않는다.

따라서 이온의 밀도가 압력에 따라 크게 변화하지 않으므로 이온의 밀도는 공정압력이 1mTorr~1Torr의 변화에서 $10^{10}/cm^3 \sim 10^{11}/cm^3$으로 크게 변화 없는 데 이는 압력변화에 따른 이온/중성(ion/neutral) 비율을 크게 변화시키는 상황이 되게 하며 이온충돌 에너지를 변화시키므로 전에 설명한 바와 같이 높은 압력에서는 화학적 식각으로 되고 낮은 압력으로 감에 따라 이온 보조식각을 지나  물리적 식각으로 변화를 시키게 된다.

예로서 $Cl_2$ 플라즈마로 GaAs를 높은 압력인 0.3Torr에서 70℃의 온도에서 식각을 할 때 약 2.5㎛/min의 높은 식각속도를 보이며 이온충돌이 커도 화학적 식각이 일어나며 식각면으로 특정 결정면이 드러나는 결정학적 식각(crystallographic etching) 형태도 보인다.

반면 압력을 1~10mTorr정도로 낮추고 Ar으로 $Cl_2$ 가스를 희석하면서 식각을 하면 수직식각 형상을 보이며 높은 압력에서 보인 벽면으로의 식각이 진행되어 발생하는 언더컷이나 결정학적 식각형태를 보이지 않는다.

플라즈마 공정시의 압력의 증가는 라디칼과 같은 중성원자가 기판표면에 흡착되는 정도를 증가시킨다. 이는 표면흡착에 관한 이론의 식을 보면 알 수가 있는데 이의 이론식인 랭뮤어 등온식(Langmuir Isotherm)에 따르면 표면흡착비율($\theta$)이 압력에 다음과 같은 수식으로 관계가 있다. 즉,

$$\theta = \frac{kP}{k' + kP}$$

여기서 $P$는 압력, $k'$는 물질이 표면을 떠나는 속도인 탈착속도(desorption rate) 계수, $k$는 기판표면에 흡착되는 흡착속도(adsorption rate) 계수로서 압력의 증가에 따라서 또한 $k$에 들어있는 온도의 효과에 의해 기판온도의 감소에 따라서 표면에 흡착되는 반응성기체의 비율이 증가하게 된다.

이로 인하여 기판표면에 머무는 식각가스의 농도가 증가하여 화학적 식각속도가 증가할 수 있다. 같은 압력이라도 플라즈마 없이 실리콘을 $ClF_3$나 $XeF_2$의 가스로 식각하였을 때 저온에서 식각속도가 더 증가되는 것을 관찰할 수 있는 데 이는 바로 온도감소에 따른 식각물질(etchant)의 표면흡착의 증가로 여겨지고 있다.

많은 경우는 이와 같이 온도를 감소시켜야 식각속도가 증가하는 것이 아니라 온도를 증가시켜야 기판에 흡착된 라디칼과 기판물질 간의 반응 및 이의 기화가 증가하여 식각속도가 온도증가에 따라 증가한다.

또한 압력의 변화는 기판으로의 식각물질의 이동, 즉, 물질이동(mass transport)을 변화시켜 기판물질면적에 따른 식각속도의 변화에 영향을 줄 수 있다.

즉, 기판으로의 라디칼의 이동속도는 압력에 반비례하고 이에 따라서 압력의 증가에 따라서  같은 기판 내에서 식각되는 면적이 많은 지역과 적은 지역 간에 라디칼의 이동의 빠르지 않아 식각되는 면적이 많은 지역은 식각속도가 떨어지고 식각되는 면적이 적은 지역은 식각속도가 빠른 차이를 나타낼 수 있게 되는 부하효과(loading effect)를 나타내게 된다.

- **Physisorption**
  - 압력의 증가는 adsorption isotherm ( $\theta = kP/k' + kP$, k=adsorption rate, k'=desorption rate)에 의해 pressure 증가에 따라 또한 기판온도 감소에 따라서 physisorbed species가 증가함.
  - → 이로 인해 surface에 etchant concentration이 증가하여 chemical etching rate가 증가.
  - → 이는 실리콘 에칭의 경우 온도가 감소하였을 때 표면에 흡착되는 $ClF_3$, $XeF_2$의 molecule증가로 chemical etching rate가 증가.
- **Mass transport**
  - 기판에서 etching이 일어날 때 mass transport rate는 압력에 반비례.
  - → 압력이 낮을수록 local reactant depletion 혹은 chemical reaction에서의 mass transport limitation의 문제가 감소함
  - : Loading effect와 관계됨

**그림 8-14** 압력이 표면흡착(physisorption) 및 물질이동(mass transport)에 미치는 영향의 설명

## 8.8 기판온도 효과

기판온도의 효과에 대하여 좀더 자세히 설명을 하겠다. 정상적으로 기판온도의 증가는 기판표면에서 기판물질과 라디칼간의 화학반응의 반응상수를 증가시켜 식각속도를 증가시키는 것이 정상적인 현상이다.

물론 온도증가에 따라 화학반응의 증가로 식각속도가 증가하더라도 물질에 따라 증가하는 속도가 다르기 때문에 온도변화에 따라 식각선택도도 변화할 수가 있게 된다.

보통 반도체에서 식각을 할 때는 낮은 온도를 사용하게 되는데 이는 온도를 증가시키면 포토리지스트의 분해(degradation)가 증가하기 때문이다. 이 플라즈마 식각에서 기판온도에 따른 화학적 식각속도의 변화를 수식적으로 보면 그 속도상수($k(T)$)는

- Substrate temperature는 chemical reaction 의 reaction constant를 변화시켜 etch 의 selectivity, etch rate, 그리고 photoresist의 degradation 등에 영향을 미친다.

→ chemical reaction의 reaction constant : $k(T) = A(T)e^{-E_A/RT}$

- Arrhenius factor의 형식으로 표현됨.
- A(T)는 온도에 약하게 의존하는 함수, $E_A$는 반응에 대한 activation energy

→ F atom에 의한 silicon과 $SiO_2$ etching : Etch rate $= An_F T^{1/2} e^{-E_A/RT}$ Å/min

- 여기서 $A(T)=T^{1/2}$ 로서 이는 particle의 flux에 대한 $\frac{n\bar{v}}{4}$의 $\bar{v}$로부터 생김.
- 전체의 온도변화에 거의 영향 없음.

Pre-exponential factors and activation energy for F atom etching of Si and $SiO_2$

The rate equation : ER(Å/min) $= An_F T^{1/2} e^{-E_A/RT}$ Å/min

| Film | A | $E_A$(kcal/mole) | RATE Å/min (298K, $n_F=3\times10^{15}cm^{-3}$) |
|---|---|---|---|
| Si | $2.86\times10^{-12}$ | 2.48 | 22.50 |
| $SiO_2$ | $0.614\times10^{-12}$ | 3.76 | 55 |

$ER(Si)/ER(SiO_2) = 4.66e^{1.27/RT}$

$= 44$(at298K)

**그림 8-16** 플라즈마 식각에 기판온도가 미치는 영향

$$k(T) = A(T)e^{-E_A/RT}$$

로서 온도에 따라 약하게 의존하는 $A(T)$의 항을 계수로한 온도에 지수적으로 증가하는 상태가 된다. 이 속도상수가 지수적으로 증가하는 데는 반응에 대한 활성화 에너지(activation energy) $E_A$에 의존을 하게 되며 이 활성화 에너지는 물질에 따라 다른 값을 갖는다.

예로 F 원자를 이용하여 실리콘과 $SiO_2$를 다양한 기판온도 하에서 식각을 하고 그 식각속도를 온도에 따라 그림 8-17에 나타내고 있다. 그림에서 보듯이 온도 증가에 따라서 실리콘 및 $SiO_2$의 식각속도가 온도증가에 따라서 지수적으로 증가함을 알 수가 있다. 물론 전에 $SiO_2$는 이온충돌이 없으면 식각이 안 된다고 했는데 이는 상온과 같은 저온에서 식각을 할 때의 이야기이다. 현재의 경우는 이온충돌이 거의 없는 플라즈마를 이용하여 화학적 식각 상태에서 기판온도의 변화를 주면서 식각한 때로서 기판의 온도를 증가시키면 $SiO_2$도 높은 온도에서 식각이 그림에서 보는 바와 같이 잘 일어날 수 있다.

그림 8-17의 실리콘과 $SiO_2$에 대한 온도에 따른 식각속도($ER$)를 앞의 반응속도식 형태로 수식화하였을 때 다음과 같이 나타낼 수 있다. 즉,

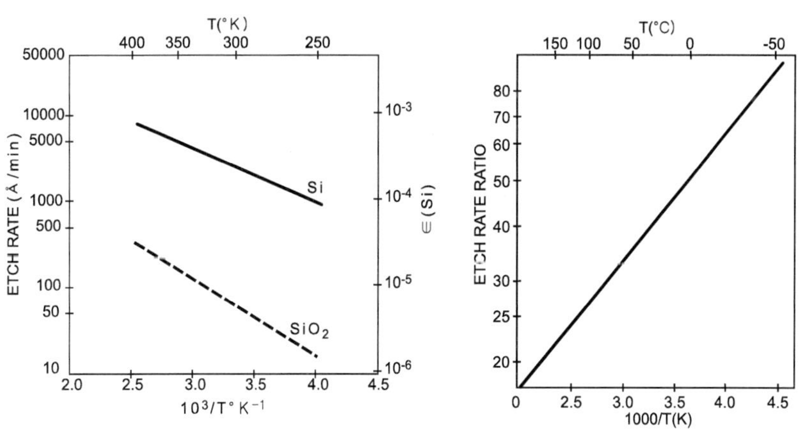


■ $Si/SiO_2$ etch selectivity는 상온에서 44:1, 온도 증가 에 따라 감소(물질에 따라 다름)

**그림 8-17** 기판온도에 따른 실리콘 및 $SiO_2$의 식각속도 및 식각비율

$$ER = A(T) n_F e^{-E_A/RT} = A n_F T^{1/2} e^{-E_A/RT}$$

여기서 $A$는 상수, $n_F$는 F의 농도, $E_A$는 활성화 에너지로서 앞서의 반응속도 상수와 유사한 식을 나타냄을 알 수가 있다. 앞서의 반응속도 상수식과 비교할 때 물론 $A(T)$는 $T^{1/2}$로서 온도에 거의 의존을 하지 않는 것을 알 수가 있는데 이 항은 입자의 랜덤 플럭스(random flux)인 $n\bar{v}/4$에서 $\bar{v}$의 온도 의존성( 즉 $\bar{v}= \sqrt{8kT/\pi m}$ )으로 부터 온 것으로 추정된다.

그림 8-17의 온도에 따라 지수적으로 증가하는 반응의 활성화 에너지는 실리콘의 경우는 2.48kcal/mole, $SiO_2$의 경우는 3.76Kcal/mole로서 $SiO_2$ 경우가 반응에 대한 장벽이 큼을 알 수 있고 이들의 차이가 온도에 따른 식각속도의 변화에 영향을 주게 된다.

이들 간의 식각속도의 비율, 즉, 식각선택도는 Si/$SiO_2$가 상온에서는 44:1이나 온도증가에 따라 감소하여 150℃에서는 약 22:1로 감소하는 것을 알 수가 있다. 따라서 식각이 화학적 식각으로 일어나는 경우 온도증가에 따라서 식각속도는 증가하나 식각선택도가 감소하는 것을  알 수가 있다.

실제 반도체의 식각은 앞서 설명한 바와 같이 온도를 증가시키면 식각속도를 증가시키기는 하지만 포토리지스트의 분해와 같은 문제점으로 인해 낮은 온도에서 주로 식각을 한다.

낮은 온도에서 식각을 함으로써 얻을 수 있는 또 다른 장점은 반응성 기체 중 낮은 증기압을 갖는 물질이 식각물질 벽면에 응축하여 자발적인 식각을 막는 벽면식각 억제제의 역할을 할 수 있게 한다는 것이다.

예로 $SF_x$ 및 $Si_2F_6$와 같은 기체는 낮은 온도에서 식각물질 벽면에 응축하여 이방성 식각을 할 수 있도록 한다고 한다.

이외 낮은 온도에서 식각을 하였을 때 보고된 장점들로 보면 부식이 일어날 수 있는 물질, 예로 Al 화합물과 같은 경우 식각 후에 부식이 감소하고, 앞서 설명한 내용,  그리고  그림 8-18의 오른쪽에 보이는 그림과 같이 불소(fluorine)로 $SiO_2$ 식각시에 온도증가에 따라서 식각속도는 감소하나 식각선택도가 증가하고 식각형상이 수직하게 변화하는 것, 또한 재료자체의 손상감소 등을 들 수가 있다.

그림 8-18의 오른쪽 그림에서 실리콘만이 온도가 감소함에 따라서 식각속도가 증가하였는데 이는 전에 설명한 바와 같이 낮은 온도에서 표면 흡착된 불소 원자의 증가에 따라서 식각속도가 증가한 것으로 설명하고 있다.

- **Low substrate temperature에서 얻어지는 장점**
  - improved anisotropy
  - ➜ low vapor pressure 물질의 sidewall 응축에 의한 sidewall blocking 에 의함

  예) $SF_x(0 < x < 4)$

  $Si_2F_6$(아주 낮은 온도에서)

- **그밖의 보고된 장점들**
  - reduced after-etch corrosion
  - improved etch selectivity
  - less damage

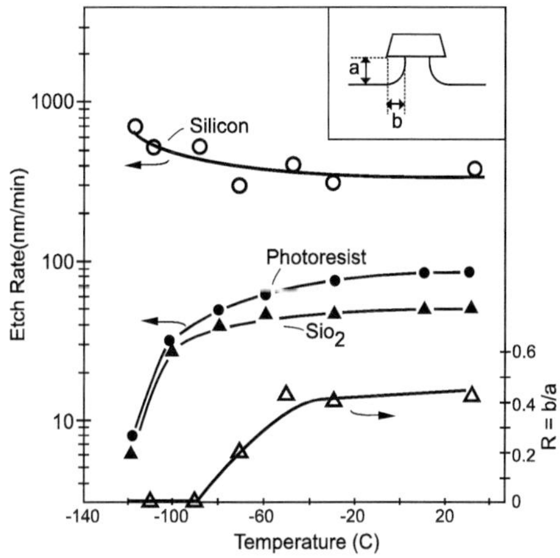


그림 8-18 플라즈마 식각에 기판온도가 미치는 영향

## 8.9 부하효과(Loading Effect)

이번에는 기판의 식각면적 및 식각하고자하는 패턴(pattern)의 폭 크기에 따라서 식각속도가 변화하는 현상인 부하효과(loading effect)에 대하여 설명을 하도록 하겠다.

이 부하효과는 거시적 부하효과(macroscopic loading effect), 미시적 부하효과(microscopic loading effect), 그리고 종횡비의존 식각효과(aspect ratio dependent etching)로 나눌 수 있다.

거시적 부하효과는 반응 챔버내 식각할 웨이퍼 수의 증가 혹은 한 웨이퍼 내의 식각할 면적이 증가함에 따라 웨이퍼의 식각속도가 전체적으로 감소하는 현상으로 그림 8-19의 첫 번째 그림에 나타낸 바와 같다.

■ Definitions

– Macroscopic loading effect :

반응기내 etching할 물질의 면적이 증가함에 따라서 etch rate가 감소하는 현상.

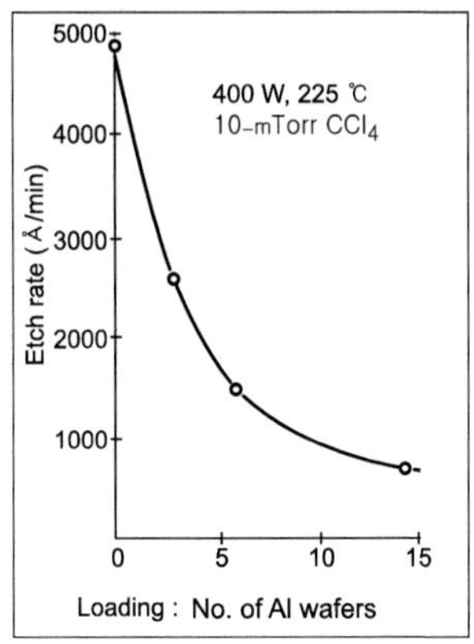


– Microscopic loading effect :

같은 크기의 feature가 밀집된 지역이 뜸한 지역보다 etch rate가 감소하는 현상

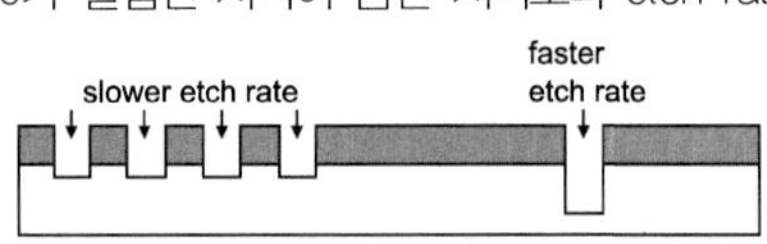


– Aspect ratio dependent etch rate : (ARDE, 혹은 RIE lag) :

High aspect ratio의 feature가 low aspect ratio의 feature보다 etch rate가 감소하는 현상. Etch rate는 깊이 증가에 따라 감소한다(이를 RIE lag라고 부른다).

**그림 8-19** 여러 가지 부하효과(loading effect)에 대한 정의

미시적 부하효과는 같은 기판 내에서 식각할 곳이 밀집되어 있는 지역과 식각할 곳이 적은 지역 간의 식각속도차이가 나는 것으로서 식각할 지역이 밀집된 곳이 뜸한 지역보다 식각속도가 감소하여 왼쪽 위에 보이는 그림과 같은 식각형태가 나타난다.

종횡비의존 식각효과(ARDE, 혹은 RIE lag)는 (식각할 형상의 깊이)/(식각할 형상의 폭)의 비율인 식각의 종황비(aspect ratio)가 커질수록 식각속도가 감소하여 같은 기판 내에서 식각할 형상의 폭이 넓은 지역이 식각할 형상의 폭이 작은 지역보다 식각이 더 잘 일어나서 그림 8-19의 왼쪽 아래 그림에 보이는 바와 같이 식각형상의 폭이 작은 쪽이 식각이 덜되는 현상이 나타난다.

종횡비가 커질수록 식각속도가 감소하므로 이 경우 식각깊이가 증가함에 따라서 식각속도가 감소하는 현상을 나타내므로 이를 식각지연현상(RIE lag)이라고 부르기도 한다.

## 8.10 거시적 부하효과(Macroscopic Loading Effect)

거시적 부하효과에 대하여 좀더 자세히 설명을 하도록 하겠다.

플라즈마에 발생된 식각제(etchant)인 반응성 가스 및 이의 라디칼의 소모가 웨이퍼의 식각에 의해 주로 일어나게 될 때 이와 같은 거시적 부하효과가 일어나게 된다. 만일 플라즈마식각에서의 식각제가 F라고 하고 $m$개의 웨이퍼가 반응용기 내에 있을 때 생성되고 소모되는 F의 물질평형상태를 보면 다음과 같게 된다. 즉,

$$r_F V = A k^*_{sF} n_F + k_{vF} n_F V + m A_w k_{wF} n_F$$

여기서 $r_F$는 단위부피당 F가 생성되는 속도, $V$는 챔버 부피, $r_F V$는 플라즈마로 인해 챔버내 F가 생성되는 속도, $A$는 챔버 벽의 면적, $k^*_{sF}$는 F의 챔버 벽에서의 소모속도, $n_F$는 단위부피당 F 원자수, $A k^*_{sF} n_F$는 챔버 벽에서 재결합으로 F가 소모되는 속도, $k_{vF}$는 챔버부피 내에서 단위부피당 F의 소모속

도, $k_{vF}n_FV$는 챔버부피 내에서 F가 재결합 혹은 펌프(pump)로 제거되어 소모되는 속도, $m$은 웨이퍼 수, $A_w$는 웨이퍼당 면적, $k_{wF}$는 웨이퍼당 F의 소모속도, $mA_wk_{wF}n_F$는 $m$개의 웨이퍼에서 식각에 의한 소모되는 속도이다. 즉, 플라즈마로 생성되는 F는 챔버 벽에서 재결합되는 F와 챔버 내부에서 재결합으로 소모되는 F 및 펌프로 소모되는 F 그리고 웨이퍼 상에서 식각으로 소모되는 F의 합과 같다고 할 수 있다.

만일 $m$개의 웨이퍼가 챔버 내에 있을 때 웨이퍼의 식각속도 $R_m$은 다음과 같이 쓸 수 있다. 즉,

$$R_m = \alpha k_{wF} n_F$$

여기서, $\alpha$는 웨이퍼 식각시 F소모량과 식각속도간의 관계를 나타내는 비례상수이다. 웨이퍼가 1장 있을 때 웨이퍼의 식각속도를 $R_o$라고 했을 때 거시적 부하효과(macroscopic loading effect)는 웨이퍼가 1장 있을 때와 $m$장 있을 때의 식각속도의 비율($R_o/R_m$)이므로 위의 F에 대한 물질의 평형상태에 관한 식에서 $m=1$과 $m=m$을 넣은 식에서 $k_{wF}n_F$를 얻어서 윗 식의 $R_m$에 넣어서 $R_o/R_m$비율을 구하면 된다. 즉, 웨이퍼가 $m$장 있을 때의 식각속도 $R_m$과 웨이퍼가 1장 있을 때의 식각속도 $R_o$의 비율을 구하면

$$\frac{R_o}{R_m} = 1 + m\frac{A_s k_{wF}}{Ak_{sF}^* + Vk_{vF}}$$

의 식을 얻게 된다.

이 식이 의미하는 바는 거시적 부하효과인 $R_o/R_m$의 비율이 챔버벽과 챔버 내부 및 펌프에서 F가 소모되는 속도에 대한 웨이퍼상에서 F가 소모되는 속도비율에 의존하며 웨이퍼상에서 F가 소모되는 비율이 커짐에 따라서 즉, 웨이퍼의 수에 의존하여 부하효과가 증가하는 것을 의미하고 있다.

따라서 식각에 의해 F가 소모되는 속도에 비해 챔버 벽이나 챔버 내부 및 펌프 등에 의해 소모되는 속도를 증가시킴으로써 혹은 이 부하효과는 화학적

식각제인 라디칼의 양에 의존하는 것이므로 식각이 라디칼이 아닌 반응성 이온충돌 플럭스(reactive ion bombardment flux)에 의존하게 함으로서 이 거시적 부하효과를 줄일 수 있다.

따라서 웨이퍼에 의해 식각제가 소모되는 속도에 비해 챔버벽이나 챔버 내부, 그리고 펌프 등에 의해 제거되는 속도를 증가시켜야 부하효과를 줄일 수가 있다.

■ **Macroscopic loading effect의 감소**

(a) loss rate가 etch rate보다 크도록 :
- silicon의 etching에서 F보다 Cl, Br계 이용.
- F가 포함된 plasma에서는 F의 농도가 silicon의 F 소모 정도에 의해 지배되나 Cl, Br이 포함된 plasma에서는 이들의 농도가 reactor내 혹은 wall내 atom-atom recombination에 의해 제한됨.
- 이들 Cl 및 Br은 silicon의 spontaneous etch rate가 아주 작음.

(b) 매우 큰 pumping speed의 pump의 사용 : reactor내 etchant소모 증대시킴.

(c) ion bombardment flux에 의존하게 하기 위해서는 low pressure, RIE mode로 etching.

(d) dummy load wafer의 사용.

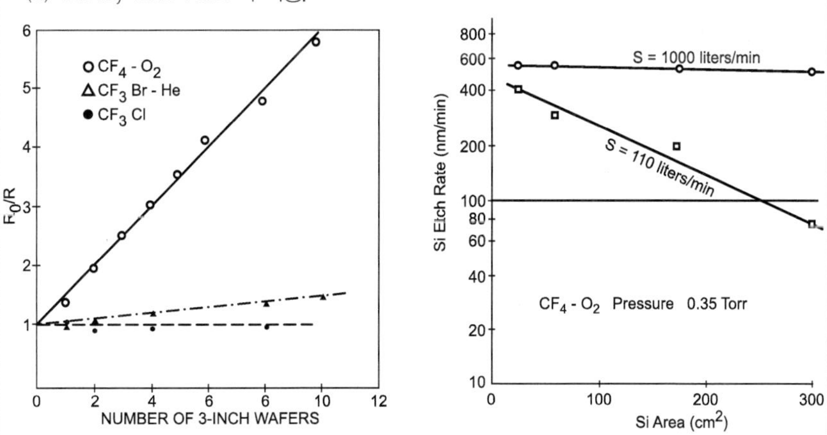


(a) (b)

**그림 8-20** 거시적 부하효과(macroscopic loading effect)의 감소 방안

실리콘의 식각에서는 F를 식각제로 사용하는 것보다 Cl이나 Br을 포함하는 식각제를 사용하는 것이 이 거시적 부하효과를 줄이는 방법이라고 한다.

이는 F가 포함된 플라즈마에서는 실리콘과 F와의 높은 반응성으로 인해 실리콘의 F소모정도에 의해 F의 농도가 지배가 되나 Cl과 Br이 포함된 플라즈마에서는 실리콘과의 반응성이 F보다는 작고 따라서 이들 Cl과 Br의 농도가 반응용기 혹은 벽에서의 재결합에 의해서 제한되기 때문이다. 즉, Cl이나 Br이 실리콘과의  식각으로 제거되는 속도보다는 벽이나 챔버 내부에서 재결합에 의해 제거되는 속도가 더 크기 때문이다.

이에 대한 효과를 그림 8-20의 왼쪽 아래에 나타낸 바와 같다. 그림에서 나타낸 바와 같이 F를 함유한 가스를 사용한 경우에는 챔버 내 넣은 웨이퍼의 숫자 증가에 따라서 식각속도가 급격히 감소하였지만 Cl과 Br을 함유한 가스를 사용하였을 때는 그 식각속도의 변화가 크지 않음을 알 수 있다.

또한 펌프의 펌핑 속도를 증가하여 식각제가 식각에 의해 소모되기보다는 펌프로 제거되는 속도를 증가시키면 이 부하효과가 감소하는 것을 볼 수가 있다.

이에 대한 그림은 그림 8-20의 오른쪽에 나타낸 바와 같다. 같은 F를 포함한 $CF_4$ 가스를 사용하더라도 펌프의 펌프속도를 110$l$/min에서 1000 $l$/min으로 10배 정도 증가시켰을 때 넣은 실리콘 웨이퍼 면적의 증가에 따른 식각속도의 변화를 없앨 수가 있는 것을 알 수가 있다. 이와 같이 펌프의 펌핑 속도를 증가시키면 넣은 식각가스 중 식각에 사용되지 않는 가스양이 증가하여 비경제적이라는 문제점을 나타낸다.

또한 앞에서 설명한 바와 같이 화학적 식각의 상태로 라디칼에 의존하기보다는 이온충돌에 의존을 하도록 낮은 압력에서 이온충돌효과가 높게 반응성 이온식각의 형식으로 식각을 하는 경우 이 거시적 부하효과를 줄일 수 있게 된다.

다른 방법으로는 항상 일정한 웨이퍼수가 플라즈마에 노출이 되도록 공정할 웨이퍼의 수가 적을 때는 소자제 작용 웨이퍼가 아닌 연습용 웨이퍼에 해당되는 더미 웨이퍼를 같이 넣어 공정시 웨이퍼 수를 항상 일정하게 하는 방법이 있는데 이 방법이 실제로 가장 많이 쓰이는 방법이다.

## 8.11 미시적 부하효과(Microscopic Loading Effect)

이번에는 미시적 부하효과에 대하여 설명을 하도록 하자.

이 미시적 부하효과는 한 웨이퍼 내에서 지역에 따라 식각속도의 변화를 일으키는 현상을 의미한다. 이는 플라즈마 식각시의 웨이퍼 표면상에서 지역에 따라 식각제 소모의 차이가 있을 때 이 식각제가 이동하기 어려운, 즉 식각제의 확산이 어려운, 높은 압력에서 발생하기 쉽다.

따라서 약 20mTorr 이하의 낮은 압력에서는 미시적 부하효과를 관찰하기 어려울 수도 있다. 이 역시 라디칼이나 반응성 가스와 같은 반응성 중성원소에 의해 웨이퍼가 자발적 식각되는 경우에 발생하기 쉽다.

그림 8-21의 아래 그림에 보는 바와 같이 식각이 될 면적이 많은 지역에서는 주변의 식각제의 소모가 많이서 잔류하는 식각제의 양이 상대적으로 작아진다.

- 이 효과는 wafer상 etching process자체에 의한 etching species의 국부적인 depletion에 의해 발생함.
- 이는 plasma내 etching species의 concentration gradient가 발생되기 쉬운 high pressure에서 발생하기 쉬움.
- 따라서 약 20mTorr이하의 압력에서는 이와 같은 microloading effect를 관찰할 수 없을 수도 있음.
- 이 역시 etchant의 concentration에 의존하므로 radical에 의한 spontaneous etching이 잘 일어나는 물질에서 발생하기 쉬움.

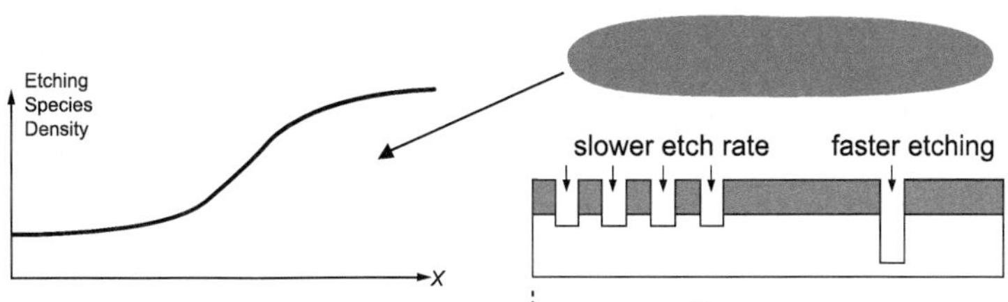


그림 8-21 미시적 부하효과(microscopic loading effect)에 관한 설명

따라서 식각속도가 감소하고 식각이 될 면적이 적은 오른쪽 지역에서는 주변에 식각제의 소모가 적어서 잔류하는 식각제의 양이 상대적으로 많아 식각속도가 높은 것을 보여주는 전형적인 미시적 부하효과에 대하여 보여 주고 있다.

## 8.12 종횡비 의존식각(Aspect Ratio Dependent Etching)

이번에는 종횡비의존 식각현상 즉, 식각하는 형상의 길이/폭인 종횡비에 따라서 식각속도가 변화하는 현상에 대하여 설명을 하도록 하자.

ARDE는 그림 8-22에 보는 바와 같이 마스크가 열린 폭이 좁은 지역이 넓은 지역에 비해 식각이 느리게 일어나는 현상으로서 그림에 이와 같은 ARDE현상에 의해 열린 폭의 정도에 따라 식각깊이가 다른 것을 보여주고 있는데 이 ARDE는 3가지 원인에 의해서 일어날 수 있다.

첫 번째로 이 열린 지역으로 입사하는 이온 플럭스(ion flux)의 궤도이탈(diversion)현상에 의해 일어날 수 있게 된다. 이는 열린 곳의 위로부터 입사하는 전자와 이온을 생각했을 때 전자는 입사할 때 쉬스의 전기장의 방향과 반대이므로 방향성을 가지고 입사하지 못하여 식각물질형상의 윗부분을 (-)로 충전시킨다.

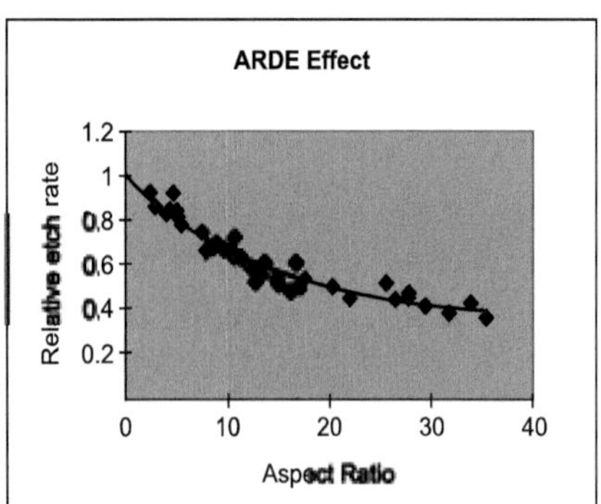

그림 8-22 실리콘 식각시 종횡비의존 식각효과를 나타내는 그림

그리고 이온은 쉬쓰로 인한 전기장을 따라 높은 에너지로 열린 곳을 수직 입사하여 식각물질면의 바닥면 부분에 주로 입사하여 식각물질형상의 바닥면에 + 충전을 일으키게 된다.

결과적으로는 이와 같은 충전현상으로 그림에 보이는 바와 같이 식각한 구멍내부에 굽은 전기장을 형성하게 된다. 이로 인하여 추가로 입사하는 +이온이 벽면의 -전하와 바닥면의 + 전하로 형성된 전기장을 따라 굽게 되어 입사 이온이 식각형상의 바닥에 도달하지 못하게 되어 식각속도를 감소시키며 구멍 폭이 좁을수록 바닥면으로의 이온도달이 더욱 줄어 식각속도가 점점 감소하게 되는 현상이다.

■ **Ion flux의 diversion**

이는 feature의 위로부터 입사하는 ion flux의 일부가 diverge하여 feature bottom에 도달하지 못하게 되어 발생. 이로 인해 aspect ratio 혹은 etch depth가 증가함에 따라서 etch rate가 감소.

: 이는 photoresist등의 insulating feature의 localized charging도 영향을 미침.

➜ charging에 의한 ion flux의 divergence

cf) "Notching" : electrical charging에 의한 현상

gate polysilicon의 etching시 밑 부분의 notching 현상

: 전자는 feature 입구에서 repel

: 이온은 bottom surface에서 charge up

➜ ion divergency로 인한 notching발생

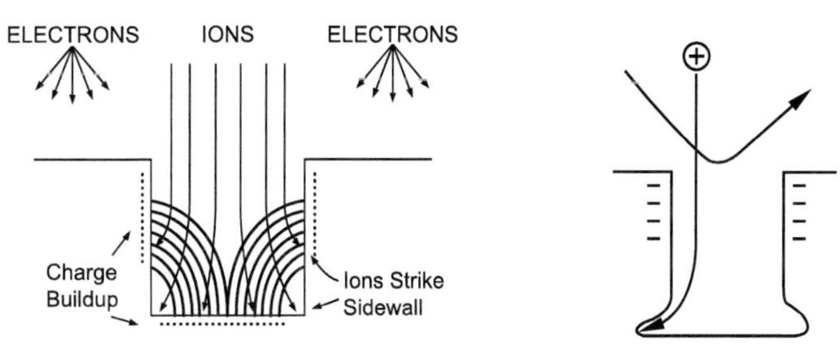


**그림 8-23** 종횡비의존 식각현상(aspect ratio dependent etching, ARDE)의 한 가지 원인에 대한 설명

이와 같은 현상은 식각하는 물질이 도체라고 하더라도 사진감광막(photoresist)를 마스크로 사용하여 구멍 모양의 패턴을 형성할 때 절연체인 사진감광막 내에 이와 같은 전하를 축적하고 굽은 전기장을 형성함으로써 입사하는 이온의 궤도이탈(divergence)에 영향을 미칠 수 있게 된다.

이와 같은 국부적인 전하축적(local charging)에 의하여 게이트 폴리실리콘(gate polysilicon)등과 같은 물질의 식각시 그림 8-23의 아래 그림에 보이는 바와 같이 전하축적에 의해 폴리실리콘의 모서리 쪽으로 이온이 몰려서 브이(v)자로 패인 노칭(notching)현상을 일으키게 된다.

이는 사진감광막 내의 벽면에 불규칙(random)하게 입사한 전자에 의해 -로 전하축적이 되고 그 밑의 폴리실리콘 표면에는 상대적으로 +로 전하축적이 일어나 충분히 전하축적이 된 상태에서는 전자는 식각되는 구멍으로부터 밀려나고 이온은 입사시 이 전하축적상태에 의한 굽은 전기장에 의해 휘어서 폴리실리콘의 모서리를 더 식각하여 그림에서 보이는 바와 같은 노칭현상을 만들게 되는 것을 말한다.

두 번째 ARDE 현상을 일으키는 이유로서는 종횡비 증가에 따라서 식각된 구멍 내부로 반응성 라디칼이 들어가기 힘들어지고 또한 식각구멍 바닥에서 식각 후 발생된 식각부산물이 빠져나오기도 어려워져서 종행비가 큰 구멍의 식각물질형상이 종행비가 작은 구멍에 비해 식각속도가 감소한다는 것이다.

이는 가스분자가 어떤 길이 $l$, 직경 $d$인 튜브를 랜덤플럭스(random oriented flux) $\nu$로 통과시 튜브 반대편에서 측정되는 가스의 랜덤플럭스 $\nu'$를 계산하면 알 수 있다. 이 값은 다음과 같은 수식을 가진다. 즉,

$$\nu' = K(d/l)\nu$$

여기서 $K$는 클라우징 인자(Clausing factor)로서 $d/l$에 의존하는 함수로서 그림 8-24의 오른쪽 아래 그림에서 보이는 바와 같이 종횡비가 증가함에 따라서 감소하고 있는 것을 알 수가 있다.

결국 튜브 반대편에서 나오는 분자의 플럭스는 튜브의 길이/폭인 $l/d$가 증가함에 따라서 즉, 종횡비(aspect ratio)가 증가함에 따라서 그 양이 감소한다는 것을 나타내주고 있다.

따라서 종횡비가 큰 식각구멍의 내부 바닥으로 들어가는 단위시간당 단위면적당 라디칼의 양인 플럭스가 줄고 또한 식각구멍에서 식각이 되어 식각부산물이 형성된 후에 식각구멍 밖으로 나오는 플럭스도 줄어들게 된다는 것을 의미한다.

■ Conductance limit for incoming neutral etching species and etch products.

: 길이 $l$, diameter가 $d$인 tube를 gas molecule이 randomly oriented flux $v$로 통과 시 반대편에서 나오는 gas의 flux $v'$ : $v' = K(d/l)v$ (여기서 $k$는 Clausing factor 라 부름)

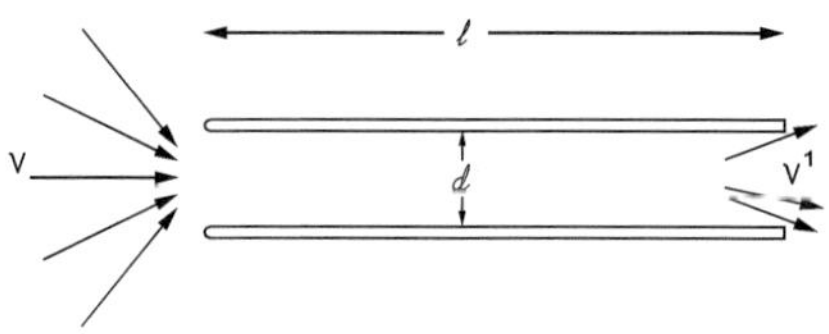


→ 길이가 길어짐 (즉 aspect ratio가 커짐)에 따라 incoming neutral 혹은 outcoming product의 flux감소.

→ incoming radical과 bottom surface 간의 reaction probability가 큰 경우는 중요.
반면 high density plasma의 경우 등과 같이 reactive ion에 의해 chemistry가 같이 공급되는 경우는 중요하지 않을 수 있음.

→ 또한 outcoming product의 경우도 non-condensing etch product인 경우에는 주요인자가 아님.

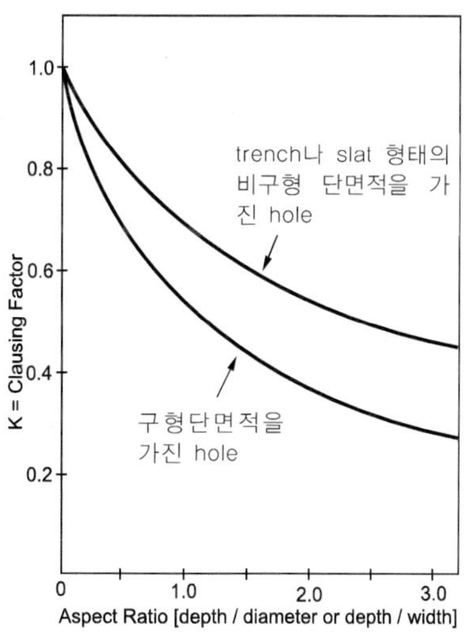


**그림 8-24** ARDE를 일으키는 현상의 한가지 설명으로서 식각구멍내로 컨덕턴스(conductance)변화의 효과

앞의 수식은 랜덤 플럭스(random flux)를 가정하고 얻어진 것이므로 이와 같은 식각구멍으로 들어오는 식각제의 플럭스(incoming etchant flux)에 식각속도가 의존한다는 것은 식각이 화학적 식각(chemical etching)에 의존하는 경우에 중요하게 되며 고밀도 플라즈마에서와 같이 바닥면의 식각이 라디칼보다는 식각구멍에 수직 입사하는 반응성 이온에 의해 주로 공급되는 경우는 이와 같은 수식이 맞지 않게 되어 이 설명이 중요하지 않을 수도 있다.

또한 식각부산물이 종횡비에 따라 변화하는 것은 종횡비가 커서 빠져나오지 못한 식각부산물이 바닥면에 응축되어 식각을 방해하는 증기압이 낮은 식각부산물이 아니라면 종횡비에 따라 변화하는 식각부산물의 컨덕턴스의 변화는 ARDE 현상의 주요인자가 아닐 수 있게 된다.

세 번째의 ARDE 현상을 설명하는 인자는 응축을 일으킬 수 있는 입사하는 라디칼(incoming condensable)의 가림현상(shadowing)이다. 이는 특히 폴리머증착을 일으키는 가스조합에서 그 가능성이 증가하는데 이 경우에서는 전의 ARDE와는 다르게 종횡비가 큰 식각형상이 종횡비가 작은 식각형상에 비해 식각속도가 빠르게 일어나는 현상을 일으키게 된다.

이를 역 RIE 지체현상(inverse-RIE lag)이라고 부르기도 하며 이에 대한 식각현상을 그림 8-25에 나타내었다.

폴리머 증착이 없이 순수하게 식각만을 일으키는 F나 Cl 등의 가스와는 다르게 $CF_x$와 같은 폴리머 증착(polymer deposition)을 일으키는 기체로 식각을 하는 경우는 다른 형태의 ARDE 즉 역 RIE 지체현상(inverse-RIE lag)을 일으킬 수가 있게 된다.

이는 식각형상의 구멍으로 들어오는 폴리머를 형성하는 라디칼들, 예로 $CF_2$, CF 등이 다른 라디칼들에 비해 식각구멍내부로 들어오면서 벽면에 응축할 확률이 높기 때문이다.

따라서 식각형상의 구멍이 작으면 구멍으로 들어오는 라디칼 중에서 폴리머를 형성하여 식각을 어렵게 하는 라디칼은 입사하다가 벽면과 충돌할 확률이 높아서 벽면에 응축을 하기 쉽기 때문에 벽면에서 응축되어 제거되고 벽면에 응축을 하지 않는 F나 Cl과 같은 라디칼은 벽면과 충돌하여도 튕겨서 지속적으로 식각구멍의 바닥에 도달하여 식각을 하게 된다.

■ Shadowing of incoming condensables

– Polymer deposition이 일어나는 chemistry로 etching하는 경우에 때에 따라서 순수하게 etching만을 일으키는 etch chemistry (예로 F, Cl 등) 에 비해 다른 형태의 ARDE, 즉 inverse–RIE lag 현상이 발생 가능.

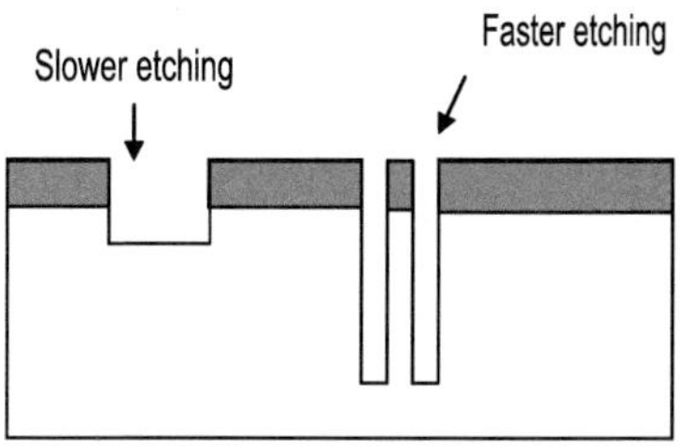


➜ 이는 feature로 들어오는 polymer forming species (예로 CF, $CF_2$ 등)가 etching을 일으키는 species에 비해 sidewall에 응축할 확률이 높기 때문.

➜ 따라서 feature size가 작을수록 sidewall에 이 polymer forming species가 sidewall에 응축되어 bottom 부분이 지속적으로 etching되나 큰 feature를 가진 곳은 sidewall면적이 상대적으로 작아 polymer forming species가 bottom으로 침입하여 etching이 저하됨 ➜ inverse RIE lag

➜ 이는 ion이 etching과 deposition이 일어나는데 얼마만큼의 영향을 미치느냐 및 bottom에 deposit되는 polymer를 제거할 수 있는 ion flux양 에 의해 그 정도가 달라짐.

**그림 8–25** 역 RIE 지체형상(inverse RiE–lag)에 대한 설명

반면 식각구멍이 크면 벽면에 입사하는 라디칼들이 벽면의 면적이 상대적으로 작아서 벽면과 충돌할 확률이 감소하여 폴리머를 형성하는 라디칼이 구멍바닥으로 가서 식각을 저하시키는 역할을 하게 되므로 결과적으로 종횡비가 큰 식각형상의 식각속도가 종횡비가 작은 식각형상의 식각속도에 비해 감소하는 현상을 얻게 된다.

이는 폴리머를 형성하는 가스조합에 의해 식각구멍의 바닥면에 형성되는 폴리머증착)을 얼마나 제거하고 식각을 하는가 및 이를 제거하는 이온의 플럭스 정도에 의해서 그 역 RIE 지체현상의 심각성이 변화할 수 있다.

## 8.13 그 밖의 식각형상에 영향을 미치는 인자

앞에서 설명한 것 외에 식각형상(etch profile)에 영향 미치는 인자들에 대하여 설명을 하도록 하자. 우선 트렌치(trench)를 식각할 때 수직하게 식각이 진행되지 못하고 그림 8-26의 가장 왼쪽 그림에서 보이는 바와 같이 휨(bowing) 현상을 일으키거나 왼쪽에서 두 번째 그림에서 보인 바와 같이 어느 한 부분에 홈이 형성되는 경우가 발생될 수 있다.

압력이 높을 때 이와 같은 휨현상이 발생할 가능성이 있으며 이는 입사하는 이온이 쉬쓰에서 중성원자와의 충돌로 그 이온의 궤도(trajectory)가 변화하여 발생한다.

■ Other factors affecting to the etch profile

- **Ion trajectory** : ion이 입사하면서 sheath 및 mask edge로부터 scatter되어 발생되는 효과
- **Trenching** : tapered sidewall을 가지고 있을 때 ion이 sidewall에서 반사되어 feature의 bottom 모서리에 ion flux양을 증가시켜 etch rate를 증가시켜 발생.
  ➜ physical sputter etching에 의해 etching될 때 특히 많이 발생

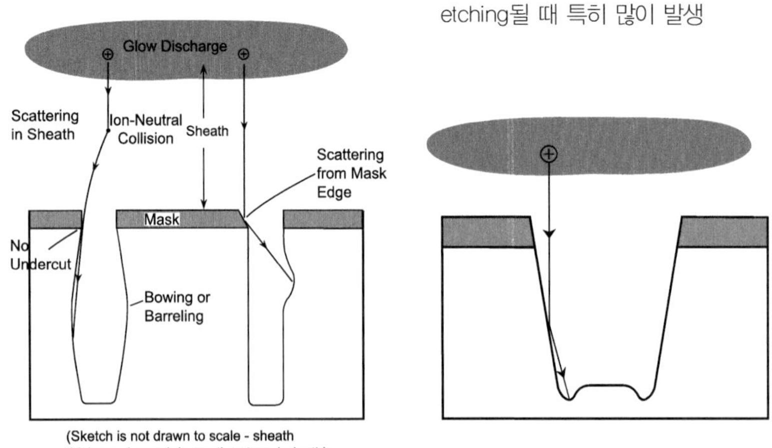


그림 8-26 식각형상에 영향을 미치는 인자들

또한 트렌치의 한 부분에 홈이 형성되는 것은 마스크층(mask layer)으로부터 일정한 각도로 입사하는 이온이 튕겨서 한 곳으로 집중적으로 이온 충돌을 받기 때문이며 결과적으로 이온의 궤도(ion trajectory)가 변화하기 때문에 발생되는 현상이다. 또한 식각을 하다보면 그림 8-26의 오른쪽 그림에서 보듯이 테이퍼(taper)형의 식각형상에서 바닥의 모서리 부분이 더 식각이 진행된 트렌칭(trenching) 현상을 볼 수 있다.

이 경우 기울어진 식각형상의 벽면을 따라서 입사하는 이온이 반사하여 식각형상의 모서리 부분에 이온들이 집중이 됨으로써 식각이 증가된 것이며 이와 같은 현상은 화학적 식각이 아니라 물리적 식각에 의해 식각이 주도될 때 주로 관찰되게 된다.

반면 수직으로 식각된 형상을 지니는 경우에도 그림 8-27에 보이는 바와 같이 모서리 부분이 더 식각된 현상을 볼 수 있는데 이 경우는 커스핑(cusping) 혹은 도브테일링(dovetailing)이라는 현상 때문이다.

■ Cusping 혹은 dovetailing

polymer forming species나 condensing species가 있는 경우 sidewall에서의 shadowing 으로 depositing species가 bottom edge 모서리에는 적게 도달. 따라서 net로 bottom의 중앙 부분의 etching이 높은 상태로 됨. (즉, depositing species에 의한 bottom에의 non-uniform한 deposition에 의해 발생)

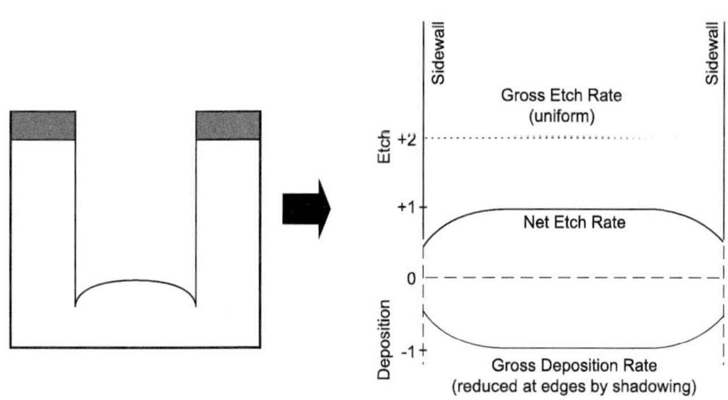


**그림 8-27** 커스핑(cusping)이나 도브테일링(dovetailing)으로 인한 식각형상

도브테일링 혹은 커스핑은 폴리머를 형성하는 가스나 응축이 잘되는 가스를 식각공정에서 사용시 식각구멍 벽면에서 앞서 설명한 가림(shadowing) 현상에 의해 이들 가스가 응축되는데 식각구멍의 가운데 부분은 이들 가스가 벽면에 응축함이 없이 바닥에 도달하여 식각을 방해하는 반면에 벽면에 가까운 부분 모서리 부분에서는 폴리머 형성 가스 성분이나 응축가스 성분이 벽면으로 응축하여 제거되고 식각을 일으키는 가스성분만이 구멍바닥의 모서리에 도달하여 식각이 가운데 부분에 비해 더 진행되어 모서리 부분이 파인 형상을 나타내게 되는 것이다. 이에 대한 설명의 그림을 그림 8-27의 오른쪽에 나타낸 바와 같다.

## 8.14 가스유량효과(Flow Rate Effect)

플라즈마 식각을 할 때 가스유동속도(gas flow)는 적당량을 유지하여야 한다. 가스유동속도가 너무 크거나 작으면 식각속도가 감소하기 때문이다. 가스유동속도의 영향은 대체로  초기 가스유동속도가 증가함에 따라서 식각속도가 증가하다가 너무 가스유동속도가 큰 과잉상태(overflow)가 되면 식각속도는 감소하는 경향을 지닌다.

낮은 가스유동속도(low flow rate) 지역은 주입하는 반응성 가스가 모두 소모되고 부족하기 때문에 더 이상 식각속도를 증가시키기 위해서는 반응성 가스를 더 많이 주입하여야하는 상태이다.

반면 너무 가스유동속도가 큰 상태이거나 챔버압력을 일정하게 유지하는 상태에서는 가스유동속도를 증가시키면 가스가 펌프로 빠져나가는 속도가 증가하여 어떤 상태 이상에서는 분해된 반응가스, 즉, 라디칼 등의 활성종(active species)이 반응도 하기 전에 펌프로 제거되어 버리는 상황이 발생하고 이렇게 되면 가스유동속도 증가에 따라서 식각속도가 감소하게 된다.

이와 같은 낮은 가스유동속도에서는 가스유동속도의 증가에 따라서 식각속도가 증가하다가 높은 가스유동속도가 되면 식각속도가 감소하는 경향에 대한 그림을 그림 8-28의 왼쪽에 나타낸 바와 같다.

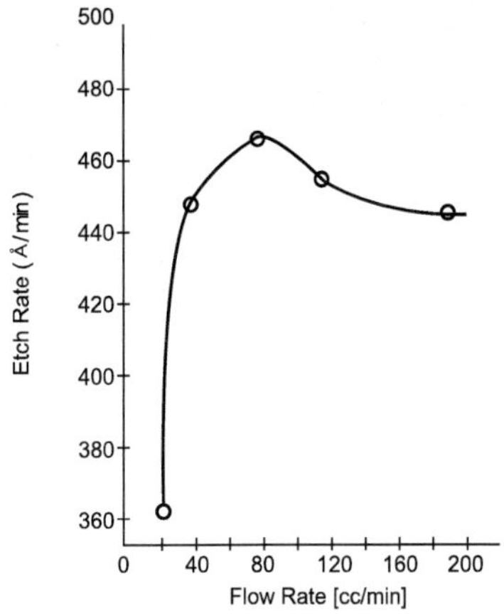


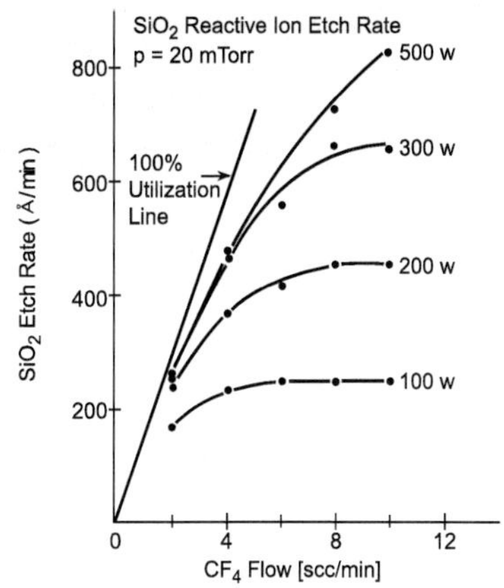


**그림 8-28** 가스유동속도(gas flow rate)에 따른 식각속도의 변화

그림 8-28의 오른쪽에는 유사한 그림이나 가스유동속도가 크게 증가하여도 식각속도의 변화가 없는 상태이다. 이와 같이 어떤 상황에서는 가스유동속도가 크게 증가하여도 식각속도의 변화가 없는 경우를 나타내는 때도 있는데 이는 식각시스템이나 식각되는 물질에 의존하여 이와 같은 경우를 나타내기도 한다.

결과적으로 정상적인 식각속도의 가스유동속도에의 의존성은 그림 8-29의 오른쪽 윗 그림에서 보이는 바와 같이 나타낼 수 있다.

즉, 초반에는 가스공급(gas supply)이 부족해서 식각속도가 감소하는 공급속도제한(supply rate limiting)에 의해 식각속도가 의존을 하게 되고 높은 가스유동속도에서는 반응성가스가 펌프로 빠져나가는 정도에 의해 식각속도가 정해지는 펌핑속도제한(pumping rate limiting)에 의해 식각속도가 의존을 하게 된다.

설명한 바와 같이 가스유동속도가 많으냐 적으냐에 따라서 같은 식각시스템 내에서 식각속도에 영향을 크게 미칠 수 있으므로 우선적으로 가스유동속도의 적절한 설정이 필요하다.

그림 8-29의 오른쪽 아래 그림에서 보는 바와 같이 $CF_4$로 20mTorr를 유지한 상태에서 $SiO_2$를 식각할 때 20sccm의 가스유동속도에서는 가스유동량이 적당한 상태여서 전력증가에 따라서 분해된 반응성 가스의 양이 증가하여 식

각속도가 증가하나 2sccm의 낮은 가스유동속도에서는 챔버에 들어오는 반응성가스의 양 자체가 모자라서 이미 분해가 다 된 상태이므로 전력이 증가하여도 더 이상의 가스분해가 없어 식각속도가 포화되는 유동속도 제한상태가 형성되며 충분한 가스유동속도를 공급하는 경우에 비해 전체적으로 식각속도도 낮게 된다.

- 결과적으로 flow rate의 의존성은 다음 그림에 보이는 바와 같이 supply rate limiting과 pumping rate limiting의 곱의 효과에 의해 결정됨

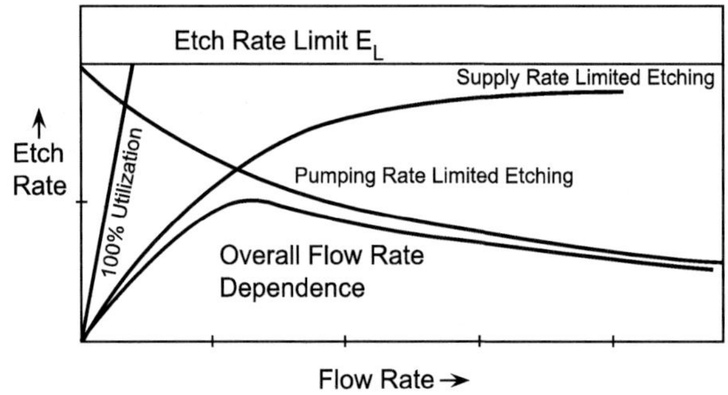


- flow rate는 같은 system의 상태에서도 etch rate에 영향을 크게 미칠 수 있으므로 flow rate의 적절한 설정이 필요함.

(i)의 경우는 etch species의 generation limited case로서 power에 비례하는 상황

(ii)의 경우는etch species가 모자란 flow rate limited case로서 etch rate가 power 증가에 따라 saturation되고 etch rate가 낮음.

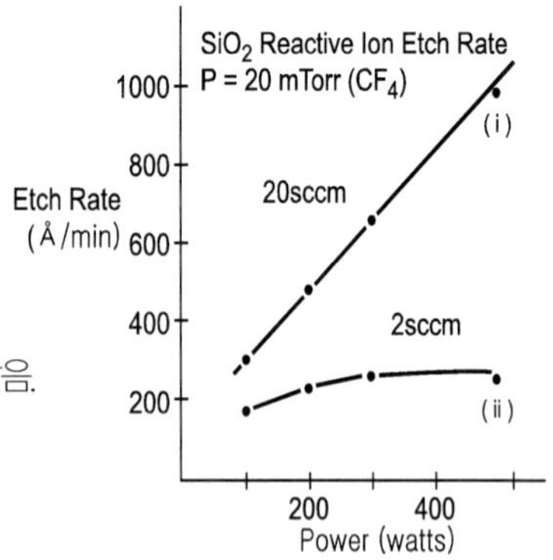


**그림 8-29** 가스유동속도가 식각에 미치는 영향에 대한 설명

## 8.15 첨가가스의 효과(Gas Effect Additive)

이번에는 플라즈마 식각에서 식각을 위해 사용하는 주 식각가스(main etch gas)외에 다양한 이유로 첨가가스를 사용하게 되는데 이 첨가가스의 종류 및 이의 이유를 구분하여 설명하여 보기로 하겠다. 우선 첨가가스의 사용 이유에 따라 그림 8-30에 나타낸 바와 같이 7가지로 첨가가스를 구분하여 나타낼 수가 있다.

- Etching을 할 때 기판물질과의 volatile reaction을 위한 etch gas외에 여러 가지의 이유에 의해 부가적인 가스를 첨가시킴.
  - **Oxidant**(etch rate 증가를 위한 기체 및 표면반응) : etchant의 농도를 증가시키거나 polymer형성을 억제하기 위해 첨가하는 가스들.
  - **Radical scavenger** (selectivity를 위한 기체반응) : etchant의 농도를 감소시키거나 polymer 형성을 가속시키기 위해 첨가.
  - **Inhibitor former**(anisotropy와 selectivity를 위한 표면반응) : etch anisotropy 혹은 selectivity를 증가시키기 위해 저중합체의 film을 형성하도록 unsaturated radical인$CF_2$나 $CCl_2$와 같은 gas를 첨가시. 이를 inhibitor former라고 함.
  - **Native oxide etchant**(etching 증가를 위한 표면반응) : $BCl_3$ or $Cl_2$와 같은 etchant를 이용하여 Si, Al, GaAs, InP 등의 물질을 etching시 초기에는 이들 물질 표면에 형성된 native oxide 때문에 etching이 시작되기 어려움. 따라서 이 표면에 형성된 native oxide를 제거하기 위해 소량의 native oxide etchant를 첨가.
  - **Water/oxygen scavenger**(surface 산화막 형성방지를 위해 $O_2$, $H_2O$제거 기체반응) : $SiCl_4$와 더불어 $BCl_3$는 plasma decompose시에 산소 및 water와 반응하여 water와 oxygen을 scavenge함. Native oxide etchant의 부가적인 효과.
  - **Inert gases**(plasma안정화, anisotropy 증가 위한 기체 및 표면효과, 화학적 반응 없음) : Ar이나 He 등의 inert gas 혹은 $N_2$를 첨가하여 plasma를 안정화, etch anisoptropy의 증가 등을 목적으로 첨가하는 가스.
  - **Volatizer**(etch product의 volatility 증가를 위한 표면반응) : 일부의 물질에 있어서 가스를 소량 첨가하여 ternary 등의 etch product을 만들 때 volativity가 증가하여 etch rate를 향상.

그림 8-30 다양한 첨가가스의 첨가목적에 대한 설명

우선 산화제(oxidant)로서 $CF_4$나 $CCl_4$에 $O_2$나 $Cl_2$를 첨가하는 경우를 들 수가 있다. 이는 이와 같은 산화제인 $O_2$나 $Cl_2$를 첨가함으로 인해 산소가 $CF_4$의 카본(carbon)과 결합하여 F의 양을 증가시킴으로써 주 식각가스(main etch gas)의 분해도를 증가시키거나 이 산화제가 카본과 결합하여 기판표면에 형성되는 폴리머를 제거시킴으로서 식각속도를 증가시키는 기체반응이나 표면반응을 일으키기 위한 첨가가스를 말한다.

라디칼 제거기(radical scavenger)라고 하여 비선택적(nonselective)으로 식각을 하도록 하는 반응성원소의 농도를 감소시키거나 어떤 물질 위에만 폴리머 형성을 가속시켜 식각선택도를 증가시키기 위해 가스를 첨가할 수 있는데 이와 같은 가스를 라디칼제거기라고 한다.

예로 수소를 $CF_4$에 첨가하면 반응원소인 F를 제거하고 $CF_x$만이 남아서 실리콘과 같은 기판물질 표면에 CF(carbon-fluorine) 폴리머막 형성을 촉진할 수 있는데 이를 이용하여 실리콘 식각속도에 비한 $SiO_2$의 식각속도의 비율, 즉, $SiO_2/Si$의 식각선택도를 증가시키게 된다.

이 경우 $CF_4$에 비포화상태의 플루오로카본 가스, 즉, $CF_2$나 $C_2F_4$와 같은 가스를 첨가하였을 때도 비선택적으로 식각을 일으키는 F와 같은 원소를 제거시켜서 선택적 식각이 가능하게 하며 이들과 같은 식각선택도증가를 위해 라디칼을 제거하기위한 첨가가스를 라디칼제거기(radical scarenger)라고 한다.

앞의 경우의 첨가가스가 기체반응을 통하여 식각선택도를 높이게 하는 방식이라면 표면반응을 통하여 식각선택도 혹은 식각이방성을 증가시키기 위해 첨가하는 가스를 식각억제막 형성제(inhibitor former)라고 할 수 있다.

예로 $CF_2$와 $CCl_2$와 같은 가스를 첨가하여 표면에 저중합체의 막을 형성하도록 하는 것이며 이를 식각억제막 형성제라고 한다.

이 경우 이온충돌을 받는 식각형상의 바닥은 이온충돌에 의해 형성되었던 식각억제막이 제거되나 벽면과 같은 부분은 식각억제막이 그대로 남아서 식각이 되는 것을 막으므로 인해서 식각이방성이 증가하게 된다. $SiCl_4$, $BCl_3$, $O_2$, 혹은 $H_2O$와 같은 가스도 표면반응을 통해 식각선택도나 식각이방성을 증가시키기 위해 사용될 수 있다.

| 식각첨가 | 용도 | 예<br>(첨가제-식각가스:물질) |
|---|---|---|
| Oxide Etchant | 식각 시작 및 진행될 수 있게 식각물질인 산화물의 산소제거 | $C_2F_2-Cl_2$ : $SiO_2$;<br>$BCl_3-Cl_2$ : $Al_2O_3$<br>$CCl_4-Cl_2$ : $Al_2O_3$ |
| Oxidant | 식각제농도를 증가 혹은 폴리머 형성억제 | $O_2-CF_4$ : Si;<br>$N_2O-CHF_3$ : $SiO_2$;<br>$O_2-CCl_4$ : GaAs, InP |
| "inert"Gas, $N_2$ | 플라즈마 안정화<br>식각제 희석<br>열전도 증가 | $Ar-O_2$ : organic material;<br>$He-CF_3Br$ : Ti |
| Inhibitor-Former | 비이방성식각 유도<br>식각선택도 향상 | $C_2F_6-Cl_2$ : Si;<br>$BCl_3-Cl_2$ : GaAs, Al<br>$H_2-CF_4$ : $SiO_2$ |
| Radical-Scavenger | 폴리머형성하는 라디칼증가<br>식각선택도 향상 | $H_2-CF_4$<br>$CHF_3-C_2F_6$ : $SiO_2$;<br>$H_2-CF_4$ : $SiO_2$ |
| Water/Oxygen-scavenger | 기체 내 산소/수분제거<br>식각선택도 향상<br>표면산화물제거 | $BCl_3-Cl_2$ : Al;<br>$H_2-CF_4$ : $SiO_2$ |
| Volatilizer | 식각속도향상을 위한 휘발성 화합물 형성 | $O_2-Cl_2$ : Cr,$MoSi_2$ |

**표 8-4** 다양한 첨가가스의 목적 및 이의 예들

Al이나 III-V 화합물 식각에서 $SiCl_4$나 $BCl_3$를 첨가시 SiClx와 BClx가 얇은 막을 기판 표면에 형성함으로써 식각억제제 형태의 이방성식각을 얻을 수 있게 된다. 또한 GaAs와 GaAlAs간에 식각선택도가 필요할때 만일 이를 $Cl_2$만으로 식각을 한다면 식각속도가 둘다 거의 유사하지만 이에 소량의 $O_2$나 $H_2O$, 혹은 불소함유가스(fluorinated gas)를 첨가하면 GaAlAs표면에 $Al_2O_3$, $Al(OH)_3$, 혹은 $AlF_3$와 같은 비휘발성(involatile)의 증기압이 아주 낮은 표면막(surface layer)을 형성하여 급격하게 GaAlAs의 식각속도를 감소시키므로 이를 이용하여 선택적인 식각을 할 수 있게 된다.

$Cl_2$와 같은 가스를 사용하여 Si, Al, GaAs, InP와 같은 물질을 식각할 때는 초기에 이들 물질의 표면에 형성된 자연산화막 때문에 식각이 시작되기 어렵다.

따라서 이 물질 표면에 형성된 자연산화막을 제거하기 위해서 소량의 표면 자연산화막을 제거하기 위한 첨가가스를 넣을 수 있는데 이와 같은 첨가가스를 자연산화막 식각제(native oxide etchant)라고 한다.

Si을 식각할 때는 표면의 $SiO_2$를 제거하기 위하여 $C_2F_6$와 같은 가스를 첨가하고 Al을 식각시에는 표면의 $Al_2O_3$나 $Al(OH)_3$를 제거하기 위해 $BCl_3$를 첨가하고 GaAs를 식각시에도 $Ga_2O_3$를 제거하기 위해 $BCl_3$를 첨가하여 $Cl_2$로 식각시 초기 산화막 때문에 생기는 문제를 없애게 된다. 이는 식각속도증가를 위해 표면반응으로 산화막을 제거하기 위해 첨가하는 가스이다.

반면 표면에 산화막이 형성되는 것을 막기 위해 기체 내의 $O_2$나 $H_2O$를 기체반응으로 제거하기 위해 첨가하는 가스를 수분/산소제거기(water/oxygen scavenger)라고 한다. 예로 $SiCl_4$와 $BCl_3$는 플라즈마에서 분해시 산소 및 수분과 반응하여 수분과 산소를 제거한다. 이들 가스는 역시 표면에서도 산소성분을 없애는 자연산화막 식각제의 역할을 하므로 자연산화막 식각제의 효과와 수분/산소제거기 효과는 동시에 얻어진다고 할 수 있다.

때로는 불활성 가스를 첨가하기도 한다. Ar이나 He 등의 불활성가스 혹은 $N_2$를 주 식각가스에 첨가하여 플라즈마의 안정화와 식각이방성(etch anisotropy)을 증가시키기도 하고 He은 열전도(thermal conduc tivity)가 크기 때문에 이를 주 식각가스(main etch gas)에 첨가시 웨이퍼와 냉각을 시키는 전극간의 열전달을 돕기도 한다.

또한 이들 불활성가스(inert gas)의 첨가는 할로겐가스(halogen gas)만을 사용시 −이온이 많은 전기음성 플라즈마(electronegative plasma)를 형성하기 쉬우나 불활성가스의 첨가로 +이온의 증가로 전기양성 플라즈마(electropositive plasma)의 성격으로 변화하여 플라즈마 내 전자의 에너지 및 밀도를 변화시키고 플라즈마를 안정화시키며 또한 쉬쓰 전위를 변화시켜 기판으로의 물리적인 이온충돌(physical ion bombardment)을 증가시켜 식각속도 및 식각이방성을 증가시키는 효과를 얻게 된다. 일부의 경우에는 주 식각 가스의 분해를 도와 식각속도를 증가시키기도 한다.

일부 물질의 경우에는 가스를 소량 첨가하여 삼원계(ternary) 형태 등의 식각부산물을 만드는 것이 이 식각부산물의 증기압을 증가시키게 되어 식각속도를 향상시킨다.

따라서 이와 같이 첨가가스가 표면반응으로 삼원계 등의 화합물로 된 식각 부산물을 만들고 이로써 증기압을 높혀 식각속도가 증가하도록 한 첨가가스를 기화제(volatizer)라고 한다.

예로 $Cl_2$로 Cr이나 $MoSi_2$를 식각시에 $O_2$를 첨가하므로써 Cr이나 $MoSi_2$의 염화물(chloride)보다는 산화염화물(oxychloride) 예로 $Cr_2O_2Cl_2$를 만들어서 이 식각부산물의 증기압이 높으므로 식각속도를 증가시키게 된다.

## 8.16 식각선택도(Etch Selectivity)

박막의 식각에서는 식각선택도가 요구되는 때가 많은데 이 식각선택도에 대한 설명을 하도록 하겠다.

플라즈마를 이용하여 박막을 식각시에는 식각하고자하는 박막 외에 마스크층(mask layer)이나 식각 후에 노출이 되는 아래층(under layer)이 존재하며 이들과의 식각선택도를 유지시킬 필요가 있다.

많이 이용하는 방법들은 아래에 보이는 카본격리(carbon blocking)현상을 이용하는 방법, 식각부산물의 휘발성을 변화시키는 방법, 그리고 열역학적 반응의 발열과 흡열상태를 이용하는 방법, 그리고 이온충돌) 효과의 차이를 이용하는 방법 등을 들 수가 있다.

우선 카본격리(carbon blocking 즉, carbon inhibitor)에 의한 식각선택도를 증가시키는 방법은 실리콘 식각에서 실리콘에 비해 $SiO_2$의 식각선택도를 증가시키기 위해, 즉, Si의 식각속도에 비해 $SiO_2$의 식각속도를 증가시키기 위해 사용하는 식각가스인 플루오로카본 가스 내의 F/C비율을 변화시키는 방법으로 F/C의 비율이 작으면 즉, 탄소가 불소보다 많으면 $SiO_2$의 식각선택도가 증가하고 F/C의 비율이 크면 즉, 불소가 탄소보다 많으면 $SiO_2$의 식각선택도가 감소한다.

F/C의 비율이 작을 때는 실리콘 표면에 존재하는 잉여탄소(excessive carbon)에 의해 C-F 폴리머가 형성되므로 이로 인해 실리콘의 식각속도가 감소하는 반면 $SiO_2$는 이 잉여탄소가 CO 혹은 $CO_2$의 형태로 제거가 가능하게 되므로 실리콘과 $SiO_2$ 간의 식각속도의 차이를 얻게 된다.

식각부산물의 휘발성을 변화시키는 방법은 식각할 물질들과 식각가스와의 반응으로 생기는 식각부산물의 휘발성의 차이를 통하여 식각선택도를 얻는 방법을 말한다.

예로 폴리이미드(polyimide)나 다른 유기화합물(organic compound)을 사진감광제인 포토리지스트(photoresist)로 패턴하여 식각을 하려고 할 때 포토리지스트도 유기물이여서 산소플라즈마로 식각시에 같이 쉽게 식각이 되며 식각선택도를 얻기가 힘들다.

반면에 이 포토리지스트에 실리콘을 함유하도록 하면 산소플라즈마로 식각시에 이 포토리지스트 내에 있는 실리콘이 표면에 노출이 되며 또한 $SiO_2$로 되어서 표면막을 형성하게 되므로 포토리지스트의 식각속도를 감소시키도록 한다. 이렇게 함으로서 포토리지스트와 폴리이미드 및 다른 유기화합물과의 식각선택도를 유지할 수 있게 된다.

열역학을 이용하여 식각선택도를 높이는 것은 물질이 식각가스와 반응시 열역학적으로 발열반응(exthothermic reaction, downhill)을 일으키는 것과 흡열반응(endothermic reaction, uphill)을 일으키는 것이 있는데 열역학적으로 발열반응이 흡열반응보다는 빨리 진행되게 되므로 이 현상을 식각에서의 식각선택도를 얻는데 사용하는 것이다.

예로 Cl과 Br을 식각가스로 사용하여 식각시 아주 낮은 이온충돌 에너지를 사용하는 경우에 높은 $Si/SiO_2$의 식각 선택도를 얻을 수가 있다. 여기서 낮은 이온충돌 에너지를 사용하는 것은 화학적 식각의 효과를 극대화하면서도 이방성 식각을 유지하기 위한 방법이다.

Cl과 Br을 이용하여 실리콘 및 $SiO_2$를 식각할 때 아래 수식과 같이 실리콘과 Cl 혹은 Br과의 반응은 발열반응인데 비해 $SiO_2$와 Cl 혹은 Br과의 반응은 흡열반응이 되므로 실리콘은 식각이 잘되나 $SiO_2$는 식각이 잘 안됨으로 인해서 실리콘과 $SiO_2$ 간의 식각선택도를 얻을 수 있게 된다.

이때 수 % 정도의 산소를 Cl이나 Br에 첨가하여 식각을 하면 포토리지스트가 Cl과 Br에 식각되어 실리콘 표면에 재증착 되며 탄소 잔류막을 형성시켜 실리콘의 식각속도를 감소시키는 현상을 막고 또한 $SiO_2$가 환원되는 것을 막아 $SiO_2$의 식각을 방해함으로써 실리콘과 $SiO_2$간의 식각선택도를 더욱 증가시킬 수 있도록 한다.

$Si + 4Cl \rightarrow SiCl_4$ (downhill)

$Si + 4Br \rightarrow SiBr_4$ (downhill)

$SiO_2 + 4Cl \rightarrow SiCl_4 + O_2$ (uphill)

$SiO_2 + 4Br \rightarrow SiBr_4 + O_2$ (uphill)

이온충돌 에너지에 따른 식각속도의 변화를 이용하여 식각선택도를 높일 수가 있다.

■ **Etch selectivity를 증가시키는 방법**

- Carbon blocking : silicon에 비한 $SiO_2$의 etch selectivity를 증가시키기 위해 fluorocompound gas의 F/C비율을 변화시킴.
- Etch product volatility : 물질간의 etch species와의 반응으로 생기는 etch product의 volatility를 변화시키는 방법
- Thermodynamic를 이용 : 열역학적인 "downhill reaction" (즉, exothermic)은 "uphill reaction"(즉, endothermic) 보다 아주 빨리 진행됨. 예로 chlorine 및 bromine chemistry 비교적 낮은 ion energy를 사용하여 높은 $Si/SiO_2$ etch ratio를 얻을 수 있음.
- Ion bombardment을 이용 : 다음 그림과 같은 경우에 있어서 ion bombardment energy를 낮춤으로써 etch selectivity를 증가시킴. 이 방법은 etch anisotropy도 동시에 증가시키기는 어려운 방법임.

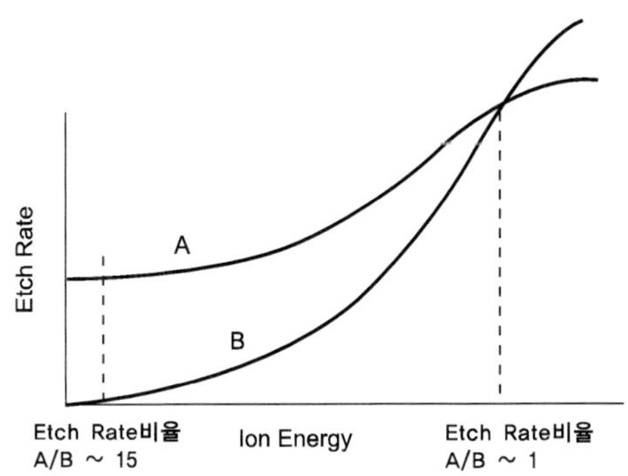


그림 8-31 식각선택도(etch selectivity)를 증가시키는 방법

그림 8-32의 아래 그림에서와 같이 식각속도가 이온충돌 에너지 혹은 직류 바이어스 전압에 따라서 다른 효과를 보이는 물질의 경우, 즉 “A” 의 경우는 이온충돌 에너지의 감소에 따라서 식각속도가 감소는 하나 약하게 감소를 하며 이온충돌이 없어도 식각이 일어나는 자발적인 식각(spontaneous etching)을 보이는 반면, "B"의 경우와 같이 이온충돌 에너지의 증가에 따라서 급격하게 식각속도가 증가를 하고 이온충돌이 없으면 식각이 일어나지 않는 경우 이온충돌에너지를 아주 작게 함으로써 “A” 와 “B” 간의 식각선택도를 증가시킬 수 있게 된다.

물론 이 방법은 이온충돌이 없어도 “A” 가 식각이 되어 벽면식각이 일어나게 되므로 “A” 의 식각이방성도 같이 증가시키기는 어려운 방법이라고 할 수 있다.

P/A/R/T

# 9 다양한 물질의 식각

## 9.1 플루오로카본에 의한 실리콘 식각(Silicon Etching by Fluoro-Carbon)

이번에는 다양한 물질의 여러 가지 식각가스에 의해 식각이 되는 현상에 대하여 설명을 하도록 하자.

우선 실리콘이 불소에 의해 식각되는 현상에 대하여 설명을 하도록 한다. 실리콘이 불소원자에 의해 식각될 때 실리콘은 불소와의 자발적인 반응을 하며 식각이 진행된다.

우선 실리콘이 불소원자들에 노출이 되면 그림 9-1의 윗 그림에서 보이는 바와 같이 1~5 원자층(monolayer)정도의 $Si-F_x$층이 형성이 된다.

이와 같은 $Si-F_x$막은 추가로 들어오는 불소와의 반응으로 그림 9-1의 오른쪽 아래에 보이는 바와 같은 반응을 통해 $SiF_2$나 $SiF_4$로 실리콘 표면에서 방출이 되는데 $SiF_2$로 방출되는 %는 약 5~30% 정도이다.

표면에서 방출된 $SiF_2$의 경우는 챔버 내에서 F와 $F_2$와 추가반응으로 $SiF_3$를 형성하기도 한다. 이때 500nm 주변의 빛(photon) 방출을 아래와 같은 반응식을 통하여 할 수 있다.

실리콘을 불소원자로 식각하기 위해서는 불소를 포함하는 식각가스를 사용하여야 한다.

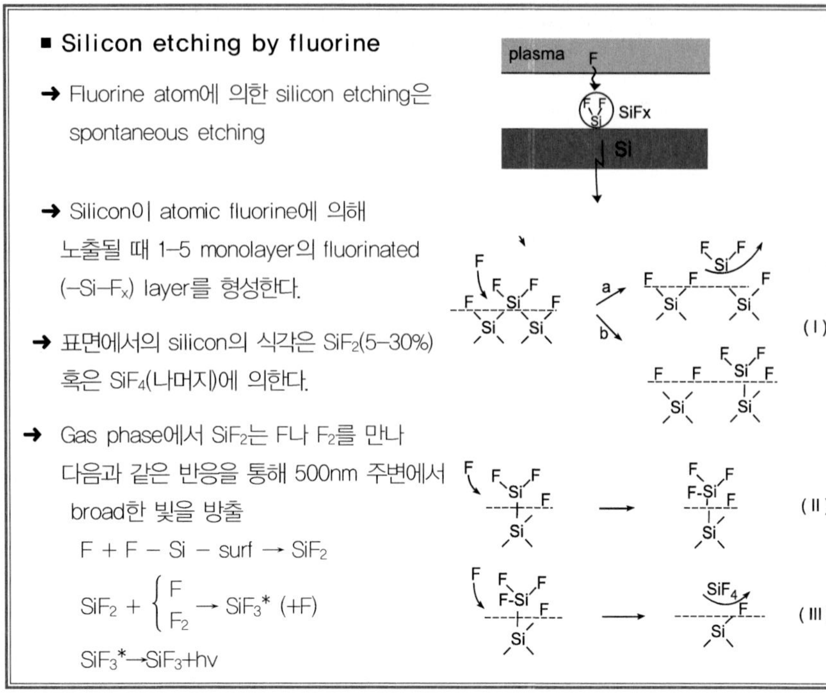


**그림 9-1** 불소(fluorine)에 의한 실리콘 식각단계

사용할 수 있는 가스들은 다양하며 예를 들면 $CF_4$, $CF_4/O_2$의 혼합가스, $SiF_4/O_2$의 혼합가스, $SF_6$, $SF_6/O_2$의 혼합가스, $NF_3$, $ClF_3$ 등이 있다.

여기서 산소와 함께 섞어서 사용하는 이유는 산소와 이들 가스와의 반응으로 불소의 추출비율을 높이고 또한 $CF_4$나 $SF_6$와 같은 가스의 경우는 SxFy, CxFy의 형태를 지닌 폴리머가 실리콘 표면에 형성될 수 있는데 이를 없애기 위하여 산소를 첨가하게 된다. 물론 산소를 너무 많이 넣으면 이 산소가 실리콘 표면을 산화하여 $SiO_2$형태가 되어 실리콘의 식각속도를 감소시킬 수도 있게 된다.

그림 9–2의 왼쪽 아래 식에서 보듯이 소량의 산소는 O혹은 $O_2$로서 CFx와의 반응으로 $COF_2$, CO, $CO_2$의 형태로 탄소와 결합하여 실리콘 식각에 필요한 F나 $F_2$의 추출을 높이나 산소가 많을 때는 산소가 실리콘과 반응하여 그림 9–2의 왼쪽아래 그림에 보이는 바와 같이 $SiO_2$ 같은 막이 실리콘 표면에 형성되므로 식각속도가 감소하게 된다.

또한 총 가스유량속도를 일정하게 할 때에는 가스 내에 $CF_4$의 양이 $O_2$% 증가에 따라서 감소함으로 식각에 필요한 불소의 감소로 식각속도가 산소% 의 증가에 따라서 감소하게 된다. 결과적으로 $CF_4$ 내 산소의 첨가량에 따른 실리콘과 $SiO_2$의 식각속도의 변화를 그림 9-2의 오른쪽에 나타내고 있다. 그림에서 보이는 바와 같이 초기에는 산소가 증가함에 따라서 실리콘 식각속도가 급속히 증가하지만 어느 정도 이상으로 산소 %가 증가하게 되면 실리콘 식각속도가 감소하는 것을 알 수가 있다.

$SiO_2$의 경우도 역시 초기에는 산소증가에 따라서 분해되어 나온 불소가 증가하여 식각속도가 증가하기는 하지만 이는 실리콘 식각속도보다는 작고

- F atom을 만드는 gas는 다양함. $CF_4$, $CF_4/O_2$, $SiF_4/O_2$, $SF_6/O_2$, $NF_3$, $ClF_3$, etc
  - ➜ 산소를 섞는 이유 : molecule에서 F를 추출 및 표면의 $S_xF_y$, $C_xF_y$로 인한 polymerization 형성 방지
  - ➜ 산소를 너무 많이 넣으면 silicon 표면을 산화하여 표면이 oxide-like가 되어 etch rate감소
- $CF_4/O_2$ chemistry

초기 $\left\{\begin{array}{l} O \\ O_2+CF_4 \end{array}\right. \rightarrow \left\{\begin{array}{l} COF_2 \\ CO+F,\ F_2 \\ CO_2 \end{array}\right.$

산소가 많을 때 : O와 F가 surface site에서 compete

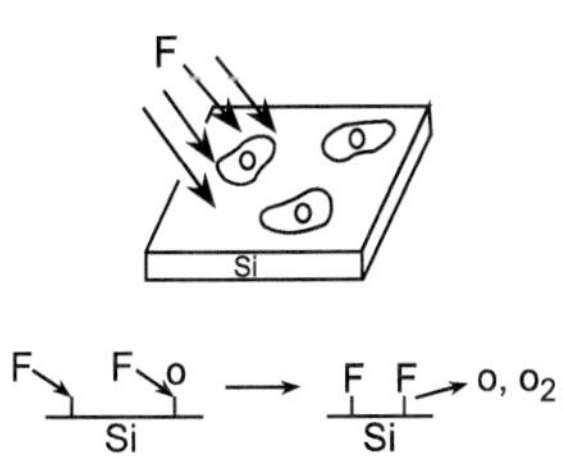


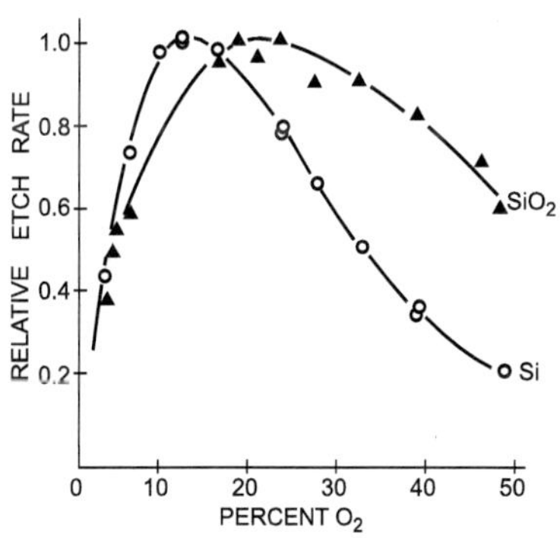


**그림 9-2** 실리콘식각을 위한 F 원자를 만드는 다양한 가스 및 CF4/O2를 이용한 실리콘의 식각

산소 첨가량이 어느 정도 이상으로 많으면 $CF_4$량의 감소에 의해서 $SiO_2$의 식각속도가 감소하는 것을 볼 수 있다.

또한 이 조건에서는 실리콘 보다는 $SiO_2$가 $CF_4$ 내 탄소를 CO로 좀 더 쉽게 제거할 수 있으므로 $SiO_2$의 식각속도가 실리콘의 식각속도보다 높은 것으로 생각이 된다.

앞서 설명한 바와 같이 실리콘을 불소원자로 식각시에 이 식각은 자발적인 식각이다. 따라서 이방성식각이 필요할 때는 벽면보호막(sidewall passivation)을 형성시키는 방법을 사용해야 한다.

즉, C/F 비율이 큰 물질, 예로 $CF_4$보다는 $C_2F_6$, $C_3F_8$, $CHF_3$, 혹은 $CF_4+H_2$, $CF_4+C_2F_4$와 같은 가스나 이들의 조합을 이용하면 식각되는 실리콘의 벽면에 C-F 폴리머가 형성되어 이 벽면의 자발적 식각(spontaneous etching)을 막음으로써 이방성 식각을 얻을 수가 있게 된다.

앞서의 가스에서 수소가 포함되거나 수소를 첨가한 가스의 조합이 있는데 이 수소는 플루오로카본 가스 내의 불소와 반응을 하여 HF를 형성하므로써 반응챔버 내 불소를 감소시켜 C/F 비를 증가시키는 효과를 지니게 되며 이 C/F 비가 큰 상태에서는 표면에 폴리머막을 형성하여 실리콘의 식각을 방해하게 된다.

$$CF_4 + H_2 \rightarrow CF_2 + 2HF$$

따라서 $CF_4$에 수소를 첨가하면 그림 9-3의 왼쪽에 보이는 바와 같이 수소%의 증가에 따라서 실리콘 식각속도는 지속적으로 감소하고 어느 정도 이상의 수소%에서는 식각속도가 0이 되게 된다.

반면 $SiO_2$의 식각속도는 수소의 첨가에 따라서 식각속도의 큰 변화를 보이지 않는데 이는 표면으로 오는 탄소를 C-F 폴리머가 형성되지 않도록 그림 9-3의 오른쪽에 보이는 바와 같이 $SiO_2$ 내의 산소와 반응하여 CO, COF, $COF_2$ 등으로 제거가 가능하기 때문이다.

따라서 $CF_4$에 소량의 수소의 첨가는 $CF_4$에 소량의 산소첨가 효과와 반대의 효과를 지니게 된다.

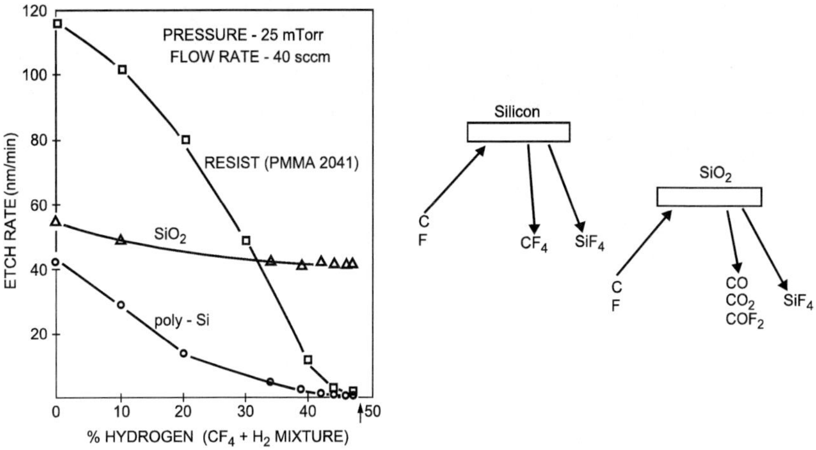


**그림 9-3** $CF_4/H_2$를 이용한 실리콘 식각

그림 9-4는 가스 내의 C/F 비와 웨이퍼로의 이온충돌에 따른 실리콘의 식각 및 폴리머증착(polymerization)의 정도를 나타내고 있다.

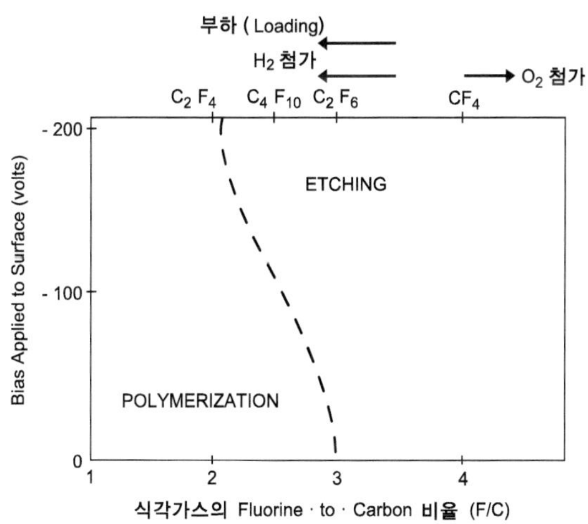


**그림 9-4** 기판으로의 이온충돌 에너지(혹은 바이어스 전압)와 가스 내 C/F 비율이 실리콘의 식각과 폴리머증착에 미치는 영향

그림에서 보듯이 가스의 C/F비가 클수록 또한 플루오로카본 가스 내 수소를 첨가할수록 폴리머를 형성할 확률이 증가하는 것을 알 수 있으며 같은 C/F 비율에서도 이온충돌 에너지가 클수록 실리콘 표면의 폴리머를 제거할 확률이 높아져서 식각이 될 확률이 증가하는 것을 알 수가 있다.

앞서 설명한 바와 같이 실리콘을 플루오로카본 가스로 식각시 수소 %증가 등을 통한 가스조합 내 C/F 비의 증가는 그림 9-5에 보이는 바와 같이 실리콘이 식각이 되더라도 실리콘 표면에 잔류하는 폴리머층의 두께를 증가시키며 실리콘의 식각속도를 감소시킨다.

따라서 잔류 폴리머의 두께와 실리콘의 식각속도는 반비례 한다. 또한 C/F 비의 증가는 $SiO_2/Si$의 식각선택도를 증가시킬 뿐만 아니라 실리콘의 식각에서 식각 이방성을 증가시킨다.

만일 C/F 비가 작으면 식각되는 실리콘 구조물의 벽면과 바닥의 모든 부분에 폴리머가 형성되지 않아 다량의 불소에 의해 노출된 실리콘벽면이 식각되어 그림 9-6의 왼쪽 아래 그림에서 보는 바와 같이 등방성 식각에 가까운 식각이 진행된다.

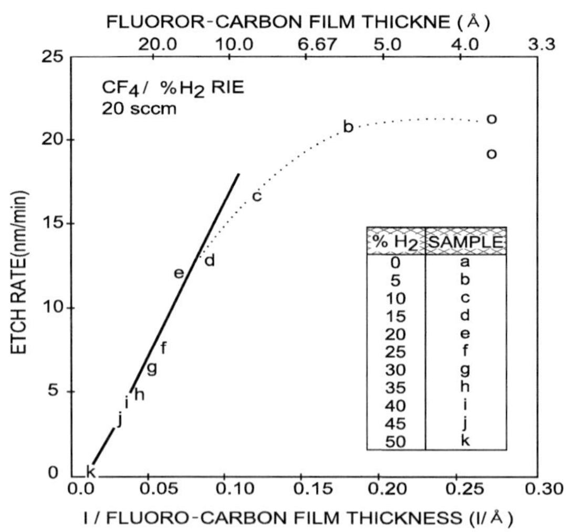


**그림 9-5** $CF_4/H_2$로 실리콘을 식각시 수소%에 따른 폴리머 두께 및 이의 실리콘 식각속도와의 관계

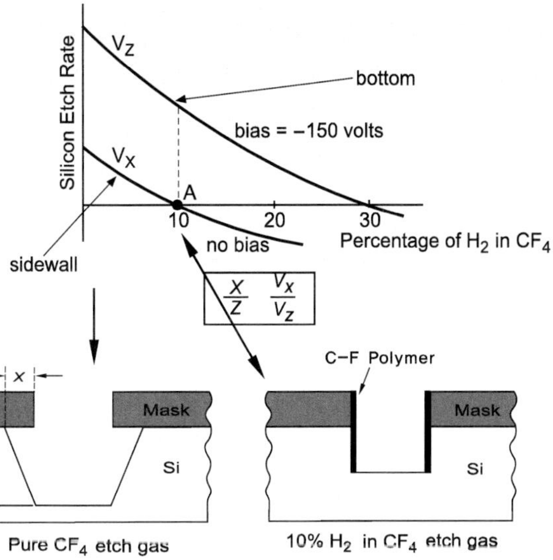


**그림 9-6** 플루오로카본(fluorocarbon)가스를 사용하여 실리콘 식각시 C/F비의 증가로 인한 식각이방성의 향상

반면 C/F 비가 크면 식각되는 식각구조물의 벽면과 바닥의 모든 부분에 C-F 폴리머가 형성되는데 이온충돌이 있는 바닥 부분은 이 폴리머가 이온충돌에 의해 제거되어 식각이 계속 진행되나 이온충돌이 없는 벽면은 식각이 진행되지 않아 그림 9-6의 오른쪽 아래의 그림에서 보이는 바와 같은 이방성 식각형상을 얻게 된다. 그림 9-6의 윗 그림은 직류바이어스전압이 -150V여서 이온충돌이 어느 정도 있는 경우와 벽면과 같이 이온충돌이 없는 경우에 대한 $CF_4$ 내 수소첨가에 따른 실리콘 식각속도를 보여주고 있다.

그림에서 보는 바와 같이 이온충돌이 없는 벽면과 같은 경우에는 수소%의 증가에 따라 식각속도가 감소하다가 10%의 수소첨가의 경우 실리콘의 식각속도가 0으로 되고 그 이상이면 폴리머층의 증착이 발생하는 반면 -150V의 직류 바이어스전압으로 이온충돌이 있는 바닥과 같은 경우에는 식각속도가 수소%증가에 따라서 감소는 하나 이온충돌이 없는 경우에 비해 식각속도가 큰 상태임을 알 수 있다. 따라서 수소 10%를 넣은 $CF_4$를 사용하면 벽면은 식각이 전혀 일어나지 않은 이방성식각 상태에서 바닥면의 식각속도를 최대로 얻을 수 있게 됨을 알 수 있다.

## 9.2 염소가스에 의한 실리콘 식각(Silicon Etching by Chlorine)

염소계통의 가스는 실리콘을 $SiO_2$에 비해 선택적으로 식각하는데 사용하며 염소를 포함한 가스로는 $Cl_2$, $BCl_3$, $SiCl_4$, HCl 등이 많이 이용된다. 특히 전에 식각선택도에 대하여 설명한 바와 같이 실리콘의 $SiO_2$에 대한 식각선택도는 낮은 이온충돌 에너지및 탄소가 없는 식각가스(carbon-free etch gas)에서 크게 나타나게 된다.

실리콘을 염소를 기반으로 한 가스(chlorine based gas)로 식각을 할 때는 실리콘의 도핑(doping)상태에 따라서 식각속도가 다른 현상이 나타나게 된다.

도핑을 하지 않은 실리콘(undoped silicon)은 염소원자(chlorine atom)와의 자발적 식각속도가 100 Å/min 정도로 아주 느리거나 전혀 식각이 진행되지 않게 된다. 이러한 식각속도의 차이는 실리콘의 결정학적인 방향 및 폴리실리콘(polysilicon)의 여부에 따라 차이가 난다.

P-형(p-type)으로 도핑(doping)된 실리콘의 경우도 식각속도는 아주 작다. 반면 n-타입(n-type)으로 P(phosphorous) 혹은 As(arsenic)에 의해 도핑이 된 경우에는 이 실리콘이 자발적으로 또한 매우 빠른 속도로 식각이 된다. 따라서 도핑이 안 된 실리콘을 염소가스로 식각시 이방성 식각이 가능하나 n-형으로 도핑된 실리콘을 염소가스로 식각할 때는 심한 등방성식각으로 인한 언더컷(undercut)이 발생하게 된다.

$Cl_2$, $Cl_2/Ar$, $CCl_4/Ar$, $CF_3Cl$, $SiCl_4/O_2$, $CF_3Br/Cl_2$, $C_2F_6/Cl_2$ 등의 염소원자(Cl atom)를 포함하는 가스를 사용하는 경우에는 이와 같은 현상이 발생하게 되며 특히 n-형으로 크게 도핑된 실리콘의 경우는 도핑되지 않은 실리콘에 비해 식각속도가 15~25배로 증가하게 된다.

이와 같은 도핑효과는 약하기는 하지만 불소로 실리콘을 식각할 때도 유사한 현상이 관찰이 된다. 도핑되지 않은 실리콘의 식각속도에 비해 p-형(p-type)으로 도핑된 실리콘의 불소(fluorine)에 의한 식각속도는 약 1/2로 감소하게 되며 $10^{19}/cm^3$이상으로 n-형 도핑된 실리콘의 경우는 도핑되지 않은 실리콘의 식각속도에 비해 약 2배 정도로 식각속도가 증가하게 된다.

■ Silicon etching의 doping effect

➜ F atom etching의 경우

- p-type doping이 된 경우는 undoped silicon에 비해 1/2 정도로 etch rate가 감소
- n-type doping(>$10^{19}cm^{-3}$)이 된 경우는 undoped silicon에 비해 2배정도로 etch rate가 증가

➜ Cl atom etching의 경우

($Cl_2$, $Cl_2$/Ar, $CCl_4$/Ar, $CF_3Cl$, $SiCl_4/O_2$, $CF_3Br/Cl_2$, $C_2F_6$, etc)

- heavily n-type doped silicon의 경우 silicon의 etch rate가 undoped silicon에 비해 15-25배로 증가
- chlorine atom하에서의 n-type silicon etch rate증가는 dopant 물질에 의존하지 않고 (즉, P 혹은 As) active한 n-type carrier의 concentration에 의존

; 즉, Fermi level에 의존

; unannealed 혹은 electrically inactive dopant의 경우는 etching에 영향을 거의 미치지 않음.

그림 9-7 염소를 함유한 가스에서의 실리콘 식각시 도핑(doping)에의 의존성

염소원자에 의한 n-형 실리콘의 식각속도 증가는 도핑물질 그 자체, 즉, 도핑물질이 P인지 As인지에 의존하지 않고 활성 도핑농도(active carrier concentration)에 의존을 하게 된다. 도핑물질을 실리콘에 넣었다고 하더라도 아직 활성화가 되지 않은 n-형(n-type) 도핑물질은 식각에 거의 영향을 미치지 않게 된다.

이와 같이 활성화된 n-형 도핑에 의해 식각이 잘 일어나는 이유는 n-형 도핑으로 실리콘의 페르미 레벨(Fermi-level)을 높여서 화학적으로 결합된(chemisorbed) 염소로의 전자전이에 대한 에너지 장벽(energy barrier)을 낮추게 되게 때문이라고 설명한다.

그림 9-8의 아래 그림에 보이는 바와 같이 도핑되지 않은(undoped) 실리콘에 Cl이 화학적으로 흡착이 되면 공유결합(covalent bond)의 성격을 띠며 실리콘 표면상 특정 위치에 놓여 실리콘표면을 Cl이 가리게 되며 이로 인해 Cl로 이루어진 표면층(chlorine monolayer) 밑으로 Cl이 침투하여 부가적

으로 실리콘과 Cl이 결합하는 것을 막게 된다.

반면 n-형으로 도핑된 실리콘의 경우는 Cl이 쉽게 전하이동에 의해 화학적 결합을 하며 이때 Cl은 실리콘과 이온결합(ionic bonding)의 성격을 지니고  실리콘 표면을 가리지 않으므로 부가적인 Cl이 실리콘과 결합하도록 하여 실리콘 격자내로 침투 및 반응이 쉽게 일어나므로 실리콘의 식각속도를 증가시키게 된다.

이와 같은 n-형으로 도핑된 실리콘을 Cl로 식각시에 이방성식각이 요구되어질 때는 앞에서 설명한 바와 같은 C-F 폴리머를 이용한 벽면보호막(sidewall passivation 혹은 sidewall inhibition)을 형성하여야 한다.

■ **Mechanism**

➜ a) undoped silicon에 Cl이 adsorbed되면 covalent bond의 성격을 지니며 silicon 표면의 특정위치에 놓여 silicon표면을 Cl이 가리게 되어 monolayer 밑으로 부가적인 Cl의 silicon과의 결합을 막음(꼭대기에 형성).

➜ b) n-type으로 doping된 silicon의 경우는 Cl이 쉽게 charge transfer에 의해 chemisorbed되며 ionic bond의 성격을 지니고 부가적인 Cl이 chemisorption 되는 site를 열어주게 되어 쉽게 chemisorb되고 silicon lattice내로 침투 및 반응이 쉽게 일어나도록 한다(일부 골에 형성).

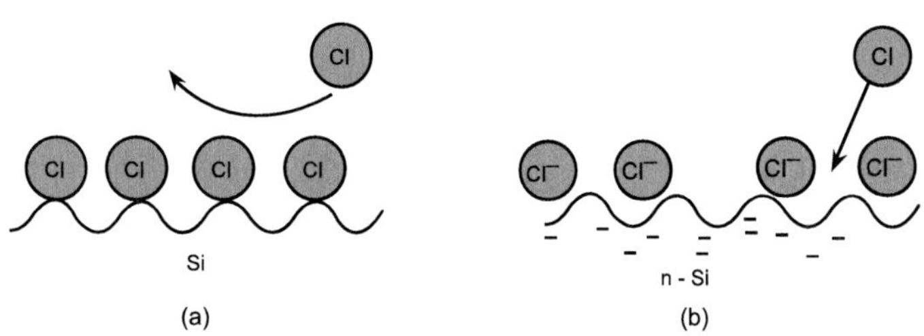


**그림 9-8** n-형으로 도핑된 실리콘이 도핑이 않된 실리콘에 비해 염소가스에서 식각이 잘되는 이유에 대한 설명

## 9.3 브롬에 의한 실리콘 식각(Silicon Etching by Bromine)

실리콘은 브롬(bromine)으로도 식각이 잘 일어난다. HBr과 같은 Br에 의한 식각은 실리콘의 반응성이 F〉Cl〉Br의 순서로서 Br로 실리콘을 식각할 때 실리콘의 식각속도는 낮지만 벽면보호막이 없이 도핑안 된 실리콘(undoped silicon)을 수직하게 식각을 할 수 있다. 또한 $SiO_2$와의 식각선택도가 염소가스보다 우수하다. 물론 이때 낮은 이온충돌에너지와 탄소가 없는 식각가스를 사용해야 그 효과가 크다.

이러한 $SiO_2$와의 식각선택도는 8장 16절에서 설명한 바와 같이 열역학적인 반응의 차이에 따른 것으로 발열반응(exothermic reaction, downhill)이 흡열반응(endothermic reaction, uphill)보다 반응속도가 빠른데 Cl 혹은 Br과 실리콘과의 반응은 발열반응이여서 식각속도가 빠른데 반해 $SiO_2$의 Cl 혹은 Br과의 반응은 흡열반응으로서 식각속도가 느리다. 즉,

■ Bromine Chemistry

➜ HBr과 같은 Br에 의한 etching은 Si의 reactivity가 F〉Cl〉Br의 순으로서 silicon의 etch rate는 떨어지나 anisotropic하게 undoped silicon을 etching가능
– etch anisotropy가 chlorine보다 우수함.

➜ 또한 $SiO_2$와의 etch selectivity가 chorine보다 우수함. (역시 low energy 및 carbon free etch gas에서)

➜ 열역학적으로 downhill 반응(반응에 따른 에너지 감소, exothermic)이 uphill 반응(반응에 따른 에너지 증가, endothermic) 반응보다 빨리 일어난다.

$Si + 4Cl \rightarrow SiCl_4$ (downhill)
$Si + 4Br \rightarrow SiBr_4$ (downhill)
$SiO_2 + 4Cl \rightarrow SiCl_4 + O_2$ (uphill)
$SiO_2 + 4Br \rightarrow SiBr_4 + O_2$ (uphill)

➜ 반면 p–type silicon에서의 etch rate 감소 및 n–type silicon과의 반응에 따른 etch rate의 증가는 chlorine chemistry와 유사

그림 9–9 브롬(Bromine)을 사용한 실리콘의 식각특성에 대한 설명

$$Si + 4Cl \rightarrow SiCl_4 \text{ (downhill)}$$

$$Si + 4Br \rightarrow SiBr_4 \text{ (downhill)}$$

$$SiO_2 + 4Cl \rightarrow SiCl_4 + O_2 \text{ (uphill)}$$

$$SiO_2 + 4Br \rightarrow SiBr_4 + O_2 \text{ (uphill)}$$

Br을 포함한 가스로 실리콘을 식각할 때 도핑 안 된 실리콘에 비해 p-형 실리콘에서 식각속도가 감소하고 n-형 실리콘에서 식각속도가 증가하는 것은 염소가스의 경우와 유사하다.

## 9.4 실리콘 산화물의 식각(Silicon Oxide Etching)

$SiO_2$의 식각에는 염소를 기반으로 한 가스(chlorine-based chemistry)와 브롬을 기반으로 한 가스(bromine-based chemistry)가 앞서서 본 바와 같이 열역학적으로 불안정한 흡열반응이므로 할로겐 가스(haolgen gas)중에서 불소를 기반으로 한 가스(fluorine-based gas)를 사용해야 한다.

불소와 $SiO_2$의 반응에서 상온 하에서 이온충돌의 도움 없이 자발적인 반응이 아주 작으므로 다른 첨가가스 없이도 이방성식각이 가능하다. 반면 자발적 식각반응이 없으므로 $SiO_2$ 식각에서는 저온에서 식각시 이온충돌이 필수적으로 요구된다.

$SiO_2$를 식각시 앞서 설명한 바와 같이 실리콘과의 식각선택도를 크게 하기 위해서 C/F 비가 큰 $CF_4$+$H_2$, $CHF_3$, $C_2F_6$, $C_3F_8$, $C_4F_8$ 등과 같은 플루오로카본 가스를 이용한다.

$SiO_2$ 식각 중에도 그림 9-10의 오른쪽 아래 그림에 보이는 바와 같이 얇은 CF 폴리머가 식각되는 $SiO_2$ 표면에 형성이 된다. 이온충돌의 도움으로 CO, $COF_2$, $CO_2$와 같은 반응으로 지속적으로 표면에 형성된 CF 폴리머의 탄소가 제거되고 $SiO_2$의 실리콘과 F가 반응하여 $SiF_x$로 제거가 된다.

- $SiO_2$의 etching에는 chlorine chemistry와 bromine chemistry가 앞서 본 바와 같이 thermodynamically uphill반응이므로 fluorine chemistry가 필요함.
- F와 $SiO_2$의 반응에서 spontaneous reaction이 아주 작으므로 다른 첨가가스 없이 anisitropic etching이 가능. ➜ 반면 spontaneous etch reaction이 없으므로 $SiO_2$ etching에서는 저온에서 etching시 ion bombardment가 필수적으로 요구됨.
- Silicon과의 etch selectivity를 크게 하기 위해서는 C/F ratio가 큰 fluorocarbon가스를 이용. 예로 $CF_4+H_2$, $CHF_3$, $C_2F_6$, $C_3F_8$

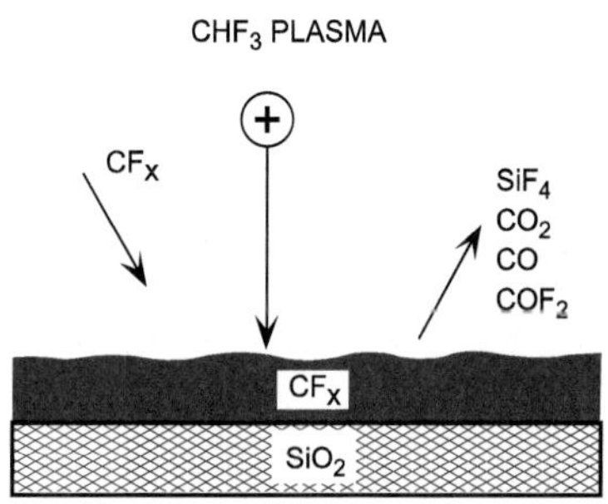


**그림 9-10** 할로겐가스를 이용한 SiO2의 식각특성에 대한 설명

## 9.5 실리콘 질화물의 식각(Silicon Nitride Etching)

실리콘 질화물의 식각(silicon nitride etching)은 $SiO_2$ 식각과 유사한 플루오로카본계의 식각가스를 이용하게 된다. 대체로 실리콘과 $SiO_2$ 식각의 중간 식각특성을 대체로 지니게 된다. 즉, 불소 및 염소 등의 할로겐 원자에 의한 식각속도를 보면 다음과 같이 표기할 수 있다. 즉,

F에 의한 식각속도 : $Si > Si_3N_4 > SiO_2$

Cl에 의한 식각속도 : $Si > Si_3N_4 > SiO_2$

C/F비에 따른 폴리머형성 : $Si > Si3N_4 > SiO_2$

따라서 실리콘의 식각속도가 가장 크고, 다음이 실리콘 질화물(silicon nitride), 그리고 다음이 $SiO_2$가 되며 플루오로카본계 가스를 사용하였을 때 표면에 형성되는 C-F 폴리머도 실리콘이 제일 두껍고, 다음이 실리콘 질화물, 그리고 $SiO_2$의 순서로 된다.

이 실리콘 질화물의 식각기구(etch mechanism)는 아직 잘 알려지지 않은 상태이다. 즉, 실리콘 질화물이 불소원자에 의해서 $SiF_4$가 형성이 될텐데 실리콘 질화물 내의 질소가 $N_2$로 제거되는지, FCN으로 제거되는지, $C_2N_2$로 제거되는지, 혹은 HCN 으로 제거되는지에 대하여 확실치가 않은 상태이다.

반면 실리콘 질화물을  불소를 포함한 가스로 식각시 NO가 포함된 가스에서는 식각속도가 크게 증가되는 것이 관찰되며 이는 NO가 실리콘질화물의 N과 결합하여 $N_2O$의 형태로 제거하기 때문이다. 즉,

$$Si_3N_4 + F \rightarrow SiF_4 + (N_2,\ FCN,\ C_2N_2,\ \text{혹은 } HCN)$$

$$Si_3N_4 + NO + F \rightarrow SiF_4 + N_2O$$

실리콘 반도체에서는 실리콘, 실리콘 질화물, 실리콘 산화물이 많이 이용되고 이들 간의 식각선택도가 요구되는 때가 많다. 실리콘 질화물을 실리콘에 비해 높게 식각하려면 C/F 비가 큰 가스를 사용하되 수소를 포함하는 가스를 사용하는 것이 필요하다.

이때 수소는 플로로카본을 사용하여 실리콘 질화물 식각시 질화물표면에 형성되는 탄소를 HCN의 형태로 제거가 가능하기 때문이다. 이와 같은 가스의 예로는 $CF_4+H_2$, $CHF_3$와 같은 가스를 들 수가 있다.

또한 $SiO_2$의 실리콘 질화물에 대한 식각선택도를 증가시키려면 역시 C/F 비가 높은 플루오로카본 가스를 사용하되 수소를 포함하지 않아 실리콘 질화물이 HCN 형성을 통해 식각이 되지 않도록 함으로써 $SiO_2/Si_3N_4$간의 식각선택도를 증가시키게 된다.

반면 실리콘 질화물의 $SiO_2$에 대한 식각선택도를 높이려면 직류 바이어스 전압을 낮추고 불소가 많은 플루오로카본 가스를 사용하여야 한다.

예로 $SF_6$ 가스를 사용하면 된다. 또한 $CF_4/O_2$의 가스에 $N_2$나 $CF_3Br$을 첨가하거나 $ClF_3$ 혹은 $BrF_3$를 이용하면 $SiO_2$에 매우 선택적으로 식각을 할 수 있다.

■ Nitrde etch selectivity

➜ **$Si_3N_4$/Si** : C/F ratio가 큰 fluorocarbon가스 사용하되 수소를 포함하는 가스 사용. Nitride위의 carbon은 HCN으로 제거 가능
ex)$CF_4 + H_2$, $CHF_3$, etc.

➜ **$SIO_2/Si_3N_4$** : 수소를 포함하지 않는 C/F ratio가 큰 fluorocarbon가스를 사용. $SI_3N_4$의 etching은 HCN이 형성되지 않아 carbonblocking이 형성

➜ **$SI_3N_4/SiO_2$** : low self-bias voltage 및 fluorine rich plasma
ex)$SF_6$
또한 $CF_4/O_2$와 같은 기체에 $N_2$첨가하면 $Si_3N_4$/SiO etch selectivity 증가
또한 $CF_4/O_2$에 $CF_3Br$ 첨가 역시 $Si_3N_4/SiO_2$ etch selectivity 증가
또한 $ClF_3$ 혹은 $BrF_3$를 이용하면 $SiO_2$에 매우 selective하게 etching가능

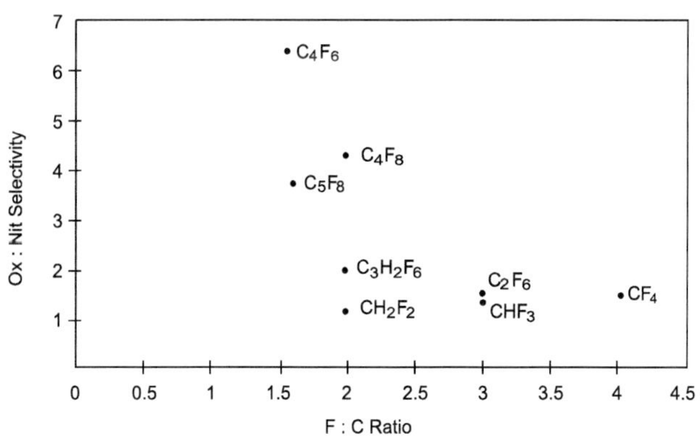


**그림 9-11** 플로로카본(fluorocarbon)가스에서 실리콘 질화물(silicon nitride)의 식각 선택도

## 9.6 알루미늄 식각(Aluminum Etching)

이번에는 알루미늄 식각(aluminum etching)에 대하여 보기로 하자. 알루미늄(aluminum)은 불소기반가스로 식각을 할 때 반응부산물로 $AlF_3$가 형성되는데 이렇게 형성된 $AlF_3$는 휘발성(volatility)이 없어서 알루미늄 표면에 잔류하게 되므로 Al이 더 이상 식각되기가 어려워져서 불소를 기본으로 한 가스를 알루미늄 식각에 사용할 수가 없다.

반면 염소기반가스로 식각을 하는 경우 반응부산물은 염화알루미늄(aluminum chloride)이 되고 이 염화알루미늄은 상온 하에서도 휘발성이 크므로 염소를 기본으로 한 가스를 알루미늄 식각(aluminum etching)에 사용할 수 있으며 실제 가장 많이 이용되고 있다.

주로 사용되는 가스조합은 $BCl_3$ + $Cl_2$에 벽면식각억제를 목적으로 $CHCl_3$와 같은 가스를 첨가한다. 앞에서 설명한 바와 같이 Al은 상온에서 플라즈마 없이도 $Cl_2$에 의해 자발적으로 식각이 되는데 상온에서의 식각부산물은 $Al_2Cl_6$, 300°C 정도의 고온에서는 $AlCl_3$라고 한다.

또한 Al 식각은 Cl이나 $Cl_2$로 식각시에 그림 9-12의 아래 그림에 보이는 바와 같이 Al의 식각속도가 이온충돌에 의해 증가되지는 않는다. 따라서 Al을 염소를 기본으로 한 가스로 식각을 할 때 이방성식각을 하기 위해서는 $CHCl_3$나 $CF_4$ 등과 같은 폴리머를 형성하는 가스를 첨가하여 벽면식각 억제 현상이 일어나도록 해야 한다.

이는 주로 반응성 이온식각장치와 같은 저밀도 플라즈마장치(low density plasma system)에서는 꼭 사용하여야 하나 고밀도 플라즈마장치(high density plasma system)에서는 이와 같은 벽면식각 억제용 첨가가스가 없어도 이방성식각이 되는 것으로 알려져 있다.

이는 고밀도 플라즈마에서는 벽면쪽에 비해 바닥면 쪽으로의 입사하는 반응성이온과 라디칼을 포함한 총 플럭스(flux)가 크게 증가하여 바닥면으로의 식각속도가 벽면식각속도보다 아주 크기 때문이다.

- **Fluorine chemistry** : $AlF_3$가 involatile. 따라서 fluorine-based chemistry를 aluminum etching에 사용할 수 없음.
- **Chorine chemistry** : Aluminum chloride가 room temperature에서 volatile하므로 chlorine-based chemistry가 많이 이용됨.
  - 주로 사용되는 gas combination : $BCl_3+Cl_2+CHCl_3$(low density plasma에서 sidewall blocking으로)
  - $Cl_2$는 Al을 room temperature에서 자발적으로 etching (plasma도 필요 없음)

➜ room temperature product는 $Al_2Cl_6$, 고온에서 (e.g. 300℃)는 etch product이 $AlCl_3$

➜ Cl 혹은 $Cl_2$에 의한 Al etch rate이 ion bombardment에 의해 증가되지 않음

➜ 따라서 anisotropic etching을 위해서는 $CHCl_3$와 같은 sidewall blocking mecharism을 low density plasma의 경우에 이용. 단 high density plasma의 경우는 이 sidewall blocking gas가 없이도 되는 것으로 알려져 있음.

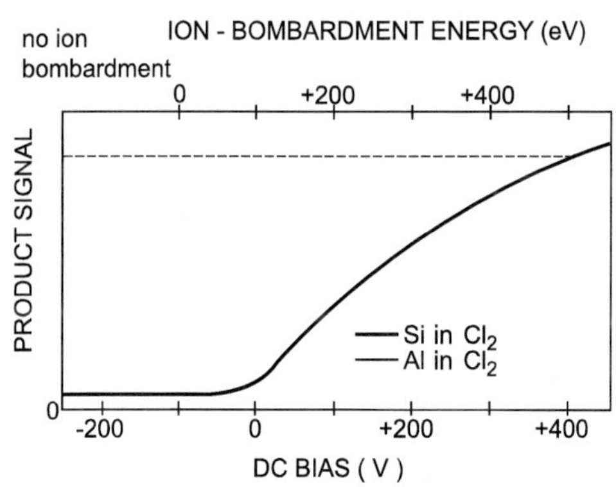


- **Bromine chemistry** : $AlBr_3$가 역시 room temperature에서 volatile하므로 이를 사용하나 이에 대한 특별한 motivation은 없음.

**그림 9-12** 다양한 할로겐 가스에서의 알루미늄식각에 관한 설명

Al의 식각에는 브롬기반가스를 사용하는 경우 $AlBr_3$가 형성되고 이 역시 상온에서 휘발성이 높아서 식각가스로 사용할 수가 있으나 이의 사용에 대한 특별한 사유가 없기 때문에 많이 사용하지 않는다.

Al 식각에는 $Cl_2$에 $BCl_3$를 첨가할 필요가 있다. 이는 Al표면에 자연산화막으로 약 30Å정도의 $Al_2O_3$가 Al을 식각하기 전에 형성되어 있고 Al의 결정립계면(grain boundary)에 석출(segregate)되어 있는 $Al_2O_3$가 있을 수 있기 때문이다. 만일 이들 $Al_2O_3$를 $Cl_2$만으로 식각시에는 이 역시 앞서 설명한 바와 같이 열역학적으로 흡열반응으로서 식각이 잘 되지 않고 따라서 Al이 식각이 되는데 시간이 걸리게 된다. 즉,

$$Al_2O_3 + Cl_2 \rightarrow AlCl_3 + O_2 \text{ (uphill)}$$

따라서 $Al_2O_3$를 환원할 수 있는 환원가스가 필요하며 이와 같은 환원가스로는 $BCl_3$와 $CCl_4$가 있다. $Al_2O_3$를 식각하는데 $BCl_3$를 사용하면 $AlCl_3$가 형성이 되고 $B_2O_3$ 및 BOCl이 생기며 이는 자발적으로 일어난다. $Al_2O_3$를 $CCl_4$로 식각할 때에도 $AlCl_3$가 형성이 되며 CO가 생긴다.

$$Al_2O_3 + BCl_x \ (x < 3) \rightarrow AlCl_3 + B_2O_3 \text{ (혹은 BOCl) (downhill)}$$

$$\text{혹은} \quad Al_2O_3 + CCl_x \ (x < 4) \rightarrow AlCl_3 + CO \text{(downhill)}$$

이들 가스를 첨가시 이온충돌(ion bombardment)이 $BCl_3$나 $CCl_4$로 $Al_2O_3$를 환원하는데 보조하기 위해 필요하게 된다.

그림 9-13의 오른쪽 그림에 알루미늄을 식각할 때 표면의 $Al_2O_3$를 제거하기 위해 $BCl_3$ 첨가시 첨가량의 증가에 따라서 표면의 $Al_2O_3$의 제거로 Al 식각이 시작되는 식각시작시간(etch initiation time)이 감소하는 것을 보여주고 있다.

이 $BCl_3$나 $CCl_4$는 또한 진공 챔버 내에 함유된 산소를 제거하는 산소제거기(oxygen scavenger)로서의 효과를 가지고 있는데 그림 9-13의 아래 그림에 보는 바와 같이 $CCl_4$에 1%의 산소를  포함시킨 상태에서 플라즈마를 발생시키면 이 $CCl_4$가 플라즈마 내 산소를 일부 제거하는 것을 알 수 있다.

특히 $BCl_3$에 1%의 산소를 포함시킨 경우에는 플라즈마 발생시 플라즈마 내 산소를 거의 완전히 제거하여 이들 가스가 챔버 내 함유된 산소를 제거하는 것을 알 수 있으며 이 두 가스 중에서는 $BCl_3$의 산소제거효과가 $CCl_4$에 비해 우수한 것을 알 수가 있다.

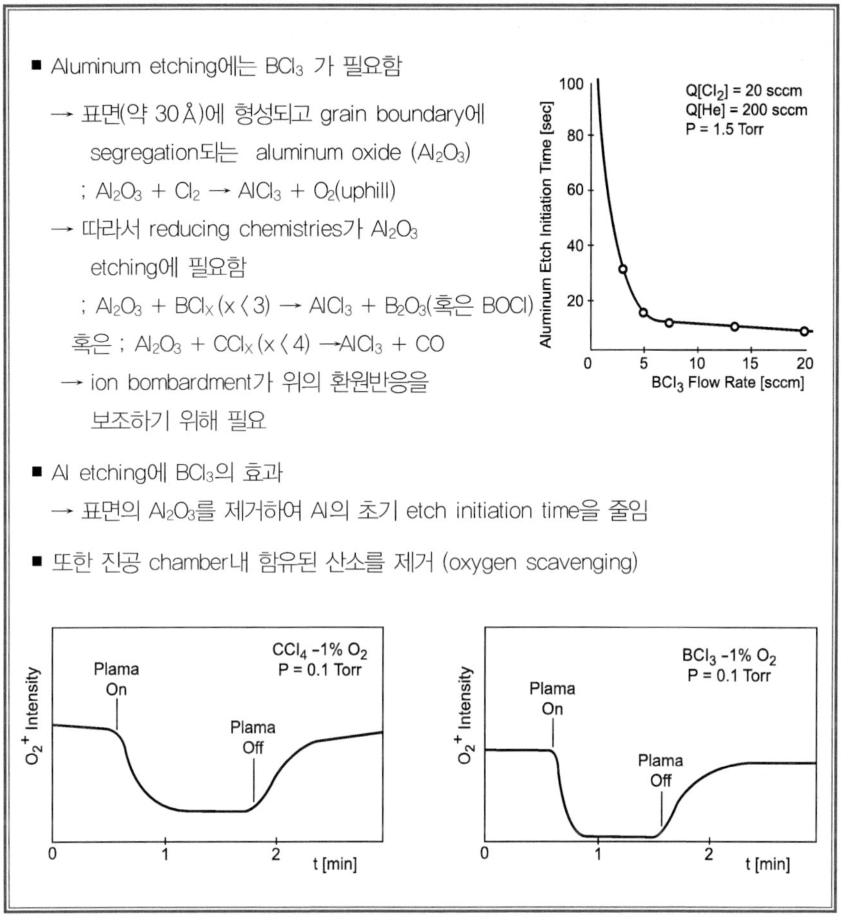


**그림 9-13** 알루미늄 식각에서 $BCl_3$ 및 $CCl_4$의 첨가효과

Al의 식각시에 다음과 같은 문제가 발생할 수 있다. 우선 표면산화막 등이 없이 깨끗한 알루미늄과 식각부산물인 $AlCl_3$는 산소 및 $H_2O$와 큰 반응성을 지니고 있다. 이 $AlCl_3$가 산화되면 $Al_2O_3$가 되며 이는 불순입자(particle)의 원인이 될 수가 있다.

또한 $AlCl_3$는 상온에서 액체로서 쉽게 응축이 되기도 한다. 따라서 알루미늄을 식각시 로드락(loadlock)을 사용하고 벽은 가열할 수 있는 가열벽(heated wall)을 사용하며 식각부산물인 $AlCl_3$의 분압(partial pressure)을 가능한 낮추기 위해 높은 가스유동속도(high gas flow rate)를 사용하는 것이 필요하다고 한다.

또한 Al은 식각 후에 부식이 쉽게 되는 식각 후 부식(post etch corrosion)문제가 있다. Al을 염소를 기본으로 하는 가스로 식각 후 잔류하는 Cl이 수분과 반응하여 HCl을 형성하면 이 HCl이 식각으로 형성한 Al선 등을 부식시킬 수 있다고 한다. 이때 염소는 포토리지스트 내 잔류하여 이 역할을 하게 된다고 한다.

이를 제거하는 방법으로는 예전에는 식각 후 진공을 깨지 않은 상태에서 포토리지스트의 에싱(in-situ photoresist ashing)을 하고 진공을 깬 후에는 즉시 물로 씻는(water rinse)하는 방법을 사용하였으나 최근에는 알루미늄을 염소를 기본으로 한 가스로 식각 후 플루오로카본 가스 혹은 불소함유 가스로 된 플라즈마에 노출시켜 노출된 알루미늄 옆면을 CF 폴리머막으로 감싸고 또한 Cl을 F로 대치하여 제거하는 방법이 사용되고 있다.

실제 반도체에서는 순수한 알루미늄을 사용하지 않고, 알루미늄 박막도선에 전기를 흘릴 때 알루미늄 원자의 이동으로 쉽게 단선이 되는 현상인, 전자이주(electro-migration)현상을 감소시키기 위해 4%이하의 Cu를 함유한 알루미늄합금(aluminuim alloy)을 사용하고 있다.

따라서 알루미늄을 염소를 기본으로 하는 가스를 사용하여 식각시에 Cu도 식각부산물로서 $CuCl_3$를 형성할 수 있는데 이 $CuCl_3$는 증기압이 낮으며 이를 표면에서 증발시키려면 200° C 정도의 가열이 필요하다.

이 밖에 Cu를 염소를 기본으로 하는 가스에 노출시 형성될 수 있는 식각부산물은 $AlCuCl_4$와 $Al_2CuCl_8$가 있으나 이 역시 증기압이 아주 낮다.

따라서 알루미늄 내 포함된 Cu 혹은 이들의 증기압이 낮은 식각부산물을 제거하기 위해서는 식각시에 이온충돌이 필요하게 된다. 부식특성으로 본다면 Cu가 함유된 Al은  갈바닉 현상(galvanic process)에 의해 Al이 더 빨리 부식이 되게 된다.

■ **Al과의 $AlCl_3$ 반응성**

– clean한 Al과 $AlCl_3$ etch product는 $O_2$와 $H_2O$에 큰 반응성을 지님

– $AlCl_3$가 산화되면 $Al_2O_3$ particle의 source가 될 수 있음

– $AlCl_3$는 room temperature에서 쉽게 condense된다.

➜ Al etching시 loadlock 사용, hot water heated vacuum wall 사용, high gas flow rate ($AlCl_3$의 partial pressure를 낮추기 위해) 사용.

■ **Al의 post-etch corrosion 문제**

– 식각 후 잔류하는 Cl이 water vapor와 반응하여 HCl형성 → Al pattern을 부식

– Photoresist가 잔류 chlorine의 resovoir역할

➜ 이를 제거하는 방법은 전에는 in-situ resist ashing 후 즉시 water rinse의 방법을 사용

➜ 현재는 Al etching한 후 fluorocarbon 혹은 fluorinated plasma에 노출

■ **Aluminum Alloys**

– Aluminum에 합금으로 주로 사용되는 물질은 Cu(electromigration을 줄이기 위해 〈4% 정도 함유)

– Cu의 가장 volatile한 chloride는 $CuCl_3$ 이나 어느 정도의 etch rate을 나타내기 위해서는 200℃ 정도 가열이 필요. 그밖의 volatile product는 $AlCuCl_4$와 $Al_2CuCl_8$가 있다.

– 대체로 Cu를 제거하기 위해 ion bombardment를 이용

– Al-Cu는 galvanic process에 의해 Al이 더 빨리 부식된다.

**그림 9-14 알루미늄 식각시 발생하는 다양한 문제점들**

## 9.7 탄소와 폴리머 식각(Carbon and Polymer Etching)

유기물질은 산소원자 혹은 불소원자에 의해서 식각이 될 수 있다. 반면 산소나 불소로 유기물질을 식각시에는 이온충돌이나 가열분위기를 필요로 한다. 유기물질이 산소 혹은 불소원자에 의해 식각이 되는 반응의 반응식은 다음과 같다. 즉,

$$(CH_2)n + 2O \rightarrow CO + H_2O$$
$$(CH_2)n + 6F \rightarrow CF_4 + 2F$$

산소 혹은 불소만을 사용하는 것보다 산소와 불소를 혼합하여 사용하면 다음과 같은 이유에 의해서 상온에서도 식각이 효율적으로 일어날 수 있다. 즉, 산소에 $CF_4$를 첨가하면 전자에너지 및 전자밀도를 높여서  산소를 더욱 분해(dissociate)하게 되어 더 많은 산소가 나오기 때문이라고 한다. 이는 질소와 산소를 혼합하여도 같은 효과를 얻을 수 있다.

또한 불소는 반응용기벽(reactor wall)을 보호시켜서 산소원자가 벽에서 재결합되는 것을 막으므로 인해서 더 많은 산소를 얻을 수가 있다.

또한 유기물질을 식각하는데 불소원자는 폴리머에서 H를 빼내서 HF를 형성하고 노출된 C가 O와 반응하여 CO가 되도록 반응성을 증진시킴으로 인해 F와 O간의 시너지(synergy)효과로 산소에 불소를 섞으면 상온에서 유기물인 폴리머 식각속도가 증가하게 된다.

그림 9-15의 아래 왼쪽그림에는 $O_2$ 즉 산소에 $CF_4$를 섞음에 따른 폴리머의 식각속도변화를 이온충돌 없이 상온에서 얻은 결과에 대해 보여주고 있다.

그림에서 보이는 바와 같이 약 20%의 $CF_4$를 섞었을 때 폴리머의 식각속도가 최대가 되는 것을 알 수가 있는데 이는 그림 9-15의 오른쪽 그림에서 보는 바와 같은 LiF로 측정한 챔버 내의 산소원자의 농도의 변화와 유사한 경향을 보이는 것을 알 수 있다. 따라서 왼쪽 그림에서의 산소에 $CF_4$ 첨가에 따른 폴리머 식각속도의 증가는 챔버 내 산소원자의 증가에 의한 것임을 알려주고 있다.

만일 유기물질의 식각에 있어서 이온충돌이 없다면 상온 하에서 전에 설명한 바와 같이 산소원자나 불소원자에 의한 식각속도가 0이거나 아주 낮은 상태가 된다. 반면 이온충돌이 없는 상태라도 O와 F원자가 동시에 존재할 때에는 어느 정도의 자발적인 식각이 일어난다. 따라서 산소/불소의 혼합가스를 사용하면 식각시에 어느 정도의 언더컷이 일어나게 된다.

만일 이온충돌을 가하게 되면 순수한 산소나 불소하에서는 유기물질의 식각속도가 크게 증가하여 저압 RIE(reactive ion etching) 조건에서 이방성 식각상태를 얻을 수가 있다.

■ Organic 물질은 O와 F atom에 의해서 etching될 수 있다. (ion bombardment없이는 가열 분위기 하에서만)

$(CH_2)_n + 2O \rightarrow CO + H_2O$

$(CH_2)_n + 6F \rightarrow CF_4 + 2F$

반면 oxygen과 fluorine을 혼합하면 특히 organic 물질의 etching에 효율적임 (상온 하에서도 etching)

1) More O atom

→ $O_2$를 $CF_4$에 첨가하면 electron energy및 density를 높여 $O_2$를 더욱 dissociation(질소도 같은 효과)

→ 또한 fluorine이 reactor wall을 passivate시켜 O원자가 벽에서 recombination을 막음.

2) F와 O의 synergy효과

→ F원자는 polymer에서 H를 빼내 HF를 형성하여 노출된 C가 O와의 반응성을 증진시킴

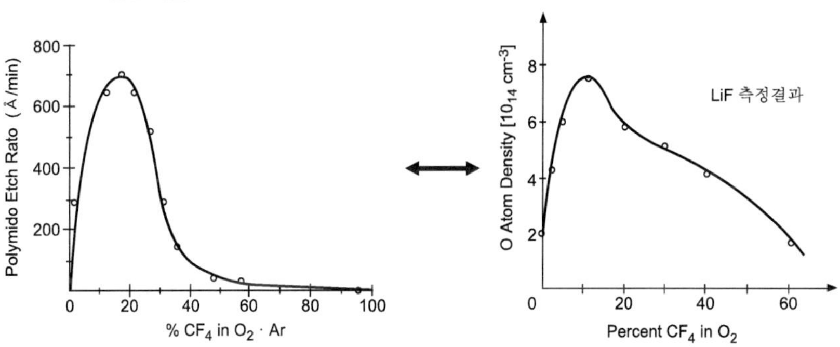


**그림 9-15** 산소와 불소에 의한 유기물(organic materials)의 식각

식각 후 잔류하는 포토리지스트를 제거하는 에싱(ashing)공정에서는 이온충돌이 없는 분위기인 다운 스트림(down stream)으로 에싱하는 경우가 많다.

다운스트림 공정은 플라즈마로부터 떨어지고 펌프 쪽에 가까운 쪽에서 플라즈마는 거의 소멸되고 분해된 가스만 남은 상태에서 처리하는 공정을 말한다. 이때는 이온충돌이 없으므로 포토리지스트를 좀더 효율적으로 제거하기 위해서 기판을 가열하고 또한 산소에 질소를 첨가하기도 한다.

이 질소는 $CF_4$와 마찬가지의 효과를 지닌다. 즉, 질소를 첨가함에 따라서

전자의 에너지와 전자밀도를 증가시킴으로 인해 산소원자의 밀도를 증가시키고 또한 질소원자가 챔버벽에서 산소원자의 재결합을 막아서 산소원자의 손실속도를 감소시킨다. 이때 질소 대신에 $CF_4$를 첨가할 수도 있으나 실리콘이 노출된 경우 등에서는 이 실리콘이 식각될 수 있으므로 $CF_4$보다는 질소가 알맞을 때가 있다. 그림 9-16의 오른쪽 아래 그림에 산소에 질소의 첨가에 따른 포토리지스트의 에싱 속도와 산소농도를 표기하고 있다.

그림에서 보듯이 포토리지스트 에싱 속도가 질소의 첨가에 따른 챔버 내의 산소 원자 밀도의 증가에 기인함을 알 수 있다.

■ **Ion bombardment effect**

➜ No ion bombardment :

- Organic물질은 room temperature하에서 ion bombardment없이는 O원자만이나 F 원자만에 의한 etch rate가 0혹은 아주 낮음.
- 반면 ion bombardment가 없는 상태라도 O와 F atom에 동시에 노출될 때에는 어느 정도의 etching이 자발적으로 일어남. 따라서 oxygen-fluorine gas mixture를 사용할 때는 어느 정도의 undercut이 일어남.

➜ Ion bombardment :

- 만일 ion bombardment가 있는 경우는 pure oxygen 하에서 organic 물질의 etch rate가 크게 증가하여 low pressure RIE 조건에서 highly anisotropic etching이 가능함

■ **Downstream oxygen plasma ashing**

➜ $N_2$ effect

- downstream asher에서 $O_2$에 $N_2$를 첨가하여도 organic material의 etch rate증가함.

➜ 이는 $CF_4$첨가에서와 같이 O원자 농도의 증가에 기인함.

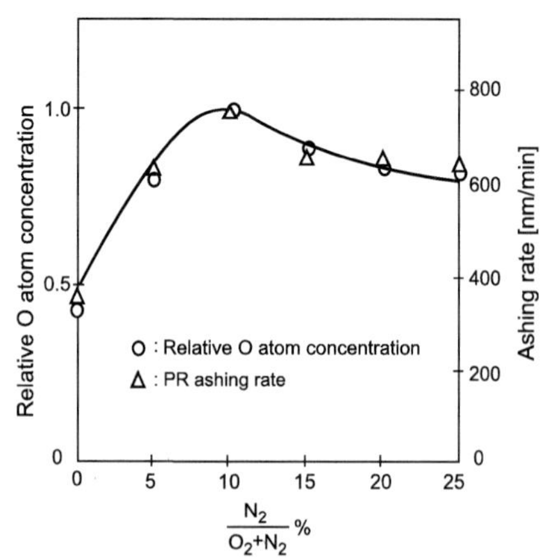


**그림 9-16** 유기물 식각에 미치는 이온충돌의 효과 및 다운스트림 에싱(downstream ashing)에 미치는 질소효과

## 9.8 실리사이드 식각(Silicide Etching)

반도체에서는 다양한 실리사이드(silicide)물질이 사용되고 있으며 특히 이 실리사이드는 게이트 금속(gate metal)의 폴리실리콘(polysilicon)의 저항을 낮추기 위해 폴리실리콘에 실리사이드를 형성시킨 폴리사이드(polyside)를 사용하는 경우가 가장 많다. 사용되는 실리사이드는 $WSi_2$, $TaSi_2$, $MoSi_4$, $CoSi_2$ 등으로 다양하다.

실리사이드의 식각에는 수직형상과 $SiO_2$와의 우수한 식각선택도가 필요하다. W, Mo, Ta, Ti와 같은 금속의 식각에서 이들의 할로겐 화합물(halide)이 그림 9-17에 보이는 바와 같이 휘발성이 커서 증기압이 높으므로 Cl과 F로 이루어진 할로겐 가스를 식각에 사용할 수 있다.

이중에서 Mo 및 W의 산화할로겐 화합물(oxyhalide)이, (예를 들어 $Mo_2O_2Cl_2$와 같은 식각부산물이), 휘발성이 높으므로 산소와 함께 할로겐 가스를 사용하여도 식각이 가능하다.

실리사이드는 이와 같은 금속과 폴리실리콘이 들어있는 물질이며 이들 폴리실리콘을 식각하는 할로겐 가스는 실리사이드 내 금속도 함께 식각하므로 폴리실리콘을 식각하는 가스의 조합을 주로 사용하여 실리사이드를 식각하게 된다.

그림 9-17의 아래의 그림에는 반도체 소자에서의 게이트 금속의 구조를 나타내고 있다. 대체로 실리사이드 밑에 도핑된 폴리실리콘이 위치하고 그 밑에 얇은 $SiO_2$가 위치한다. 따라서 실리사이드 및 도핑된 폴리실리콘을 동시에 식각하고 얇은 $SiO_2$상에서는 식각이 정지될 필요가 있다.

이와 같은 조건을 만족시키기 위해서는 $SiO_2$와의 식각선택도가 큰 가스의 조합 및 식각조건이 필요하다. 사용하는 가스는 $Cl_2+HBr$, $Cl_2+O_2$가 사용될 수 있으며 낮은 이온충돌에너지에서 사용하여야 한다.

- W, Mo, Ta, Ti의 etching에는 F 및 Cl 등의 halide계 가스가 사용 가능
  - → 이들의 halide가 volatile
  - → 또한 Mo 및 W의 oxyhalide 역시 volatile(e.g. $MoO_2Cl_2$)

| 화합물 | W | Mo | Ta | Ti |
|---|---|---|---|---|
| 융점(B.P)<br>혹은<br>승화점(subl) | $WF_6$ subl.17℃<br>$WCl_3$ subl. 275.6℃<br>$WCl_6$ subl.346℃ | $MoF_5$ Bp. 214℃<br>$MoCl_5$ Bp. 628℃ | $TaF_5$ Bp. 229.5℃<br>$TaCl_5$ Bp. 241.6℃<br>$TaBr_5$ Bp. Ca. 320℃ | $TiCl_4$ Bp. 136.45℃<br>$TiBr_4$ Bp. 233.45℃<br>$TiF_4$ subl. 284℃<br>$TiJ_4$ Bp. 377℃ |

- Silicide etching에는 polysilicon etching과 유사한 gas chemistry사용
  $Cl_2 + HBr$, $Cl_2 + O_2$

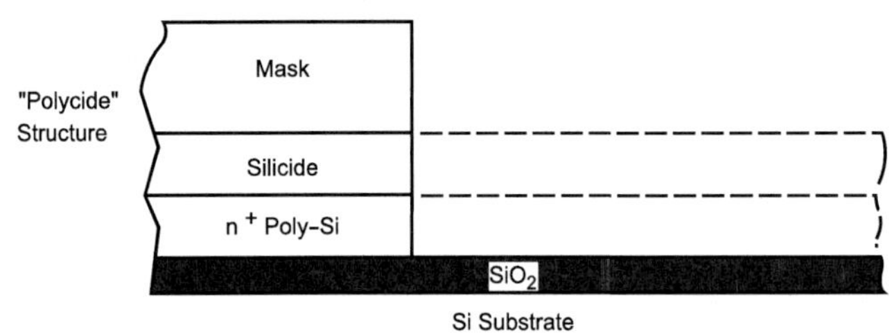


**그림 9-17** 다양한 실리사이드의 식각에 대한 설명

## 9.9 III-V족 화합물 식각(III-V Compound Etching)

반도체 물질로서는 실리콘다음으로 광통신 부품 등으로 많이 사용되는 물질은 III-V족계의 화합물 반도체이다. 여기서 III족은 B, Al, Ga, In과 같은 원소가 사용되고 V족은 N, P, As, Sb와 같은 원소가 사용된다.

이들의 식각에 있어서 불소를 기본으로 하는 가스를 사용하게 되면 형성되는 식각부산물인 $AlF_3$, $GaF_3$, $InF_3$와 같은 물질의 증기압이 낮아서 식각속도가 떨어지기 때문에 불소를 기본으로 하는 가스를 거의 사용하지 않는다.

만일 염소를 기본으로 하는 가스를 사용하게 된다면 갈륨 염화물(gallium chloride)는 상온에서 휘발성이 커서 GaAs는 Cl원자에 의해서 상온에서도 이온충돌 없이도 자발적으로 식각이 일어난다.

$Cl_2$ 가스 그 자체인 $Cl_2$ 분자에 의해서는 이온충돌이 없이는 식각이 자발적으로 일어나지 않는다. 0.1Torr이상의 높은 압력(high pressure) 하에서의 $Cl_2$ 플라즈마에 의한 GaAs 식각은 대체로 화학적 식각의 성격을 띠며 식각속도가 온도증가에 따라서 지수적으로 증가하는 아레니우스 형태(Arrhenius type)의 온도효과를 나타낸다. 이때의 활성화 에너지(activation energy)를 구해보면 갈륨염화물의 승화열(heat of sublimation)과 유사하다.

특히 염소를 기본으로 한 가스에 의한 플라즈마 식각은 그림 9-18 아래 그림에서 보이는 바와 같이 결정학적 식각(crystallographic etching)인 결정학적인 면을 따라서 다르게 식각이 일어나는 성격을 띤다. 이때 가장 빠른 식각면은 (111)면으로 As이 많은 면이고 다음이 (100), (110), 그리고 (111) 면의 Ga이 많은 면의 순서로 식각이 진행이 된다. 즉,

$$R_{As-rich(111)} > R_{(100)} > R_{(110)} > R_{Ga-rich(111)}$$

반면 0.01Torr이하의 낮은 압력에서는 이온의 충돌에 의한 반응(ion assisted reaction)이 식각에 더욱 중요한 역할을 한다고 한다. 이때는 GaAs의 식각이 결정학적 식각(crystallographic etching)이 아닌 수직식각(vertical etching)의 형태로 식각이 일어난다.

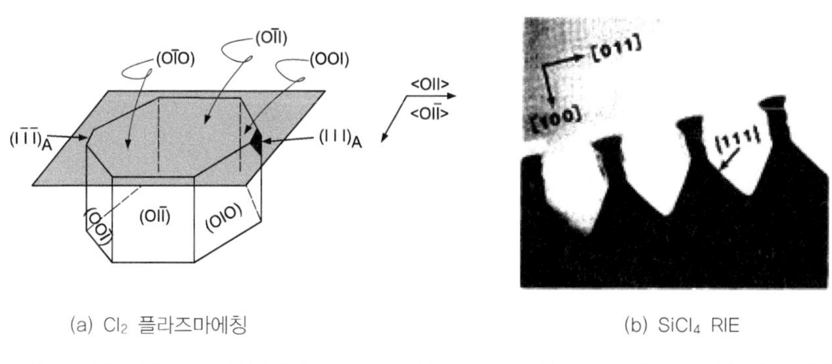


(a) $Cl_2$ 플라즈마에칭 (b) $SiCl_4$ RIE

**그림** 9-18 염소를 기본으로한 가스를 사용한 GaAs의 플라즈마 식각에서의 결정학적 식각(crystallographic etching)

InP의 식각의 경우도 GaAs 식각에서와 같이 0.1Torr 이상의 높은 압력에서의 플라즈마 식각속도는 화학적 식각의 형태이며 식각속도가 아레니우스(Arrhenius) 형태의 온도에 따라서 식각속도가 지수적으로 증가하는 형태를 띈다.

반면 InP의 식각에서 형성되는 인듐염화물($InCl_3$ ; indium chloride)은 증기압이 낮으며 150° C가 될 때까지 휘발성이 없어서 식각속도가 온도에 따라 지수적으로 증가하기는 하지만 웨이퍼를 200° C 정도 가열하지 않으면 염소를 기본으로 하는 가스를 사용하기 어렵다.

예로 0.3Torr에서 $Cl_2$ 플라즈마를 사용할때 200° C에서는 InP의 식각속도가 1㎛/min이지만 300° C로 가열하면 100㎛/min 으로 100배가 증가한다. 따라서 낮은 온도에서 InP를 식각할 때에 식각속도를 제어하는 인자는 표면에 형성된 $InCl_3$의 효율적인 제거이다. 이는 GaAs에서는 식각속도의 온도의 존성이 InP에 비해 아주 약한 편이지만, $GaCl_3$의 제거가 GaAs의 식각속도를 제어하는 것과 같다.

이 $InCl_3$ 잔류물은 그림 9-19에 나타낸 바와 같이 표면에 형성이 되므로 이를 가열하여 제거하거나 이온충돌을 통하여 제거함으로써 식각속도를 증가시킬 수 있게 된다.

예로 사용하는 고주파 진동수를 14MHz에서 250kHz로 지속적으로 낮추면서 식각을 한 결과에서 이온충돌에너지의 증가로 $InCl_3$가 쉽게 제거되어 식각속도의 증가를 얻은 결과가 있다.

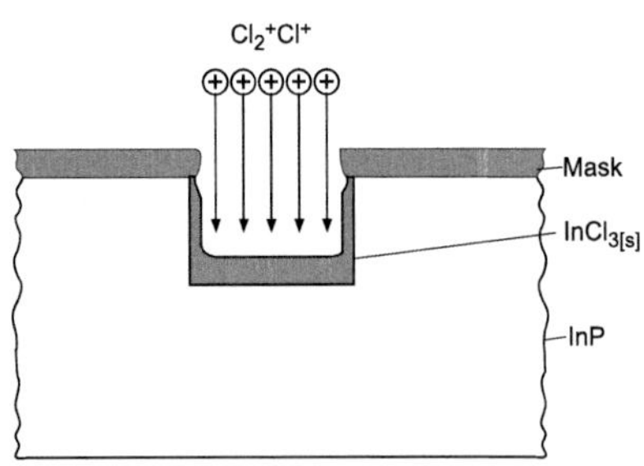


**그림 9-19** $Cl_2$ 플라즈마를 이용하여 저온에서 InP를 식각시 표면에 잔류하는 증기압이 낮은 $InCl_3$화합물

그림 9-20은 GaAs와 InP의 식각속도가 식각부산물인 $GaCl_3$와 $InCl_3$의 제거에 의존하므로 이들의 식각속도가 온도 증가에 따라서 지수적으로 증가하는 것을 보여주고 있다.

다만 InP의 식각속도가 같은 온도에서 GaAs의 식각속도에 비해 상당히 낮은 것을 알 수 있는데 이는 식각부산물의 증기압이 낮기 때문이다. 어쨌든 InP의 식각도 온도는 높아야 하나 역시 Cl에 의해 $PCl_x$ 및 $InCl_x$로 제거 되는 상태이다.

GaAs는 앞서의 염소 기반가스(Cl-bases gas)뿐만 아니라 브롬 기반가스(Br-based gas)에 의해서도 화학적 식각의 형태로 자발적인 식각이 일어날 수 있다. 이때 (100)면의 식각속도($R$)는 20~80㎛/min으로 높은 값을 갖는다. $Cl_2$ 에 의한 식각에서와 같이 높은 압력 하에서 As이 많은(As-rich) (111)면의 식각속도가 제일 높으며 다음 (100), (110), 그리고 Ga이 많은(Ga-rich) (111)면의 순서로 결정학적인(crystallographic)면을 따라 식각이 일어난다. 즉,

$$R_{As-rich(111)} > R_{(100)} > R_{(110)} > R_{Ga-rich(111)}$$

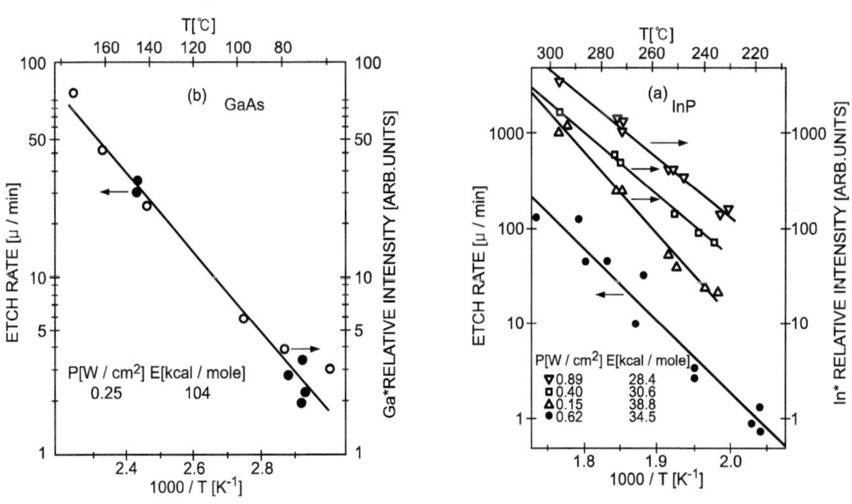


(a) 온도에 따른 GaAs etching [0.3Torr, $Cl_2$]　　(b) 온도에 따른 InP etching [0.3Torr, $Cl_2$]

**그림** 9-20　온도에 따른 GaAs 및 InP의 플라즈마 식각 속도

특히 InP의 플라즈마 식각에서는 HBr이나 $Br_2$와 같은 브롬 기반가스가 $Cl_2$와 같은 염소 기반가스에 비해 식각속도가 높다. 이는 $InBr_3$의 증기압이 $InCl_3$의 증기압보다 높아 100℃ 정도 더 낮은 온도에서 같은 식각속도를 얻을 수가 있기 때문이다. 염소 기반가스에서와 같이 브롬 기반가스에서도 식각부산물인 $InBr_3$를 표면에서 제거하는 것이 식각속도를 제어한다.

GaAs의 식각에 요오드를 기본으로 한 가스를 사용하여 식각을 하면 $GaI_3$의 증기압이 $GaCl_3$나 $GaBr_3$에 비해 더 높아서 GaAs의 식각속도가 약간 증가하게 된다. 다만 이 요오드화합물에 의해 진공에 문제가 발생할 수 있으므로 사용을 꺼릴 수 있다.

III-V 화합물의 플라즈마 식각에 불소 기반가스, 염소 기반가스, 브롬 기반가스, 그리고 요오드 기반가스를 사용함에 따른 화합물 표면에 잔류하는 III-족 원소의 할로겐 화합물에 대한 증기압을 예측할 수 있는 이들의 끓는점에 대한 자료를 표 9-1에 나타내었다.

III-V 화합물을 식각할 때 첨가가스를 넣기도 한다. 예로 $BCl_3$나 $CCl_4$, CHCl, $CClF_2$와 같은 염화탄소가스(chlorocarbon gas)를 첨가하여 표면산화물을 제거하거나 식각억제기구에 의한 식각 이방성을 증가시키도록 하기도 한다.

III-V 화합물은 할로겐가스뿐만 아니라 $CH_4/H_2$와 같은 가스로 식각이 된다. 이 $CH_4/H_2$로 III-V 화합물을 식각하는 것은 $CF_4/H_2$로 $SiO_2$를 식각하는 것과 유사하다.

| | Chlorides | | Iodides | | Bromides | | Fluorides | |
|---|---|---|---|---|---|---|---|---|
| Al | $AlCl_3$ | 262 | $AlI_3$ | 360 | $AlBr_3$ | 263.3 | $AlF_3$ | Subl. 1291 |
| Ga | $GaCl_2$<br>$GaCl_3$ | 535<br>201.3 | $GaI_3$ | Subl.<br>345 | $GaBr_3$ | 278.8 | $GaF_3$ | ca.1000 |
| In | InCl<br>$InCl_2$<br>$InCl_3$ | 608<br>530-570<br>volat.600 | InI | 711-715 | InBr<br>$InBr_2$<br>$InBr_3$ | 662 subl.<br>632 subl.<br>subl. | $InF_3$ | 〉1200 |
| Si | $SiCl_4$<br>$SiCl_6$ | 57.57<br>145 | $SiI_4$ | 287.5 | $SiBr_4$<br>$Si_2Br_6$ | 154<br>240 | $SiF_4$<br>$Si_2F_6$ | -86<br>-18.5 |

**표 9-1** III-족 원소 및 실리콘의 할로겐 화합물들에 대한 끓는점 및 승화점

$CF_4/H_2$로 $SiO_2$를 식각시에 CF 폴리머막이 $SiO_2$에 형성이 되는데 이와 마찬가지로 $CH_4/H_2$로 GaAs를 식각시에 C-H 폴리머막이 포토리지스트와 GaAs위에 형성되며 낮은 이온충돌에너지 조건에서 GaAs는 $Ga(CH)_x$, $AsH_x$로 기화하여 식각이 되나 포토리지스트 위의 폴리머는 잔류하여 포토리지스트와 높은 식각선택비로 식각이 가능하다.

$CH_4/H_2$로 InP를 식각시에도 $H_2$만으로 식각하는 것보다는 $CH_4$가 약간 있을 때 역시 $In(CH)_x$의 형성으로 식각속도가 증가하게 된다. 이때 P는 $PH_x$로 기화하게 되는데 약 30% $CH_x$까지는 InP상에 식각이 진행되며 C-H폴리머가 관찰되지 않는다고 한다.

그림 9-21에서는 수소에 $CH_4$를 첨가에 따른 InP의 식각속도를 보이고 있는데 이때 포토리지스트는 식각되지 않고 폴리머의 증착속도를 나타내고 있음을 알 수 있다. 이 그림에서 약 30%의 $CH_4$를 $H_2$에 섞었을 때 InP의 식각속도가 가장 높음을 알 수가 있다. 표 9-2에서는 III-V 화합물을 식각하는데 사용할 수 있는 다양한 가스를 보여주고 있다.

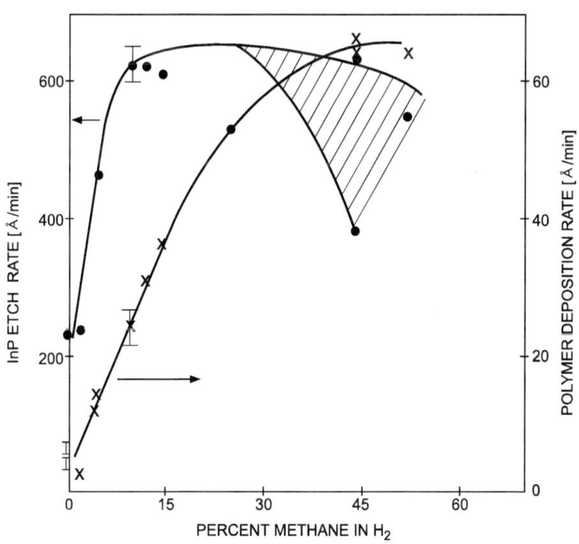


**그림** 9-21　$CH_4/H_2$ 가스조합에 의한 InP의 플라즈마식각 및 포토리지트스상의 폴리머 증착속도

| 기반 | Ⅲ-V반도체 식각가스들 |
|---|---|
| Cl-based | $Cl_2$, HCL, $SiCl_4$, $CCl_4$, $BCl_3$, $PCl_3$, $CHCl_2F$, $CHClF_2$, $CCl_2F_2$, ICl |
| $CH_4$-based | $CH_4/H_2$, $CH_4/He$, $C_2H_6/H_2$ |
| Br-based | HBr, $CF_3Br$, $Br_2$, IBr |
| I-based | HI, $CH_3I$, $I_2$, ICl |

**표** 9-2 III-V 화합물을 플라즈마로 식각할 수있는 다양한 가스들

## 9.10 그 밖의 다양한 물질의 식각

화합물 반도체로서 III-V 화합물반도체 외에 II-VI화합물 반도체도 연구되고 있으며 이역시 플라즈마 식각을 필요로 하고 있다. II-VI의 물질은 CdS, CdTe, HgCdTe, ZnS와 같은 물질이다.

이들 물질의 할로겐 화합물(halide)은, (예로 Cd의 할로겐 화합물은), 대체로 낮은 증기압을 갖는다. 대신 $CH_x$의 메틸화합물(methyl compound)은, 예로 $Cd(CH_3)_2$와 같은 물질은, 비교적 높은 증기압을 갖는다. 따라서 이 Cd가 포함된 II-VI 화합물 반도체의 식각은 $CH_4/H_2$가 주로 사용된다. 이와 같은 $CH_4/H_2$를 사용하였을 때 CdS의 식각부산물은 $Cd(CH_3)_2$, $H_2S$의 형태를 띠게 된다.

때에 따라서는 다양한 금속을 식각하여야 할 필요가 있으며 이들 일부 금속막의 식각에 대하여 알아보기로 하자. 크롬(chromium)의 식각의 경우 크롬염화물(chromium chloride), 크롬불화물(fluoride), 그리고 크롬산화물(oxide)은 상온에서 휘발성이 없으므로 불소 기반가스나 염소 기반가스만으로는 식각에 사용하기 어렵다.

반면 그림 9-22의 오른쪽 표에서와 같이 산화염화물(oxychloride) 등이 휘발성이 크므로, 즉, 증기압이 높으므로 $Cl_2/O_2$와 같은 산화염화물이 형성되기 쉬운 가스조합을 사용하여 식각을 하게 된다.

■ II-VI Etching

- CdS, CdTe, HgCdTe, ZnS와 같은 물질
- 이들 물질의 halide는 낮은 vapor pressure를 가짐,
  Etching에 사용되는 gas combination은 $CH_4/H_2$ chemistry임
- Etch product: Group II의 Dimethyl compounds
  (예 : CdS의 경우 $Cd(CH_3)2H_2S$)

| II-VI 화합물 | 융점 |
|---|---|
| $Cd(CH_3)_2$ | Bp. 106℃ |
| $CdI_2$ | Bp. 796℃ |
| $H_2S$ | Bp. −60.3℃ |
| $SF_4$ | Bp. −40.4℃ |
| $SO_2$ | Bp. −10℃ |
| $SF_2$ | Bp. 39℃ |
| $SO_3$ | Bp. 44.5℃ |
| $SCl_2$ | Bp. 59.6℃ |
| $S_2Br_2$ | Bp. 57℃(bei 0.22 torr) |

■ Chromium Etching

- Chromium chloride, fluoride, oxide는 room temperature에서 volatile하지 않음
- Chromium oxychloride가 volatile 하므로 $Cl_2/O_2$와 같은 가스조합을 사용

| Cr 화합물 | 융점 |
|---|---|
| $CrO_2Cl_2$ | Bp. 117℃ |
| $Cr(CO)_6$ | Bp. 151℃ |
| $Cr(NO_3)_3 \cdot 9H_2O$ | Bp. 125.5℃ |

■ Gold Etching

- $Cl_2$나 $CF_4/CCl_4$와 같은 chlorine base gas 및 ion assisted chemical etching이 필요
- 반대쪽 전극이 gold로 되어 있어야 etching이 된다고 함

■ Copper Etching

- $Cl_2/Ar$과 같은 halogen 화합물을 사용하나 vapor pressure가 낮음
- $CuCl_x$의 low volatility로 인해 기판을 225-350℃로 가열할 필요 있음.

| Cu 화합물 | 융점 |
|---|---|
| $CuCl_2$ | Bp. 655℃ |
| $CuBr_2$ | Bp. 900℃ |

**그림 9-22** 다양한 물질의 플라즈마 식각 특성 및 이들 화합물의 끓는 점

금(gold)의 경우 불활성(noble)의 금속이지만 식각시에 $Cl_2$나 $CF_4/CCl_4$와 같은 염소기반가스에 이온충돌을 합한 이온보조 화학식각(ion assisted chemical etching)을 하여야 식각이 잘 일어난다. 또한 플라즈마 발생시 반대편 전극도 금으로 되어있어야 식각이 잘 일어난다는 보고가 있다.

구리(copper)의 경우는 Al화합물을 대치하는 반도체 배선금속으로서 다양한 식각에 대한 연구가 있었다. 대체로 $Cl_2/Ar$과 같은 할로겐 기반가스를 사용하는 것이 그래도 식각이 되는데 효율적이나 이때 형성되는 $CuCl_x$, $CuBr_x$와 같은 식각부산물이 그림 9-22의 오른쪽 도표에 보이는 바와 같이 증기압이 낮아서 기판을 225~350℃로 가열할 필요가 있다.

반면 구리를 식각시에 적외선으로 조사한다면 기판온도를 60℃ 정도로 낮추어도 $CuCl_x$가 기화하여 식각이 진행된다고 한다. 또한 구리를 식각하는 다른 방법으로 우선 $Cl_2$ 플라즈마로 $CuCl_x$를 구리표면에 형성하고 플라즈마 없이 가열로 이 $CuCl_x$를 탈착(desorption)시키는 연구가 진행된 바도 있다.

이 경우 약 150℃의 온도에서는 $CuCl_3$가 $CuCl_x$가 형성된 구리표면에서 증발하고 600℃에서는 CuCl이 증발된다고 한다. 또한 200℃의 기판온도 하에서 높은 전력을 가하면 형성된 구리염화물인 $CuCl_x$가 이온충돌에 의해 형성하자마자 제거되며 이때 약 6000Å/min까지 얻기도 한 결과가 있다. 물론 이때 같은 기판온도라도 낮은 전력 하에서는 이온충돌(ion bombardment)이 작아서 $CuCl_x$의 형성속도가 크므로 식각이 잘 일어나지 않게 된다.

이와 같은 낮은 전력에서는 구리를 식각하려면 기판온도를 높혀 구리염화물의 형성속도보다는 증발속도를 높여야 식각이 될 것이다. 따라서 구리를 염소기반가스로 식각을 하려면 RIE와 같은 저밀도 플라즈마보다는 ECR이나 ICP와 같은 고밀도 플라즈마가 기판으로의 높은 이온충돌 플럭스(ion bombardment flux)를 지니므로 더 낮은 온도에서 $CuCl_x$가 탈착하여 식각이 일어날 것이다.

$Cl_2$로 식각을 하면 Cl이 표면에 남아 후에 식각으로 형성된 구리선(copper line)을 부식할 수가 있는데 식각 후에 $H_2$나 $O_2$ 플라즈마에 노출시키면 부식을 방지시킬 수 있다고 한다. $O_2$보다는 $H_2$가 효율적이며 이때 HCl로 Cl이 제거가 된다고 한다.

그림 9-23에 ECR 플라즈마의 높은 전력과 낮은 전력을 사용시 $Cl_2$/Ar의 비율에 따른 구리식각속도(copper etch rate)를 보여주고 있다.

$Cl_2$ 비율이 높을 때 낮은 전력에서는 형성된 $CuCl_x$가 낮은 이온충돌로 효율적으로 제거되지 않아 $CuCl_x$의 두께가 증가하는 반면, 즉, 증착이 일어나는 반면, 높은 전력에서는 높은 이온충돌 플럭스로 $CuCl_x$가 효율적으로 제거되어 5000Å/min의 높은 속도로 식각이 가능함을 보여주고 있다.

자성체인 NiFe와 $NiF_2Co$는 비휘발성 메모리(memory)소자인 자성RAM (magnetic random access memory, MRAM)에서 게이트로 사용가능한 물질이다.

이 NiFe, NiFeCo를 사용시 TaN 나 CrSi를 이들 물질과 함께 산화방지물질 및 확산방지물질로 사용하기도 한다. 대체로 NiFe는 Ni 0.8 Fe 0.2의 비율이며 NiFeCo는 Ni 0.8, Fe 0.13, Co 0.03의 비율이다. 그리고 TaN, CrSi와 함께 총 5000Å 정도로 $SiO_2$ 게이트 산화막 위에 놓이게 된다. 이들 물질을 식각하는 데는 포토리지스트와의 식각선택도가 낮아서 포토리지스트를 마스크층으로로 사용하기 어렵고 $SiO_2$나 $SiN_x$를 마스크물질로 사용한다.

이들 물질을 식각하는 데는 앞의 금속과 유사하게 $Cl_2$/Ar을 사용하게 된다.

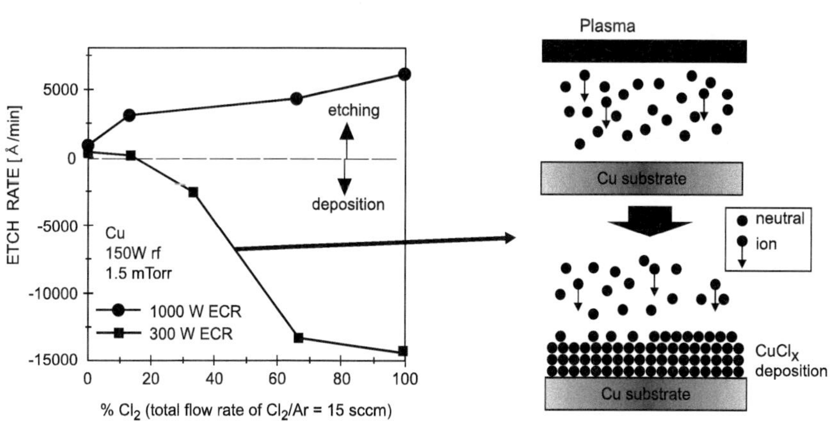


**그림** 9-23 ECR 플라즈마의 낮은 전력 혹은 높은 전력에서 $Cl_2$/Ar에 따른 구리식각 특성의 차이

식각속도를 높이기 위해 이온밀도가 높은 ECR 플라즈마를 80° C이하의 기판온도에서 사용하여 3000 Å/min의 식각속도를 얻은 결과가 발표되기도 하였으나 ECR 플라즈마는 대면적에서 균일한 875 Gauss의 자장을 얻는데 전자석의 비용이 너무 크므로 ICP를 많이 사용하며 그 결과는 그림 9-24의 왼쪽에 보인 바와 같다.

그림에서 보이는 바와 같이 $Cl_2$/Ar을 사용시 $Cl_2$가 적은 상태에서는 물리적인 스퍼터 에칭, $Cl_2$가 너무 많으면 표면에 비휘발성인 염소화합물로된 식각부산물(chlorinated etch product)이 형성되어 잔류하게 되므로 약 60% 정도의 $Cl_2$를 포함한 $Cl_2$/Ar이 식각속도가 가장 높은 상태를 나타낸다고 한다.

그림에서 보듯이 식각속도는 대체로 수백 Å/min으로 그리 크지 않음을 알 수가 있다.

또한 그림의 오른쪽 도표에 Ni, Fe, Co 의 할로겐 화합물에 대한 끓는점을 보여주고 있는데 이 온도가 상당히 높은 것을 알 수가 있고 따라서 대체로 이들의 할로겐 화합물이 비휘발성인 것을 알 수 있다.

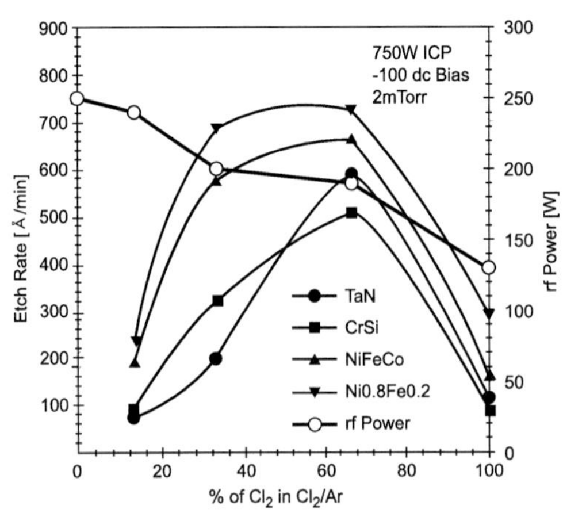


| 화합물 | 융점(℃) |
|---|---|
| $NiCl_2$ | subl 973 |
| $NiBr_2$ | subl |
| $NiI_2$ | subl |
| $NiF_2$ | 1740 |
| $FeCl_3$ | 316 |
| $FeCl_2$ | 1023 |
| $FeBr_3$ | … |
| $FeBr_2$ | 934 |
| $FeF_3$ | 726 |
| $FeF_2$ | 1837 |
| $CoCl_3$ | … |
| $CoBr_2$ | 1049 |
| $CoCl_2$ | … |
| $CoI_2$ | 570 |
| $CoF_3$ | … |
| $CoF_2$ | 1739 |

**그림** 9-24 $Cl_2$/Ar ICP를 사용한 자성물질 및 이들의 확산방지 물질의 식각속도 및 이들 할로겐 화합물의 끓는점

그밖에 다양한 자성재료의 식각속도를 일부 문헌에서 발췌한 결과를 그림 9-25에 보여주고 있다.

NiMnSb는 고밀도 기록을 위한 자성재료나 비휘발성 메모리재료로서 연구되고 있는데 비휘발성 메모리를 위해서는 비이방성식각이 필요하고 이를 위해 $SF_6$/Ar로 연구한 결과에 따르면 1:1 $SF_6$/Ar으로 식각한 결과가 약 1㎛/min의 높은 식각속도를 보여주며 이는 구성성분의 불소(florine)화합물의 증기압이 어느 정도 높은 결과로 기인한다.

자기센서(magnetic sensor), 자기메모리(magnetic memory), 거대자기저항(giant magnetoresistive)물질로서 $LaCaMnO_x$와 SmCo와 같은 물질이 연구되며 이 물질에 대한 식각도 $Cl_2$/Ar으로 하는 것이 $LaCaMnO_x$의 경우는 약 1500Å/min, SmCo는 1㎛/min의 식각속도를 보여줄 수 있는 것으로 발표되고 있다. 이들 물질의 식각속도는 전에 설명한 바와 같이 구성원소와 식각가스 간에 형성되는 식각부산물의 증기압에 크게 의존을 한다.

| 화합물 | 융점 | 화합물 | 융점 | 화합물 | 융점 |
|---|---|---|---|---|---|
| $Ni(CO)_4$ | Bp.−25℃ | | | $CoCl_2$ | Bp.1050℃ |
| $NiCl_2$ | Bp.973℃ | $NbF_5$ | Bp.229℃ | $NbF_5$ | Bp.229℃ |
| $MnF_2$ | Bp.>856℃ | $NbCl_5$ | Bp.247.4℃ | $NbCl_5$ | Bp.247.4℃ |
| $SbH_3$ | Bp.−17℃ | Li(elementary) | Bp.1372℃ | $Zr(BH_4)_4$ | Bp.123℃ |
| $SbF_5$ | Bp.140℃ | LiCl | Bp.1383℃ | $ZrCl_4$ | Bp.331℃ |
| $SbCl_3$ | Bp.223℃ | LiF | Bp.1693℃ | $ZrBr_4$ | Bp.357℃ |
| $SbF_3$ | Bp.319℃ | | | $ZrI_4$ | Bp.431℃ |
| | | | | $ZrF_4$ | Bp.903℃ |

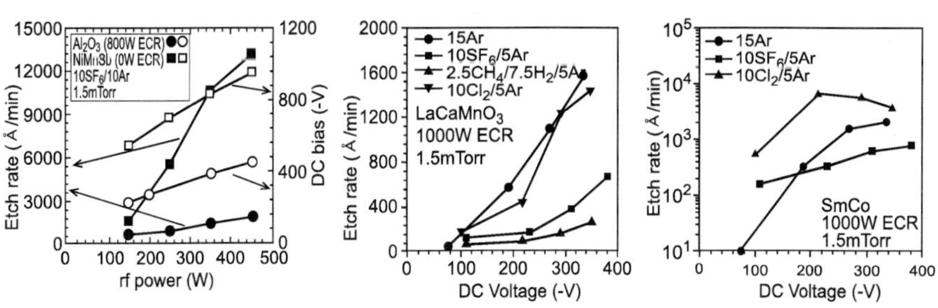


**그림** 9-25 NiNnSb, $LaCaMnO_3$, SmCo의 식각속도 및 일부물질의 화합물에 대한 끓는 점

## 9.11 초소형기계(MEMS)를 위한 식각

초소형기계인 MEMS(micro electro mechanical system)의 제작을 위한 실리콘 식각에 대해 설명하기로 하자. MEMS의 경우는 극소형 기계부품을 반도체 공정을 이용하여 만드는 것으로서 수백 마이크론의 두께, 예로 실리콘 웨이퍼의 두께를 수직하게 식각하는 것이 필요하다.

이와 같은 공정을 성공적으로 수행한 기술 중의 한 가지가 BOSCH 공정 혹은 DRIE(deep reactive ion etching)기술이다. BOSCH 공정은 로버트 보쉬(Robert Bosh) 회사에서 특허를 낸 공정으로 1996년 3월에 특허를 발급받은 상태이다.

이 공정은 우선 실리콘을 보통의 포토리지스트로 패터닝한 뒤에 $SF_6/O_2$나 $SF_6/Ar$으로 20~30mTorr로 플라즈마식각을 하여 포토리지스트의 식각이 없이 실리콘을 어느 정도 식각하고 CF계 플라즈마를 사용하여 전체면을 폴리머로 덮은 뒤에 다시 이를 반응성 이온식각으로 식각하여 포토리지스트 위의 폴리머층이 제거될 정도로 식각을 한다.

또한 동시에 실리콘의 바닥을 노출시킨 후 이를 다시 $SF_6/Ar$이나 $SF_6/O_2$로 플라즈마 식각하여 실리콘 바닥면만을 식각하고 다시 CF폴리머로 전체면을 증착하고 하는 식을 계속하여 마스크층인 포토리지스트의 식각이 없이 또한 식각된 실리콘의 벽면은 증착된 CF 폴리머층으로 보호하면서 그림 9-26과 같이 실리콘을 수백마이크론 식각하는 방식이다.

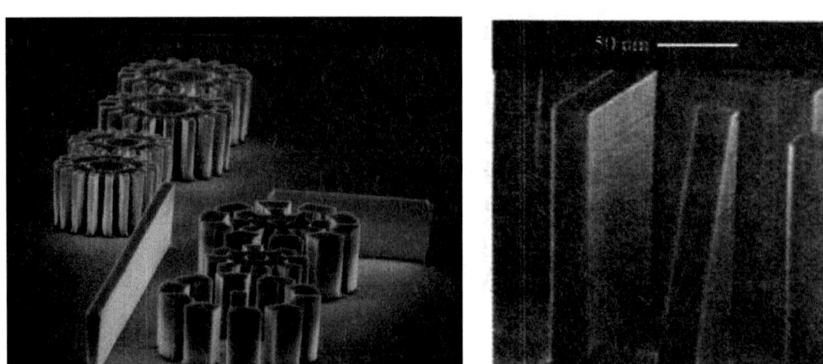

**그림** 9-26 MEMS를 위해 BOSCH 공정을 이용하여 식각한 실리콘 형상

이의 순서에 대한 대략적 그림을 그림 9-27에 나타내고 있으며 이 방식으로 하였을 때의 다양한 물질에 대한 식각속도 및 이의 비율을 표 9-3에 나타내었다.

| Material | Etch rate Å$min^{-1}$ | Selectivity of Si |
|---|---|---|
| Si | 25,000 | |
| Polysilicon | 5334 | 4.7:1 |
| LPCVD silicon nitride | 295 | 85:1 |
| PECVD silicon nitride | 〉1300 | 〈20:1 |
| LPCVD $SiO_2$ | 90 | 275:1 |
| Thermal $SiO_2$ | 90 | 275:1 |
| PCVD SiON | 165 | 150:1 |
| PECVD SiON | 310 | 80:1 |
| SiC(bulk) | 140 | 180:1 |
| Photoresist(AZ-4903) | 250 | 100:1 |

**표** 9-3 BOSCH 공정에서의 각 물질의 식각속도

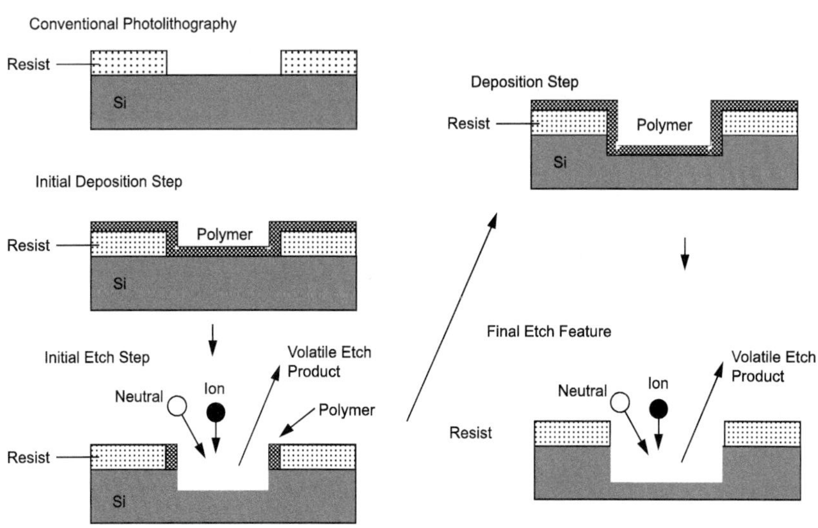


**그림** 9-27 종횡비가 높은 실리콘 식각을 위한 BOSCH 공정 (혹은 DRIE) 순서

P/A/R/T

# 10 플라즈마 진단기술

## 10.1 플라즈마 진단기술의 종류

플라즈마를 진단하는 방법으로서 탐침(probe)을 플라즈마에 삽입하여 플라즈마밀도(plasma density), 전자온도(electron temperature), 플라즈마 전위(plasma potential), 플로팅 전위(floating potential)와 같은 플라즈마특성을 측정할 수 있는 랭뮤어 탐침(Langmuir probe) 및 이들의 특정성분을 좀 더 정확히 측정할 수 있는 이중탐침(double probe), 방사탐침(emissive probe) 등이 있다.

또한 좀 크기는 크게 되지만 이온의 에너지 분포를 측정할 수 있는 이온에너지 분석기(ion energy analyzer), 그리고 전자밀도를 좀더 정확히 측정하는 마이크로웨이브 간섭측정기(microwave interferometry)가 있다. 광학적인 방법으로 플라즈마 특성을 측정하는 방법으로서는 플라즈마에서 방출하는 빛을 통해 플라즈마 내의 종을 측정할 수 있는 OES(optical emission spectroscopy), 레이저(laser)를 이용하여 플라즈마 내의 종을 측정하는 LIF(laser induced fluorescence) 및 LAS(laser absorption spectroscopy), 혹은 자외선/가시광 흡수광 분석법(UV/Visible absorption spectroscopy) 등이 있다.

광학적인 방법이 아니라 질량(mass)을 직접 측정하여 플라즈마 내 종을 측정할 수도 있는데 이는 주로 QMS(quadrupole mass spectrometry) 혹은 TOF 질량분석기(time of flight mass spectrometry) 등의 방법이 있다. 이외 다양한 방법으로 플라즈마의 특성을 측정하게 된다. 이번 장에서는 이들 다양한 플라즈마 진단기술중에서 많이 사용되는 방법들에 대하여 설명을 하도록 하겠다.

- Electrostatic Probe(Langmuir Probe)
  - Single Langmuir probe
  - Double probe
  - Emissive probe
- Ion Energy Analyzer
- Microwave interferometry
- 광학적 진단기술
  - Optical emission spectroscopy
  - Laser interferometry
  - Laser induced fluorescence
  - UV/Visble absorption spectroscopy
- Mass Spectroscopy
  - Quadrupole mass spectrometry
  - Time of flight mass spectrometry
- 기타

그림 10-1 다양한 플라즈마의 진단방법

## 10.2 단일 랭뮤어 탐침(Single Langmuir Probe)

우선 랭뮤어 탐침(Langmuir probe) 혹은 정전탐침(electrostatic probe)에 대한 설명을 하도록 하겠다. 랭뮤어 탐침은 1924년 랭뮤어(I. Langmuir)에 의하여 제안된 플라즈마의 특성을 측정하는 방식으로서 가장 오래된 플라즈마 진단방식이다.

이는 플라즈마 내에 탐침을 넣음으로써 플라즈마 전위($V_p$), 플로팅 전위(floating potential) ($V_f$), 전자온도 ($T_e$), 이온밀도 및 전자밀도($n_e$)등을 측정할 수 있는 간단한 방식의 측정기술이다.

이 랭뮤어 탐침은 국부적인 측정방법으로서 플라즈마용기 내의 모든 지역을 평균하여 측정하는 방식이 아닌 탐침이 위치한 곳의 플라즈마 특성을 측정하는 방법으로서 이 탐침을 이동시킴으로 인해서 공간내의 이들 플라즈마 특성의 공간분포를 측정할 수 있다.

이 랭뮤어 탐침은 그림 10-2의 왼쪽 아래 그림에 보이는 바와 같이 플라즈마 내에 탐침을 넣고 이에 전압을 가함에 따라서 플라즈마로부터 전류를 측정하는 방식으로서 원래의 플라즈마 특성에 어느 정도의 영향을 주는 측정방식이라고 할 수 있다. 측정된 전압($V$)에 따른 전류($I$)는 오른쪽 아래 그림과 같이 새는 다이오드(leaky diode)와 같은 I-V곡선을 나타내며 이 I-V 곡선을 통하여 플라즈마 특성을 평가하게 된다.

- 1924년 I. Langmuir에 의해 제안된 방식
- 가장 오래된 plasma diagnostic technique.
- 다양한 플라즈마의 변수측정 : $V_p$, $V_f$, $T_e$, $N_i$, $N_e$ 등
- 국부적인 측정방법으로서 공간 내 분포도를 측정가능
- Plasma내부에 탐침을 넣어 가한 voltage에 따른 전류를 sampling 하는 invasive technique

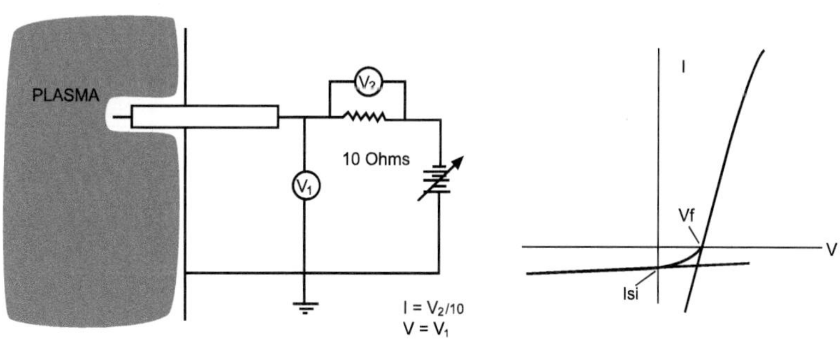


**그림 10-2** 랭뮤어 프로브(Langmuir probe)의 기본구성 및 측정인자

## 10.3 랭뮤어 탐침(Langmuir Probe)의 작동원리

플라즈마는 이온과 전자간의 질량 차이로 인하여 이동도(mobility)가 다르게 되며 전자의 이동도는 이온의 이동도에 비하여 상당히 크게 된다. 따라서 플라즈마 내에 넣은 탐침에 양의 전압을 가했을 때는 전자가 탐침에 주로 수집되게 되는데 전압의 증가에 따라서 탐침에 흐르는 전자전류는 지수적으로 증가하게 된다.

반면 음의 전압을 가한 경우에는 이온이 탐침에 주로 수집되게 되며 이때는 음의 전압이 증가함에 따라서 수집되는 이온전류는 전자전류보다 적고 또한 쉽게 포화되게 된다. 가한 전압에 따른 탐침에 흐르는 전류는 전자의 에너지 분포를 맥스웰-볼쯔만 분포(Maxwell-Boltzmann distribution)라고 가정하고 또한 탐침이 실린더(cylinder) 형태일 때 다음과 같이 나타낼 수 있다. 즉,

$$I = I_o \exp\left[\frac{eV}{kT_e}\right] + I_{si}$$

- Plasma로부터 추출한 I-V 특성의 분석으로부터 : Probe tip이 cylindrical 형태의 probe일 때 또한 전자의 에너지 분포가 Maxwellian distribution을 가정하였을 때

$$I = I_o \exp\left[\frac{eV}{kT_e}\right] + I_{si}$$

(여기서 : I, V : Langmuir probe로 측정한 current, voltage

$kT_e$ : electron temperature in eV

$I_o$ : electron random current $= 0.25 n_e Ae\left[\frac{8kT_e}{\pi m_e}\right]^{1/2}$

$I_{si}$ : ion saturation current $= 0.25 n_e Ae\left[\frac{8kT_e}{\pi m_e}\right]^{1/2}$

A : plasma에 노출된 probe metal tip의 면적

$n_i = n_e$ : plasma 내 ion 혹은 electron density

M, $m_e$ : ion과 electron의 mass

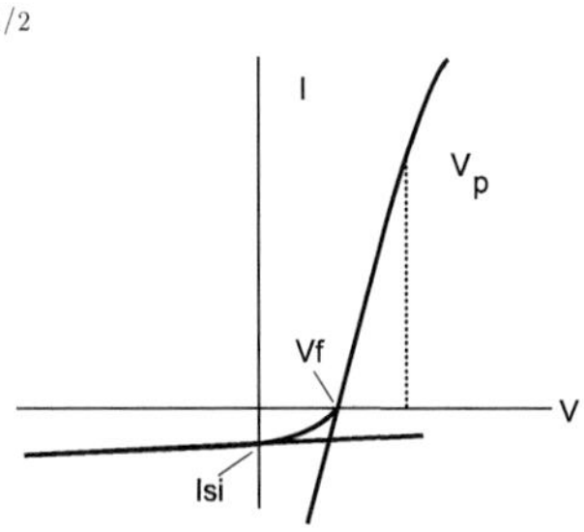


**그림 10-3** 랭뮤어 탐침(Langmuir probe)의 전류-전압곡선

여기서 I와 V는 랭뮤어 탐침으로 측정한 전류와 전압, $kT_e$는 전자의 온도(eV의 단위)이다. 또한 $I_o$는 전자의 랜덤전류(random current)로서 이는 전자의 랜덤 플럭스(random flux)인 $n_e\overline{v_e}/4$에 탐침의 면적 $A$ 및 전하 $e$를 곱한 값으로서

$$I_o = 0.25 n_e Ae\left[\frac{8kT_e}{\pi m_e}\right]^{1/2}$$

이고 $I_{si}$는 이온의 포화전류(ion saturation current)로서 이온의 랜덤 플럭스(random flux)에 탐침의 면적 $A$와 전하 $e$를 곱한 값으로 표기된다. 즉,

$$I_{si} = 0.605 n_i Ae\left[\frac{kT_e}{M}\right]^{1/2}$$

여기서 $n_i$는 이온밀도, $M$과 $m_e$는 각각 이온의 질량, 전자의 질량이다. 따라서 전압이 음의 전압으로 큰 값을 가질 때 탐침에는 $I_{si}$ 즉, 이온포화 전류로 전류가 흐르게 되며, 이로부터 점점 양의 전압이 가해짐 따라서 탐침에 흐르는 전류는 전자전류의 증가로 지수적으로 증가하게 된다.

이 I-V 곡선에서 음의 전압을 가할 때 전자는 쉽게 밀려나고 탐침 주위에 형성되는 쉬스를 통해 도달하는 랜덤한 이온이 들어오게 되며 큰 음의 전압을 증가하더라도 탐침에 들어오는 이온은 쉬스에 도달하는 랜덤 이온만이 수집되게 되므로 이온전류는 쉽게 포화되게 된다.

반면 그림 10-3의 오른쪽 그림에서 보면 음의 전압이 증가함에 따라서 탐침에 수집되는 전류가 증가하게 되는데 이는 음의 전압이 증가함에 따라 쉬스 두께가 증가하여 발생하는 현상이다.

따라서 이 쉬스 두께 증가의 효과를 보상하여야 이온포화전류를 구할 수 있게 되는데 이는 그림에서 보는 바와 같이 이온전류를 전압이 0인 때까지 연장하여 얻어지는 전류를 얻음으로써 보상된 이온전류를 얻게 된다. 이는 그림에서 보는 $I_{si}$에 해당된다.

■ Probe I −V 특성으로부터의 data 추출

– $V_f$ : floating potential ; 전류가 흐르지 않을 때의 potential

– $V_p$ : plasma potential : positive potential을 가함에 따른 전류의 지수적 증가가 끝나는 지점으로 graphical하게 구할 수 있다.

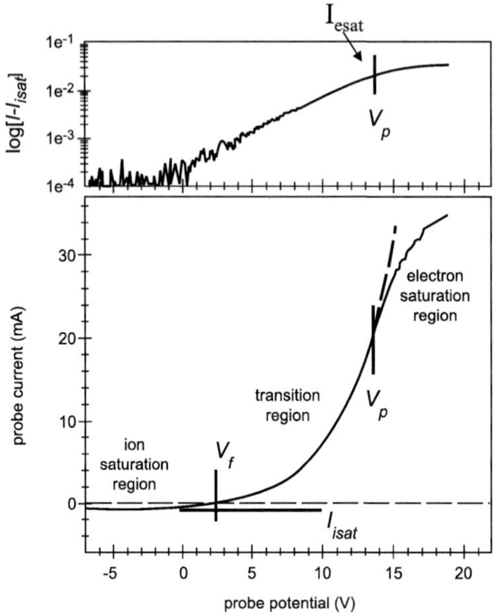


**그림 10-4** 랭뮤어 탐침(Langmuir probe)로부터의 $V_p$, $V_f$의 추출

이 랭뮤어 탐침의 I-V 특성으로부터 얻어지는 값은 우선 플로팅 전위로서 이는 탐침에 흐르는 전류가 0인 전압값을 나타낸다. 이는 보통 플라즈마 내에서 외부와 전기적인 연결이 없는 물체나 전극에 유도되는 전위이라고 할 수 있다. 그림 10-4의 그림들은 실제 측정으로 얻은 I-V 곡선들이고 그림 10-5의 윗 그림들은 이를 도식적으로 표현한 I-V 곡선이다.

플로팅 전위는 이들 그림에서 $V_f$로 표기되어 있다. 그 다음으로 탐침의 I-V특성으로부터 얻어낼 수 있는 값은 플라즈마가 나타내는 전위인 플라즈마 전위 $V_p$로서 이는 탐침에 양의 전압을 가했을 때 전자전류가 지수적으로 증가하는 상태가 끝나는 지점으로서 그림 10-4의 윗 그림과 10-5의 오른쪽 그림에 보이는 바와 같이 도식을 통하여 구할 수 있다.

■ ln(I−Isi) vs V

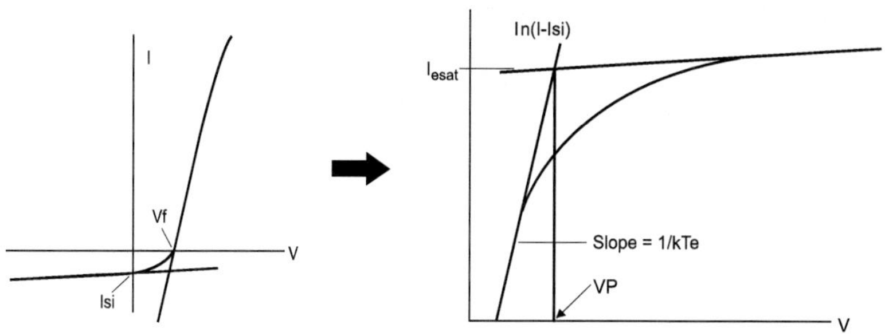


− $T_e$ : electron temperature : 아래 오른쪽 곡선의 직선으로부터

$$kT_e(eV) = \frac{d[eV(Volts)]}{d\ln[I - I_{si}(A)]}$$

− $n_i$ : ion density : $I_{si}$ 식으로부터, A, $I_{si}$ 측정 후 및 $kT_e$ 계산 후

$$I_{si} = 0.605 n_i Ae\left[\frac{kT_e}{M}\right]^{1/2}$$

− 또한 윗 curve로부터 만일 molecule gas와 같은 경우 M = $M_1$, $M_2$, $M_3$로 다른 mass를 가진 분해된 molecule의 이온 존재로 plasma density를 구하기 어려움. 이런 경우 다음의 식을 통해 electron density ( ∼ ion density)를 유추.

$$n_e = \frac{I_{esat}}{\left[Ae(kT_e/2\pi m_e)^{1/2}\right]}$$

**그림 10−5** 랭뮤어 탐침(Langmuir probe)로부터의 $T_e, n_i, n_e$의 추출

즉, I−V특성으로부터 얻은 전류값에 이온의 포화전류값 $I_{si}$를 빼서 전자 전류값만을 얻은 다음 이를 전압에 따라서 로그단위(log scale)로 도식하면 그림 10−4의 윗그림과 10−5의 오른쪽 그림과 같은 그림을 얻게 된다.

로그단위에서 낮은 전압영역에서 전압의 증가에 따라서 전류가 직선적인 증가를 나타내는 영역과 이를 벗어나는 지역으로 구분이 되게 되는데 이 직선적인 증가를  벗어나는 전압이 오른쪽 위의 그림에서 보는 바와 같이 플라즈마 전위 $V_p$가 되게 된다.

이 직선적인 증가를 벗어나는 전압을 정의하는 방법으로 우선 낮은 전압지역에서 전압증가에 따라서 전류가 직선적인 증가를 나타내는 I-V 곡선을 따라 직선을 긋고 이 선이 다음 전자전류의 증가가 느린 높은 전압에서의 포화영역에서 그은 선과 만나는 점의 전압을 플라즈마 전위로 나타낸다.

실제로 플라즈마 전위는 탐침에 높은 양(+)의 전압을 가함에 따라서 탐침에 이온전류는 밀려나서 도달하지 못하고 전자전류만 흐르는 상태에서 플라즈마 전위보다 높은 전압을 탐침에 가함에 따라서 탐침에 도달하는 전자들이 포화되는 것을 이용하여 플라즈마 전위를 구하는 것이다.

이 전압에 따른 전자전류의 로그(log)값의 초기직선 구역은 전자전류가 전압증가에 따라서 지수적으로 증가하는 영역으로서 이 기울기를 통하여 전자온도를 구할 수 있게 된다.

즉, 그림 10-5의 오른쪽에 보이는 바와 같이 탐침의 I-V 곡선에서 이온전류값을 뺀 전자전류에 로그(log)를 취하고 이를 가한 전압에 관해 도식한 그림의 초기 선형구역으로 그 기울기가 $1/kT_e$가 되므로 이의 역수를 취함으로써 eV 단위의 전자온도를 구할 수 있게 된다.

앞의 랭뮤어 탐침의 I-V에서 이온이 포화(saturation)되는 전류인 $I_{si}$로부터 이온의 밀도 즉 플라즈마의 밀도를 구할 수가 있다. 즉, 앞서 설명한 바와 같이 $I_{si} = 0.605 n_i Ae[kT_e/M]^{1/2}$인데 여기서 $n_i$는 구하고자 하는 이온의 밀도, $A$는 탐침의 면적, $kT_e$는 eV로 표현된 전자온도, $M$은 이온의 질량이다.

$I_{si}$는 I-V 곡선에서 측정하는 값이고 $A$ 역시 탐침의 면적으로 노출된 탐침 전극의 면적이며 $kT_e$는 앞에서 측정된 전자온도이며 $M$은 Ar과 같은 가스를 사용하는 경우 Ar의 질량을 넣으면 된다. 따라서 랭뮤어 탐침을 사용하여 전자온도를 측정하면 이 식을 통하여 $n_i$의 값, 즉, 이온밀도, 혹은 플라즈마 밀도를 계산할 수 있게 된다.

만일 사용된 플라즈마가 Ar과 같은 단원자로 이루어진 가스가 아니라 분자가스인 경우 및 혼합가스를 사용한 경우에서는 이온은 다양한 분해된 질량을 가진 이온으로 플라즈마가 형성되기 때문에 이때는 윗 식의 질량으로 넣을 이온을 정하기가 어렵게 된다. 예로 $CF_4$ 가스를 넣으면 $CF_3^+$, $CF_2^+$, $CF^+$와 같은 이온이 존재하게 된다.

이런 때는 이들 가능한 이온의 질량을 평균내서 대충 측정할 수는 있으나 정확한 이온밀도를 구하기는 어렵게 된다.

이런 경우 이온의 포화전류보다는 전자포화전류($I_{esat}$)를 이용하여 구할 수도 있다. 즉, 앞의 랭뮤어 탐침을 이용한 I-V 곡선에서 전자의 포화전류($I_{esat}$)의 값을 구하고 또한 앞서 구한 전자온도인 $kT_e$와 전자 질량의 값, 그리고 탐침의 면적 $A$를 이용하여 앞의 전자의 랜덤전류(random current)가 probe에 수집되는 값이 전자의 포화전류이므로 다음 식을 이용하여 즉,

$$n_e = \frac{I_{esat}}{Ae\left[kT_e/2\pi m_e\right]^{1/2}}$$

전자밀도 $n_e$를 구할 수 있게 된다. 물론 이때에도 플라즈마 내에 음의 전하로서 전자 외에 만일 음이온(negative ion)도 존재한다면 그 정확도가 많이 감소할 수가 있다.

## 10.4 랭뮤어 탐침(Langmuir Probe)의 작동영역

앞서 설명한 실린더형 랭뮤어 탐침(cylindrical Langmuir probe)을 이용한 I-V 곡선으로 부터 앞서 설명한 이온밀도, 전자온도, 플로팅 전위, 플라즈마 전위의 값을 계산하는 식은 다음과 같은 조건을 만족시키는 경우에만 사용할 수 있다.

즉, 플라즈마의 조건에서 디바이 길이(Debye length) $\lambda_D$, 실린더형 랭뮤어 탐침의 반경 $r_p$, 그리고 플라즈마 가스압력에 따른 평균자유행로(mean free path), $\lambda_o$(혹은 전에 표기한 방법으로는 $\lambda_{mfp}$)의 변화에 따라서 다음과 같은 4개의 영역으로 분리가 가능한데 이중의 한 영역에만 적용되는 것이다.

이 영역은 우선 첫 번째 영역으로서 무충돌형 얇은 쉬쓰(collisionless thin sheath)에 해당되는 영역으로서 디바이 길이(Debye length) $\lambda_D$보다는 탐침의 반경 $r_p$가 크고, 이보다는 충돌에 대한 평균자유행로(collisional mean free path) $\lambda_o$가 큰 경우를 의미한다.

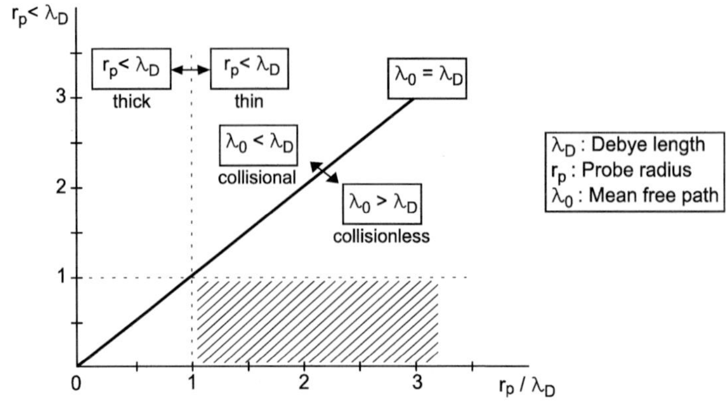


**그림 10-6** 랭뮤어 탐침(Langmuir probe)의 작동영역

그 다음의 영역으로는 충돌형 두꺼운 쉬쓰(collisional thick sheath)에 해당되는 영역으로서 $r_p$보다 $\lambda_D$가 크고 이보다는 $\lambda_o$가 큰 영역이다. 다음은 충돌형 얇은 쉬쓰(collisional thin sheath)로 $\lambda_o$보다는 $\lambda_D$가 크고 $\lambda_D$ 보다는 $r_p$가 큰 영역이다. 마지막으로 충돌형 두꺼운 쉬쓰(collisional thick sheath)로서 $\lambda_o$보다는 $r_p$가 크고 $r_p$보다는 $\lambda_D$가 큰 영역이다. 즉,

| | |
|---|---|
| 1) 무충돌형 얇은 쉬쓰(Collisonless thin sheath) 즉, | $\lambda_D < r_p < \lambda_o$ |
| 2) 무충돌형 두꺼운 쉬쓰(Collisionless thick sheath) 즉, | $r_p < \lambda_D < \lambda_o$ |
| 3) 충돌형 얇은 쉬쓰(Collisional thin sheath) 즉, | $\lambda_o < \lambda_D < r_p$ |
| 4) 충돌형 두꺼운 쉬쓰(Collisional thick sheath) 즉, | $\lambda_o < r_p < \lambda_D$ |

이와 같이 4개의 영역으로 랭뮤어 탐침의 작동영역을 나누었을 때 전의 식이 적용될 수 있는 영역은 그림 10-6의 빗금친 영역인 무충돌형 얇은 쉬쓰영역에 해당되므로 랭뮤어 탐침을 이용하여 플라즈마 변수들을 측정시 이 영역에 들어가는가의 여부를 확인할 필요가 있다.

예로 작동압력이 10mTorr이고 플라즈마 밀도가 $10^{10}/cm^3$, 전자온도가 1eV에 해당되는 플라즈마라면 이를 이용하여 디바이 길이(Debye length)를 구하면

$$\lambda_{D}=743\left[\frac{kT_e(eV)}{n_e(\text{cm}^{-3})}\right]^{1/2}\text{cm}$$

로부터 $0.74\times10^{-2}$cm, 평균자유행로(mean free path)는

$$\lambda_{mfp}=\frac{5}{P(m\,Torr)}\text{cm}$$

에 의해 약 0.5cm가 되므로 만일 랭뮤어탐침의 반경이 다음과 같을 경우

$$0.74\times10^{-2}\text{cm} < r_p < 0.5\text{ cm}$$

1번 영역에 해당되므로 앞서 설명한 수식들을 사용할 수가 있게 된다.

## 10.5 랭뮤어 탐침(Langmuir Probe)의 구성

대체로 랭뮤어 탐침은 그림 10-7의 윗쪽의 그림과 같이 도선을 플라즈마에 노출되는 일부분만을 남긴채 절연체로 감싸므로써 탐침을 쉴드(shield)시킨 것으로서 플라즈마에 노출된 도선부분을 외부와 연결시켜 외부로부터 전압을 가함에 따라 플라즈마로부터 흡수된 전류를 측정하여 앞서의 I-V곡선을 얻어내게 된다.

따라서 전압공급장치(voltage supply) 및 전압측정기 그리고 전류를 측정하기 위한 전압측정기가 필요하게 된다.

많은 경우 플라즈마로 부터 측정되는 전류는 낮은 저항을 전압공급장치(voltage supply)로 부터 탐침으로의 도선 사이에 직렬로 연결하여 이 저항을 통해 얻어지는 전압강하(voltage drop)량을 저항으로 나눈 값으로 측정을 하게 되며 전압의 측정은 전압공급장치에서 가한 전압으로부터 이 저항으로 인해 발생된 전압강하량을 뺀 값으로 플라즈마 내에 가한 전압치를 얻게 된다.

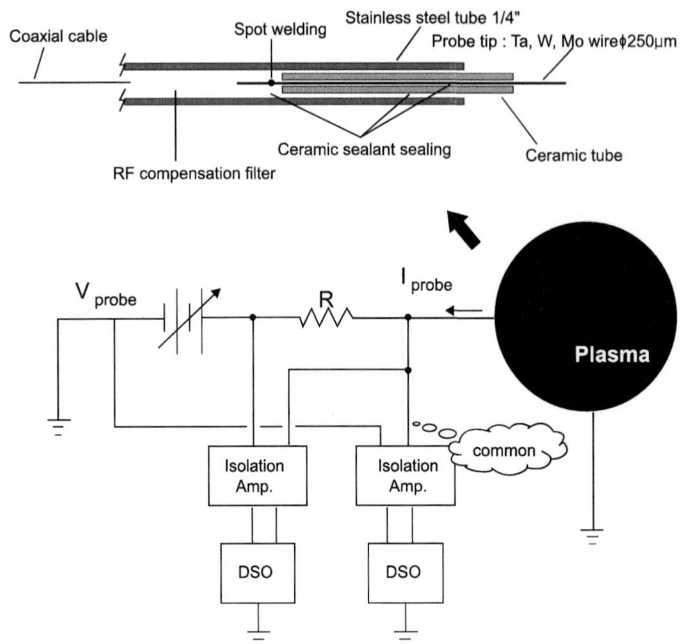


**그림 10-7** 랭뮤어 탐침(Langmuir probe)의 구성

## 10.6 고주파 플라즈마에서의 랭뮤어 탐침

직류(DC)에서와는 달리 고주파(RF)를 가하는 경우에 있어서는 플라즈마 전압은 시간과 주기에 따라서 변동을 하게 된다. 이로 인하여 랭뮤어 탐침으로 측정시에 고주파 노이즈(noise)가 발생하게 되며 그림 10-8의 왼쪽에 보인 그림과 같이 I-V 곡선이 변형되게 된다.

따라서 이 노이즈에 해당되는 고주파 성분(RF component)을 제거할 필요가 있다. 이를 제거하기 위해서는 첫 번째 방법으로는 플라즈마로부터 탐침끝(probe tip)의 도선내로의 고주파 임피던스(RF impedance)를 플라즈마로부터 탐침 끝 도선을 감싸는 쉴드(shield)인 접지(ground)로의 접지 쉬쓰(ground sheath)를 통한 임피던스(impedance)보다 아주 크게 하면 된다.

플라즈마로부터 접지 쉬쓰로의 임피던스 $Z_c$는 대체로 정전 용량형 (capacitive)이며 접지 쉬쓰의 정전용량을 $C_{probe}$라고 했을 때

$$Z_c = 1/(j\omega C_{probe})$$

로 주어지게 된다.

여기서 $\omega$는 고주파의 진동수이다. 따라서 우선 탐침 끝에 직렬로 아주 큰 인덕터(inductor)(인덕턴스 $L$)을 연결하여 이로 인해 발생된 플라즈마로부터 탐침 내 도선으로의 임피던스 $Z_L$을 즉, $Z_L = j\omega L$을, 접지 쉬쓰로의 임피던스 $Z_c$보다 크도록 하면 된다. 즉,

$$|Z_L| \gg |Z_c|$$

예로 플라즈마 전위가 약 전자온도(electron temperature)의 50배 정도이라면, 즉 $V_p(t) \approx 50kT_e$인 경우, 탐침 내의 인덕터의 임피던스는 접지 쉬쓰의 임피던스 $Z_c$의 약 50배 이상이 되도록 하면 된다고 알려져 있다. 즉, $|Z_L| \geq 50|Z_c|$.

두 번째 방법으로는 공명상태(resonance)를 이용하면 된다. 즉, 인덕터와 축전기를 연결한 LC회로 형태를 만들면 공명주파수(resonance frequency)에서 무한대의 임피던스를 갖게 되므로 이를 이용하는 것이다. LC회로에서 공명을 일으키는 주파수 $\omega$는

$$\omega = 2\pi f = \frac{1}{\sqrt{LC_{stray}}}$$

가 되므로 가하는 주파수에서 공명이 일어날 수 있도록 인덕턴스 (inductance $L$)와 정전용량(capacitance $C_{stray}$)의 값을 탐침끝 도선과 그림 10-8의 오른쪽에 보인 바와 같이 연결하여 랭뮤어 탐침 내로의 고주파 임피던스를 무한대로 하게 된다.

실제의 경우 고주파 주파수(RF frequency)를 사용시 이의 배수에 해당되는 주파도 발생하게 되므로 이에 해당되는 주파수, 즉, 하모닉스 (harmonics)에 대한 LC 공명회로도 그림과 같이 직렬로 연결을 하게 된다.

많은 경우에 있어서 공명회로에서 요구되는 정전용량을 탐침 끝 외부를 금속층으로 싸고 이를  축전기를 통하여 내부도선의 인덕터와 연결하거나 인덕터를 탐침 끝 외부에 연결하고 내부에 축전기와 함께하여 요구되는 LC 공명회로가 이루어지도록 한다.

탐침 끝 외부에 금속층(metal layer)을 형성하여 연결하면 탐침의 접지 쉬쓰로의 임피던스 $Z_c$를 감소시키게 되므로 고주파 노이즈(RF noise)를 없애는데 효과가 있다고 한다.

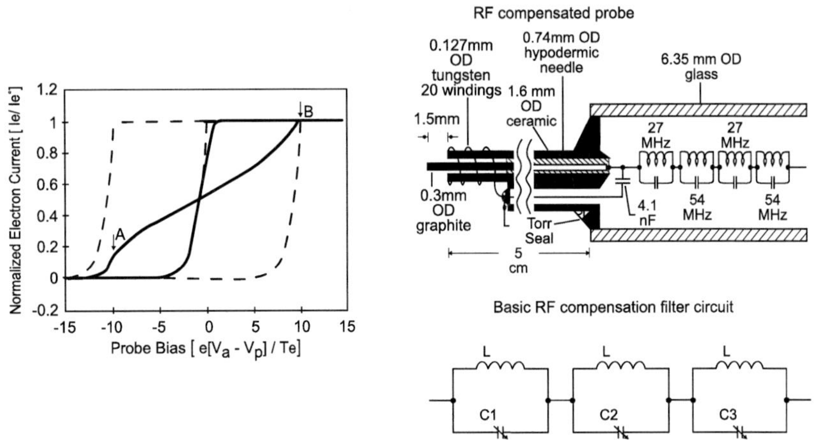


**그림 10-8** 랭뮤어 탐침의 고주파에서의 문제점 및 고주파 보상을 한 랭뮤어 탐침

## 10.7 이중탐침(Double Probe)

만일 챔버 내에 명확한 접지전극이 없는 경우 예로 유리(glass)로 이루어진 챔버 혹은 아노다이징한 알루미늄(anodized Al)과 같은 벽으로 이루어진 경우 플라즈마내의 플로팅 전위가 크게 요동(fluctuate)칠 수가 있어서 전자온도 $kT_e$를 측정하는데 문제가 발생할 수가 있게 된다.

또한 랭뮤어 탐침을 사용시 흡수하는 전류양이 많을 경우에는 탐침자체가 플라즈마의 변수들에 영향을 주게 된다.

이런 경우에는 탐침 2개를 연결하여 전체적으로 랭뮤어 탐침의 회로가 접지에 연결되지 않은 플로팅된 상태에서 상호간의 전압차이에 따른 전류흐름(current flow)을 측정함으로써 이를 통하여 전자온도 $kT_e$를 좀 더 정확히 구할 수 있게 된다. 이와 같은 탐침을 이중탐침(double probe)이라고 한다. 이 경우는 두 탐침에 흐르는 순 이온 포화전류(net current)는

$$i_1^+ A_2 + i_2^+ A_1 = 0$$

이 된다. 여기서 $i_1^+, i_2^+$는 전압에 따른 포화전류이며, $A_1, A_2$는 각 탐침팁(probe tip)의 면적이다. 2개의 탐침들의 팁(tip)면적을 같게 한 경우는 양쪽 탐침에 흐르는 포화전류가 같게 된다.
즉, $|i_1| = |-i_2| = i^+$ 가 된다. 이중탐침의 구조는 그림 10-9의 왼쪽에 나타낸 바와 같으며 이의 I-V 곡선은 오른쪽에 나타낸 바와 같다. 이 I-V 곡선을 통한 전자온도는 다음 식을 통해 구한다. 즉,

$$\frac{kT_e}{e} = \frac{i^+}{2(dI/dV)_{V=0}}$$

여기서$(dI/dV)_V = 0$는 I-V곡선의 전압=0에서의 기울기이다. 이 포화전류는 이온이 포화되는 곡선으로서 전의 랭뮤어 탐침의 $kT_e$를 구한 다음 이온밀도를 구하는 식과 같은 방식으로 이온의 밀도, 즉, 플라즈마 밀도도 구할 수 있다.

이와 같은 이중탐침을 제작 시에는 그림과 같이 2개의 탐침의 팁면적을 같게 하는 것이 계산상에 유리하며 또한 가까이하여 공간분해능이 좋게 하되 2개의 탐침팁이 너무 가까워 서로의 쉬쓰가 겹치지 않도록 하여야 한다.

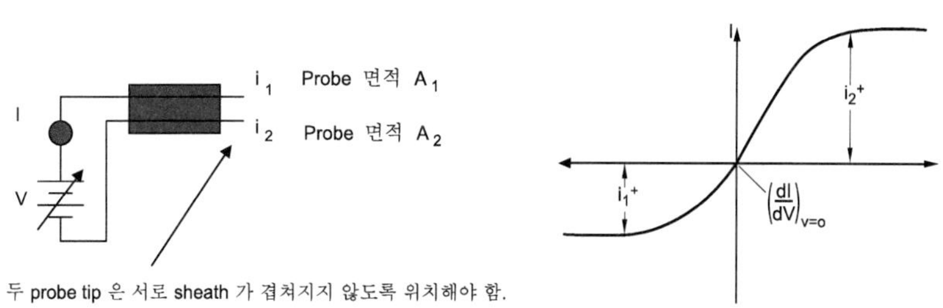


그림 10-9 이중탐침의 구조 및 작동특성

## 10.8 방사탐침(Emissive Probe)

랭뮤어 탐침에 있어서 앞에서 플라즈마 전위를 도식적인 방식으로 구해냈지만 이 방식으로 구한 플라즈마 전위가 정확한 값을 나타내지 않는 경우가 많다. 따라서 플라즈마 전위를 좀더 정확히 구하기 위한 방법으로 방사탐침(emissive probe)이라는 방식을 사용할 수가 있다.

이는 탐침 팁에 가열장치(heater)를 장착한 정전탐침(electrostatic probe)으로서 고온에서 탐을 작동시킴으로서 탐침이 플라즈마 전위와 같거나 그 이상이 되면 전자를 급속히 방출하기 시작하게 되므로 플라즈마 전위를 직접 측정하는 방법으로 사용하게 된다.

이 방사탐침은 그림 10-10의 방사탐침의 팁온도에 따른 I-V 곡선에서 보이는 바와 같이 탐침의 온도가 증가함에 따라서 플로팅 전위가 플라즈마 전위에 접근을 하여가게 되므로 가열장치(heater)를 장착한 채로 전압을 가하지 않은 상태(open voltage)에서 플로팅 전위만을 측정하면 이 전위가 플라즈마 전위와 거의 유사한 값으로 측정이 되게 된다.

즉, 전류가 흐르지 않는 상태에서 탐침팁에 걸린 전압을 측정하는 것이 플로팅 전위를 측정하는 방법이므로 이 플로팅 전위의 측정을 통해서, 방사탐침에서는 이와 플라즈마 전위가 유사한 값을 갖게 되므로, 결과적으로 플라즈마 전위를 쉽게 측정할 수 있게 된다.

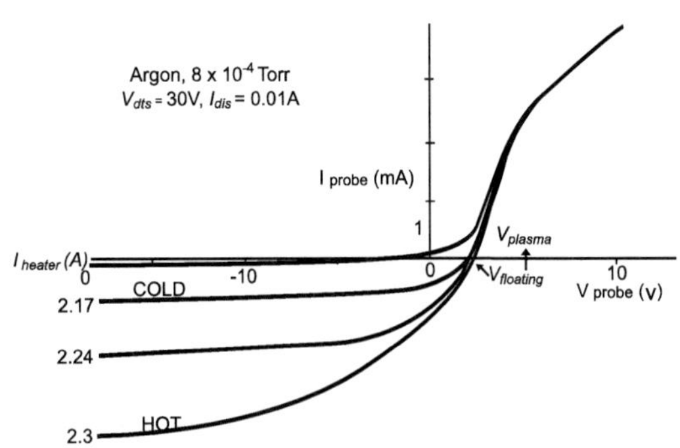


**그림 10-10** 방사탐침(emissive probe)의 팁(tip)온도에 따른 I-V 곡선

이 탐침의 문제점은 탐침의 가열로 인해 물리적 화학적으로 플라즈마 노출에 따른 손상이 쉬워서 비교적 낮은 플라즈마 밀도를 지니는 플라즈마에서 사용되어 왔으나 최근 이를 좀 더 고밀도의 플라즈마에 사용하기도 한다.

## 10.9 이온에너지 분석기(Ion Energy Analyzer)

앞서의 랭뮤어 탐침(Langmuir probe)이나 이중탐침(double probe)은 플라즈마 내 이온의 밀도를 측정하기는 하지만 플라즈마 내 이온의 에너지 분포정도를 측정하지는 못한다.

이와 같은 플라즈마내의 이온이 기판에 입사되는 에너지의 분포를 측정 하는 데는 이온에너지 분석기(ion energy analyzer)가 사용될 수가 있다. 이는 지연 그리드(retarding grid)를 이용하여 입사하는 이온의 에너지 분포를 측정하는 방법으로서 3개의 그리드(grid)와 1개의 이온을 수집하는 파라데이 컵(Faraday cup)으로 이루어져 있다.

우선 첫 번째 그리드에는 플라즈마가 이온에너지 분석기 앞에서 막히도록 하는 그리드로서 주변의 챔버벽과 마찬가지로 접지전위에 놓이도록 한다. 이 그리드는 그리드 안으로 플라즈마가 침투하지 못하도록 그리드의 열린 길이가 디바이 길이(Debye length) $\lambda_D$의 2~3배 이내에 있어야 한다. 따라서 100 −200㎛ 정도의 열린 구멍(opening)을 가진 그리드(grid)를 사용할 필요가 있다.

두 번째 그리드는 플라즈마로부터 이온에너지 분석기로 들어온 전자를 밀어내는 그리드로서 음의 선위를 시니도록 한다. 이때 가하는 음의 진압은 입사하는 전자의 에너지보다 충분히 높아서 들어오는 전자를 모두 그리드(grid)안으로 들어오지 못하게 하여야 한다.

세 번째 그리드는 첫 번째, 두 번째 그리드를 통과하는 이온의 에너지를 분석하기 위한 그리드로서 양의 가변전압(variable voltage)을 가하여 들어오는 이온을 전부 통과시키는 전압으로부터, 일부, 혹은 전부를 통과하지 못하는 전압까지 전압을 변화시키게 된다.

네 번째는 파라데이 컵으로서 이 컵에서는 이 세 번째 그리드를 통과하여 들어오는 이온전류를 전류측정기(current meter)를 이용하여 측정하게 된다.

이온이 파라데이 컵과 충돌시 이차전자(secondary electron)가 발생할 수 있고 이 발생된 이차전자가 파라데이 컵과 세 번째의 그리드간의 전위 차이에 의해 가속되어 나가므로 1개의 이온으로 2개 이온이 도달한 것 같이 되므로 이 방출된 이차전자가 벗어나지 못하게 하기 위하여 약간의 - 전위를 가진 그리드를 세 번째 그리드와 파라데이 컵 사이에 설치하는 등 추가의 그리드를 설치하기도 한다.

이 이온에너지 분석기의 단면도는 그림 10-11의 왼쪽 그림에 나타낸 바와 같고 그 아래에 각 그리드에 가하는 전압의 예를 나타내었다. 그림의 아래 중앙에 세 번째 그리드에 가하는 전압에 따라 네 번째 파라데이 컵에서 측정되는 전류값을 나타내고 있다.

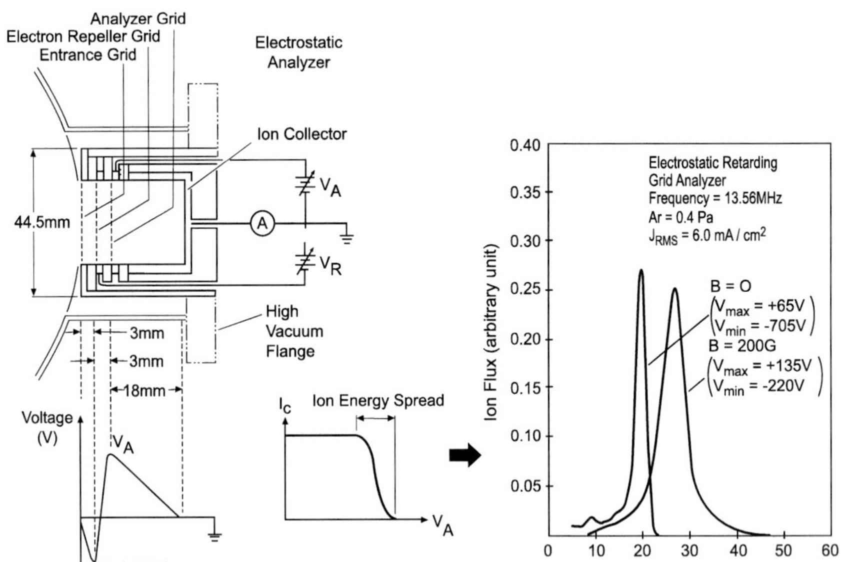


**그림 10-11** 이온에너지 분석기(ion energy analyzer)의 구성 및 이로부터 얻은 이온에너지 분포도

이 전압에 따른 전류특성은 다음의 식에 나타낸 바와 같다. 즉,

$$I = 0.5 n_i TAe[\frac{kT_e}{M}]^{1/2} \exp[\frac{-e(V - V_p)}{kT_i}] \qquad V \geq V_p$$

$$I = 0.5 n_i TAe[\frac{kT_e}{M}]^{1/2} \qquad V \leq V_p$$

여기서, $n_i$는 이온밀도, $T$는 그리드 총 투과율, $A$는 이온에너지 분석기의 열린 면적, $M$은 이온의 질량, $V$는 세 번째 그리드 전압, $V_p$는 플라즈마 전위, $kT_e$는 전자온도, $kT_i$는 이온온도이다. 두 번째 식은 포화되어 가장 높게 측정되는 이온전류값이다.

이온에너지 분석기의 I-V 곡선을 통한 이온에너지 분포(ion energy distribution)은 I-V 곡선을 전압에 따라서 미분함으로써 얻을 수 있다. 이에 대한 미분식을 아래에 수식적으로 나타내었으며 미분결과를 그림 10-11의 오른쪽에 나타내었다.

$$F(V_o) = \frac{d(I/I_o)}{dV}|_{V=V_o} = \frac{I(V_o) - I(V_o + \Delta V)}{I_o \Delta V}$$

## 10.10 마이크로웨이브 간섭측정기(Microwave Interferometry)

플라즈마 밀도를 측정하는 방법으로 앞서 랭뮤어 탐침이나 이중탐침과 같은 정전탐침을 이용한 방법에 대하여 설명하였으나 이와 같은 탐침을 이용한 방법은 플라즈마 내의 전류를 흡수하게 되므로 국부적인 플라즈마의 조건을 변화시킬 수 있고 또한 플라즈마는 역으로 탐침자체를 과열시켜 전자를 방출하게 한다든가 혹은 탐침에 절연체물질을 증착한다던가 등의 물리적인 조건을 변화시킬 수가 있게 되므로 정확한 플라즈마 밀도를 측정하기가 어렵다.

이와 같은 플라즈마 내에 탐침을 넣어서 플라즈마 밀도를 측정하는 방법외에 비파괴적인 방법으로 플라즈마 밀도를 측정할 수 있는 방법이 있는데 이 방법이 마이크로웨이브(microwave)를 이용한 간섭측정기(interferometry)이다.

이 방법은 측정하고자 하는 플라즈마 밀도의 영역에 따라서 1-20GHz 범위의 마이크로웨이브를 사용하여 1msec이하의 시간에 따른 플라즈마 밀도변화를 2% 이내로 정확히 측정할 수 있다. 단 정전탐침과 같이 국부적인 플라즈마 밀도를 측정하지 못하므로 위치에 따른 플라즈마 밀도의 변화값을 얻을 수는 없지만 실시간 플라즈마 밀도의 평균값을 측정이 가능하다.

측정원리는 전자기파가 플라즈마가 있는 지역을 통과시 플라즈마의 밀도에 따른 굴절률(refractive index)의 변화가 있어서 플라즈마가 없을 때와 비교하여 위상차가 변화하는 것을 측정하는 것으로 이 위상차는 결과적으로 플라즈마 밀도에 비례하게 된다. 플라즈마 자체의 굴절률 $n$은 다음과 같이 표현이 되는데

$$n^2 = 1 - \frac{\omega_p^2}{\omega^2}\frac{1}{[1-(i\nu/\omega)]}$$

여기서 $\omega_p = (4\pi n_e e^2/m_e)^{1/2}$는 플라즈마 진동수(plasma frequency), $\omega$는 가한 마이크로웨이브 주파수, 그리고 $\nu$는 전자와 이온 간의 충돌주파수이다.

만일 충돌주파수(collision frequency)를 가한 마이크로웨이브 주파수(microwave frequency) $\omega$로 나눈 값이 1보다 아주 작다면 다음의 식이 성립된다. 즉,

$$\nu/\omega \ll 1 \qquad\qquad n^2 = 1 - \frac{\omega_p^2}{\omega^2}$$

특히, 여기서 가한 마이크로웨이브 주파수 $\omega$가 플라즈마 진동수 $\omega_p$와 같을 때 플라즈마의 굴절률이 0이 된다. 따라서 가한 마이크로웨이브는 플라즈마를 통과하여 전파할 수가 없게 된다. 이를 컷오프 진동수(cut-off frequency) $\omega_{cut-off}$라고 하며 이 컷오프(cut-off)될 때의 플라즈마 밀도($n_c$)는

$$n_c = \frac{\omega_{cut-off} m_e}{4\pi e^2}$$

가 되어 전자밀도($n_e = n_c$)를 이 컷오프 진동수로 부터 구할  수 있게 된다.

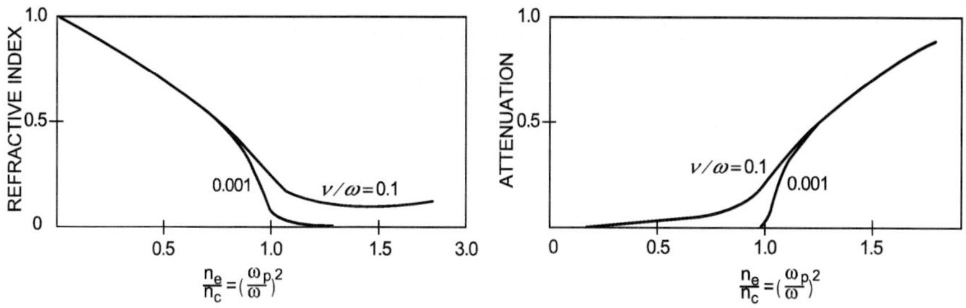


**그림 10-12** 플라즈마 내 전자밀도에 따른 굴절률의 실수값 및 허수값

반면 많은 경우에 있어서 마이크로 웨이브 간섭측정기를 이용한 플라즈마 밀도의 측정은 이 컷 오프 진동수보다는 플라즈마 밀도변화에 따른 굴절률의 변화로 인한 마이크로 웨이브의 위상변화를 이용한다.

일반적인 경우에 있어서 전자밀도에 따른 굴절률의 실수(real)값과 허수(imaginary)값은 그림 10-12에 보인 바와 같다. 왼쪽 그림은 굴절률의 실수(real)값이고 오른쪽 그림은 굴절률의 허수(imaginary)값이다.

그런데 그림에서 보이는 바와 같이 $\omega_p^2/\omega^2 < 0.3$인 지역에서는 한 주어진 마이크로웨이브 주파수에서 플라즈마의 굴절률이 플라즈마 밀도에 따라서 직선적으로 변화하기 때문에 이 영역을 플라즈마 밀도의 측정에 사용할 수 있게 된다. 실제의 마이크로웨이브 간섭측정기를 이용한 플라즈마 밀도의 측정은 앞의 굴절률의 변화로 인한 마이크로웨이브의 위상변화를 측정하여 플라즈마 밀도를 측정하게 된다.

그림 10-13의 위의 그림과 다음 식에서 보듯이 플라즈마가 있으면 플라즈마가 없을 때에 비해서 파장이 증가하게 된다. 즉

$$\lambda_p = \lambda_o\left(1 - \frac{\omega_p^2}{\omega^2}\right)^{-1/2}$$

이 식에서 $\lambda_o$는 플라즈마가 없을 때의 파장이고 $\lambda_p$는 플라즈마가 있을 때의 파장이다. 만일 그림 10-13에서 보는 바와 같이 길이 $L_p$의 플라즈마 길이를 마이크로웨이브가 통과하면 플라즈마가 없이 그냥 통과한 마이크로웨이브에 비해서 위상차($\phi$)가 발생하게 되며 그 위상차는 다음식과 같게 된다.

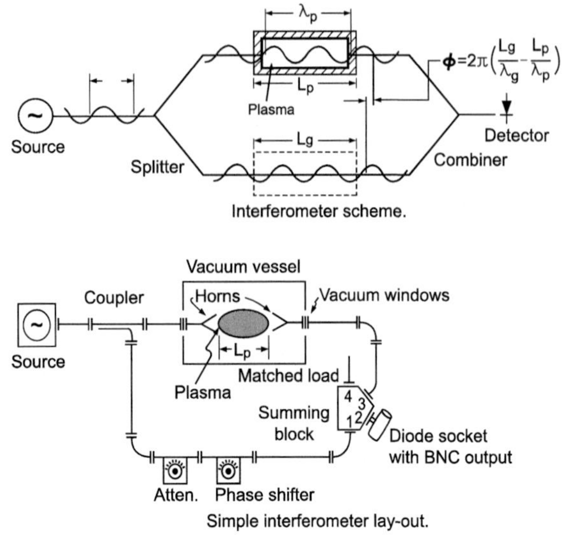


**그림 10-13** 마이크로웨이브 간섭측정기(microwave interferometry)의 구성 및 실제 마이크로웨이브를 이용한 플라즈마 밀도의 측정법

$$\phi = 2\pi L_p\left(\frac{1}{\lambda_o} - \frac{1}{\lambda_p}\right)$$

실제 마이크로웨이브 간섭측정기에서는 그림 10-13의 아래 그림에서 보이는 바와 같이  마이크로웨이브가 한쪽은 플라즈마를 통과시키고 한쪽은 플라즈마 없이 통과하여 이들 신호를 합치는 써밍장치(summing device)에서 합해지게 된다.

플라즈마를 그냥 투과 하는 경우에 있어서는 양쪽에서의 신호의 세기가 같게 하기 위한  감쇄기(attenuator) 및 90도 위상변화기(phase shifter)가 있게 된다. 결과적으로 써밍장치(summing device)에서 얻어지는 신호세기 ($\Delta S_D$)에 대한 식을 아래에 표현하였다.

$$\Delta S_D = S_D(plasma) - S_D(noplasma) \approx CS^2\phi = CS^2\pi\left(\frac{e^2}{\epsilon_o m}\right)\left(\frac{L_p}{\lambda_o}\right)\left(\frac{1}{\omega^2}\right)n_e$$

여기서 $S_D(plasma)$는 플라즈마가 있을 때의 신호세기, $S_D(noplasma)$는 플라즈마가 없을 때의 신호세기, $S$는 초기 마이크로웨이브의 신호 진폭크기, $C$는 상수이다. 이렇게 하여 써밍장치에서 얻는 신호세기는 전자밀도($n_e$)에 비례하게 된다.

따라서 이 마이크로웨이브 간섭측정기를 이용하여 플라즈마 길이 $L_p$를 통해 평균된 전자밀도를 정확히 구할 수 있게 된다. 써밍장치로는 그림 10-14에 보이는 장치와 같은 간섭장치(interferometer)들이 사용되기도 한다.

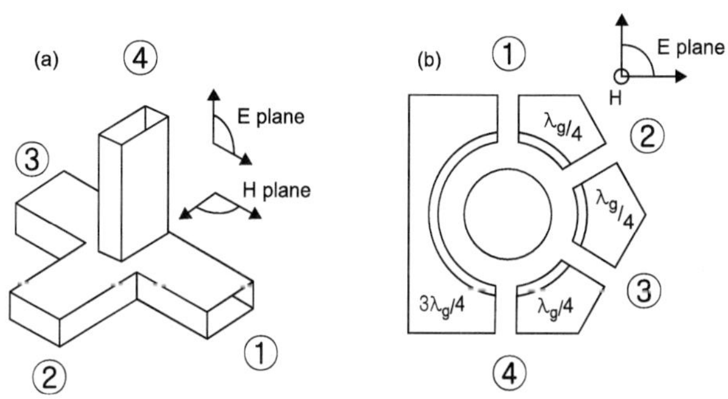


Two summing devices : (a) magic "T" , (b) hybrid ring.

**그림 10-14** 마이크로웨이브 간섭측정기(microwave interferometer)에 사용되는 간섭장치의 예

## 10.11 광학적 진단기술(Optical Diagnostics)

우선 광학적으로 플라즈마를 진단하는 원리에 대하여 설명을 하도록 하자. 원자를 보면 원자 내 전자의 에너지, 운동량, 스핀(spin)방향 등이 양자화 되어 있으며, $n$, $l$, $m_l$, $m_s$로 이 양자화된 값을 4개의 양자수로 표현할 수가 있게 된다.

여기서 $n$은 원자 내 전자의 에너지에 관계된 양자수로 1,2,3,4와 같은 값을 가지고 $l$, $m_l$은 원자 내 전자의 각운동량에 관계되며 $l=0,1,2,\ldots,(n-1)$의 값을 가지며 $m_l$은 $-l,-l+1$로부터 $l-1,l$의 값을 갖게 된다. $S$ 혹은 $m_s$는 원자 내 전자의 스핀 모멘트(spin momentum)에 관계된 양자수로서 1/2 혹은 $-1/2$의 값을 갖게 된다.

원자 내 전자는 이 4개의 양자수의 조합에 의한 값만으로만 존재가 가능하여 원자 내 전자는 연속적인 에너지값을 가질 수 없고 그림 10-15의 오른쪽에 보이는 그림과 같이 비연속적인 에너지값을 갖게 된다.

- 원자 내 전자의 에너지, 운동량, spin 방향 등이 양자화 되어 있으며 $n,\ l,\ m_l,\ m_s$의 4개의 quantum number로 나타낼 수 있음. 여기서 n : 전자의 energy와 관계 : 1,2,3,4,...
  l, $m_l$ : 전자의 angular momentum과 관계 :
  $l=0, 1, 2, \cdots (n-1),\ m_l = -l,\ -l+1,\ \cdots,\ l-1,\ l$
  s(혹은 $m_s$) : 전자의 spin momentum과 관계 : s = 1/2, −1/2

- 원자 내 전자는 이 4개의 quantum number의 조합에 의한 값만으로 존재가 가능하여 비연속적인 energy 값을 갖게 됨.

- Optical transition은 원자 내 전자가 이들 내 한 level에서 다른 level로 jump할 때 발생함.
  전자의 초기상태보다 후기상태의 energy가 낮으면 photon이 방출(emission)되고 반대의 경우는 흡수(absorption).

- Energy 차이로부터
  $\nu = (1/hc)(E_f - E_i)$

- 방출되는 빛의 파장은
  $\lambda = c/\nu$

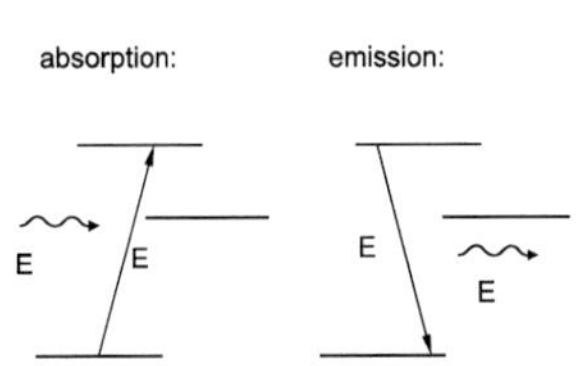


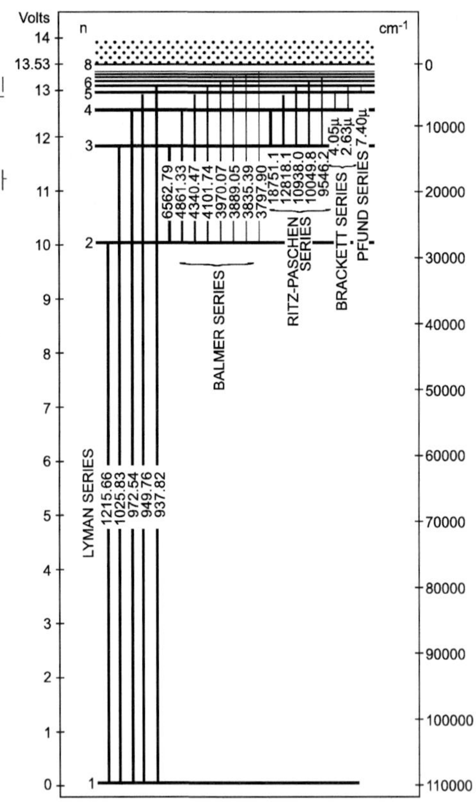


그림 10-15 원자 내 에너지 준위들 및 이로 인해 방출/흡수되는 빛의 파장

원자내의 광학적 전이(optical transition)는 원자 내 전자가 가질 수 있는 한 에너지 준위(energy level)에서 다른 에너지 준위로 이동할 때 발생하게 된다. 전자의 초기상태보다 후기상태의 에너지가 낮으면 광자의 방출, 즉, 빛의 방출(emission)이 일어나게 되고 반대의 경우는 빛의 흡수(absorption)가 발생하게 된다. 빛을 방출할 때 초기 에너지 준위가 $E_i$이고 최종 에너지준위가 $E_f$일 때 방출되는 빛의 주파수 $\nu$는

$$\nu = \frac{1}{hc}(E_f - E_i)$$

가 된다. 이때 $h$는 플랑크(Plank) 상수, $c$는 빛의 속도이다. 또한 방출되는 빛의 파장 $\lambda$는 다음과 같다.

$$\lambda = \frac{c}{\nu}$$

앞에서 원자 내 전자가 가질 수 있는 에너지준위의 간격이 서로 다르며 따라서 원자 내 전자의 이동에 의해 방출된 빛의 파장은 서로 다르게 된다. 반면 모든 원자 내 전자 에너지 준위들 간에 전이로 인하여 빛이 방출된다고 하면 원자 1개에서 수천 개의 다른 파장의 빛이 방출되게 되며 불소(fluorine)를 예로 한다고 하면 이의 개수는 2018개가 될 수가 있다.

그런데 실제로는 모든 준위 간에서 전이가 일어나는 것이 아니라 정해진 준위 간에서만 전이가 가능하게 된다. 이를 선택룰(selection rule)이라고 하며 다음과 같은 조건을 만족하여야 한다. 즉, 전자가 에너지 준위를 이동할 때 주양자수 $n$의 차이 $\Delta n$가 0,1,2,,,와 같은 정수여야 하고, 부양자수 $l$의 차이 $\Delta l$는 +1이거나 −1이어야 하며, 스핀(spin)양자수의 차이 $\Delta S$는 없어야 한다.

부양자수의 경우 전자가 2개 이상의 원자의 경우는 원자 내 모든 전자에 대하여 부양자수의 차이 $\Delta L$가 +1, 0.이거나 −1이어야 하며 원자 내 전자의 스핀 모멘트(spin momentum)와 각모멘트(angular momentum)의 상호작용으로 인해 얻어지는 총 각모멘트(total angular momentum)의 변화$\Delta J$가 +1, 0 혹은 −1이어야 한다. 즉,

$\Delta n = 0,1,2,.....$

$\Delta l = \pm 1$ (전자가 1개 있는 원자 즉, 수소원자에 대해)

$\Delta L = \Delta \sum l_i = 0, \pm 1$ (전자가 2개 이상의 원자에 대해)

$\Delta S = 0$

$\Delta J = 0, \pm 1$ ($J = L + S$ : 총 각모멘트 : 2개 이상의 전자를 보유한 원자에서의 전자의 스핀과 각모멘트의 상호작용)

이와 같은 제한 때문에 실제 불소원자의 경우 2018개의 파장을 가진 빛이 아니라 33개의 파장만이 관찰이 되며 이의 방출된 빛의 예를 그림 10-16에 나타내었다.

이와 같은 경우도 원자에 대하여서만 적용이 되고 분자의 경우는 좀더 복잡하게 된다. 이는 분자 내 원자 간의 진동(vibration)과 회전(rotation)이 존재하기 때문이다.

- 정해진 level간의 transition만이 가능 (selection rule)

  $\Delta$n = 0, 1, 2···

  $\Delta$l = ±1(전자 1개에 대해)

  $\Delta$l = $\Delta \Sigma$l$_i$ = 0, ±1(모든 전자에 대해)

  $\Delta$S = 0

  $\Delta$J = 0, ±1(J = L+S : total angular momentum ; 2개 이상의 전자 보유한 원자에서 전자의 spin과 angular monentum과의 상호작용)

  ➜ 결과적으로 fluorine원자의 경우 33개의 sharp line만이 관찰됨.

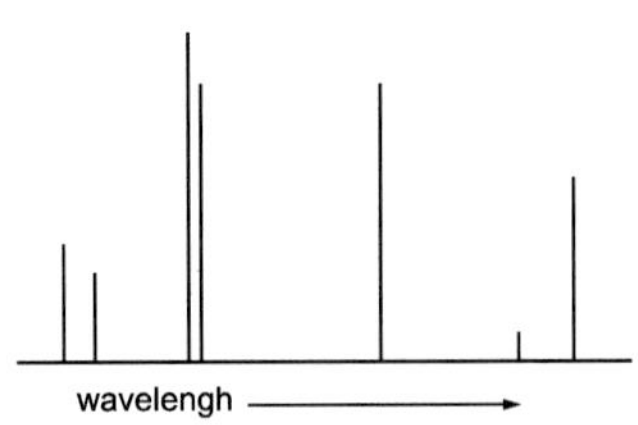


- 위의 경우는 원자에 대해서만 적용이 되고 molecule의 경우는 좀더 복잡함.

  ➜ 원자 간의 vibration과 rotation이 존재

**그림 10-16** 원자 내 에너지 준위간 가능한 전이

가장 간단한 2개의 원자로 이루어진 분자의 경우를 예로 들면 이 두 원자간의 진동에너지(vibration energy)와 회전에너지(rotational energy)도 양자화 되게 되며 진동에너지의 양자화된 상태($E_v$)와 회전에너지의 양자화된 상태($E_R$)는 다음과 같이 표현된다. 즉,

$$E_v = k\nu_o(v+1/2) \qquad \text{여기서 } v=0,1,2,....$$

$$E_R = B_o N(N+1) \qquad \text{여기서 } N=0,1,2,....$$

여기서 $v$는 진동양자수(vibrational quantum number)이고 $N$은 회전양자수(rotational quantum number)이다. 진동에너지 상태에서 $k$ 및 회전에너지상태에서 $B_o$는 상수이다.

이들 진동에너지 상태(vibrational energy state)와 회전에너지 상태(rotational energy state)간에는 많은 에너지 준위가 좁은 간격으로 존재하고 이 에너지 준위가 원자내의 전자 에너지 준위 사이에 존재하게 된다.

이들 에너지 준위 사이로 전자가 이전할 때도 물론 존재하는 선택률에 의존을 하게 된다. 분자 내 전자의 에너지준위는 전자준위, 진동준위, 그리고 회전준위로 구분이 된다. 그림 10-17에 분자 내 한 전자준위 사이에 위치한 진동준위 및 이 사이에 위치한 회전준위를 나타내고 있다.

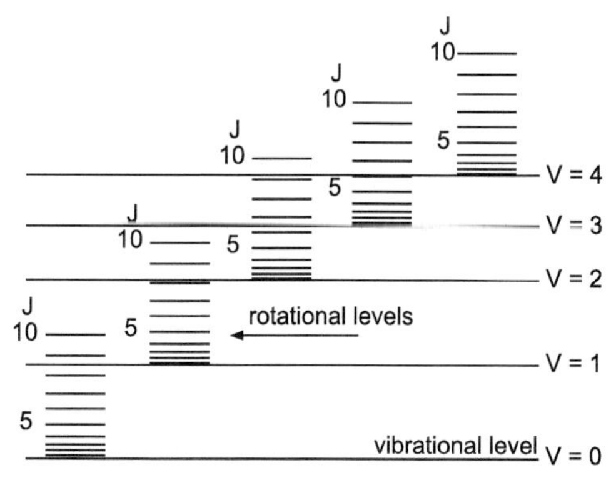


**그림 10-17** 분자의 한 전자 에너지 준위(electronic energy level)내의 진동 에너지(vibrational energy)준위와 회전 에너지(rotational energy)준위의 양자화

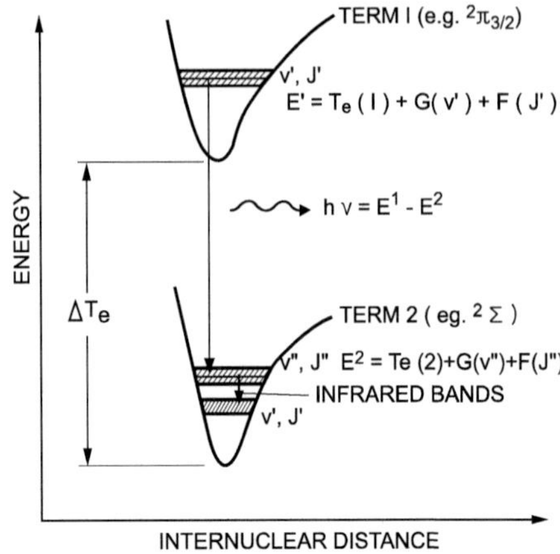


**그림 10-18** 분자 내의 한 전자준위/진동준위/회전준위에 있는 전자가 다른 전자준위/진동준위/회전준위로 천이하는 그림. 이로 인해 특성파장의 빛을 방출.

분자는 분자 내 전자의 전자준위가 있고 이 사이에 진동준위, 그리고 이 사이에 회전준위로 되어 있으므로 결과적으로 분자 내 전자 에너지의 천이는 그림 10-18에 보이는 바와 같이 전자준위 간, 진동준위 간, 그리고 회전준위 간의 전이가 합쳐져서 나타나게 된다.

2개의 원자로 이루어진 분자(diatomic molecule)의 상태에서는 원자 내 전자의 전자준위도 원자 간의 간격 및 결합(bonding) 상태에 따라서 변화하게 된다. 즉, 원자 내 전자의 파함수(wave function)가 겹쳐져서 원자와 원자를 잇는 축을 따라 전자의 각모멘트가 확장된다.

예로 수소의 경우 수소원자 내 전자의 스핀상태에 따라서 전자의 스핀이 서로 다를 때는 결합(bonding)상태 및 전자의 스핀이 같을 때는 반결합(antibonding)상태가 되며 그림 10-19의 왼쪽 그림에 보이는 바와 같이 전자구름도 스핀이 다를 때는 두 원자 사이에 뭉치고 스핀이 같을 때는 서로 척력으로 밖으로 밀리게 된다.

따라서 원자 내 전자의 에너지상태도 결합상태에서는 두 원자가 가까울 수록 낮은 에너지를 갖지만 반결합 상태에서는 가까울수록 그 전자의 에너지 상태가 증가한다.

- Diatomic molecule의 상태에서는 원자의 electronic level도 원자간의 간격 및 bond 상태에 따라서 변화하게 된다. 즉, 전자의 wave function이 겹쳐서 원자와 원자를 잇는 축을 따라 전자의 angular momentum이 확장된다.

➜ 예) 수소의 경우

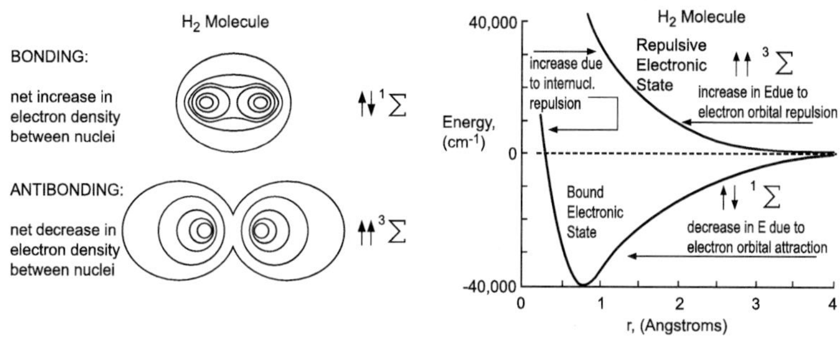


이 변화된 angular momentum 역시 양자화되며 원자에서의 표기와는 달리 표기함.

예) 다전자원자의 net angular momentum 0, 1, 2, 3 → S, P, D, F, G로 표기하는 것과 같이 Diatomic molecule의 angular momentum 0, 1, 2, 3 → $\Sigma, \Pi, \Delta, \Gamma$로 표기. ground state는 X, 그 위 의 excited state A, B, C, D, 로 energy 증가에 따라 표기

**그림 10-19** 2개의 원자로 이루어진 분자(diatomic molecule) 경우에서의 전자 스핀(spin)에 따른 에너지 준위의 변화

물론 두 원자가 너무 가까운 경우에는 내부 전자 에너지 준위가 겹쳐져 에너지가 다시 증가하게 된다. 이와 같이 원자가 합쳐져서 분자를 이룸에 따라서 각모멘트가 변화하게 되면 이 확장된 각모멘트역시 양자화 되게 되며 원자에서의 표기와는 다른 부호로 양자화된 값을 표기하게 된다.

예로 전자 1개로 이루어진 단전자 원자,즉, 수소의 경우 각모멘트의 양자화 된 값 0. 1,2,, 등의 값을 소문자 s, p, d, f, g 등으로 표기하고 2개 이상의 전자를 가진 다전자 원자의 순 각모멘트(net angular momentum)은 대문자 S, P, D, F, G로 표기하듯이 2개의 원자로 이루어진(diatomic) 분자의 각모멘트는 대문자 $\Sigma, \Pi, \Delta, \Gamma$.. 등으로 표기한다.

또한 기저상태는 대문자 $X$, 그 위의 여기상태(excited state)는 에너지증가에 따라 대문자의 A, B, C, D 등으로 표기하며 그 한 예가 그림 10-20의

윗 그림에 있는 바와 같다. 이에 대한 자세한 내용은 허쯔버그(Herzberg)의 책에서 찾을 수가 있다.[G. Herzberg, "Molecular Spectra and Molecular Structures: Spectra of Diatomic Molecules," Vol.1 Van Nostrand, Princeton, NJ (1950)]

2개의 원자로 구성된 분자(diatomic molecule)에서 발생되는 빛, 즉 광학적 전이(optical transition)는 한 전자준위/진동준위/ 회전준위에서 다른 전자준위/진동준위/회전준위로 전이가 일어나게 된다.

이들 간의 가능한 전이가 상당히 많아 거의 연속적인(continuous) 스펙트럼(spectrum)이 나타날 수도 있다. 이에 대한 예가 그림 10-20에 보인 AlO에서 방출하는 스펙트럼으로서 흑체(blackbody)에서 방출하는 빛과 유사하게 거의 연속적인 파장으로 이루어진 빛이 방출되는 것을 보이고 있다.

반면 많은 2개 원자로 구성된 분자(diatomic molecule)의 경우 한 진동준위에 연계된 회전준위의 간격이 좁아서 회전준위 보다는 진동준위에 의하여 파장이 거의 결정이 나며 따라서 한 전자준위 내의 진동준위 간으로의 전이를 나타내는 띠(band)형태로 관찰될 수 있다.

이때 각 띠는 수백 개의 회전준위의 차이로 인한 빛방출이 더해져서 짧은 파장 쪽의 강도(intensity)가 낮은 형태의 청색차광(blue shading), 긴 파장 쪽의 강도가 낮은 형태인 적색차광(red shading) 혹은 대칭형의 비차광(no shading)의 형태가 관찰이 된다. 관찰이 되는 청색차광, 적색차광, 비차광의 파장에 따른 강도의 변화 형태를 그림 10-20의 아래 그림에 나타내었다.

플라즈마 내 원자나 분자는 기저상태에서 앞서의 여러 여기상태로 되어 그 아래의 에너지 준위로 떨어지면서 빛을 방출하는 빛방출 스펙트럼을 나타내지만 외부로부터 빛을 쪼였을 때 이 빛의 파장과 같은 에너지 차이를 가지는 여기상태가 존재할 때 이 빛을 전자가 흡수하여 여기되는 빛 흡수 스펙트럼을 나타내기도 한다.

이 빛방출 스펙트럼과 빛흡수 스펙트럼을 비교한다면 이 둘은 서로 플라즈마 내 존재하는 원자나 분자 내 전자의 전자준위 차이, 진동준위 차이, 그리고 회전준위 차이만큼의 빛을 방출 혹은 흡수한다는 점에서 상황만 반대이다.

- Diatomic molecule에서의 optical transition은 한 electronic state 내 한vibrational level의 한 rotational level에서 다른 electronic state 내 한vibrational level의 rotational state로 일어나게 되므로 continuous한 spectrum이 나타날 수 있음

→ 예) Al+$O_3$로 인한 AlO spectrum

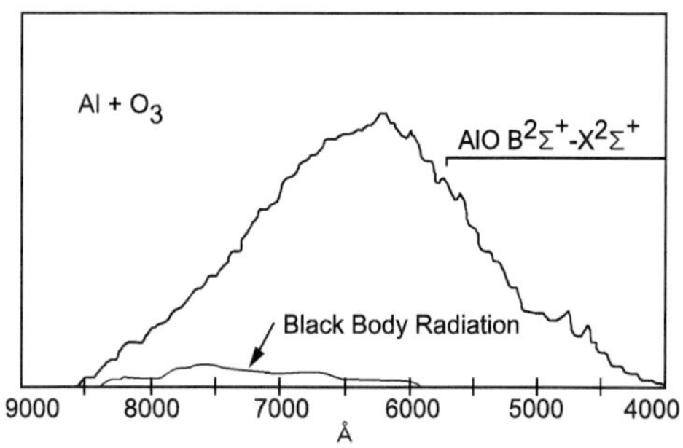


- 반면 rotational level의 간격이 짧아 한electronic state내 vibration level에서 다른 electronic  state내 vibration level로 전이를 나타내는 각 band형태로 관찰될 수 있음.
  이때 각 band는 blue shading(짧은 파장 쪽의 intensity가 낮은 형태), red shading (긴 파장 쪽의  intensity가 낮은 형태), 혹은 no shading의 형태가 관찰됨.

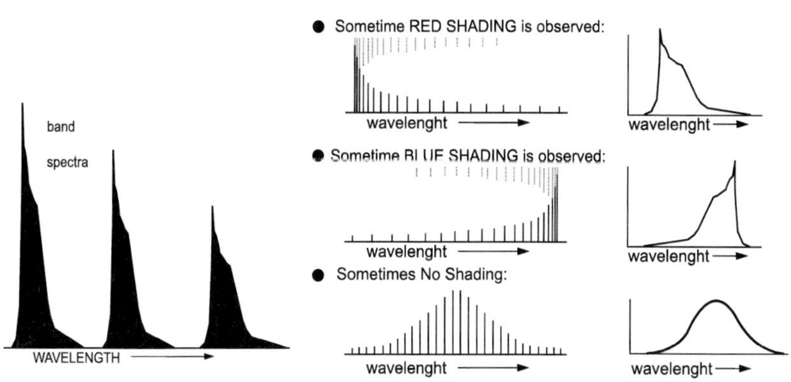


**그림 10-20** 2개의 원자로 구성된 분자(diatomic molecule)에서 발생되는 파장에 따른 빛의 강도의 차이

따라서 같은 분자에서 방출되는 스펙트럼과 흡수되는 스펙트럼이 같을 것 같지만 실제로는 플라즈마 내 존재하는 원소들(plasma species)의 기저상태가 기저전자 준위(ground electronic level)내 첫 번째나 두 번째 진동준위에 주로 위치하여 여기될 수 있는 에너지준위들의 숫자가 빛방출시의 가능한 에너지 준위들의 숫자보다 작아 결과적으로 얻어지는 스펙트럼의 수가 작게 된다.

이에 대한 그림은 그림 10-21에 나타낸 바와 같다.

- Absorption spectra : ground state내 다양한 rotational/vibrational level에서 upper state의 허용된 rotational/vibrational level로의 energy차이와 같은 photon이 흡수되는 것
- Emission spectra와 같은 energy level차이에 상황만 반대.
- 반면 대부분의 plasma species의 ground electronic state가 ground state내 첫 번째 혹은 두 번째의 vibration level에 주로 위치하므로 emission spectra에 비해 얻어지는 spectrum  수가 작음.

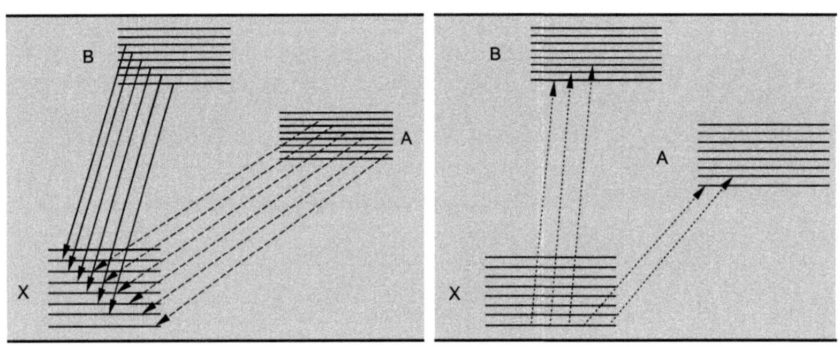


(a) Vib.band 내로 electronic emission transition (b) vib.bandso로 electronic absorption transition

**그림 10-21** 같은 분자에서 빛 방출(emission) 및 빛 흡수(absorption)에 따른 가능한 스펙트럼 수의 차

이제까지는 2개 원자로 이루어진 분자(diatomic molecule)에 대하여 이야기 하였지만 다원자분자(polyatomic molecule)의 경우에 있어서도 같은 설명을 할 수 있다.

실제로 2개 원자로 된 분자는 1개의 진동모드만 있지만 $n$개 원자로 된 다원자분자는 선형분자(linear molecule)의 경우 $3n-5$개, 선형분자가 아닌 경우에는 $3n-6$개의 진동모드가 존재하게 된다.

따라서 2개 원자로 이루어진 분자에 비해서 더 많은 전이확률(transition possibility)이 존재하여 각 진동준위로부터의 전이에 의해 방출된 빛들이 겹쳐져서 파장에 따라 연속적인 강도를 나타내는 스펙트럼을 나타낼 가능성이 많다.

실제로는 플라즈마에서 다원자분자가 분해되어 수개정도의 원자로만 이루어진 상태로 되어 그 각 전이에 따른 스펙트럼이 겹쳐지지 않고 구분할 수 있게 된다.

예로서 그림 10-22에 $CF_2$의 실제 관찰된 빛방출 스펙트럼(emission spectra) 및 $CF_2$의 다양한 진동준위로부터의 계산된 빛방출에 대한 분석결과를 오른쪽 그림에 나타내고 있다.

빛방출 스펙트럼에서 보듯이 각 진동준위차이에서 방출된 많은 빛의 파장들이 겹쳐지지 않고 특성파장을 나타내고 있음을 알 수 있다. 따라서 이와 같은 다원자분자에 대한 빛방출 스펙트럼의 분석도 가능할 수가 있게 된다.

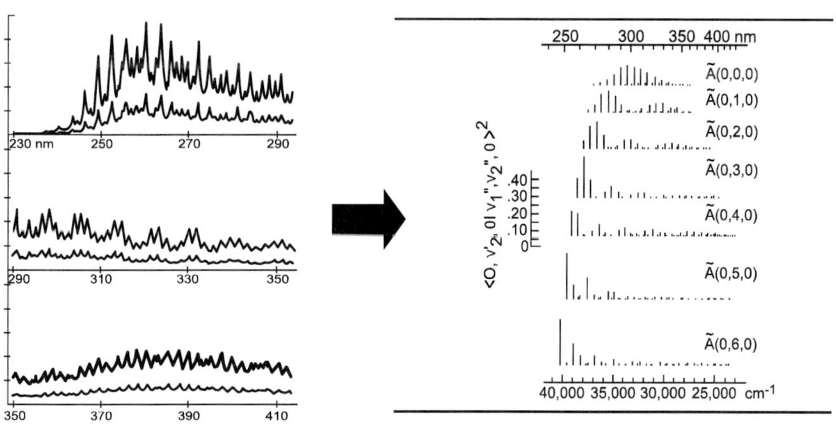


**그림 10-22** $CF_2$의 실제 관찰된 빛방출 스펙트럼(emission spectra) 및 $CF_2$의 다양한 진동준위(vibrational level)로 부터의 계산된 빛방출(emission)에 대한 분석 결과

## 10.12 OES(Optical Emission Spectroscopy)

플라즈마 내 원소의 전자가 여기된 상태에서 기저상태로 떨어지면서 방출되는 빛은 앞서 본 바와 같이 특정파장 혹은 파장 범위를 가지며 이 특정 파장을 통해서 플라즈마 내에 존재하는 원소를 파악하고 그 파장의 강도변화로부터 그 양을 추정하는 방법이 플라즈마 공정(plasma processing)에서 가장 많이 사용되는 OES(optical emission spectroscopy)방법이다.

이 OES방법은  플라즈마 내 탐침을 침투시키지 않고 플라즈마의 특성을 측정하는 비침투성(non-intrusive)인 방법이다.

이에 이용되는 장치의 구성은 플라즈마로부터 빛을 집광하고 또한 측정장치로 유도하는 렌즈(lens)나 광섬유(optical fiber), 집광된 빛을 파장별로 분광하는 마노크로미터(manochrometer), 그리고 이 분광된 빛을 파장별로 그 강도를 측정하기 위한 포토멀티플라이어(photomultiplier)나 포토다이오드(photodiode)와 같은 광검출기(light detector)로 이루어져 있다.  이 구성시스템을 그림 10-23에 나타낸 바와 같다.

빛을 분광하는 마노크로미터는 그림 10-24에 보이는 바와 같이 광섬유나 렌즈로부터 마노크로미터로 들어오는 빛의 양을 조절하는 슬릿(slit), 마노크로미터로 들어온 빛을 분광하는  회절격자(diffraction grating)로 모아주는

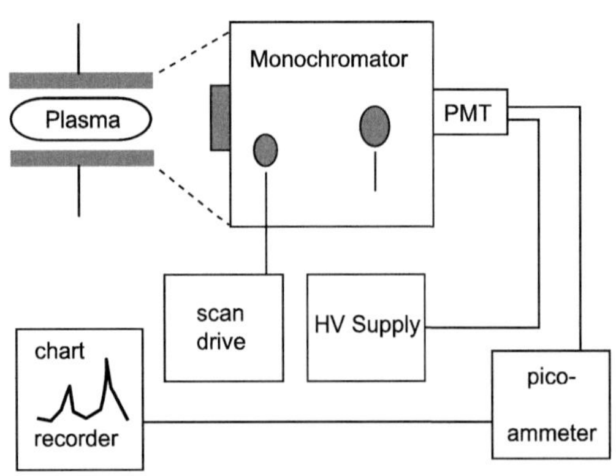


**그림 10-23** OES(Optical Emission Spectroscope)의 구성

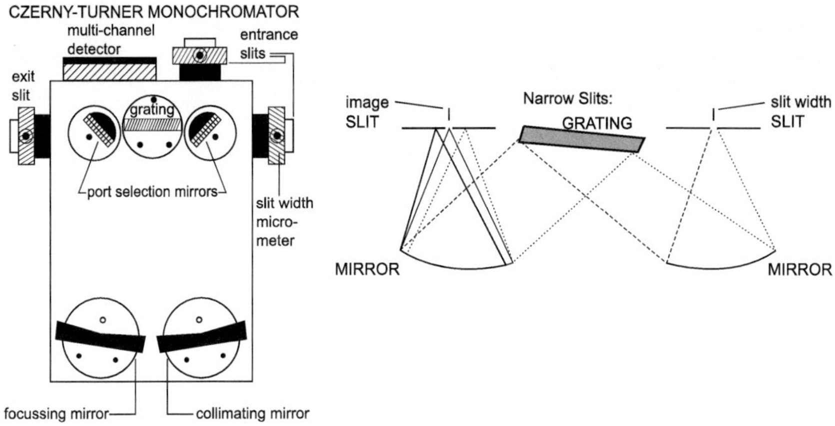


**그림 10-24** OES의 구성부품인 빛을 분광하는 마노크로미터(manochrometer)의 구조

반사거울 및 오목거울, 회절격자, 그리고 이 분광된 빛을 다시 파장별로 거리에 따라 모으는 오목거울 혹은 오목거울과 반사경으로 이루어져 있다. 이 빛이 들어와서 회절격자에서 분광되어 마노크로미터 밖으로 나가는 빛의 경로는 그림 10-24의 오른쪽에 나타낸 바와 같다.

마노크로미터 내에 오목거울로 모아진 빛을 분광하는데 사용하는 회절격자는 미세한 홈을 일정하게 파놓은 거울이다. 마노크로미터의 홈은 기계적으로 그어서 홈을 판 기계적격자(mechanical grating)과 레이저 간섭현상(laser interferometry)을 이용하여 포토리지스트(photoresist)를 패터닝(patterning)한 뒤에 이를 식각(etching)한 홀로그래픽 격자(hollographic grating)의 두 종류가 있다.

여기서 mm 당 몇 개의 홈을 팠나에 따라서 분광하는 정도가 변하게 되는데 많이 파일수록 분광이 크게 된다. 이들 격자(grating)는 파장에 무관하게 일정한 강도를 가진 모든 파장의 빛이 들어오더라도 파장별 빛을 분광하는 강도가 변하게 되며 가장 큰 강도를 나타내는 파장을 블레이즈 각도(blaze angle)라고 한다.

그림 10-25에 각 격자에 따른 블레이즈 각도 및 이들 격자의 파장에 따른 분광전후의 빛의 강도비율, 즉, 분광효율을 같이 나타내고 있다.

이 효율이 높은 파장에서는 같은 강도로 격자에 빛이 입사되더라도 효율이 높은 파장에서 분광후 가장 높은 빛의 강도를 나타내게 된다.

이 격자에 빛이 입사될 때는 평행한 빛이 입사되어야 한다. 따라서 전 그림 10-24에서 설명한 바와 같이 슬릿(slit) 및 반사거울을 통해 격자(grating)내로 입사된 빛을 오목거울을 통해 평행한 빛으로 만들어 격자에 조사시키게 된다.

평행한 빛은 격자에서 분광이 되고 이는 두 번째 오목거울 혹은 오목거울과 반사경에 의해 마노크로미터 밖에서 초점이 맞도록 한다. 만일 첫 번째 오목거울의 초점거리와 두 번째 오목거울의 초점거리가 같다면 마노크로미터의 입구에 있는 슬릿의 상(image)이 파장별로 반대편의 마노크로미터 출구의 슬릿에 형성되게 된다.

분광된 빛의 파장에 따른 강도의 측정은 마노크로미터 출구에 슬릿과 포토멀티플라이어 튜브(photomultiplier tube, PMT)를 놓는 경우 격자 자체를 회전시키거나 격자는 고정한 채 일정 길이로 된 다중채널 검출기(multichannel detector)를 마노크로미터 출구에 슬릿 없이 설치하여 사용한다.

마노크로미터의 출구 부분에 설치하여 빛을 검출하는데 사용하는 빛검출기(light detector)로는 설명한 바와 같이 포토멀티플라이어와 일정 길이의 다중채널 검출기로서 포토다이오드 어레이(photodiode array)나 CCD를 사용하게 된다.

포토멀티플라이어는 단일 파장분석용으로서 다중채널이 아닌 단일채널검출기(single channel detector)이지만 빛(photon)을 전기적 신호로 바꾸는 광효율(photo efficiency)이 높은 장치이다.

이는 그림 10-26의 두 그림 중의 왼쪽 그림에서 보는 바와 같이 마노크로미터 출구의 슬릿을 통해 빠져나온 빛이 낮은 일함수(work function)물질로 이루어진 광음극(photocathode)을 쳐서 전자를 발생시키고 이를 다이노드(dynode)를 따라서 가해진 전압에 의해 광음극 표면에서 튀어나온 전자를 가속시키며 다이노드 표면에 충돌시켜 지속적으로 전자를 증폭시키는 장치이다.

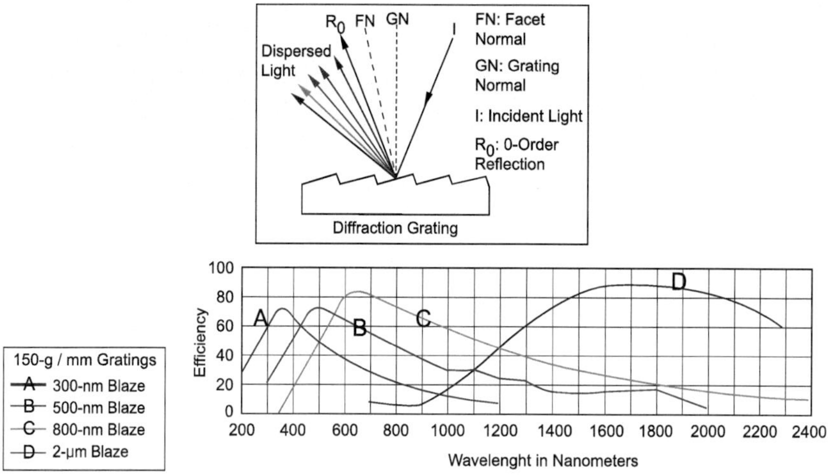


**그림 10-25** 회절격자(diffraction grating)의 블레이즈 각도(blaze angle)에 따른 분광효율

결과적으로는 빛을 전자로 바꾸고 이를 증폭시키고 증폭된 전자를 콜렉터(collector)에서 모아 전류를 측정하므로써 빛의 강도를 측정하는 장치이다. 파장에 따른 분석을 필요로 할때 앞서 설명한 바와 같이 한번에 단일 파장의 강도만을 측정하므로 격자를 회전시켜야 각 파장에 따른 강도변화를 측정할 수 있다.

반면 포토다이오드 어레이(photodiode array)의 경우는 512개나 1024개의 포토다이오드로 구성되어 동시에 많은 파장을 동시에 측정하는 것이 가능하게 된다. 반면 포토멀티플라이어보다는 입사된 빛을 전류로 전환시키는 효율이 작다.

따라서 그림 10-26의 오른쪽 그림에 보이는 바와 같이 포토다이오드 앞단에 다중 채널관(multi-channel tube)을 만들고 이 사이에 높은 전압을 가하며 한쪽 면은 빛을 전자로 바꾸는 낮은 일함수를 갖는 물질을 코팅하고 다른 면은 전자를 빛으로 바꾸는 형광체(phosphor)를 코팅을 통하여 우선 들어오는 빛을 전자로 바꾸고 이를 다중채널(multi-channel)에서 전자를 증폭하고 이를 다시 빛으로 바꾸어 포토다이오드 어레이에 입사시킴으로서 결과적으로 빛을 전자로 바꾸는 효율을 증가시킨 다중채널 강화형(multi-channel intensified type) 포토다이오드 어레이가 있다.

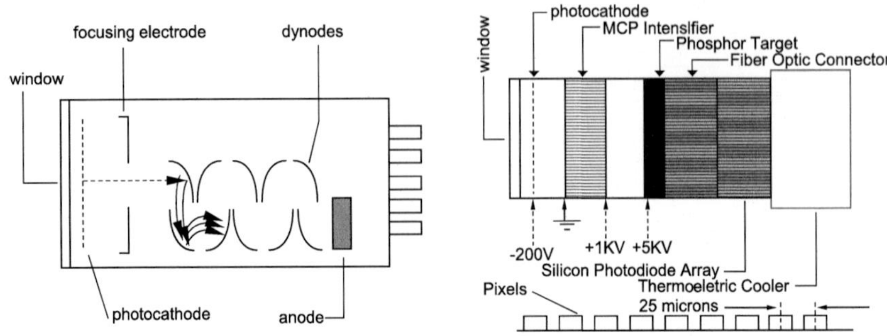


**그림 10-26** 마노크로미터로부터 분광된 빛을 검출하기 위한 포토멀티플라이어 튜브(photomultiplier tube) 및 포토다이오드 어레이(photodiode array)

다중채널관은 열적으로 발생되는 전자를 줄이기 위해 저온으로 냉각시키고 또한 저온에서 습기로 인한 아크(arc)발생을 없애기 위해 건조한 질소를 흘리기도 한다.

이 포토멀티플라이어나 포토다이오드어레이 혹은 CCD를 통해 관찰된 한 $CF_4$ 플라즈마의 파장에 따른 빛의 강도를 그림 10-27의 왼쪽에 나타내었다.

그림에서 보는 바와 같이 관찰되는 플라즈마로부터 방출된 빛의 파장에 따른 강도(optical emission spectra)는 한 분자 혹은 원자에 대해 한 개 이상의 여러 피크가 관찰되게 된다.

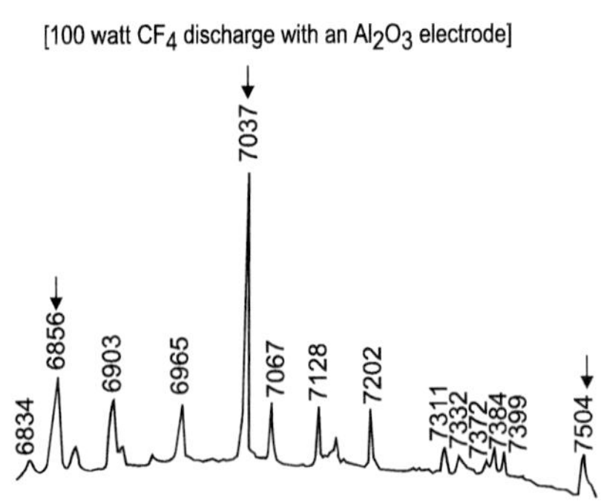


| COMMON SPECTRAL LINES IN ETCHING (Å) | | | |
|---|---|---|---|
| Al | 3962 | H | 6565 |
| AlCl | 2614 | He | 3888 |
| Ar | 7504 | In | 4512 |
| As | 2874 | N | 6740 |
| C | 2479 | $N_2$ | 3371 |
| $CF_2$ | 2519 | $N_2^+$ | 3914 |
| CN | 3871 | NH | 3360 |
| CO | 4835,5198 | NO | 2479 |
| CCl | 2788 | O | 7772,8447 |
| Cl | 8376,7256 | $O_2^+$ | 5580 |
| $Cl^+$ | 4819 | OH | 3089 |
| $Cl_2$ | 2561,3089 | S | 4695 |
| $Cl_2^+$ | 3864,4655 | Si | 2882 |
| F | 7037,6856 | SiCl | 2514,3064 |
| Ga | 4172,2874 | SiF | 7770,4440 |

**그림 10-27** OES로 관찰된 $CF_4$ 플라즈마의 파장에 따른 빛의 강도 및 일부 원소의 특성 파장

그림에서 화살표로 표기된 피크는 모두 F 원자에서 방출된 빛들이다. 이와 같은 원자 혹은 분자로부터 방출된 빛으로 부터 그 플라즈마 내의 종을 확인할 수가 있게 된다. 그림 10-27의 오른 쪽 도표에는 플라즈마 식각(plasma etching)시에 많이 관찰되는 원자, 분자, 이온의 피크파장을 나타내었다.

이 OES(optical emission spectroscopy)를 통해서 관찰되는 특정원자나 분자에 해당되는 파장의 강도변화를 통하여 플라즈마 식각시 식각이 끝나는 시점을 결정하는 식각 종말점 검출(end point detection)이 가능하게 된다.

이는 식각하는 물질이 모두 제거됨으로 인해 식각하는 물질과 반응가스와의 반응으로 생성되는 식각부산물(etch product)이 감소될 때 이 식각부산물 분자로부터 방출되는 빛의 감소로 부터 식각 종말점(endpoint)을 검출하는 방법으로 그림 10-28의 윗 그림에 나타낸 바와 같다.

또한  식각(etching)되는 동안에는 반응가스가 소모되므로 반응가스 혹은 이의 분해된 원자나 분자로 부터 관칠되는 빛의 강도가 약하디기 물질의 식각(etching)이 끝나면 반응이 더 이상 진행되지 않게 되므로 이들 반응가스에 관련된 피크강도(peak intensity)가 다시 증가하는 것을 이용하는 방법으로 그림 10-28의 아래 그림과 같은 방법을 사용할 수 있다.

■ Monitor Etch Product Emission

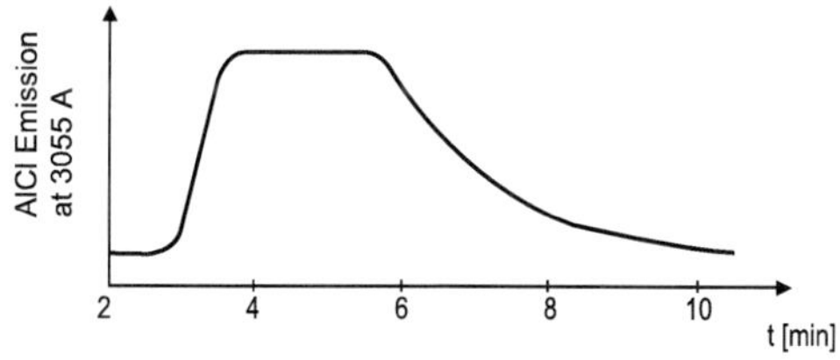


■ Monitor Etching Species Emission(requires that the system be "loaded")

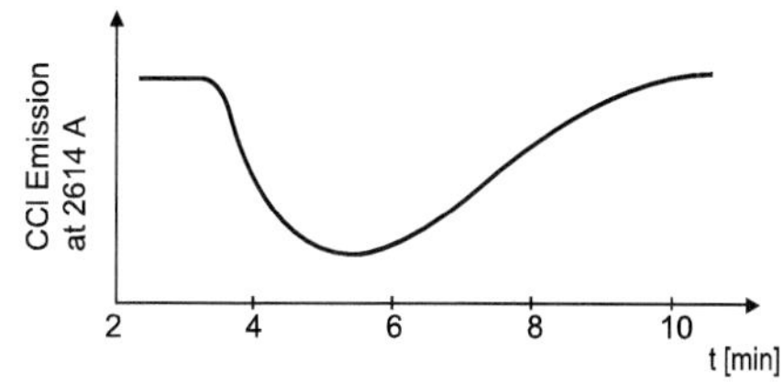


**그림 10-28** 플라즈마 에칭에서 식각 종말점(endpint)의 측정 예

플라즈마에서 방출되는 파장에 따른 빛의 강도인 OES(optical emission spectrum)를 관찰할 때 몇 가지 유의할 점이 있다.

첫 번째는 마노크로미터로 렌즈(lens)나 광섬유(optical fiber)로 빛을 유입할때 그 폭을 제한하는 슬릿(slit)의 폭을 가능한 작게 하여야 한다.

그림 10-29에 $CClF_3$ +Ar 플라즈마의 OES를 590~650nm 파장 범위에서 슬릿 폭의 크기에 따라 관찰된 빛의 파장의 분해도를 나타내고 있다.

슬릿의 폭이 작으면 뚜렷한(sharp) 피크가 관찰이 되지만 슬릿폭이 크면 각 피크가 서로 겹쳐지게 된다.

오른쪽 그림에서 보듯이 50㎛으로 슬릿폭을 한 경우에는 뚜렷한 피크들이 관찰되지만 왼쪽 그림과 같이 4mm의 슬릿폭을 하였을 때 이들 $CClF_3$ + Ar 플라즈마로 부터 얻어지는 빛방출 피크(emission peak)들이 겹쳐서 희미한(broad) 피크가 나타나는 것을 볼 수가 있다.

두 번째로 유의할 사항은 플라즈마 관찰 전의 일부 파장의 흡수이다. 즉, 플라즈마를 관찰시 진공 챔버에 장착되어 있는 관찰용 창(window)을 통하여 관찰하게 되는데 이 창의 재질에 따라서 일부 파장이 흡수되므로 이에 유의해야 하는 것이다.

예를 들어 유리는 340nm 이하의 파장을 통과시키지 못한다. 따라서 쿼쯔나 사파이어(sapphire) 창을 사용하여야 하며 빛을 마노크로미터로 유도하는 렌즈나 광섬유도 쿼쯔로 만들어진 것을 사용하여야 한다.

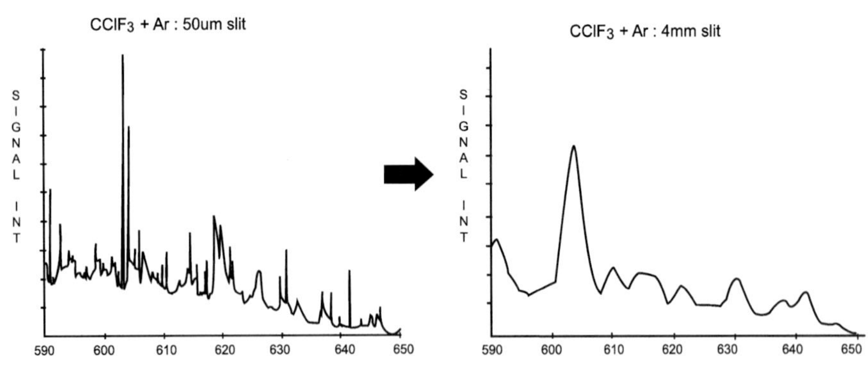


**그림 10-29** OES에서 장치 내 슬릿(slit)의 폭을 증가시킴에 따른 파장분해능의 감소

또한 200nm 이하에서는 대기가 빛을 흡수하며 쿼쯔 및 사파이어도 이 파장 이하에서는 흡수된다. 따라서 대체로 200~900nm의 파장영역을 분석하게 된다. 그림 10-30에는 각 빛이 통과하는 매체의 파장영역을 나타내었다.

실제의 OES를 이용한 파장분석에서는 식각이나 증착(deposition)공정에서 창 표면에 막이 증착이 될 수 있다. 이 투명한 막은 막의 성질에 따라서 투명하더라도 UV지역의 파장을 가진 빛을 통과하지 못할 수 있으므로 측정 전후에 이와 같은 물질의 증착여부를 확인할 필요가 있다.

세 번째로 유의할 사항은 2차 회절(second order diffraction)이다. 모든 회절형 마노크로미터(diffraction type manochromater)는 분광시 빛의 한 파장이 한 각도뿐만 아니라 여러 각도로 분광이 된다.

예로 250nm로 분광된 빛은 500nm에서도 관찰이 된다. 따라서 실제 1차(first order)만으로 분광된 빛을 생각한다면 이 500nm에서 관찰된 빛은 실제의 빛이 아니게 된다.

따라서 이와 같은 고차수(high order)의 빛이 실제 분광된 스펙트럼(spectrum)내에 포함이 되어 있는 지를 확인하여야 한다.

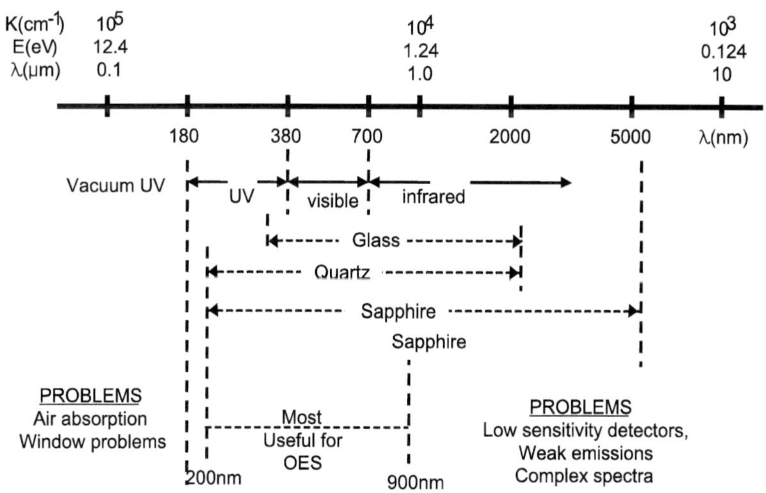


**그림 10-30** 매체에 따라 빛이 통과할 수 있는 파장 영역

이와 같은 그림자 피크의 여부를 알아보려면 그림 10-31의 오른쪽 그림에 나타낸 바와 같이 350nm이하의 파장은 차단하나 그이상의 파장은 투과시키는 유리를 플라즈마와 마노크로미터 사이에 설치하여 350nm 이상의 파장을 가진 빛 예로 앞의 500nm 빛이 사라지는 지의 여부를 확인하면 된다. 만일 사라지면 이는 2차수(2nd order)의 회절에 의한 빛이므로 이를 무시하여야 한다.

2차수의 빛은 400nm 이하에서는 관찰되기 힘든데 이는 200nm의 빛이 대기에 의해 거의 흡수되므로 이로 인한 2차수 회절이 나오기 힘들기 때문이다.

OES를 이용하여 플라즈마를 관찰시 관찰하는 챔버 내의 영역은 관찰하는 도구에 따라서 변화하게 된다. 즉, 광섬유를 사용하거나 마노크로미터를 직접 사용하여 빛을 마노크로미터 내부로 집광시 이들의 집속각(acceptance angle)에 의해 빛을 집광하는 면적이 정해지며 이 집속각은 마노크로미터의 경우 마노크로미터 내의 광학요소, 예를 들어 거울 등의 직경으로 마노크로미터의 초점거리를 나눈 값에 의해 그 각도가 정해진다.

광섬유의 경우는 섬유 내의 코어(core)의 굴절률을 코어 바깥의 클래딩(cladding)의 굴절률로 나눈 값에 의해 그 집속각이 정해지게 된다.

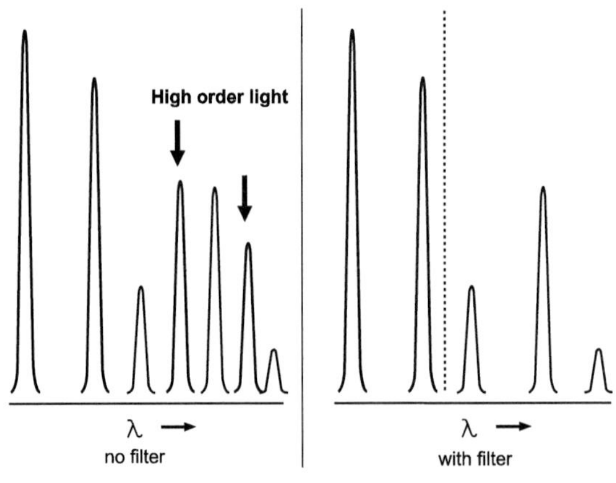


**그림 10-31** 고차수 회절선의 존재로 인한 가상 빛방출 피크(peank)의 존재 및 이의 확인

대체적으로 보면 그림 10-32에서 보이는 광섬유와 마노크로미터의 예에서 보는 바와 같은 빗금친 영역의 빛을 수집(collect)하게 된다.

그림 10-32에서 보는 바와 같이 챔버 내의 거의 모든 영역으로 부터 빛을 수집(collect)하므로 국부적인 라디칼(radical)이나 원자의 변화를 보기가 어렵고 평균한 값을 보게 된다.

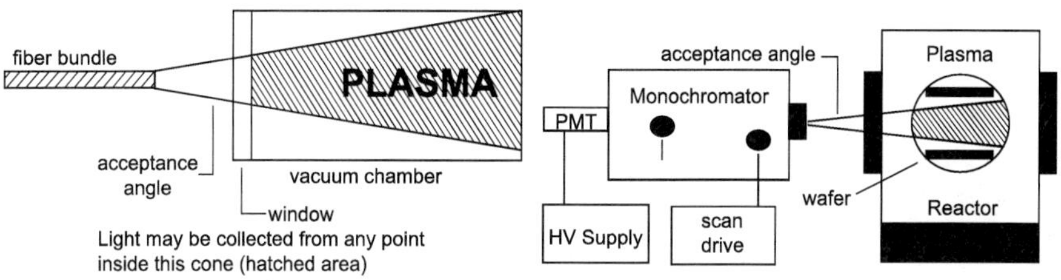


**그림 10-32** 광섬유(optical fiber)를 이용하거나 직접 마노크로미터(manochrometer)를 이용하여 플라즈마로부터 마노크로미터(manochrometer)로 빛을 수집하는 경우의 집속각도

반면 만일 공간적인 분해능을 증가시켜서 챔버 내 국부적인 위치에서 발광하는 빛을 관찰하기 위해서는 다음의 가우스의 렌즈공식(Gauss's thin lens equation)을 이용한 렌즈와 어퍼쳐(aperture)의 적절한 조합이 필요하다. 즉, 가우스의 렌즈공식은 다음과 같이 표현된다.

$$\frac{1}{o}+\frac{1}{I}=\frac{1}{f}$$

여기서 $o$는 그림 10-33에 보이는 바와 같이 플라즈마의 측정점과 렌즈 사이의 거리, $I$는 광섬유와 렌즈 사이의 거리, 그리고 $f$는 렌즈의 초점 거리이다.

그림 10-33의 아래 그림들에서 보는 바와 같이 렌즈 사용시 광섬유나 마노크로미터의 슬릿을 렌즈의 초점 거리(focal length)에 위치시키고 어퍼쳐를 사용하여 공간분해능을 향상시킬 수 있다.

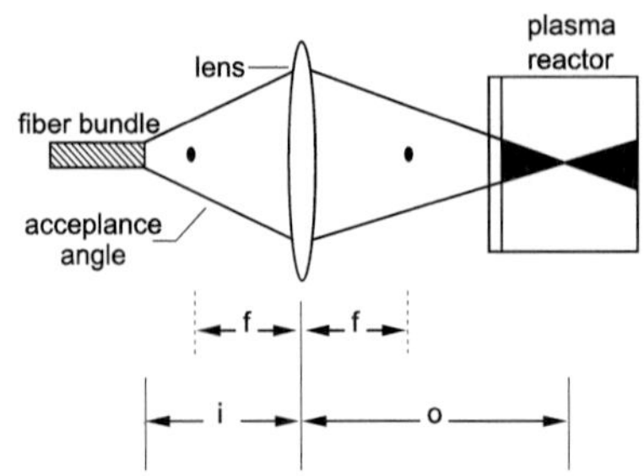


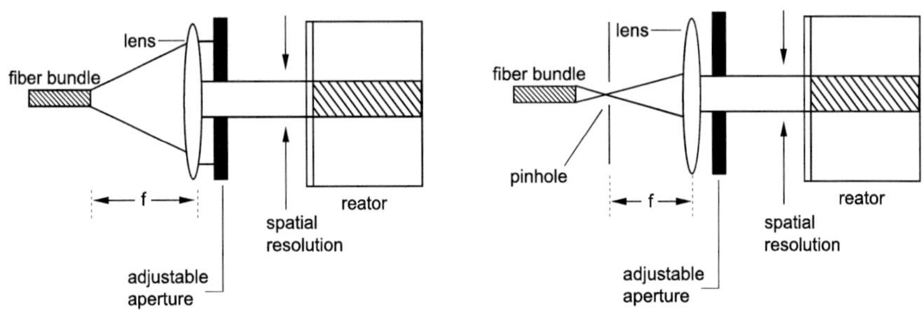


**그림 10-33** 렌즈에 의한 광수집 특성 및 렌즈와 어퍼쳐(aperture)의 조합을 이용하여 플라즈마로부터 수집되는 빛에 대한 공간분해능의 향상

물론 그림들에서 공간분해능 내의 폭에 해당되는 지역에서 방출된 빛은 모두 수집되게 된다. 특히 광섬유의 경우 코어 직경(core diameter)이 큰 경우 공간 분해능이 불확실하므로 그림 10-33의 오른쪽 아래 그림과 같이 렌즈 및 어퍼쳐를 통해 수집된 빛을 핀홀(pinhole)에 집중시키고 다음에 광섬유로 들어가게 함으로써 외부의 산란된 빛(scattered light)을 제거할 수 있다.

앞의 방법을 사용함으로써 그림 10-34의 오른쪽과 같이 위치에 따른 특정원소로 부터 방출된 빛, 즉, 특정원소의 양에 관련된 파장의 강도의 변화를 측정함으로써 원소의 위치에 따른 변화를 얻게 된다.

OES로부터 얻은 파장에 따른 피크의 강도는 그 원소의 양과 관련은 있으나 비례하지는 않을 수가 있다. 이는 특정원소로 부터 방출되는 빛의 강도가 그 원소의 양뿐만 아니라 전자의 밀도와도 관계가 있기 때문이다.

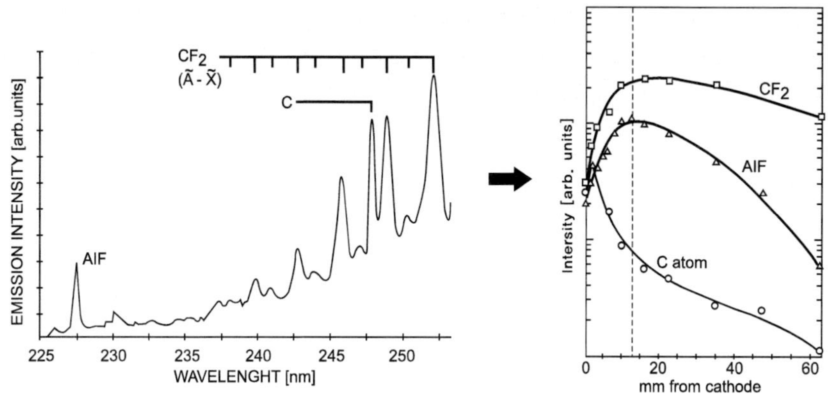


**그림 10-34** OES를 이용하여 얻은 원소들의 위치에 따른 피크강도의 변화

즉, OES에서 관찰되는 빛방출 강도(emission intensity)는 전자충돌(electron impact)에 의해 여기된 종의 이완(relaxation)을 검출하는 것으로 원소의 기저상태에서의 농도를 예측하고자 하는 것인데 원소의 기저상태의 양은 같더라도 전자가 많아지면 여기된 원소의 양이 많아지므로 빛방출 강도가 증가하게 된다.

따라서 이를 보정하기 위하여 악티노메트리(actinometry)를 사용하게 된다. 이 악티노메트리는 1~5% 정도의 불활성가스 주로 Ar을 넣게 되는데 이때는 Ar 악티노메트리라고 부른다. 이를 넣어 플라즈마 내 특정가스 원소의 빛방출강도와 넣은 불활성가스의 빛방출강도를 비교하는 것이다.

만일 불소(fluorine)의 양을 알고 싶은데 불소의 빛방출 강도 $I_F$가 전자와의 충돌에 의해 여기하여 발생된 것뿐이라고 가정할 때 방출되는 빛은 다음과 같이 표기할 수 있다. 즉,

$$I_F = k_F n_F \eta_F$$

$$\eta_F = \int \sigma_F v_e dE \rightarrow \eta_F = n_e < \sigma_F v >$$

여기서 $k_F$는 상수, $\eta_F$는 전자와의 충돌에 의한 여기효율(excitation efficiency), $\sigma_F$는 여기에 관한 충돌단면적(excitation cross-section), $v_e$

는 전자의 속도(전자의 에너지와 관계)이다.

따라서 불소의 빛방출 강도 $I_F$는 불소의 기저상태에서의 농도 및 불소의 여기효율 ($\eta_F$) 에 비례하며 여기효율($\eta_F$)은 전자밀도, 그리고 전자의 평균속도와 불소가 여기되는 충돌단면적값의 평균값의 곱에 해당된다.

따라서 불소의 빛방출 강도 $I_F$는

$$I_{F=}k_F n_e < \sigma_F v >$$

로 표현될 수 있는데 미량 넣은 Ar으로 부터 방출되는 빛의 강도 $I_{Ar}$은

$$I_{Ar} = k_{Ar} n_{Ar} \eta_{Ar}$$

로 표현된다. 여기서 $k_{Ar}$은 비례상수, $n_{Ar}$은 Ar의 기저상태 농도,$\eta_{Ar}$는 Ar의 여기효율이다.

실제 관찰된 Ar의 빛방출 강도와 불소로부터의 빛방출 강도간의 비율을 취하면 다음과 같이 된다. 즉,

$$\frac{I_F}{I_{Ar}} = \frac{k_F n_F \eta_F}{k_{Ar} n_{Ar} \eta_{Ar}} = k\frac{\eta_F}{\eta_{Ar}} \cdot \frac{n_F}{n_{Ar}}$$

만일 $\frac{\eta_F}{\eta_{Ar}} = 1$이라면, 즉, $\sigma_F = \sigma_{Ar}$이라면,

$$n_F \propto \frac{I_F}{I_{Ar}} n_{Ar}$$

즉, 불소의  기저상태 농도는 이 실험적으로 구한 빛 강도의 비율에 넣은 Ar의 농도를 곱한 값에 비례하게 된다. 즉, 만일 불소와 Ar의 빛방출 파장에 관련된 여기확률이 서로 같다면  불소의 농도는 이들 파장에서 얻은 빛강도 간의 비율에 비례하게 된다.

따라서 각 원소의 빛방출 스펙트럼에서 이 여기충돌 확률이 서로 같은 피크를 찾아야 하는데 이는 기저상태로부터 여기되는 에너지의 차이가 유사한 것에 해당이 된다.

이의 예는 그림 10-35의 왼쪽 두 번째 그림에서 불소와 Ar의 경우에서 보이고 있다. 불소는 14.5eV의 에너지로 여기되며 이는 다른 에너지 준위로 떨어지면서 7037Å의 파장을 가진 빛을 방출하고 Ar은 13.5eV의 에너지로 여기되며 또한 좀 낮은 에너지 준위로 떨어지면서 7504Å의 파장을 가진 빛을 방출하게 된다. 따라서 이들의 파장에서 방출된 빛의 비율은 기저상태에서의 농도비율에 비례하게 된다.

또한 그림 10-35의 오른쪽에 보이는 바와 같이 산소의 8446 Å으로 방출된 빛과 Ar의 7504Å으로 방출된 빛의 비율도 이들 간의 기저상태에서의 농도비율에 비례한다.

산소는 7774Å의 파장의 빛도 방출하는데 이는 Ar의 7504Å으로 방출된 빛과의 비율을 취하였을 때는 농도비율과 다르게 된다. 이는 상호간의 여기에 관한 충돌단면적이 다르기 때문이다.

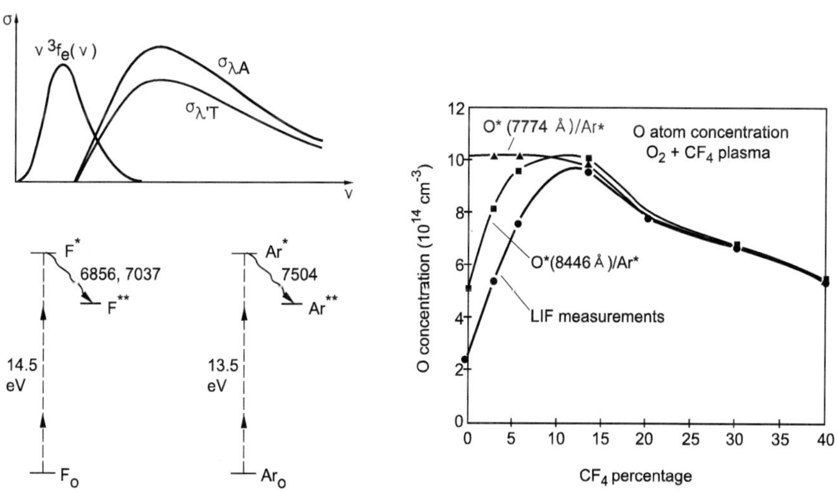


**그림 10-35** 악티노메트리(Actinometry)에 이용하는 참고가스 및 이의 파장의 선정

따라서 같은 원소로 부터 방출된 빛의 파장이 여러 개일 때 아무파장으로 부터의 피크강도를 취해서 Ar으로 부터 방출된 빛의 피크강도와 비율을 취하여 상호간의 농도비율을 얻을 수는 없다.

또한 이 악티노메트리는 우선 방출된 빛이 기저상태로부터 여기된 원소를 기준으로 기저상태의 원소농도를 예측하게 되므로 기저상태에서 여기됐다가 이완되는 빛의 파장에 국한시켜야 한다.

따라서 예로 산소분자가 전자와 충돌하여 산소원자로 분해될 때 여기된 산소원자가 발생하고 이로부터 빛이 발생되는 경우나 여기된 상태가 자연적으로 기저상태로 되면서 빛을 방출하는 것이 아니라 다른 원자나 벽과의 충돌에서 빛을 발하는 경우 등에서는 악티노메트리를 적용할 수가 없다.

따라서 이 악티노메트리를 이용한 플라즈마내의 원소농도계산은 그냥 OES로 얻은 파장의 강도로 원소의 농도를 예측하는 것에 비하면 좀 더 정확한 값이라고 할 수 있지만 잘못하면 더 부정확한 값을 얻을 수 있으므로 제한적으로 사용되어야 할 것이다.

# 찾·아·보·기

## ㅈ

## ㅎ



## 기타

# 플라즈마 식각기술

2012년 1월 27일 인쇄
2012년 2월 1일 발행

저 자 | 염근영
발행인 | 현영덕
발행처 | 도서출판 YOUNG
등 록 | 105-90-67568

주 소 | 경기도 고양시 일산동구 백석동 1324 동문굿모닝타워2 1005호
전 화 | (031) 904-7905~6
팩 스 | (031) 904-7907
ISBN | 978-89-92843-44-7 93560

**정가 22,000원**